告诉你成功者最有力量的强者品质

不抱怨的世界

连山◎编著

中国华侨出版社
北京

图书在版编目（CIP）数据

不抱怨的世界 / 连山编著 . —北京：中国华侨出版社，2014.12（2019.7 重印）
ISBN 978-7-5113-5106-7

Ⅰ.①不… Ⅱ.①连… Ⅲ.①人生哲学—通俗读物 Ⅳ.① B821-49

中国版本图书馆 CIP 数据核字（2015）第 006927 号

不抱怨的世界

编　　著：连　山
责任编辑：落　羽
封面设计：李艾红
文字编辑：胡宝林
美术编辑：刘欣梅
经　　销：新华书店
开　　本：720mm×1020mm　1/16　印张：28　字数：650 千字
印　　刷：北京市松源印刷有限公司
版　　次：2015 年 4 月第 1 版　2019 年 7 月第 4 次印刷
书　　号：ISBN 978-7-5113-5106-7
定　　价：68.00 元

中国华侨出版社　北京市朝阳区静安里 26 号通成达大厦 3 层　邮编：100028
法律顾问：陈鹰律师事务所
发 行 部：（010）58815874　　　传　　真：（010）58815857
网　　址：www.oveaschin.com　　E-mail：oveaschin@sina.com

如果发现印装质量问题，影响阅读，请与印刷厂联系调换。

卡耐基训练中国公司负责人黑幼龙说过："不抱怨的人一定是最快乐的人，没有抱怨的世界一定最令人向往。"

人类的烦恼起源于困难本身，但让烦恼得以延续下去的却是抱怨。心理学家研究发现，人们所有的消极情绪和负面情绪不断滋长的根源就在于抱怨。当出现问题或者面对困境时，大多数人会习惯性地先推卸责任，去指责和抱怨他人。对于抱怨，17世纪的西班牙思想家、哲学家葛拉西安告诫人们："藏起你受伤的手指，否则它会四处碰壁。"抱怨也许是一贴心灵的镇痛剂，能暂时缓解失败的痛苦，但却不能从根本上解决问题，它只会在你的痛觉苏醒的时候让你的痛感更加强烈。久而久之，抱怨就成了难以戒掉的鸦片。一个人的心态决定了他的行为和语言，同样，一个人的行为和语言也折射了他的心态，越是绝少抱怨、积极进取的人将越成功，越是怨天尤人、失意颓废的人将越失败。

为了让人们远离抱怨，美国知名牧师威尔·鲍温发起了一项"不抱怨"运动，邀请每位参加者戴上一个紫手环，只要一察觉自己开始抱怨，就将紫手环换到另一只手上，以此类推，直到这个紫手环能持续戴在同一只手上21天为止。威尔·鲍温和他的同事们把这种鼓励人们放下抱怨、用健康的心态面对生活的运动，称为"紫手环的力量"。全世界80多个国家、600多万人参与了这项不抱怨的运动，无数人的命运因其而改变。

这项运动的发起者威尔·鲍温牧师强调："在你的手中，握有翻转人生的秘密。"抱怨这种负面思维不但是我们最大的敌人，还会影响他人。不抱怨是成功人生的最佳态度。优秀的人很少抱怨，抱怨是失败的标签，愚者的陋习。人生要面对的是非成败实在太多，如果对所得所失不能处之泰然，就会影响到前进的方向。"人生就是与困境周旋"，人生总有诸多不如意，战胜失意才能得意。英国著名诗人、政论家弥尔顿双目失明，德国最伟大的音乐家贝多芬双耳失聪，意大利小提琴大师帕格尼尼最后因病不能发声，但正是这三位最有资格抱怨的不幸的人被称为"世界文艺史上三大怪杰"，是不抱怨、积极面对人生让他们获得了杰出的成就。可以说，抱怨让我们失去，不抱怨让我们获得。

不抱怨是获得幸福生活的秘密所在。"对过去不悔，对现在不烦，对未来不忧。"远离抱怨能够让我们幸福快乐地生活。在无法得到自己想要的东西时，与其耿耿于怀，不如放下心结，整装待发，为下一次的奋斗做好准备。当我们抱怨时，其实是在不断强调我们不想要的人、事、物，但最终这些糟粕不会因抱怨而消失，他们还是会挥之不去，围绕在我们身边。不抱怨是一种大智慧，它是最有效的吸引力法则，不抱怨的人是最受欢迎的人，没有人喜欢喋喋不休的抱怨者。一味地抱怨，使人丧失的不只是面对生活的勇气，还有身边的朋友。爱抱怨也是影响人们职业生涯的因素之一。职场上永无休止的抱怨，只会让人失去奋斗的激情，且让他人敬而远之。荀子说："自知者不怨人，知命者不怨天，怨人者穷，怨天者无志。"是说有自知之明的人会选择生活道路，不做无谓的抱怨，时刻把握命运的主动权。因此，我们应该学会感恩生活，远离抱怨。

愚者抱怨，智者行动。不抱怨具有正面的、令人积极进取的能量，能让我们拥有成功的人生和幸福的生活，这本《不抱怨的世界》详尽分析了抱怨对人生各个方面的危害，诸如影响人际关系、阻碍事业发展、影响婚姻生活、使不良情绪无止境地蔓延、丧失积极进取的勇气，等等，同时阐述了帮助人们远离抱怨的各种方法和技巧，讲授了不抱怨的智慧。本书内容全面，技巧丰富，方法实用，道理深刻，以理论联系实际，以事例为佐证，是个人改善自我、走向成功的心灵读本，也是各种公司、组织提升团队精神、提高员工觉悟、促进整体发展的必选员工励志书。不抱怨，将从阅读本书开始。

目录

第三章　不抱怨的工作

第六章 不抱怨的身体 ————

第一章

不抱怨的世界

/第一节/

不抱怨，从紫手环运动开始

终结抱怨，接受 21 天的挑战

你对你的现状如何评价？你觉得你的生活幸福吗？你认为你是快乐的吗？你研究过不快乐的人吗？他们为什么会不快乐，你找到答案了吗？

让我们来告诉你：幸福的人生就是不抱怨的人生，快乐的世界就是不抱怨的世界。

尽管我们在抱怨的时候能够尝到一定的甜头：你可能因为抱怨身体不舒服而不用参加社会活动；你可能因为抱怨自己的怀才不遇而获得过别人的同情；你甚至可能因为抱怨公交车太挤而让别人对你的迟到表示谅解……可是，当你为了那一些甜头沾沾自喜的时候，你会发现，原来自己已经变成了一个爱抱怨的人，身边的任何一件小事，都可能引发你的不满情绪。

由于习惯了抱怨，你总是关注于生活中最不好的那一面，于是你会变得越来越悲观失落，你的生活也将被阴霾填满。果真要这样吗？难道你不想改变自己的生活吗？那就赶快加入"不抱怨运动"，接受 21 天的挑战吧！

美国的心灵导师威尔·鲍温与他的同事们一起，组织了这场构建"不抱怨的世界"的活动，他们把这种鼓励人们放下抱怨、用健康的心态面对生活的运动，称之为"紫手环的力量"。它的具体环节是这样的：

1. 首先订制一枚紫手环，将它戴在你的手腕上。

2. 如果你发现自己说了抱怨他人的话，这其中也包括对别人的批评和指责、向别人诉苦、说自己身体的某个部位不舒服，等等，一旦发现你说出了这样的话，就要将紫手环移至另一只手的手腕上。

3. 你也可以让身边的人对你进行监督。如果别人发现你说出了抱怨的话，对你进行了指正，那么你就必须将紫手环再挪回另一只手上重新开始。当然，如果对方也带着紫手环，那么在他提醒你的那一刻，他也必须将紫手环换手，因为他在指出你的错误的时候，也算是一种抱怨。

4. 坚持做下去。尽管活动的计划是21天内不抱怨就算是成功了，可是通常情况下是不可能在一个月之内完成的。因为抱怨总是纠缠着我们，所以如果没有恒心和毅力，我们是没有办法将这样的活动进行到底的。

5. 心态要放轻松。不要因为参加了这样的活动，就对什么事情都变得小心翼翼了。因为不抱怨并不是你不说出来就算做到了，而是要杜绝抱怨的念头。从心态上改变自己的想法。所以，在这个过程中，你的世界观和价值观也会跟着变化。

当然，如果你已经意识到了抱怨的坏处，并且希望加入这样的活动，接受21天的挑战，那么你完全不必等着订制紫手环，因为那不过是一种象征，你可以用身边的橡皮筋、硬币等物品代替它。

只要你有加入"不抱怨"的活动，有接受这样的挑战，即使是没有成功，你也会从中了解到：我们几乎每天都在抱怨，而杜绝抱怨却是那么的难。一旦你成功了，你就会发现，原来我们一直用抱怨的眼光看世界，而忽略了它很多的美好。当我们杜绝了抱怨的时候，身边的世界就会变得多彩而充满欢乐了。

抱怨是世界上最没有价值的语言

今天抱怨这个，明天抱怨那个，仿佛一刻不说抱怨的话，我们就感受不到心里的平衡。可是只是一味地去抱怨，对于改善处境没有丝毫益处，只有先静下心来分析自己，并下定决心去改变它，付诸行动，它才能向你所希望的方向发展。一分耕耘，一分收获，不要企望在抱怨或感叹中取得进步，事情的进展是你的行为直接作用的结果。事在人为，只要你去努力争取，梦想终能成真。

画家列宾和他的朋友在雪后去散步，他的朋友瞥见路边有一片污渍，显然是狗留下来的尿迹，就顺便用靴尖挑起雪和泥土把它覆盖了，没想到列宾发现时却生气了，他说："几天来我总是到这来欣赏这一片美丽的琥珀色。"在我们的生活中，当我们老是埋怨别人给我们带来不快，或抱怨生活不如意时，想想那片狗留下的尿迹，其实，它是"污渍"，还是"一片美丽的琥珀色"，都取决于你自己的心态。

不要抱怨你的工作不好，不要抱怨你住在破宿舍里，不要抱怨你的男人穷或你的女人丑，不要抱怨你没有一个好爸爸，不要抱怨你空怀一身绝技没人赏识你，现实有太多的不如意，就算生活给你的是垃圾，你同样能把垃圾踩在脚底下，登上世界之巅。

孔雀向王后朱诺抱怨。它说："王后陛下，我不是无理取闹来诉说，您赐给我的歌喉，没有任何人喜欢听，可您看那黄莺小精灵，唱出的歌声婉转，它独占春光，风头出尽。"

朱诺听到如此言语，严厉地批评道："你赶紧住嘴，嫉妒的鸟儿，你看你脖子四周，如一条七彩丝带。当你行走时，舒展的华丽羽毛，出现在人们面前，就好像色彩斑斓的珠宝。你是如此美丽，你难道好意思去嫉妒黄莺的歌声吗？和你相比，这世界上没有任何一种鸟能像你这样受到别人的喜爱。一种动物不可能具备世界上所有动物的优点。我们赐给大家不同的天赋，有的天生长得高大威猛；有的如鹰一样的勇敢，鹊一样的敏捷；乌鸦则有可以预告未来之声。大家彼此相融，各司其职。所以我奉劝你停止抱怨，不然的话，作为惩罚，你将失去你美丽的羽毛。"

抱怨对事情没有一点帮助，与其不停地抱怨，不如把力气用于行动。

抱怨的人不见得不善良，但常不受欢迎。抱怨的人认为自己经历了世上最大的不平，但他忘记了听他抱怨的人也可能同样经历了这些，只是心态不同，感受不同。

宽容地讲，抱怨实属人之常情。然而抱怨之所以不可取在于：抱怨等于往自己的鞋里倒水，只会使以后的路更难走。抱怨的人在抱怨之后不仅让别人感到难过，自己的心情也往往更糟，心头的怨气不但没有减少，反而更多了。常言道：放下就是快乐。与其抱怨，不如将其放下，用超然豁达的心态去面对一切，这样迎来的将是一番新的景象。

天下有很多东西是毫无价值的，抱怨就是其中一种。

抱怨往往来自心理暗示

暗示是一种奇妙的心理现象，暗示又可分为他暗示与自我暗示两种形式。他暗示从某种意义上说可以称之为预言，虽然它对我们的生活也起一定作用，但却不及自我暗示的力量大。

自我暗示就是自己对自己的暗示。所有为自我提供的刺激，一旦进入了人的内心世界，都可称之为自我暗示。自我暗示是思想意识与外部行动两者之间沟通的媒介。它还是一种启示、提醒和指令，它会告诉你注意什么、追求什么、致力于什么和怎样行动，因而它能支配影响你的行为。这是每个人都拥有的一个看不见的法宝。

自有人类以来，不知有多少思想家、传教士和教育者都已经一再强调不抱怨的重要性。但他们都没有明确指出：不抱怨其实也是一种心理状态，是一种可以用自我暗示引导和修炼出来的积极的心理状态。

成功始于觉醒，心态决定命运。这是当今时代的伟大发现，是成功心理学的卓越贡献。成功心理、积极心态的核心就是自我主动意识，或者称作积极的自我意识，而这种意识的来源和成果就是经常在心理上进行积极的自我暗示。反之也一样，消极心态、自卑意识，就是经常在心理上暗示，不同的心理暗示也是形成不同的意识与心态的根源。所以说心态决定命运，正是以心理暗示决定行为这个事实为依据的。

不同的心理暗示，会给你带来不同的情绪。

我们多数人的生活境遇，既不是一无所有、一切糟糕，也不是什么都好、事事如意。这种一般的境遇相当于"半杯咖啡"。你面对这半杯咖啡，心里会产生什么念头呢？消极的自我暗示是为少了半杯而不高兴，情绪消沉；而积极的自我暗示是庆幸自己已经获得了半杯咖啡，那就好好享用，因而情绪振作、行动积极。

由此可见，心理暗示这个法宝有积极的一面也有消极的一面，不同的心理暗示必然会有不同的选择与行为，而不同的选择与行为必然会有不同的结果。有人曾说："一切的成就，一切的财富，都始于一个意念。"我们还可以再说得浅显全面一些：你习惯于在心理上进行什么样的自我暗示，就是你贫与富、成与败的根本原因。因而，我们一直强调，发展积极心态、取得成功的主要途径是：坚持在心理上进行积极的自我暗示，去做那些你想做而又怕做的事情，尤其要把羞于自我表现、惧于与人交际的心理改变为敢于自我表现、乐于与人交际的心理。

每个人都带着一个看不见的法宝。这个法宝具有两种不同的作用，这两种不同的力量都很神奇。它会让你鼓起信心勇气，抓住机遇，采取行动，去获得财富、成就、健康和幸福；也会让你排斥和失去这些极为宝贵的东西。

这个法宝的两面就是两种截然不同的心理上的自我暗示，关键就在于你选择哪一面，经常使用哪一面了。

一个人的心理暗示是怎样的，他就会真的变成那样。如果经常给自己一些对现状不满的心理暗示，自然会产生抱怨。所以，我们要调动自己的情绪心理，充分利用积极的心理暗示。让自己从内心中剔除抱怨，不断地给自己激励与鼓舞的正面暗示，你才能感受到精神与行动的统一，才能感受到在不抱怨的世界里，那股来自宇宙间的神奇力量。

怨天尤人不如改变心态

电视剧《好想好想谈恋爱》中有这样一段，女主人公谭艾琳和男朋友伍岳峰分手之后，巨大的伤痛让她几乎崩溃，她将自己所有的情绪都用来抱怨：

"你现在打死伍岳峰他也不会明白，其实最受损失的是他，而不是我。我是他生命中唯一的一次爱情机会，他错失了，他以后再也没有机会了，他以为他的天底下有几个谭艾琳？他真是有眼无珠，他以后只有哭的份儿了，这就叫过了这村就没这店了，他肠子都得悔青了。

"有的男人对我来说重如泰山，有的轻如鸿毛。伍岳峰就是鸿毛。我像扔个酒瓶似的把他彻底打碎了，他根本不懂女人，离开他是我的幸运和解脱，他将永远处处碰壁，对，碰壁，碰得头破血流。而我经过历练，炉火纯青，笑到最后的是我。他完蛋了，他会一蹶不振，追悔莫及，太好了。"

诸如此类的抱怨她几乎如同潮水一样的倾倒给自己所有的朋友，直到有一天，朋友实在忍受不住她的抱怨："你已经唠叨了一个星期了。说实话我听得已经有点儿头晕耳鸣了，再听下去我会疯掉的。"于是，在之后的日子中，她与同样失恋的男人章月明一起倾诉彼此的不幸，在章月明的不断抱怨中，谭艾琳自己渐渐开始沉默，直到有一天她也听够了大喊道："别说了，太无聊了，一个男人或一个女人一辈子愤怒的是爱情，谩骂的是爱情，得意的是爱情，沮丧的还是爱情，一辈子就忙活爱情吗？你别再跟我唠叨了，我受够了。别人没有义务承担你感情的后果，这是你应该自己解决的问题，你爱一个人就是愿打愿挨的事，没有人逼你，知道吗？敢做就得敢当。"

的确，就像谭艾琳那样，当自己不断地抱怨的时候，自己对于已经成为别人眼中的"怨妇"毫无知觉，可当看到另一个人如同自己一样整天抱怨的时候，这时候才会突然觉醒，原来自己竟是如此可怜、可悲，在别人的事情中看到了自己的影子，也可能会突然觉得如此的抱怨多么的令人厌倦。

生活中，我们常常以为自己通过抱怨可以博得别人的同情，但就像鲁迅笔下的祥林嫂一样，不幸的事情在别人的耳朵里已经长茧，当初的同情也可能化成嘲笑，最终成为别人茶余饭后的笑柄。而对于我们每一个人来说，遇到不幸的事情，抱怨根本不能让失去的东西重新回来，反而更加影响自己的生活，失去的越来越多。

当一个人开始抱怨的时候，他能想到的只是自己当初如何的不幸，才造成如今的结果，越想越伤心，越想越生气，当这种情绪不断蔓延的时候，根本没有心情去做别的事情。比如当抱怨自己的生活条件不佳，不仅不能为改善你的生活起到任何作用，反而影响到你为自己创造更好条件的机会和时间，如果说将抱怨的时间用来努力想办法改善自己的生活条件的话，那么很可能当初和自己条件相当的人在一年之后仍然在抱怨，而自己却已经在咖啡厅里悠闲地享受生活了。所以说抱怨远远不如调整好自己的状态，努力地改变现状，这样更容易使自己摆脱困境。

虽然有时候我们常常会因为遇到了困难而暴躁不安，可是苦难不会因为你的暴躁而消失。所以，当我们苦闷的时候可以尝试着放松心情，暗示自己这是很正常的事情，没有什么大不了的。可以适当地倾诉，但是不能一直沉浸在不幸的事情上。充满信心，昂首挺胸地迎接生活的挑战才是打好胜仗的前提条件。人生处处都有希望，只要你想去做，尽力做，就能做得更好。

内心足够强大，生命就会屹立不倒

在每个人的生命中，每一年都会发生各种各样的事情，或大喜或大悲，无论如何，这些事情就像我们生命中的坐标一样，它们或深或浅或明媚或黯淡的色调，构成了我们的人生画卷。

尽管在人生的岁月里，起伏不定常常带给人们不安全感。所以，人们常常抱怨磨难，抱怨那些让我们的生活变得艰苦的事情，抱怨那些让我们的内心承受煎熬的经历。可是，人们在抱怨的时候并没有想到，这些磨难就像烈火，我们只有经过锤炼，才能变得更加坚韧、更加刚强。

德国有一位名叫班纳德的人，在风风雨雨的50年间，他遭受了200多次磨难的洗礼，成为世界上最倒霉的人，但这些也使他成为世界上最坚强的人。

他出生后的第14个月，摔伤了后背；之后又从楼梯上掉下来，摔残了一只脚；再后来爬树时又摔伤了四肢；一次骑车时，忽然不知从何处刮来一阵大风，把他吹了个人仰车翻，膝盖又受了重伤；13岁时掉进了下水道，差点窒息；一辆汽车失控，把他的头撞了一个大洞，血如泉涌；又有一辆垃圾车，倾倒垃圾时将他埋在了下面；还有一次他在理发屋中坐着，突然一辆飞驰的汽车驶了进来……

他一生遭遇无数灾祸，在最为晦气的一年中，竟遇到了17次意外。

令人惊奇的是，他至今仍旧健康地活着，心中充满着自信。他历经了200多次磨难的洗礼，还怕什么呢？

人生不可能一帆风顺，一旦困境出现，首先被摧毁的就是失去意志力和行动能力的温室花朵。经常接受磨炼的人才能创造出崭新的天地，这就是所谓的"置之死地而后生"。

"自古雄才多磨难，从来纨绔少伟男"，人们最出色的成绩往往是在挫折中做出的。我们要有一个辩证的挫折观，经常保持充足的信心和乐观的态度。挫折和磨难使我们变得聪明和成熟，正是不断从失败中汲取经验，我们才能获得最终的成功。我们要悦纳自己和他人，要能容忍不利的因素，学会自我宽慰，情绪乐观、满怀信心地去争取成功。

如果能在磨难中坚持下去，磨难实在是人生不可多得的一笔财富。有人说，不要做在树林中安睡的鸟儿，要做在雷鸣般的瀑布边也能安睡的鸟儿，就是这个道理。磨难并不可怕，只要我们学会去适应，那么磨难带来的逆境，反而会让我们拥有进取的精神和百折不挠的毅力。

我们在埋怨自己生活多磨难的同时，不妨想想班纳德的人生经历，或许还有更多多灾多难的人们，与他们相比，我们的困难和挫折算得了什么呢？只要我们内心足够自信与强大，生命就能屹立不倒。

习惯抱怨生活太苦、运气太差的人，是不是也能说一句这样的豪言壮语："我已经经历了那么多的磨难，眼下的这一点痛又算得了什么？！"

只要相信自己，就没有什么外在因素可以伤害或摧毁你，至于受老板的责骂、受客户的折磨、被别人批评之类的小事，你还会在乎吗？

别把抱怨当成习惯

从前，有一个国家，连一匹马都没有。这个国家的国王非常忧虑，他下决心不惜重金四处购买骏马。

不久，买来了500匹高大的骏马，国王见后，心中非常欢喜，立即命令加以训练。

当500匹战马被训练得能够冲锋陷阵的时候，邻国和他建立了邦交，互派使节，表现得非常和气。

国王以为可以高枕无忧了。

这样的和平一直持续了好几年。国王看到这500匹马一直养尊处优，而且养马这一笔经费确实为数不少，不禁又烦恼起来。后来，他想出了一个主意："何不把这些马送去从事生产呢？这样不仅减少了开支，而且还能增加国家财政的收入，岂不是两全其美!"于是,他下令将这500匹马牵到磨房去磨米。

这500匹马每天被工人们用布紧紧蒙住眼睛,又用鞭子抽打,逼着它们拉着石磨旋转。起初,马非常不习惯,但后来,500匹战马慢慢地被驯服了,对拉磨也就习以为常了。

国王知道这些情况后,笑道:"这些马既能保国,又能生产,我的主意真是一举两得啊!"

不久,邻国突然进兵侵犯他的国境。国王即刻下令召集那500匹马应战。国王亲自领着500骑兵,浩浩荡荡向战场进发。

到了战场,两军交锋,国王的500匹战马虽然壮硕,但平常都习惯了拉磨,此时面对敌军也不断地旋转着。骑兵们着急地提鞭抽打,没想到抽打得越快,马旋转得越快。敌军见状大喜,遂驱军直进,横杀直刺,好不痛快,国王的骑兵被杀得落花流水,逃窜而去。

在生活中,不如意的事情时有发生,你是否经常抱怨不断呢?不要让抱怨成为习惯,否则,就会像那些习惯了拉磨的战马一样,陷入了永无止境的旋转轮回。

有这样一个寓言故事:

有一天,素有森林之王之称的狮子来到了天神面前:"我很感谢你赐给我如此雄壮威武的体格、如此强大无比的力气,让我有足够的能力统治这整片森林。"

天神听了,微笑地问:"这不是你今天来找我的目的吧?看起来你似乎为了某事而困扰呢!"

狮子轻轻吼了一声,说:"天神真是了解我啊!我今天的确是有事相求。因为尽管我的能力再好,但是每天鸡鸣的时候,我总是会被鸡鸣声给吓醒。祈求您,再赐给我力量,让我不再被鸡鸣声吓醒吧!"

天神笑道:"你去找大象吧,它会给你一个满意的答复的。"

狮子兴冲冲地跑到湖边找大象,还没见到大象,就听到大象踩脚所发出的"砰砰"响声。

狮子加速地跑向大象,却看到大象正气呼呼地直踩脚。

狮子问大象:"你干吗发这么大的脾气?"

大象拼命摇晃着大耳朵,吼着:"有只讨厌的小蚊子,总想钻进我的耳朵里,害我都快痒死了。"

狮子离开了大象,心里暗自想着:"原来体型这么巨大的大象,还会怕那么瘦小的蚊子,那我还有什么好抱怨的呢?毕竟鸡鸣也不过一天一次,而蚊子却是无时无刻地骚扰着大象。这样想来,我可比它幸运多了。"

狮子一边走,一边回头看着仍在踩脚的大象,心想:"天神要我来看看大象的情况，应该就是想告诉我，谁都会遇上麻烦事。既然如此，那我只好靠自己了！反正以后只要鸡鸣时，我就当作鸡是在提醒我该起床了，如此一想，鸡鸣声对我还算是有益处呢！"

不言而喻，稍微遇上一些不顺心的事，就习惯性地抱怨老天亏待我们，那么我们将错失许多美好的机会。有时候自己觉得对生活不满的时候，看看别人，或者给自己换一种心态，你就将看到不一样的人生。

多给自己积极的心理暗示

1960 年，哈佛大学的罗森塔尔博士曾在加州一所学校做过一个著名的实验。

新学期，校长对两位教师说："根据过去几年来的教学表现，证明你们是本校最好的教师。为了奖励你们，今年学校特地挑选了一些最聪明的学生给你们教。记住，这些学生的智商比同龄的孩子都要高。"校长再三叮咛："要像平常一样教他们，不要让孩子或家长知道他们是被特意挑选出来的。"

这两位教师非常高兴，更加努力教学了。

一年之后，这两个班级的学生成绩是全校中最优秀的。知道结果后，校长如实地告诉两位教师真相：他们所教的这些学生智商并不比别的学生高。这两位教师哪里会料到事情是这样的，只得庆幸是自己教得好了。

随后，校长又告诉他们另一个真相：他们两个也不是本校最好的教师，而是在所有教师中随机抽选出来的。

这两位教师相信自己是全校最好的老师，相信他们的学生是全校最好的学生，正是这种积极的心理暗示，才使教师和学生都产生了一种努力改变自我、完善自我的进步动力。这种企盼将美好的愿望变成现实的心理，这就是心理暗示的作用。

心理暗示是我们日常生活中最常见的心理现象，它是人或环境以非常自然的方式向个体发出信息，个体无意中接受这种信息并做出相应的反应的一种心理现象。暗示有着不可抗拒和不可思议的巨大力量。

成功心理、积极心态的核心就是自信主动意识，或者称作积极的自我意识，而自信意识的来源和成果就是经常在心理上进行积极的自我暗示。反之也一样，消极心态、自卑意识，就是经常在心理上暗示，而不同的心理暗示也是形成不同的意识与心态的根源。所以说心态决定命运，正是以心理暗示决定行为这个事实为依据的。

每个人都应该给自己以积极的心理暗示。任何时候，都别忘记对自己说一声："我天生就是奇迹。"本着上天所赐予我们的最伟大的馈赠，积极暗示自己，你便开始了成功的旅程。拿破仑·希尔给我们提供了一个自我暗示公式，他提醒渴望成功的人们，要不断地对自己说："在每一天，在我的生命里面，我都有进步。"暗示是在无对抗的情况下，通过议论、行动、表情、服饰或环境气氛，对人的心理和行为产生影响，使其接受有暗示作用的观点、意见或按暗示的方向去行动。

积极的自我暗示，能让我们开始用一些更积极的思想和概念来替代我们过去陈旧的、否定性的思维模式，这是一种强有力的技巧，一种能在短时间内改变我们对生活的态度和期望的技巧。

也就是说，我们可以通过有意识的自我暗示，将有益于成功的积极思想和意识，洒到潜意识的土壤里，并在成功过程中减少因考虑不周和疏忽大意等招致的破坏性后果，全力拼搏，不达目的不罢休。所以，你通过想象不断地进行积极的自我暗示，很可能会成为一个杰出者。

幸福就在你心中

幸福就是在遇到事情的时候，选择好的心态，用积极和乐观的态度发现生活中的乐趣，而不是用悲观的眼睛去丈量生活的土地。

一位少妇，回家向母亲倾诉，说婚姻很是糟糕，丈夫既没有很多的钱，也没有好的事业，生活总是周而复始，单调无味。母亲笑着问："你们在一起的时间多吗？"女儿说："太多了。"母亲说："当年，你父亲上战场，我每日期盼的，是他能早日从战场上凯旋，与他整日厮守，可惜——他在一次战斗中牺牲了，再也没有能够回来，我真羡慕你们能够朝夕相处。"母亲沧桑的老泪一滴滴掉下来，渐渐地，女儿仿佛明白了什么。

一群男青年，在餐桌上谈起自己的老婆，说总是被管束得太严，几乎失去了自由，边说边有大丈夫的凛然正气，狂饮如牛，扬言回家要和老婆斗争到底。邻桌的一位老叟默默地听了，起身向他们敬酒，问："你们的夫人都是本分人吗？"男青年们点头。老叟叹了一口气，说："我爱人当年对我也是管得太死，我愤然离婚，后来她抑郁而终，如果有机会，我多希望能当面向她道一次歉，请求她时时刻刻地看管着我，小伙子，好好珍惜缘分呀！"男青年们望着神色黯然的老叟，沉默不语，若有所悟。

一位干部，因为人员分流，从领导岗位上退了下来，一时间萎靡不振，判若两人。妻子劝慰他："仕途难道是人生的最大追求吗？你至少还有学历还有专业技术呀，你还可以重新开始你的新的事业呀，你一直是个善待生活的人，我们并不会因为你做不做领导而对你另眼相待，在我的眼里，你还是我的丈夫，还是孩子的父亲，我告诉你亲爱的，我现在甚至比以前更加爱你。"丈夫望着妻子，久久不语，眼里闪烁着晶莹的泪光。

一位盲人，在剧院欣赏一场音乐会，交响乐时而凝重低缓，时而明快热烈，时而浓云蔽日，时而云开雾散，盲人惊喜地拉着身边的人说："我看见了！我看见了山川，看见了花草，看见了光明的世界和七彩的人生……"

一位病人，医生郑重地告诉他，手术成功，化验结果出来了，从他腹腔内摘除的肿瘤只是一般的良性肿瘤，经过一段时间的疗养便可康复出院，并不危及生命。他顿时满面春风，双目有神，紧紧地握着医生的手，激动地说："谢谢，谢谢，是你给了我第二次生命……"

幸福在哪里？带着这样的问题，芸芸众生，茫茫人海，我们在努力寻找答案。其实，幸福是一个多元化的命题，我们在追求着幸福，幸福也时刻伴随着我们。只不过，很多时候，我们身处幸福的山中，在远近高低的角度看到的总是别人的幸福风景，却往往没有悉心感受自己所拥有的幸福天地。

第二节

悦纳生活中的不公平

生命本身并没有残缺

每个人的生命都是完整的。你的身体可能有缺陷或者残缺，但你仍然可以拥有一个完整的人生和幸福的生活。这才是对待生命的正确态度。

1967年的夏天，对于美国跳水运动员乔妮来说是一段伤心的日子，她在一次跳水事故中身负重伤，全身瘫痪，只剩下脖子以上可以活动。

乔妮哭了，她躺在病床上彻夜难眠。她怎么也摆脱不了那场噩梦，跳板为什么会滑？为什么她会恰好在那时跳下？不论家人怎样劝慰，她总认为命运对她实在不公。出院后，她叫家人把她推到跳水池旁，注视着那蓝盈盈的水面，仰望那高高的跳台。她再也不能站立在光洁的跳板上了，那温柔的水再也不会溅起朵朵美丽的水花拥抱她了，她又掩面哭了起来。从此她被迫结束了自己的跳水生涯，离开了那条通向跳水冠军领奖台的路。

她曾经绝望过，但现在，她拒绝了死神的召唤，开始冷静思索人生的意义和生命的价值。她借来许多介绍前人如何成才的书籍，一本一本认真地读了起来。她虽然双目健全，但读书也是很艰难的，只能靠嘴衔根小竹片去翻书，劳累、伤痛常常迫使她停下来。休息片刻后，她又坚持读下去。通过大量的阅读，她终于领悟到：我是残疾了，但许多人残疾了之后，却在另外一条道路上获得了成功，他们有的成了作家，有的创造出美妙的音乐，我为什么不能？于是，她想到了自己中学时代喜欢画画。为什么不能在画画上有所成就呢？这位纤弱的姑娘变得坚强、自信起来了。

她捡起了中学时代曾经用过的画笔，用嘴衔着，开始了练习。

这是一个常人难以想象的艰辛过程。家人担心她累坏了，于是纷纷劝阻她："乔妮，别那么死心眼了，哪有用嘴画画的，我们会养活你的。"可是，他们的话反而激起了她学画的决心，"我怎么能让家人一辈子养活我呢？"她更加刻苦了，常常累得头晕目眩，甚至有时委屈的泪水把画纸也弄湿了。为了积累素材，她还常常乘车外出，拜访艺术大师。好些年头过去了，她的辛勤劳动没有白费，她的一幅风景油画在一次画展上展出后，得到了美术界的好评。

后来，乔妮决心涉足文学。她的家人及朋友们又劝她了："乔妮，你绘画已经很不错了，还搞什么文学，那会更苦了你自己的。"她没有说话，想起一家刊物曾向她约稿，要谈谈自己学绘画的经过和感受，她用了很大力气，可稿子还是没有完成，这件事对她刺激太大了，她深感自己写作水平差，必须一步一个脚印地去学习。

这是一条通向光荣和梦想的荆棘路，虽然艰辛，但乔妮仿佛看到艺术的桂冠在前面熠熠闪光，等待她去摘取。

是的，这是一个很美的梦，乔妮要圆这个梦。终于，又经过许多艰辛的岁月，这个美丽的梦终于成了现实。1976年，她的自传《乔妮》出版并轰动了文坛，她收到了数以万计的热情洋溢的信。又两年过去了，她的《再前进一步》一书又问世了，该书以作者的亲身经历，告诉所有的残疾人，应该怎样战胜病痛，立志成才。后来，这本书被搬上了银幕，影片的主角就是由她自己扮演，她成了青年们的偶像，成了千千万万个青年自强不息、奋进不止的榜样。

乔妮是好样的，她用自己的行动向我们说明了这样一个道理：你的生命没有残缺，无论你的命运面临怎样的困厄，它们也丝毫阻止不了你实现自己的人生价值，相反，它们会成为你人生道路中一笔宝贵的精神财富。

不要抱怨生活的不公平

在现实中，我们难免要遭遇挫折与不公正的待遇，每当这时，有些人往往会产生不满，不满通常会引起牢骚，希望以此引起更多人的同情，吸引别人的注意力。从心理角度上讲，这是一种正常的心理自卫行为。但这种自卫行为同时也是许多人心中的痛，牢骚、抱怨会削弱责任心，降低工作积极性，这几乎是所有人为之担心的问题。

通往成功的征途不可能一帆风顺，遭遇困难是常有的事。事业的低谷、种种的不如意让你仿佛置身于荒无人烟的沙漠，没有食物也没有水。这种漫长的、连绵不断的挫折往往比那些虽巨大但却可以速战速决的困难更难战胜。在面对这些挫折时，许多人不是积极地去找一种方法化险为夷，绝处逢生，而是一味地急躁，抱怨命运的不公平，抱怨生活给予的太少，抱怨时运的不佳。

奎尔是一家汽车修理厂的修理工，从进厂的第一天起，他就开始喋喋不休地抱怨，"修理这活太脏了，瞧瞧我身上弄的"，"真累呀，我简直讨厌死这份工作了"……每天，奎尔都是在抱怨和不满的情绪中度过。他认为自己在受煎熬，在像奴隶一样卖苦力。因此，奎尔每时每刻都窥视着师傅的眼神与行动，稍有空隙，他便偷懒耍滑，应付手中的工作。

转眼几年过去了，当时与奎尔一同进厂的 3 个工友，各自凭着精湛的手艺，或另谋高就，或被公司送进大学进修，独有奎尔，仍旧在抱怨中做他讨厌的修理工。

抱怨的最大受害者是自己。生活中你会遇到许多才华横溢的失业者，当你和这些失业者交流时，你会发现，这些人对原有工作充满了抱怨、不满和谴责。要么就怪环境条件不够好，要么就怪老板有眼无珠，不识才……总之，牢骚一大堆，积怨满天飞。殊不知这就是问题的关键所在——吹毛求疵的恶习使他们丢失了责任感和使命感，只对寻找不利因素兴趣十足，从而使自己发展的道路越走越窄。他们与公司格格不入，变得不再有用，只好被迫离开。如果不相信，你可以立刻去询问你所遇到的任何 10 个失业者，问他们为什么没能在所从事的行业中继续发展下去，10个人当中至少有 9 个人会抱怨旧上级或同事的不是，绝少有人能够认识到自己之所以失业的真正原因。

提及抱怨与责任，有位企业领导者一针见血地指出："抱怨是失败的一个借口，是逃避责任的理由。爱抱怨的人没有胸怀，很难担当大任。"仔细观察任何一个管理健全的机构，你会发现，没有人会因为喋喋不休的抱怨而获得奖励和提升。这是再自然不过的事了。想象一下，船上水手如果总不停地抱怨：这艘船怎么这么破，船上的环境太差了，食物简直难以下咽，以及有一个多么愚蠢的船长……这时，你认为，这名水手的责任心会有多大？对工作会尽职尽责吗？假如你是船长，你是否敢让他做重要的工作？

如果你受雇于某个公司，就发誓对工作竭尽全力、主动负责吧！只要你依然还是整体中的一员，就不要谴责它，不要伤害它，否则你只会诋毁你的公司，同时也断送了自己的前程。如果你对公司、对工作有满腹的牢骚无从宣泄时，做个选择吧。一是选择离开，到公司的门外去宣泄；二是选择留下。当你选择留在这里的时候，就应该做到在其位谋其政，全身心地投入到工作上来，为更好地完成工作而努力。记住，这是你的责任。

一个人的发展往往会受到很多因素的影响，这些因素有很多是自己无法把握的，工作不被认同、才能不被发现、职业发展受挫、上司待人不公、别人总用有色眼镜看自己……这时，能够拯救自己走出泥潭的只有忍耐。比尔·盖茨曾告诫初入社会的年轻人："社会是不公平的，这种不公平遍布于个人发展的每一个阶段。"在这一现实面前，任何急躁、抱怨都没有益处，只有坦然地接受现实并战胜眼前的痛苦，才能使自己的事业有进一步发展的可能。

耐得住寂寞，才能获得成功

成就大业者在其创业初期，都是能耐得住寂寞的，古今中外，概莫能外。门捷列夫的化学元素周期表的诞生，居里夫人的镭元素的发现，陈景润在哥德巴赫猜想中摘取的桂冠等，都是他们在寂寞、单调中扎扎实实做学问，在反反复复的冷静思索和数次实践中获得的成就。每个人一生中的际遇肯定不会相同，然而只要你耐得住寂寞，不断充实、完善自己，当际遇向你招手时，你就能很好地把握，获得成功。有"马班邮路上的忠诚信使"称号的王顺友就是这样一个甘于寂寞、耐得住寂寞的人。

王顺友，四川省凉山彝族自治州木里藏族自治县邮政局投递员，2005年全国劳模，2007年"全国道德模范"的获得者。他一直从事着一个人、一匹马、一条路的艰苦而平凡的乡邮工作。邮路往返里程360公里，月投递两班，一个班期为14天，22年来，他送邮行程达26万多公里，相当于走了21个二万五千里长征，相当于围绕地球转了6圈！

王顺友担负的马班邮路，山高路险，气候恶劣，一天要经过几个气候带。他经常露宿荒山岩洞、乱石丛林，经历了被野兽袭击、意外受伤乃至肠子被骡马踢破等艰难困苦。他常年奔波在漫漫邮路上，一年中有330天左右的时间在大山中度过，无法照顾多病的妻子和年幼的儿女，却没有向上级单位提出过任何要求。

为了排遣邮路上的寂寞和孤独，娱乐身心，他自编自唱山歌，其间不乏精品，像《为人民服务不算苦，再苦再累都幸福》，等等。为了能把信件及时送到群众手中，他宁愿在风雨中多走山路，改道绕行以方便沿途群众。他还热心为农民群众传递科技信息、致富信息，购买优良种子。为了给群众捎去生产生活用品，王顺友甘愿绕路、贴钱、吃苦，受到群众的交口称赞。

20余年来，王顺友没有延误过一个班期，没有丢失过一个邮件，没有丢失过一份报刊，投递准确率达到100%，为中国邮政的普遍服务作出了最好的诠释。

王顺友是成功的，因为他耐住了寂寞，战胜了自己。耐得住寂寞，是所有成就事业者共同遵循的一个原则。它以踏实、厚重、沉思的姿态作为特征，以严谨、严肃、严峻的面目，追求着一种人生的目标。当这种目标价值得以实现时，仍喜不形于色，而是以更寂寞的人生态度去探求实现另一个奋斗目标。浮躁的人生是与之相悖的，它以历来不甘寂寞和一味追赶时髦为特征，被一种强烈的功利主义驱使。浮躁的向往，浮躁的追逐，只能产出浮躁的果实。这果实的表面或许是绚丽多彩的，却并不具有实用价值和交换价值。

耐得住寂寞是一种难得的品质，不是与生俱来，也不是一成不变，它需要长期的艰苦磨炼和凝重的自我修养、完善。耐得住寂寞是一种有价值、有意义的积累，而耐不住寂寞是对宝贵人生的挥霍。

一个人的生活中总会有这样那样的挫折，会有这样那样的机遇，只要你有一颗耐得住寂寞的心，用心去对待、去守望，成功就一定会属于你。

水温够了茶自香

生活中有些人，他们看到一部文学作品在社会上引起强烈反响，就想学习文学创作；看到电脑专业在科研中应用广泛，就想学习电脑技术；看到外语在对外交往中起重要作用，又想学习外语……由于他们对学习的长期性、艰巨性缺乏应有的认识和思想准备，只想"速成"，一旦遇到困难，便失去信心，打退堂鼓，最后哪一种技能也没学成。这种情况，与明代边贡《赠尚子》一诗里的描述非常相似："少年学书复学剑，老大蹉跎双鬓白。"是讲有的年轻人刚要坐下学习书本知识，又要去学习击剑，如此浮躁，时光匆匆溜掉，到头来只落得个白发苍苍、两手空空。

梅西14岁的时候来到美国，因为他从7岁起就跟着裁缝师学缝纫，所以到了美国之后，很顺利地就在一家裁缝店中找到了工作。

到了 18 岁时，梅西决定要成立一家属于自己的店。

于是，他和弟弟及其他合伙人共同买下了一间礼服店，他信心十足地把所有的积蓄都投资在这里。但是，接下来发生的许多事情，却不断地考验着梅西开店的决心。

先是在即将开业的前一天晚上，被小偷偷走了将近 8 万美元的存货；接下来他再度进的货，又在一场意外大火中付之一炬。

后来，他才发现保险经纪人欺骗了他，根本没有把他支付的保险费支票交给保险公司，所以这场火灾等于没有保险。

更惨的是，可以证明公司存货内容和价值的一位重要证人，却正好在这个时候去世了。

接二连三的打击实在让梅西受够了，他决定到别的裁缝店工作。但是，过了没多久，他渴望拥有自己事业的欲望又开始蠢蠢欲动了起来。

于是，他再度鼓起勇气，开了一家裁缝兼礼服出租店。这一次，他决定多采纳别人的意见，但在大方向上他依然坚持自己做决定。因为，他始终相信：如果因此跌倒了，是他让自己跌倒的；如果他站了起来，那也是靠自己站起来的。

因为梅西坚持着这个信念，所以不久之后，他的"法兰克礼服出租店"终于成为底特律的知名店铺。

水温够了茶自然香，功夫到了自然成。历史上凡有所建树的人，往往都是很勤奋、很努力的人。任何一项成就的取得，都是与勤奋和努力分不开的，只要功夫做到家，自然能获得成功。

在贫穷面前抬起头来

穷人看到有的人大富大贵，以为他们很幸福，但是有钱人心里不一定痛快。有的人，别人看他离幸福很远，他自己却时时与快乐邂逅。我们虽然无法改变自己目前的境况，但我们可以改变自己创造未来的心态。没了工作不要紧，但不能没有快乐，如果连快乐都失去了，那人生将是一片黑暗而没有边际的森林。追求快乐是人的天性，开心是生命中最顽强、最执着的律动。

在贫穷面前，我们不必抬不起头，金钱给予我们的只是我们所需要的一小部分，我们还有很多值得追求的东西，物质上的贫穷并不代表人生的贫乏。而且贫困往往只是眼下的，因为你永远有选择现在就动手改变的机会。贫穷与暂时的负债对懦弱的人会产生一股强大的摧毁力，而意志坚定的人却认为是对自己的磨炼。

拿破仑是科西嘉人，他的父亲虽很高傲，但是手头非常拮据。幼时，他父亲令他进入贝列思贵族学校。校中的同学大都恃富而骄，讥讽家境清寒的同学，所以拿破仑常受同学们的欺侮。他起初逆来顺受，竭力抑制自己的愤怒，但同学们的恶作剧愈演愈烈，他终于忍无可忍，于是函请父亲准他转学，希望脱离这可怕的环境。可是他的父亲来信回复他说："你仍须留在校中读书。"他不得已，只能忍受，饱尝了 5 年的痛苦。他每次遇到同学们的侮辱性的嘲弄，不但没有意志消沉，反而增强了他的决心，准备将来战胜这些卑鄙的纨绔子弟。

拿破仑 16 岁任少尉的那年，父亲不幸去世，在他微薄的薪俸中，尚需节省一部分钱来赡养他的母亲。那时，他又接受差遣，须长途跋涉，到凡朗斯的军营服役。到了部队，眼见伙伴们大都把闲余的光阴虚掷在狂嫖滥赌上，拿破仑知道自己绝不能和他们一样。他想要甩掉这顶贫穷的帽子，改变自己的命运。好在他尚不具有翩翩的风度，无从追求女人；囊中羞涩，更不能使他有一掷千金的豪兴。他把他闲余的光阴，全放在读书上。他早有了理想的目标，他在艰苦的环境中埋首研习，数年的工夫，积下来的笔记后来整理出来，竟有四大箱子。

他绘制了科西嘉岛的地图，并将设防计划罗列图上，根据数学的原理，精确计算。于是，他崭露头角，为长官所赏识，派他担任重要的工作，从此青云直上。其他的人对他的态度大大改观，从前嘲笑他的人，反而接受他指挥，奉承唯恐不及；轻视他的人，也以受他稍一顾盼为荣；挪揄他是一个迂儒书呆、毫无出息的人，也对他虔诚崇拜。

拿破仑的成功，固然是因为他的天才和学识修养，但最重要的还是他坚强的意志。他的意志，是在艰苦环境中磨砺出来的，不经历风雨，他也就可能不会成为世界上人人皆知的军事天才拿破仑。

困苦的环境，固然可以磨砺你的志气，但也可能消沉你的志气。你如果不战胜环境，环境便战胜你。你因为受了冷酷无情的打击，便妄自菲薄，以为前途绝无希望，听任命运的摆布，那么你的结局可想而知。而拿破仑绝不是这样，他认为世界上没有不可改造的环境，尽力战胜先天的缺憾，不退却，不放纵。

与其把大好的时间和精力放在为"钱"的忧虑上，还不如打点行装、振作精神去为赚钱而做好准备，用良好的心态开创光明的前程。

吃亏有时是种福

做事有长远计划的人，不会只计较自己的获得，而是懂得在适当的时候舍弃。因为他们知道，有时候"吃亏"并不是一种灾难，只有在经历了一番舍弃以后，我们才能获得更多的意外收获。

英国哈利斯食品加工工业公司总经理亨利，有一次突然从化验室的报告单上发现，他们生产食品的配方中，起保鲜作用的添加剂有毒，虽然毒性不大，但长期服用对身体有害。如果不用添加剂，则又会影响食品的新鲜度。

亨利考虑了一下，他认为应以诚对待顾客，于是他毅然把这一有损销量的事情告诉了每位顾客，随之又向社会宣布，防腐剂有毒，对身体有害。

做出这样的举措之后，他承受了很大的压力。食品销路锐减不说，所有从事食品加工的老板都联合起来，用一切手段向他反扑，指责他别有用心，打击别人，抬高自己，他们一起抵制哈利斯公司的产品，哈利斯公司一下子跌到了濒临倒闭的边缘。苦苦挣扎了4年之后，亨利的食品加工公司已经无以为继，但他的名声却家喻户晓。

这时候，政府站出来支持亨利了。哈利斯公司的产品又成了人们放心满意的热门货。哈利斯公司在很短时间内便恢复了元气，规模扩大了两倍。哈利斯食品加工公司一举成了英国食品加工业的"龙头公司"。

很多人认为吃亏是一种损失，自己想要的东西没有得到，或者本来应该拥有的没有获得，心里总会有一种失落的感觉。可是，如果你不舍弃自己的利益，成全别人，就不会得到别人的关注和支持。

深圳有一个农村来的妇女，起初给人当保姆，后来在街头摆小摊儿，卖一个胶卷赚一角钱。她认死理，一个胶卷永远只赚一角。现在她开了一家摄影器材店，门面越做越大，还是一个胶卷赚一角；市场上一个柯达胶卷卖23元，她卖16元1角，批发量大得惊人，深圳搞摄影的没有不知道她的。外地人的钱包丢在她那儿了，她花了很多长途电话费才找到失主；有时候算错账多收了人家的钱，她心急火燎找到人家还钱。听起来像傻子，可赚的钱不得了，在深圳，再牛气的摄影商，也都乖乖地去她那儿拿货。

在很多人眼里，这个深圳妇女总是做着吃亏的傻事，可是正是因为她的勇于吃亏，正是她对于别人的利益的成全，她才能吸引更多的顾客，才能让自己的生意做得越来越红火。所以说，吃亏并不如我们想象中那么可怕，有时候吃亏反而是一种福气。

吃亏是福，需要的是一种潇洒的生活态度，也需要一种做事的魄力。虽然有时候我们需要舍弃的东西并不多，可是能够将自己的东西和利益拱手相让的，还是需要一份勇气，一种风度，一种气量。

关键的时候敢于吃亏，这不仅体现我们大度的胸怀，同时也是做大事业的必要素质。赢到最后的人，才是真正的赢家。

失去可能是另一种获得

人生就像一场旅行，在行程中，你会用心去欣赏沿途的风景，同时也会接受各种各样的考验，这个过程中，你会失去许多，但是，你同样也会收获很多，因为，失去是另一种获得。

有一位住在深山里的农民，经常感到环境艰险，难以生活，于是便四处寻找致富的好方法。一天，一位从外地来的商贩给他带来了一样好东西，尽管在阳光下看去那只是一粒粒不起眼的种子。但据商贩讲，这不是一般的种子，而是一种叫作"苹果"的水果的种子，只要将其种在土壤里，几年以后，就能长成一棵棵苹果树，结出数不清的果实，拿到集市上，可以卖好多钱呢！

欣喜之余，农民急忙将苹果种子小心收好，但脑海里随即涌现出一个问题：既然苹果这么值钱、这么好，会不会被别人偷走呢？于是，他特意选择了一块荒僻的山野来种植这种颇为珍贵的果树。

经过几年的辛苦耕作，浇水施肥，小小的种子终于长成了一棵棵苗壮的果树，并且结出了累累硕果。

这位农民看在眼里，喜在心中。因为缺乏种子的缘故，果树的数量还比较少，但结出的果实也肯定可以让自己过上好一点儿的生活。

他特意选了一个吉祥的日子，准备在这一天摘下成熟的苹果，挑到集市上卖个好价钱。当这一天到来时，他非常高兴，一大早便上路了。

当他气喘吁吁爬上山顶时，心里猛然一惊，那一片红灿灿的果实，竟然被外来的飞鸟和野兽们吃了个精光，只剩下满地的果核。

想到这几年的辛苦劳作和热切期望，他不禁伤心欲绝，大哭起来。他的财富梦就这样破灭了。在随后的岁月里，他的生活仍然艰苦，只能苦苦支撑下去，一天一天地熬日子。不知不觉之间，几年的光阴如流水一般逝去。

一天，他偶然来到了这片山野。当他爬上山顶后，突然愣住了，因为在他面前出现了一大片茂盛的苹果林，树上结满了累累硕果。

这会是谁种的呢？他思索了好一会儿才找到了答案：这一大片苹果林都是他自己种的。

几年前，当那些飞鸟和野兽在吃完苹果后，就将果核吐在了旁边，经过几年的时间，果核里的种子慢慢发芽生长，终于长成了一片更加茂盛的苹果林。

现在，这位农民再也不用为生活发愁了，这一大片林子中的苹果足以让他过上幸福的生活。

从这个故事当中我们可以看出，有时候，失去是另一种获得。花草的种子失去了在泥土中的安逸生活，却获得了在阳光下发芽微笑的机会；小鸟失去了几根美丽的羽毛，经过跌打，却获得了在蓝天下凌空展翅的机会。人生总在失去与获得之间徘徊。没有失去，也就无所谓获得。

一扇门如果关上了，必定有另一扇门打开。你失去了一种东西，必然会在其他地方收获另一种东西。关键是，你要有乐观的心态，相信有失必有得，要舍得放弃，正确对待你的失去。

/第三节/

不抱怨的磁场，将引来更多的快乐

内心期待什么就能做成什么

我们的内心有着很强大的力量，如果我们一直对生活寄托很多美好的期许，那么即使是在厄运当中，我们的命运也会很快得到扭转。

大学期间，戴尔经常听到同学们谈论想买电脑，但由于售价太高，许多人买不起。戴尔心想："经销商的经营成本并不高，为什么要让他们赚那么丰厚的利润？为什么不由制造商直接卖给用户呢？"戴尔知道，万国商用机器公司规定，经销商每月必须提取一定数额的个人电脑，而多数经销商都无法把货全部卖掉。他也知道，如果存货积压太多，经销商会损失很大。于是，他以很低的价格购得经销商的存货，然后在宿舍里加装配件，改进性能。这些经过改良的电脑十分受欢迎。戴尔见到市场的需求巨大，于是在当地刊登广告，以零售价的八五折推出他那些改装过的电脑。不久，许多商业机构、医疗机构和律师事务所都成了他的顾客。由于戴尔一边上学一边创业，父母一直担心他的学习成绩会受到影响，父亲劝他说："如果你想创业，等你获得学位之后再说吧。"

可是戴尔觉得如果听父亲的话，就是在放弃一个一生难遇的机会。于是，便坦白地告诉父母："我决定退学，自己开公司。""你的梦想到底是什么？"父亲问道。"和万国商用机器公司竞争。"戴尔说。和万国商用机器公司竞争？他的父母大吃一惊，觉得他太不自量力了。但无论他们怎样劝说，戴尔始终不放弃自己的梦想。最终，他和父母达成了协议：他可以在暑假试办一家电脑公司，如果办得不成功，到

9 月就要回学校去读书。得到父母的允许后，戴尔拿出全部积蓄创办戴尔电脑公司，当时他 19 岁。

他以每月续约一次的方式租了一个小小的办事处，雇用了一名 28 岁的经理，负责处理财务和行政工作。在广告方面，他在一只空盒子底上画了戴尔电脑公司第一张广告的草图。朋友按草图重绘后拿到报社去刊登。戴尔仍然专门直销经他改装的万国商用机器公司的个人电脑。第一个月营业额便达到 18 万美元，第二个月 265 万美元，仅仅一年，便每月售出个人电脑 1000 台。积极推行直销、按客户要求装配电脑、提供退货还钱以及对失灵电脑"保证翌日登门修理"的服务举措，为戴尔公司赢得了广阔的市场。大学毕业的时候，迈克尔·戴尔的公司每年营业额已达 7000 万美元。后来，戴尔停止出售改装电脑，转为自行设计、生产和销售自己的电脑。如今，戴尔电脑公司在全球 16 个国家设有分公司，每年收入超过 20 亿美元，有雇员约 5500 名。戴尔个人的财产，估计在 2.5 亿到 3 亿美元之间。假如戴尔不是忠于梦想，并且基于梦想坚决行动的话，显然他是不可能成为当今世界最年轻的富豪的。

内心期待什么就能做成什么。我们都可以按照自己的渴望设计人生。如果你始终觉得自己的生活过于悲惨，渴望构建一个属于自己的人间天堂，那么你每天都告诉自己："我离天堂很近。"很快你就会觉得自己真的置身于幸福的天堂了。

我们读着弥尔顿的那句话："境由心生。"就会产生很大的感触，原来心中有天堂，我们就生活在天堂里，心中有地狱，我们就会在地狱中挣扎。我们的生活总是跟着内心变化的，内心期许什么，我们就能做成什么。既然是这样，我们为什么不往好的方面想，让那些不快乐的事情远离我们的生活，给予自己一片纯净而又快乐的天空呢？

生命的本质在于追求快乐

亚里士多德说过，生命的本质在于追求快乐，而使得生命快乐的途径有两条：第一，发现使你快乐的时光，增加它；第二，发现使你不快乐的时光，减少它。快乐的人不是没有黑暗和悲伤的时候，只是他们追寻快乐的状态不会被黑暗和悲伤遮盖罢了。

正如德国思想家席勒所说："只有当人是真正意义上的人时，他才游戏。只有当人游戏时，他才完全是人。"

由于人的价值观不同，所以人们对快乐的理解不同。有人以为吃鲍鱼、燕窝、鱼翅是莫大的幸福，有人却为每天吃鲍鱼、燕窝、鱼翅而痛苦。有人以为骑自行车上下班是一种卑微，有人却由于各种压力而不能享受这种轻松自然。

因此，快乐可以分为两类：自然快乐和强迫快乐。如果事情的发展顺遂人意，那么自然要享受快乐，不用刻意寻找快乐。如果事情的发展不尽如人意，而自己又不想承受挫折产生的心灵痛苦，就要想出一些办法，让自己快乐起来。这种快乐就称为强迫性快乐。如果能够在顺心如意的情况下快乐，又能够在背时厄运的情况下保持平和，我们的生活质量就会得到提高。

那么，在竞争激烈的社会中，我们又如何拥有阳光心态，做最快乐的自己呢？

第一，要树立多元化的成功思维模式。

在现代社会中，太多的人不由自主地陷入了一元化成功的陷阱和圈套中。他们在追逐世俗成功标准的过程中，为了达到所谓"成功人士"的要求，过度地追求名利、地位、虚荣和奢华，有时甚至不择手段，结果走进了"成功"的死胡同而不能自拔，越"成功"越烦恼，越"成功"越不快乐。坦途变成了坎坷，天堂变成了地狱。

其实，条条大路通罗马，成功的道路不止一条，成功的标准也不止一个。在竞争中脱颖而出是成功，有勇气不断超越自己、不断超越过去的人，同样是成功者。做最阳光的自己就要求我们抛弃一元化成功思维模式，树立多元化成功思维模式，完整、均衡、全面地理解和阐释成功的定义，在活出真实的自我中享受到阳光般的幸福和快乐。

第二，要能够做到操之在我，褒贬由人。

每个人都希望能够得到别人的认可与肯定，这是人的基本心理需求之一，但是，如果这种需求过分强烈，就会造成沉重的精神负担并最终导致心灵的扭曲。"除非我们能够得到别人的承认，否则我们就是默默无闻的，就是没有价值的。""我们的工作并不重要，得到别人的承认才重要。"这种观念越牢固，精神就越痛苦，越努力就越找不到快乐和幸福。

其实，在很多情况下，我们真的没有自己想象得那么重要。别人邀请你参加晚会或发言，有时只是出于礼貌，甚至希望你最好能知趣地谢绝，或者简单地应付一下即可。西方有句谚语："20岁时，我们在意别人对我们的看法；40岁时，我们不理会别人对我们的看法；60岁时，我们发现别人根本就没有在意我们。"

因此，不必处处要求别人的认可，如果认可降临，你就坦然地接受它；如果它未能如期而至，你也不要过多地去想它。你的满足应该来自于你的工作和生活本身，你的快乐是为你自己，而不是为别人。

第三，时刻审视"职业竞争不相信眼泪"的道理。

在崇尚效率和结果的今天，职业竞争是不相信眼泪的，一个人的成功速度取决于他对不良情绪的调整速度。在日新月异的竞争时代，我们没有时间为刚才发生的事情懊恼不已或追悔莫及，我们能做的就是让那些不愉快的事情如瞬间飘逝的烟云，用阳光迅速驱除消极的阴霾，让自己去享受工作的挑战、生活的美好和生命的过程。

我们随时都有选择快乐的权利

如果你遇到了挫折，遭遇了失败，心情低落到了极点，情绪坏到了不能再坏到地步，那么请先让自己冷静下来。铺开一张纸，就好像铺开自己的心情一样，把自己的不快乐都列在这张清单上。当然，你还要找出一张纸，上面写上可能让你得到幸福的事情，不要放过任何一个快乐的源泉，比如你长的漂亮、你的身体很健康、你的家人对你很好，等等。紧接着，你就可以对比了。这个时候，你就会发现，让你快乐的理由远远大于悲伤和难过的，既然如此，你就不该再将自己置于悲伤和痛苦的阴影当中了。

多年以前，有一个女孩因为错手伤了人而坐牢，尽管后来被释放，她仍然很痛苦，就到教堂祷告，希望上帝能够分担她的痛苦。看到女孩一脸悲伤，牧师问她发生了什么事。女孩哭了，她泣不成声地说："我多么的不幸啊，我这一辈子都摆脱不了这件事情给我带来的痛苦了……"

听罢她的叙述，牧师对她说："这位小姐，你是自愿坐牢的。"

女孩被牧师的话吓了一跳，说："你说什么？我怎么可能自愿坐牢？"

牧师对她说："你尽管已经从监狱里出来了，但在你的心里，天天心甘情愿地被关在牢里，那你不是自愿坐在心中的牢狱里吗？"

"这是什么意思呢？"女孩不解地问。

"在你身边发生了一件不好的事情，你就好像看了一场不好的电影一样，天天在回想，这不是很笨吗？你改变不了环境，但你可以改变自己；你改变不了事实，但你可以改变态度；你改变不了过去，但你可以改变现在；你不能控制他人，但你可以掌握自己；你不能预知明天，但你可以把握今天；你不可能样样顺利，但你可以事事尽心；你不能延伸生命的长度，但你可以决定生命的宽度；你不能左右天气，但你可以改变心情……"

生活本身已经制造那么多问题了，如果我们又进一步在脑子里提炼出那么多不快乐，的确是在增加心理的负荷。每天都要面对那么多无法预测的事情，还要承受自己给自己制造的不快乐，这本身难道不是一种愚蠢的行为吗？

我们不要再强调那些不快乐，来看看怎么才能停止制造不幸的过程：我们是因为想不快乐的事情，使用我们惯有的悲观情绪去想问题，所以才变得不快乐的。那么，只要我们停止再想这些问题，停止用悲观的眼睛看待世界，就会开心得多。

其实一个人在任何时候都面临着选择快乐和不快乐两个方面，也许我们不能在任何环境下都选择快乐，但是我们必须知道，我们在任何时候都有选择快乐的权利。

活着，就是一种幸福

有位青年，厌倦了生活，感到一切只是无聊和痛苦。为寻求刺激，青年参加了挑战极限的活动。活动规则是：一个人待在山洞里，无光无火亦无粮，每天只供应5千克的水，时间为整整5个昼夜。

第一天，青年颇觉刺激。

第二天，饥饿、孤独、恐惧一齐袭来，四周漆黑一片，听不到任何声响。于是他有点向往起平日里的无忧无虑来。

他想起了乡下的老母亲不远千里赶来，只为送一坛韭菜花酱以及一双小孙子的虎头鞋；他想起了终日相伴的妻子在寒夜里为自己掖好被子；他想起了宝贝儿子为自己端的第一杯水；他甚至想起了与他发生争执的同事曾经给自己买过的一份工作餐……渐渐地，他后悔起平日里对生活的态度来：懒懒散散，敷衍了事，冷漠虚伪，无所作为。

到了第三天，他几乎要饿昏过去。可是一想到人世间的种种美好，便坚持了下来。第四天、第五天，他仍然在饥饿、孤独、极大的恐惧中反思过去，向往未来。

他责骂自己竟然忘记了母亲的生日；他遗憾妻子分娩之时未尽照料义务；他后悔听信流言与好友分道扬镳……他这才觉出需要他努力弥补的事情竟是那么多。可是，连他自己也不知道，他能不能挺过最后一关。此时，泪流满面的他发现：洞门开了。阳光照射进来，白云就在眼前，淡淡的花香，悦耳的鸟鸣——他又迎来了一个美好的人间。

青年扶着石壁慢慢走出山洞，脸上浮现出了一丝难得的笑容。5天来，他一直用心在说一句话，那就是：活着，就是幸福。

放下死亡的包袱，敲开自己的心扉，积极地对待生活中的每一天，你才能好好地活着。

一位名人去世了，朋友们都来参加他的追悼会。昔日前呼后拥、香车宝马的名人躺在骨灰盒里，百万家财不再属于他，宽敞的楼房也不再属于他，他所拥有的只有一个骨灰盒大小的空间。

从名人的追悼会上回来，几乎每一个人都对生命有了新的看法。那么聪明的一个人，那么会算计的一个人，每一个曾经与他斗的人最终都败下阵来，可是他斗来斗去也斗不过命。撒手人寰以后，一切都是空。

人们想：趁现在好好活着吧，活着就是幸福，什么利、权、势，轰轰烈烈了一世，最后还不是一个人孤零零？以前踩着那么多人的肩膀向上爬，得罪了那么多人，值吗？

追悼会是一次洗礼。从死亡的身边经过以后，才知道活着究竟是怎么回事。

可是，明天还是要忙忙碌碌地奔波，钩心斗角地生活。

一边是死亡的震撼，一边是活着的琐碎，我们很容易被死亡震撼，然而我们更容易被活着的琐碎淹没。不要去在意那些繁杂的纠葛、苦痛、伤害、低迷等，一切的一切仅仅是生活中小小的注脚而已。活着，即意味着追求幸福的资本和契机。活着就是幸福，让我们好好珍惜现在鲜活的生命。

活在当下，不透支生活的烦恼

有个小和尚，每天早上负责清扫寺院里的落叶。

清晨起床扫落叶实在是一件苦差事，尤其在秋冬之际，每一次起风时，树叶总随风飞舞。每天早上都需要花费许多时间才能扫完树叶，这让小和尚头痛不已，他一直想要找个好办法让自己轻松些。

后来有个和尚跟他说："你在明天打扫之前先用力摇树，把落叶统统摇下来，后天就可以不用扫落叶了。"小和尚觉得这是个好办法，于是隔天他起了个大早，使劲猛摇树，这样他就可以把今天跟明天的落叶一次扫干净了。一整天小和尚都非常开心。

第二天，小和尚到院子里一看，不禁傻眼了，院子里如往日一样满地落叶。老和尚走了过来，对小和尚说："傻孩子，无论你今天怎么用力，明天的落叶还是会飘下来。"小和尚终于明白了，世上有很多事是无法提前的，唯有认真地活在当下，才是最正确的人生态度。

库里希坡斯曾说："过去与未来并不是'存在'的东西，而是'存在过'和'可能存在'的东西。唯一'存在'的是现在。"

活在当下是一种全身心地投入人生的生活方式。当你活在当下，而没有过去拖在你后面，也没有未来拉着你往前时，你全部的能量都集中在这一时刻，生命因此具有一种巨大的张力。"当下"给你一个深深地潜入生命水中或是高高地飞进生命天空的机会。当然在两边都有危险——"过去"和"未来"是人类语言里最危险的两个词。生活在过去和未来之间的当下就好像走在一条绳索上，在它的两边都有危险。但是一旦你尝到了"当下"这个片刻的甜蜜，你就不会去顾虑那些危险；一旦你跟生命保持同一步调，其他的就无关紧要了。对你而言，生命就是一切。

当生命走向尽头的时候，你问自己一个问题：你对这一生还存有遗憾吗？你认为想做的事你都做了吗？你有没有好好笑过、真正快乐过？

想想看，你这一生是怎么度过的：年轻的时候，你拼了命想挤进一流的大学；随后，你巴不得赶快毕业找一份好工作；接着，你迫不及待地结婚、生小孩；然后，你又整天盼望小孩快点长大，好减轻你的负担；后来，小孩长大了，你又恨不得赶快退休；最后，你真的退休了，不过，你也老得几乎连路都走不动了……当你正想停下来好好喘口气的时候，生命也快要结束了。

其实，这不就是大多数人的写照吗？他们劳碌了一生，时时刻刻为生命担忧，为未来做准备，一心一意计划着以后发生的事，却忘了把眼光放在"现在"，等到时间一分一秒地溜过，才恍然大悟。

智者常劝世人要"活在当下"，到底什么叫作"当下"？简单地说，"当下"指的就是：你现在正在做的事、待的地方、周围一起工作和生活的人。"活在当下"就是要你把关注的焦点集中在这些人、事、物上面，认真地去接纳、品尝、投入和体验这一切。

而事实上，大多数的人都无法专注于"现在"，他们总是若有所想，心不在焉，想着明天、明年甚至下半辈子的事。假若你时时刻刻都将力气耗费在未知的未来，却对眼前的一切视若无睹，你永远也不会得到快乐。一位作家这样说过："当你存心去找快乐的时候，往往找不到，唯有让自己活在'现在'，全神贯注于周围的事物，快乐才会不请自来。"或许人生的意义，不过是嗅嗅身旁绚丽的花，享受一路走来的点点滴滴而已。毕竟，昨日已成历史，明日尚不可知，只有"现在"才是上天赐予我们最好的礼物。

许多人喜欢预支明天的烦恼，想要早一步将它解决掉。其实，明天如果有烦恼，你今天是无法解决的，每一天都有每一天的人生功课要交，努力做好今天的功课再说吧！用平常心对待每一天，用感恩的心对待当下的生活，我们才能理解生活和快乐的真正含义。

看淡得失，也就减少了痛苦

人生之中，难免会经历这样或那样的波折。面对生活中的痛苦，如果一味沉浸在对命运的抱怨中，那么我们看到的只能是漫无天际的悲观和失望，可是如果保持一颗豁达的心，即使是身在人生的风雪里，也只会把它当成是一种风景来观赏。

布莱恩·布洛辛拥有过他想要的一切：美式足球的球员合约、漂亮的妻子珍和即将诞生的儿子班。布莱恩回想以往，说："突然有一天，我的美好世界开始支离破碎。球队排挤我，我失业了，没有能力找一份好工作。更糟的是，我的儿子生来没有双脚、少了一只手，医生遗憾地告诉我们，他得了非常罕见的疾病，全加拿大仅有3桩病例。几年前我的妻子驾车失控，迎面撞上一辆时速65英里的货柜车，我就坐在她旁边，亲眼看见她断气。被送到加护病房后，医生发现我的脖子断裂，所幸仍能走路。"

假如你觉得相信未来是困难的，记住布莱恩的故事，他像浴火凤凰般从梦想的残骸里劫后余生。他说："那实在是一段艰苦的岁月，没有上帝和朋友的支持，我早已陷入绝望的无底深渊了。"

他没有绝望。我们问他是如何走过那段黯淡的岁月，他说："我对美式足球很在行，我可以阻球、抱球、运球，但我对自由创业一无所知，所以我渴望获得知识。我每个星期读一本书，每天听一卷录音带，我发现良师益友和心中理想的人物。我并不害怕问他们问题，我接受各方的指导，相信上帝可以帮我度过每一天，而且我一直相信自己。"

如今布莱恩有成功的事业、美丽的新妻子黛卓和快乐的家庭。15岁的儿子班克服了残障，成为一个杰出的学生和出色的作家。

没错，面对生活中的磨难，如果不能拥有一颗豁达的心面对，那么我们只能一直生活在痛苦当中。在生活中，很多人都不能放下心中的痛苦，他们觉得是命运的亏待，让他们感受到了别人品尝不到的痛苦。所以，他们愤恨，他们抱怨，甚至于还会想到要报复。

可是，即便是我们把不快都发泄给了另一个人，我们仍然没有办法减轻心中的痛苦，因为我们不曾放下。所以，与其将别人卷入痛苦之中，不如我们自己释怀，看淡得失，也就看淡了人生的风景。

幸福在于失意时的忘却

有人这样问："爱情没有了，回忆起来甜蜜多一点还是痛苦多一点？"我们常常会遇到这样的问题，很多人觉得失去了当然是痛苦大于幸福，想起分手时刻的那些伤害，想起流泪时的心情都会让人心中痛苦。而有一个人却说："分手了，我记得最多的还是甜蜜，因为我忘记了那些痛苦，留在记忆里最多的还是曾经有一份很美的爱情。"的确，很多时候，我们伤心、痛苦的时候，最多的还是因为我们无法忘记，无法忘记那些伤痛和失意，那些记忆犹如明镜一般被我们悬挂起来，每天都在看，每时都在想，这样的话我们又怎能快乐呢？所以，在失意的时候，应当学会忘记，忘记那些不快，才能够真正的快乐，才能开始新的生活。

生于尘世，每个人都不可避免地要经历苦雨凄风，面对艰难困苦，想开了就是天堂，想不开就是地狱，而忘记就是一副良药，愈合你的伤口，让你怀着新的希望上路。

人的一生，就像一趟旅行，沿途中有数不尽的坎坷泥泞，但也有看不完的春花秋月。如果我们的一颗心总是被灰暗的风尘所覆盖，干涸了心泉、暗淡了目光、失去了生机、丧失了斗志，我们的人生轨迹岂能美好？而如果我们能保持一种健康向上的心态，即使我们身处逆境、四面楚歌，也一定会有"山重水复疑无路，柳暗花明又一村"的那一天。

悲观失望者一时的呻吟与哀叹虽然能得到短暂的同情与怜悯，但最终的结果必然是别人的鄙夷与厌烦；而乐观上进的人，经过长期的忍耐与奋斗，最终赢得的将不仅仅是鲜花与掌声，还有那饱含敬意的目光。

虽然，每个人的人生际遇不尽相同，但命运对每一个人都是公平的。因为窗外有土也有星，就看你能不能磨砺一颗坚强的心、一双智慧的眼，透过岁月的尘寻觅到辉煌灿烂的星星。只不过你永远忘不掉曾经的荆棘，所以你总畏惧前行。

很多人在失意的时候学会了抱怨，学会了沉沦。忘不掉别人给予的伤痛，莫过于拿别人的错误来惩罚自己。就如失恋，不是因为你自己不够优秀，也不是因为你自己倒霉，而是你在错误的时间遇到了不适合的人。分开很正常，因为你需要腾出时间和位置去给那个适合的人，但是在你沉沦的那一刻起，你的记忆里装满的都是曾经的伤，又怎能给那个真正适合的人空间呢？所以一个塞满了旧的回忆的大脑，永远无法让新鲜的东西进来。

在生活中,有很多的无奈要我们去面对,有很多的道路需要我们去选择。忘记一些原本不应该属于自己的,去追寻前方更加美好的。忘记一些烦琐,为大脑减负,忘记那些怅惘,为了轻快地歌唱;忘记一段凄美,为了轻柔的梦想。忘记,是一种伤感,但更是一种美丽。

人生苦旅,等闲视之

人生难免会有失意的时候,事业上的、情感上的、家庭上的,等等。面对失意,强者以一颗自强不息的心不断进取,弱者就是面对一张薄纸,也不愿伸手戳破,去达到自己的目的。一个人拿到一手坏牌时,一定要保持自立自强的姿态,奋力前行。

有一个农民,只上了几年学,家里就没钱继续供他上学了。他辍学回家,帮父亲耕种二亩薄田。在他18岁时,父亲去世了,家庭的重担全部压在了他的肩上。他要照顾身体不佳的母亲,还有瘫痪在床的祖母。

改革开放后,农田承包到户。他把一块水田挖成池塘,想养鱼。但村里的干部告诉他,水田不能养鱼,只能种庄稼,他只好又把水塘填平。这件事成了一个笑话,在别人看来,他是一个想发财但又非常愚蠢的人。

听说养鸡能赚钱,他向亲戚借了300元钱,养起了鸡。但是一场大雨后,鸡得了鸡瘟,几天内全部死光。300元对别人来说可能不算什么,但对一个只靠二亩薄田生活的家庭而言,可谓天文数字。他的母亲受不了这个刺激,忧劳成疾而死。

他后来酿过酒,捕过鱼,甚至还在石矿的悬崖上帮人打过炮眼……可都没有赚到钱。

36岁的时候,他还没有娶到媳妇。即使是离异的有孩子的女人也看不上他,因为他只有一间土屋,随时有可能在一场大雨后倒塌。娶不上老婆的男人,在农村是没有人看得起的。

但他还是没有放弃,不久他就四处借钱买了一辆手扶拖拉机。不料,上路不到半个月,这辆拖拉机就载着他冲入一条河里。他断了一条腿,成了瘸子。而那辆拖拉机,被人捞起来时,已经支离破碎,他只能拆开它,当作废铁卖。

几乎所有的人都说他这辈子完了。

但多年后他还是成了一家公司的老总,手中有1亿元的资产。现在,许多人都知道他苦难的过去和富有传奇色彩的创业经历。许多媒体采访过他,许多报告文学描述过他。曾经有记者这样采访他：

记者问："在苦难的日子里，你凭借什么一次又一次毫不退缩？"

他坐在宽大豪华的老板台后面，喝完了手里的一杯水。然后，他把玻璃杯子握在手里，反问记者："如果我松手，这只杯子会怎样？"

记者说："摔在地上，碎了。"

"那我们试试看。"他说。

他手一松，杯子掉到地上发出清脆的声音，但并没有破碎，而是完好无损。他说："即使有 10 个人在场，他们都会认为这只杯子必碎无疑。但是，这只杯子不是普通的玻璃杯，而是用玻璃钢制作的。"

是啊！这样的人，即使只有一口气，他也会努力去拉住成功的手，除非上苍剥夺了他的生命……

这位成功者开始的境遇不但很坏，甚至可以说糟透了，但他硬是将原本悲惨的命运改变了。他依靠的是什么？就是在失意的时候，他从来没有放弃过，自强、自立使他一路风雨兼程最终走向了成功。

面对挫折，只有自强者才能战胜困难、超越自我。如果一味地想着等待别人来帮忙，只能落得失败的下场。凭着自己的努力可以解决任何问题，永远可以依赖的人只有自己！

有一颗清净的心

1918 年 8 月 19 日，一度风流倜傥悠游于海上名流之间的才子、名士李叔同离妻别子，悄然遁入空门，法号弘一。今天，读过弘一大师传记的人，大概都不会忘记他是以怎样珍惜和满足的神情面对盘中餐：那不过是最普通的萝卜和白菜，他用筷子小心地夹起放在嘴里，似在享用山珍海味。正像他的好友所说："在他，什么都好，旧毛巾好、草鞋好、萝卜好、白菜好、草席好……"

而令人惊奇的是，这位备受敬仰的人物，原本生长在"黄金白玉非为贵"的富豪之家。

"惜衣惜食，非为惜财缘惜福；爱人爱物，到了方知爱自己。"以惜福的心态度过生命中的每一天，怎能不会产生知足、安详、欢愉、幸福的感觉呢？

有一场举世瞩目的赛事，台球世界冠军已走到卫冕的门口。他只要把最后那个 8 号黑球打进球门，凯歌就奏响了。就在这时，不知从什么地方飞来一只苍蝇。苍蝇第一次落在他握杆的手臂上。有些痒，冠军停下来。苍蝇飞走了，这回竟落在了冠军锁着的眉头上。冠军只好不情愿地停下来，烦躁地去打那只苍蝇。苍蝇又轻捷地脱逃了。冠军做了一番深呼吸再次准备击球。天啊！他发现那只苍蝇又回来了，像个幽灵似的落在了8号黑球上。冠军怒不可遏，拿起球杆对着苍蝇捅去。苍蝇受到惊吓飞走了，可球杆触动了黑球，黑球当然没有进洞。按照比赛规则，该轮到对手击球了。对手抓住机会死里逃生，一口气把自己该打的球全打进了。

卫冕失败，冠军恨死了那只苍蝇。在众人的喧哗中，冠军不堪重负，不久就自己结束了生命。临终时他对那只苍蝇还耿耿于怀。一只苍蝇和一个冠军的命运胶着在一起，也许是偶然的。倘若冠军能制怒并静待那只苍蝇飞走的话，故事的结局也许就会重写了。

一个心智成熟的人，必定能控制住自己所有的情绪与行为，不会像野马那样为一点小事抓狂。当你仔细地审思自己时，你会发现自己既是自己最好的朋友，也是自己最大的敌人。特别是你要控制别人之前，一定要先控制住自己。如果你不能征服自己，你就可能永远错失幸福。

虽然生活中，幸福没有统一的答案，也没有一定的模式。但是它同样需要一种捕获的心境。幸福的内涵无限丰富，只要你善于捕捉，用心灵去发现，哪怕是一条温暖的短信问候，一句关爱的叮咛，一缕初夏的凉风，一幕日常生活琐碎的片段……你都能感受到幸福，因为你拥有一颗懂得享受幸福的心。

声色犬马常使心灵混浊、辛苦、茫然。古人说，淡泊以明志，宁静而致远。简简单单地生活，简简单单地去发觉点滴间存在的小小幸福。

幸福其实是无遮无拦的，它就像山坡上静静地吐着芬芳的野花，没有围墙，也不需要门票，只要有一颗清净的心和一双未被遮住的眼睛，就能得到。

不要给负面想法任何余地

世上没有任何事情是值得忧虑的

获得平静的心有一个很重要的方法，那就是将心灵腾空。你可以多尝试几次，但是一定要腾空心中的恐惧、仇恨、不安全感、内疚、悔恨和罪恶感。事实上，只要你腾空自己的心灵，就会缓和你的痛苦和负担。如果你不这样做，一味地忧虑下去，那么你只是在折磨自己，事情不会发生任何改变。

一个商人的妻子不停地劝慰着她那在床上翻来覆去足有几百次的丈夫："睡吧，别再胡思乱想了。"

"嗨，老婆子啊，"丈夫说，"几个月前，我借了一笔钱，明天就到还钱的日子了。可你知道，咱家哪有钱啊！你也知道，借给我钱的那些邻居们比蝎子还毒，我要是还不上钱，他们能饶得了我吗？为了这个，我能睡得着吗？"

妻子试图劝他，让他宽心："睡吧，等到明天，总会有办法的，我们说不定能弄到钱还债的。"

"不行了，一点儿办法都没有啦！"丈夫喊叫着。

最后，妻子忍耐不住了，她爬上房顶，对着邻居家高声喊道："你们知道，我丈夫欠你们的债明天就要到期了。现在我告诉你们：我丈夫明天没有钱还债！"她跑回卧室，对丈夫说："这回睡不着觉的不是你，而是他们了。"

如果凌晨三、四点的时候，你还忧虑在心头，似乎全世界的重担都压在你肩膀上：到哪里去找一间合适的房子？找一份好一点的工作？怎样可以使那个啰唆的主管对你有好印象？儿子的健康、女儿的行为、明天的伙食、孩子们的学费……可怜！你的脑子里有许多烦恼、问题和亟待要做的事在那里滚转翻腾！女儿的男友配得上她吗？粮食会不会又要涨价了？可怜！你脑子里的思绪东飘西荡，你仿佛永远无法再入睡了！

不，你会睡着的，只要你采取一个简单的步骤，对自己说一句简短的话，说上几遍，每一次要深呼吸，放松！你要对自己说，同时心里也要真的这样想："不要怕。"

深呼吸，一切由它去！睁开眼睛，再轻松地闭起来，告诉自己："不要怕。"要仔细想想这些有魔力的字句，而且要真正相信，不要让你的心仍彷徨在恐惧和烦恼之中。

有一点，我们不能将忧虑与计划安排混为一谈，虽然二者都是对未来的一种考虑。如果你是在制定未来的计划，这将更有助于你现实中的活动，使你对未来有自己的具体想法与行动指南。而忧虑只是因今后可能发生的事情而产生惰性。忧虑是一种流行的社会通病，几乎每个人都要花费大量的时间为未来担忧。忧虑既然如此消极而无益，既然你是在为毫无积极效果的行为浪费自己宝贵的时光，那么你就必须改变这一缺点。

请记住一点，世上没有任何事情是值得忧虑的，绝对没有！你可以让自己的一生在对未来的忧虑中度过，但是你要知道，无论你多么忧虑，甚至抑郁而死，你也无法改变现实。

只要心中有灯，就能驱散黑暗

真正的智者，总是站在有光的地方。太阳很亮的时候，生命就在阳光下奔跑。当太阳熄灭，还会有那一轮高挂的明月。当月亮熄灭了，还有满天闪烁的星星，如果星星也熄灭了，那就为自己点一盏心灯吧。无论何时，只要心灯不灭，就有成功的希望。

紫霄未满月就被白发苍苍的奶奶抱回家。奶奶含辛茹苦把她养到小学毕业，狠心的父母才从外地返家。父母重男轻女，对女儿非常刻薄。她生病时，父母会变本加厉地虐待她，母亲说："我看你就来气，你给我滚，又有河又有老鼠药又有绳子，有志气你就去死！"还残忍地塞给她一瓶"安定"。13岁的小姑娘没有哭，在她幼小的心灵里，萌生了强烈的愿望——她一定要活下去，并且还要活出一个人样来！

　　被母亲赶出家门，好心的奶奶用两条万字糕和一把眼泪，把她送到一片净土——尼姑庵。紫霄满怀感激地送别奶奶后，心里波翻浪涌，难道我的生命就只能耗在这没有生气的尼姑庵中吗？在尼姑庵，法名静月的紫霄得了胃病，但她从不叫痛，甚至在她不愿去化缘而被老尼姑惩罚时，她也不皱眉不哭，但是叛逆的个性正在潜滋暗长。在一个淅淅沥沥的清晨，她揣上奶奶用鸡蛋换来的干粮和卖棺材得来的路费，踏上了西去的列车。几天后，她到了新疆，见到了久违的表哥和姑妈。在新疆，她重返课堂，度过了幸福的半年时光。在姑妈的建议下，她回安徽老家办户口迁移手续。回到老家，她发现再也回不了新疆了，父母要她顶替父亲去厂里上班。

　　她拿起了电焊枪，那年她才15岁。她没有向命运低头，因为她的心中还有梦。紫霄业余苦读，第二年参加高考，她考取了安徽省中医学院。然而她知道因为家庭的原因自己无法实现自己的梦想，大学经常成为她夜里做梦的主题。

　　1988年底，紫霄的第一篇习作被《巢湖报》采用，她看到了生命的一线曙光，她要用缪斯的笔来拯救自己。多少个不眠之夜，她用稚拙的笔饱蘸浓情，抒写自己的苦难与不幸，倾诉自己的顽强与奋争。多篇作品飞了出去，耕耘换来了收获，那些心血凝聚的稿件多数被采用，还获了各种奖项。1989年，她抱着自己的作品叩开了安徽省作协的门，成了其中的一员。

　　文学是神圣的，写作是清贫的。紫霄毅然放弃了从父亲手里接过的"铁饭碗"，开始了艰难的求学生涯。因为她知道，仅凭自己现在的底子，远远不能成大器。她到了北京，在鲁迅文学院进修。为生计所迫，生性腼腆的她卖起了报纸。骄阳似火，地面晒得冒烟，紫霄挥汗如雨，怯生生地叫卖。天有不测风云，在一次过街时，飞驰而过的自行车把她撞倒了。看着肿起的脚踝，紫霄的第一个反应是这报卖不成了。她没有丧失信心，用卖报赚来的钱补足了欠交的学费，只休息了几天，又一次开始了半工半读的生活。命运之神垂怜她，让她结识了莫言、肖亦农、刘震云、宏甲等作家，有幸亲聆教诲，她感到莫大的满足。

　　为了节省开支，紫霄住在某空军招待所的一间堆放杂物的仓库里。晚上，这里就成了她的"工作室"，她的灯常常亮到黎明。礼拜天，她包揽了招待所上百床被褥的浆洗活，有一次她累昏在水池旁，幸遇两位女战士把她背回去，灌了两碗姜汤，她苏醒后便接着去洗。她的脸上和手上有了和她年龄不相称的老茧和裂口。

　　紫霄后来的经历就要"顺利"得多。随文怀沙先生攻读古文、从军、写作、采访以至成名，这一切似乎顺理成章，然而这一切又不平凡。她是一个坚强的女子，是一个不向困难俯首称臣的不屈的奇女子。她把困难视作生命的必修课，而她得了满分。

　　"一个人最大的危险是迷失自己，特别是在苦难接踵而至的时候……命运的天空被涂上一层阴霾的乌云，她始终高昂那颗不愿低下的头。因为她胸中有灯，它点燃了所有的黑暗。"一篇采访紫霄的专访在题词中写了这样的话，在主人公心中，那盏灯就是自己永远也未曾放弃过的希望。

悲观是自酿的苦酒

女作家张爱玲的一生完整地注释了悲观给人带来的负面影响是多么巨大。

张爱玲一生聚集了一大堆矛盾，她是一个善于将艺术生活化、将生活艺术化的享乐主义者，又是一个对生活充满悲剧感的人；她是名门之后、贵族小姐，却宣称自己是一个自食其力的小市民；她悲天悯人，时时洞见芸芸众生"可笑"背后的"可怜"，但在实际生活中却显得冷漠寡情；她在40年代的上海大红大紫，几十年后，她在美国又深居简出，过着与世隔绝的生活。所以有人说："只有张爱玲才可以同时承受灿烂夺目的喧闹与极度的孤寂。"

这种生活态度的确不是普通人能够承受和理解的，但用现代心理学的眼光看，其实张爱玲的这种生活态度源于她始终抱着一种悲观的心态活在人间，这种悲观的心态让她无法真正地融入生活，因此她总在两种生活状态里不停地左右徘徊。

张爱玲悲观苍凉的色调，深深地沉积在她的作品中，使其作品产生了巨大而独特的艺术魅力。但无论作家用怎样流利优美的文字，写出怎样可笑或传奇的故事，终不免露出悲音。那种渗透着个人身世之感的悲剧意识，使她能与时代生活中的悲剧氛围相通，从而在更广阔的历史背景上臻于深广。

张爱玲所拥有的深刻的悲剧意识，并没有把她引向西方现代派文学那种对人生彻底绝望的境界。个人气质和文化底蕴最终决定了她只能回到传统文化的意境，且不免自伤自恋，因此在生活中，她时而在世俗的喧嚣中沉浸，时而又陷入极度的寂寞中，最后孤老死去。

张爱玲的悲剧人生让我们看到了悲观对一个人的戕害是多么惨重。现实生活中，不止文豪有这样的悲观情绪，平常的人也会经历这样的心情。

有一位年老的父亲，他有两个儿子，他们都很可爱。在圣诞节来临前，父亲分别送给他们完全不同的礼物，在夜里悄悄把这些礼物挂在圣诞树上。第二天早晨，哥哥和弟弟都早早起来，想看看圣诞老人给自己的是什么礼物。哥哥的礼物很多，有一把气枪，有一辆崭新的自行车，还有一颗足球。哥哥把自己的礼物一件一件地取下来，却并不高兴，反而忧心忡忡。

父亲问他："是礼物不好吗？"哥哥拿起气枪说："看吧，这支气枪我如果拿出去玩，没准会把邻居的窗户打碎，那样一定会招来一顿责骂。还有，这辆自行车，我骑出去倒是高兴，但说不定会撞到树干上，会把自己摔伤。而这颗足球，我终归会把它踢爆的。"父亲听了没有说话。

弟弟除了一个纸包外，什么也没有。他把纸包打开后，不禁哈哈大笑起来，一边笑，一边在屋子里到处找。父亲问他："为什么这样高兴？"他说："我的圣诞礼物是一包马粪，这说明肯定会有一匹小马驹就在我们家里。"最后，他果然在屋后找到了一匹小马驹。父亲也跟着他笑起来："真是一个快乐的圣诞节啊！"

其实，在工作和生活中，很多事情也是这样，乐观情绪总会带来快乐明亮的结果，而悲观的心理则会使一切变得灰暗。受苦的人，没有悲观的权利；失火时，没有怕黑的权利；战场上，只有不怕死的战士才能取得胜利；也只有受苦而不悲观的人，才能克服困难，脱离困境。

我们不仅要在快乐的时候微笑，更要学会在面对困难的时候微笑，因为只有这样，你才能在挫折面前精神不倒；只有这样，你才能告别悲伤的凄凉，迎接生活的春日暖阳。

世界因你的心情而改变

生活对于我们每个人本来都是一样的，但一经各人不同的"心态"诠释后，便代表了不同的意义，因而形成了不同的事实、环境和世界。心态改变，则事实就会改变；心中是什么，则世界就是什么。心里装着哀愁，眼里看到的就全是黑暗，抛弃已经发生的令人不痛快的事情或经历，才会迎来新心情下的新乐趣。

有一天，詹姆斯忘记关上餐厅的后门，结果早上3个持枪歹徒闯入抢劫，他们要挟詹姆斯打开保险箱。由于过度紧张，詹姆斯弄错了一个号码，造成抢匪的惊慌，开枪射击詹姆斯。幸运的是，詹姆斯很快被邻居发现了，紧急送到医院抢救，经过18小时的外科手术以及长时间的悉心照顾，詹姆斯终于出院了，但还有块子弹留在他身上……

事件发生6个月之后我遇到詹姆斯，问起当抢匪闯入时，他的心路历程。詹姆斯答道："当他们击中我之后，我躺在地板上，还记得我有两个选择：我可以选择生，或选择死。我选择活下去。"

"你不害怕吗?"我问他。詹姆斯继续说:"医护人员真了不起,他们一直告诉我没事、放心。但是在他们将我推入紧急手术间的路上,我看到医生跟护士脸上忧虑的神情,我真的被吓到了,他们的脸上好像写着——他已经是个死人了!我知道我需要采取行动。"

"当时你做了什么?"我问。

詹姆斯说:"当时有个护士用吼叫的音量问我一个问题,她问我是否会对什么东西过敏。我回答'有'。"

"这时,医生跟护士都停下来等待我的回答。我深深地吸了一口气喊着:'子弹!'等他们笑完之后,我告诉他们:'我现在选择活下去,请把我当作一个活生生的人来开刀,不是一个死人。'"

詹姆斯能活下来当然要归功于医生的精湛医术,但同时也源于他令人吃惊的求生态度。我们能从他身上学到,每天你都能选择享受你的生命,或是憎恨它。这是唯一一件真正属于你的权利。没有人能够控制或夺去的东西,就是你的态度。如果你能时时注意这件事实,你生命中的其他事情都会变得容易许多。

心情的颜色会影响世界的颜色。如果一个人,对生活抱一种达观的态度,就不会稍有不如意就自怨自艾,只看到生活中不完美的一面。在我们的身边,大部分终日苦恼的人,实际上并不是遭受了多大的不幸,而是自己的内心素质存在着某种缺陷,对生活的认识存在偏差。事实上,生活中有很多坚强的人,即使遭受挫折,承受着来自于生活的各种各样的折磨,他们在精神上也会岿然不动。充满着欢乐与战斗精神的人们,永远不会为困难所打到,在他们的心中始终承载着欢乐,不管是雷霆与阳光,他们会给予同样的欢迎和珍视。

冬天里保持对温暖的想象

在日本有一个学业优秀的青年,去报考一家大公司,结果名落孙山。这位青年得知这一消息后,深感绝望,顿生轻生之念,幸亏抢救及时,自杀未遂。不久传来消息,他的考试成绩名列榜首,是统计考分时,电脑出了差错,他被公司录用了。但很快又传来消息,说他又被公司解聘了,理由是一个人连如此小的打击都承受不起,又怎么能在今后的岗位上建功立业呢?

在我们的周围,有很多人之所以没有成功,并不是因为他们缺少智慧,而是因为他们面对生活的挫折没有坚持下去的勇气,他们自认为已陷入绝境,只知道悲观失望。

其实，在生命的长河中，谁也不会是一帆风顺的，总会遇到寒冷的"冬天"。而只有敢于面对挫折、对生活抱有希望的人，才能走出阴霾，迈向光明的人生。

有一位泰国企业家玩腻了股票，转而炒房地产，他把自己所有的积蓄和从银行贷到的大笔资金投了进去，在曼谷市郊盖了15栋配有高尔夫球场的豪华别墅。但时运不济，他的别墅刚刚盖好，亚洲金融危机爆发了，他的别墅卖不出去，还不起贷款。这位企业家只能眼睁睁地看着别墅被银行没收，连自己住的房子也被拿去抵押，还欠了一笔巨额债务。

这位企业家的情绪一时低落到了极点，他从来没想到对做生意一向轻车熟路的自己会陷入这种困境。

让人敬佩的是，他并没有因此而消极，他决定东山再起。他的太太是做三明治的能手，她建议丈夫去街上叫卖三明治，企业家经过一番思索后答应了。从此曼谷街头就多了一个头戴小白帽、胸前挂着售货箱的小贩。

昔日亿万富翁沿街卖三明治的消息不胫而走，买三明治的人骤然增多，有的顾客出于好奇，有的出于同情。许多人吃了这位企业家的三明治后，为这种三明治的独特口味所吸引。现在这位泰国企业家的三明治生意越做越大，他慢慢地走出了人生的低谷。

他叫施利华，几年来，他以自己不屈的奋斗精神赢得了人们的尊重。在1998年泰国《民族报》评选的"泰国十大杰出企业家"中，他名列榜首。作为一个创造过非凡业绩的企业家，施利华曾经备受人们关注，在他事业的鼎盛期，不要说自己亲自上街叫卖，寻常人想见一见他，恐怕也得反复预约。上街卖三明治不是一件惊天动地的大事，但对于习惯了发号施令的施利华，从最底层做起，无疑需要极大的勇气。

有位哲人说过："什么是路？路就是从没路的地方踩踏出来的，从只有荆棘的地方开辟出来的。"既然人生如此不如意，那就鼓起你的勇气，去开辟一条道路。不要把勇气想得多伟大、多高尚，其实，是否具有勇气有时就在于你是否对未来存有希望。

当我们的企业面临困境，甚至破产的时候，很多人开始痛心、绝望，尤其是那些带领着企业由小变大的老总们，痛心于如同自己亲手养大的孩子就这样毁掉，难道今后真的就没有了希望？其实，只要怀有希望，依然可以东山再起，人常言："留得青山在，不怕没柴烧。"任何时候，只要人在就有希望，遇到任何处境都不至于绝望，流过血，流过泪，付出了汗水，痛哭过后，擦干了眼泪，一切可以重新开始。

其实，陷入绝望的境地往往是对今后的路没有信心，或者是对曾经得到而又失去的东西无法得到的痛心，所以有人会因此而绝望。人常说"绝境逢生"，很多时候，有些事情看起来没有回旋的余地了，但只要不放弃，很可能就会出现转机。

生活中，没有任何困难或逆境可以成为我们畏缩不前的理由，当我们陷入困境、一蹶不振时，一定要拿出勇气走过自己的人生灰色地带，对未来充满希望，让自己勇敢地再来一次。只有这样，你才能大步向前，推开成功的大门。

将眼光停留在生活的美好处

要想赢得人生，就不能总把目光停留在那些消极的东西上，那只会使你沮丧、自卑，徒增烦恼，还会影响你的身心健康。结果，你的人生就可能被失败的阴影遮蔽，失去它本该有的光辉。悲观失望的人在挫折面前，会陷入不能自拔的困境。乐观向上的人即使在绝境之中，也能看到一线生机，并为此释然。

尤利乌斯是一个画家，而且是一个很不错的画家。他画快乐的世界，因为他自己就是一个快乐的人。不过没人买他的画，因此他想起来会有点伤感，但只是一会儿。

他的朋友们劝他："玩玩足球彩票吧！只花两马克便可以赢很多钱！"

于是尤利乌斯花两马克买了一张彩票，并真的中了彩！他赚了50万马克。

他的朋友都对他说："你瞧！你多走运啊！现在你还经常画画吗？"

"我现在就只画支票上的数字！"尤利乌斯笑道。

尤利乌斯买了一幢别墅并对它进行了一番装饰。他很有品味，买了许多好东西：阿富汗地毯、维也纳柜橱、佛罗伦萨小桌、迈森瓷器，还有古老的威尼斯吊灯。

尤利乌斯很满足地坐下来，他点燃一支香烟静静地享受他的幸福。突然他感到好孤单，便想去看看朋友。他把烟往地上一扔，在原来那个石头做的画室里他经常这样做，然后他就出去了。

燃烧着的香烟躺在地上，躺在华丽的阿富汗地毯上……1个小时以后，别墅变成一片火的海洋，它完全烧没了。

朋友们很快就知道了这个消息，他们都来安慰尤利乌斯。

"尤利乌斯，真是不幸呀！"他们说。

"怎么不幸了？"他问。

"损失呀！尤利乌斯，你现在什么都没有了。"

"什么呀？不过是损失了两个马克。"

朋友们为了失去的别墅而惋惜，可是尤利乌斯却不在意，正如他所说的，不过是两个马克，怎么能够影响他正常的生活，让他陷入悲伤之中呢？由此可见，事情本身并不重要，重要的是面对事情的态度。只要有一双能够发现美好事物的眼睛，有一颗保持乐观的心，那么即使是再悲惨的事情，也不会让我们悲伤。

我们都有这样的感受：快乐开心的人在我们的记忆里会留存很长的时间，因为我们更愿意留下快乐的而不是悲伤的记忆。每当我们回想起那些勇敢且愉快的人们时，我们总能感受到一种柔和的亲切感。

19世纪英国较有影响的诗人胡德曾说过："即使到了我生命的最后一天，我也要像太阳一样，总是面对着事物光明的一面。"到处都有明媚宜人的阳光，勇敢的人一路纵情歌唱。即使在乌云的笼罩之下，他也会充满对美好未来的期待，跳动的心灵一刻都不曾沮丧悲观；不管他从事什么行业，他都会觉得工作很重要、很体面；即使他穿的衣服褴褛不堪，也无碍于他的尊严；他不仅自己感到快乐，也给别人带来快乐。

千万不要让自己心情消沉，一旦发现有这种倾向就要马上避免。我们应该养成乐观的个性，面对所有的打击我们都要坚韧地承受，面对生活的阴影我们也要勇敢地克服。要知道，任何事物总有光明的一面，我们应该努力去发现。垂头丧气和心情沮丧是非常危险的，这种情绪会减少我们生活的乐趣，甚至会毁灭我们的生活。

先为自己设想一个好的结果

很多时候，我们做事情的动力来自于心理的暗示。如果心里想着，这是一件好事，一定会有一个好结果，那么我们在做事情的时候就会很开心，也会很有激情。可是如果在开始的时候就告诉自己，这是一件很糟糕的事情，即使是做了，也不会有什么好的结果出现，那么我们的信心将会受到打击，也会因为失望和难过而丧失了做事的动力。所以我们做任何事之前，都要先预想一个好的结果，有了好结果的鼓舞，你就会信心百倍，有这种积极心态的人，成功的可能性也很大。前世界拳击冠军乔·弗列勒每战必胜的秘诀是：参加比赛的前一天，总要在天花板上贴上自己的座右铭——"我能胜！"

然而，生活中有很多人，在还没有做事前，就想到事情会失败，这种心态消极、负面思考的人，结果真的就难以成功。

一个人是否成功，关键在于他的心态是否积极。成功者在做事前，就相信自己能够取得成功，这是人的意识和潜意识在起作用。

一天晚上，在一条偏僻的公路上，一个年轻人的汽车轮胎爆了。

年轻人翻遍工具箱，也没有找到千斤顶，而没有千斤顶，是换不成轮胎的。怎么办？这条路几个小时都不会有一辆车经过，他远远望见一座亮灯的房子，决定去那个人家借千斤顶。在路上，年轻人不停地想：

要是没有人来开门怎么办？

要是没有千斤顶怎么办？

要是那家伙有千斤顶，却不肯借给我，那该怎么办？

…… ……

顺着这种思路想下去，他越想越生气，当走到那间房子前敲开门，主人刚出来，他冲着人家劈头就是一句："他妈的，你那千斤顶有什么稀罕的！"

主人丈二和尚摸不着头脑，认为年轻人是一个精神病人，"砰"的一声就把门关上了。

做事前就认为自己会失败，自然难以成功了。

世界著名的走钢索的选手卡尔·华伦达曾说："在钢索上才是我真正的人生，其他都只是等待。"他总是以这种非常有信心的态度来走钢索，每一次都非常成功。

但是1978年，他在波多黎各表演时，从25米高的钢索上掉下来摔死了，令人不可思议。后来他的太太说出了原因。在表演前的3个月，华伦达开始怀疑自己"这次可能掉下来"。他时常问太太："万一掉下去怎么办？"他花了很多精力以避免掉下来，结果真的掉了下来。

做任何事，不要在心里制造失败，我们都要想到成功，要想办法把"一定会失败"的意念排除掉。

一个人期望成功，就可能成功，想的尽是失败，就会失败。成功产生在那些有了成功意识的人身上，失败根源于那些不自觉地让自己走向失败的人身上。

/第五节/
以不抱怨回应生命中的挑战

在逆境中抱怨，等于遗弃幸运

人在一生中，随时都会碰到困难和险境，如果我们仅仅盯着这些困难，看到的只会是绝望。在人生路途上，谁都会遭遇逆境，逆境是生活的一部分。逆境充满荆棘，却也蕴藏着成功的机遇。只要勇敢面对，就一定能从布满荆棘的路途中走出一条阳光大道。正如培根所说："奇迹多是在厄运中出现的。"其实，我们不应该在逆境中抱怨，因为抱怨逆境无疑是在遗弃幸运。

想成为一名生活中强者，就要勇敢地向逆境宣战，像一名真正的水手那样投入生命的浪潮。

"经营之神"松下幸之助从不向命运低头。9岁时，因为家境贫困，他不得不外出赚取生活费。他远赴大阪谋职，母亲为他准备好行囊，并送他到车站。临行前，母亲向同行的人诚恳地拜托："这个孩子要单独去大阪，请各位在旅途中多多关照。"母亲的背影给他留下了深刻的印象。不久，松下幸之助来到大阪，在船场火盆店当学徒，开始了艰苦的谋生。小小年纪，远离亲人，他感到孤单无助，甚至丧失了生活的信心。

有一次，店主叫住他，递给他一个五钱的白铜货币，说是薪水。他吃惊极了，他从来没有见过五钱的白铜货币，这对穷人家的孩子来说，是一个相当可观的数目。报酬激起了他工作的热情，也扬起了他奋斗的风帆。靠着不可思议的欲望的支持，他变得更加坚强。他不辞辛苦地打杂，磨火盆，有时，一双手磨得皮破血流，连提水、打扫的活儿都干不了，但他咬牙挺了过来。渐渐地，松下幸之助掌控了自己的命运。

逆境可以锻炼一个人的品格，也可以激发一个人向上发展的勇气和潜力。在逆境中，当被逼得退无可退、无路可走时，人们往往在最后的时刻想尽办法来自救，无形之中反而促成了人生的辉煌。所以，我们应该感谢逆境和难题，感谢其中所孕育的成功。

任何人都会或多或少遇到或大或小的坎坷颠簸，都有不顺的时候，这是很正常的，无须悲伤，无须抱怨，更不能绝望。世上没有绝望的处境，只有对处境绝望的人。只要勇敢面对，世界上没有过不去的坎。

在我们陷入逆境时，一味地埋怨和诅咒是无济于事的，那只会让我们变得更加沮丧而觉得无望。与其苦苦等待，不如点燃自己手中仅有的"火种"和希望，去战胜黑暗，摆脱困境，为自己创造一个光明的前程。

在灰色的逆境中，不要让冷酷的命运窃喜，命运既然来凌辱我们，就应该用处之泰然的态度予以报复。命运从来不相信抱怨，只相信抗争命运的人。强者的生活就是面对和克服那些像潮流一样涌来的困难，他们不会放过"往上爬"的机会，因为他们经历了太多的逆境。在现实中，我们看到许多成功者都来自于不利的环境，但他们总能够勇敢地走出来。

勇敢地度过生命中的不如意

她是一个奇丑无比的女人。据说，她刚生下来的时候，连医生都吓得大叫起来。长大后，谁见了她都说她是这个世界上最丑的女人了，连亲戚都避着她，大人小孩没有一个愿意接近她的，更不要说去爱她了。

在她的记忆里，只有母亲一个人没有嫌弃过她，可是母亲在她15岁那年就得病死了。她一生唯一能做的事，就是整日躲在母亲开辟的那个不大的花园里摆弄那些花草。

直到有一天，人们惊讶地发现，她的花园里开出了很多漂亮的花，比上电视的那些名贵花卉还要漂亮许多。于是，有人要买她的花，可是她不卖，因为她不相信他们真的喜欢那些花。

不久，邻居从报上得知省里要举办花卉大赛，有丰厚奖金，便急着来告诉她，劝说她去参赛，并且断言她一定能够获大奖。

她很固执，不肯参赛，但后来还是有人说动了她。当她带着她的花出现在比赛现场的时候，几乎所有人都惊呆了，那些花太漂亮了！而这个女人的脸上也散发着动人的光彩。女人鼓起勇气微笑着把花赠送给观众，那一刻她觉得自己快乐极了。在人们的盛赞中，她已经忘记了自己丑陋的脸……

我们的才华、我们的潜力、我们的前程，如果没有胆量的推动，很可能只是一场镜花水月，当梦醒来，一切也就醒了。

生命是储存罐，里边有各种财宝可以挖掘，如果想跟生活打交道，就必须学会使用勇气的开罐器，只有用百倍的勇气来同生活抗争，你才能从生命的储存罐里尝到甜头。

一个永不丧失勇气的人是永远不会被打败的。就像弥尔顿所说的：“即使土地丧失了，那有什么关系。即使所有的东西都丧失了，但不可被征服的意志和勇气是永远不会屈服的。”

如果你以一种充满希望、充满自信的精神进行工作的话，如果你期待着自己的伟业，并且相信自己能够成就这番伟业的话，如果你能展现出自己的勇气的话——任何事情都不能阻挡你前进，你可能遇到的任何失败都只是暂时性的，你最终必定会取得胜利。

另外，如果你觉得自己非常渺小，如果你认为自己是一个效率很低、微不足道的人，并且你不相信自己可以出色地完成任务的话——这就会限制你可能达到的人生高度。

你不可能超越你的想象。自我贬低和害羞怯懦不但阻止了你的进步，而且严重损害了你的整个职业生涯，甚至还会损害到你的身体健康。

自信和勇气是积极的品质，而恐惧和焦虑则是消极的品质，二者在人的大脑中水火不容。你要么是强大有力、充满信心的，要么就是虚弱和感伤的，面对一项重大的工作你总是采取回避态度。任何破坏你勇气的东西都会破坏你的力量、你的效率及工作效能。

“勇气是在偶然的机会中激发出来的。”莎士比亚说。除非你让自己时刻保持一种接受勇气的态度，否则，你不要指望自己的身上会时时刻刻体现出巨大的勇气。在就寝前的每个夜晚，在起床时的每个清晨，你都要对自己说“我会做到的，我能行”，并以此作为自己坚定的信条，然后充满自信地勇敢前进。

冬天里会有绿意，绝境中也会有生机

我们知道，事情的发展往往具有两面性，犹如每一枚硬币总有正反面一样，失败的背后可能是成功，危机的背后也有转机。

1974年，第一次石油危机引发经济衰退时，世界运输业普遍不景气，但当时美国的特德·阿里森家族却收购了一艘邮轮，成立嘉年华邮轮公司，后来这家公司成为世界上最大的超级豪华邮轮公司；世界最大的钢铁集团米塔尔公司，在20世纪90年代末，世界钢铁行业不景气的时候，进行了首次大规模兼并，然后迅速扩张起来。所以说，危机中有商机，挑战中有机遇，艰难的经济发展阶段对企业来说是充满机会的，对企业如此，对个人、对民族、对国家也是如此。

2008年经济危机爆发后，美国很多商业机构和场所顿时萧条了，但酒吧的生意却悄悄地红火起来。原来，精明的酒商们发现美国人开始越来越喜欢喝战前禁酒令时期以及大萧条时期的酒品，比如由白兰地、橘味酒和柠檬汁调制成的赛德卡鸡尾酒。酒商们迅速嗅出了新商机，推出了一款改进的老牌鸡尾酒。美国一个酒业资深人士指出，人们在困难时期，往往会从熟悉的东西那里寻求安慰，老式鸡尾酒自然而然会走俏。这种酒品，不仅让酒商们大赚了一笔，而且还能使疲于应对经济危机的美国人民得到慰藉。

"危中有机，化危为机。"一些中外专家认为，如果危机处置得当，金融风暴也有可能成为个人、企业或国家迅速发展的机遇。所以，冬天里会有绿意，绝境里也会有生机。危机之下，谁都不希望面临绝境，但绝境意外来临时，我们挡也挡不住，与其怨天尤人，还不如奋力一搏，说不定，还会创造一个奇迹。下面是一个在绝境里求生存的真实故事：

第二次世界大战期间，有位苏联士兵驾驶一辆苏H正式重型坦克，非常勇猛，一马当先地冲入了德军的心腹重地。这一下虽然把敌军打得抱头鼠窜，但他自己渐渐脱离了大部队。

就在这时，突然轰隆隆一声，他的坦克陷入了德军阵地中的一条防坦克深沟之中，顿时熄了火，动弹不得。

这时，德军纷纷围了上来，大喊着："俄国佬，投降吧！"

刚刚还在战场上咆哮的重型坦克，一下子变成了敌人的瓮中之物。

苏联士兵宁死也不肯投降，但是现实一点儿也不容乐观，他正处于束手待毙的绝境中。

突然，苏军的坦克里传出了"砰砰砰"的几声枪响，接着就是死一般的沉寂。看来苏联士兵在坦克中自杀了。

德军很高兴，就去弄了辆坦克来拉苏军的坦克，想把它拖回自己的堡垒。可是德军这辆坦克吨位太轻，拉不动苏军的庞然大物，于是德军又弄了一辆坦克来拉。

两辆德军坦克拉着苏军坦克出了壕沟。突然，苏军的坦克发动起来，它没有被德军坦克拉走，反而拉走了德军的坦克。

德军惊慌失措，纷纷开枪射向苏军坦克，但子弹打在钢板上，只打出一个个浅浅的坑洼，奈何它不得。那两辆被拖走的德军坦克，因为目标近在咫尺，无法发挥火力，只好像被驯服的羔羊，乖乖地被拖到苏军阵地。

原来，苏联士兵并没有自杀，而是在那种绝境中，被逼得想出了一个绝妙的办法。他以静制动，后发制人，让德军坦克将他的坦克拖出深沟，然后凭着自身强劲的马力，反而俘虏了两辆德军坦克。

其实，每个人皆是如此，虽然我们的生活并不会时时面临枪林弹雨，但总有身处绝境的时候，每当此时，我们往往会产生爆发力，而正是这种爆发力将我们的力量激发出来了。所以，面临绝境的时候，不要灰心、不要气馁，更不要坐以待毙，勇往直前，无所畏惧，你我都可以"杀出一条血路"。

失败不过是从头再来

如果看看世界上那些成功人士的生平经历，就会发现，那些声振寰宇的伟人，都是在经历过无数的失败后，又重新开始拼搏才获得最后的胜利的。

帕里斯的成功之路是艰辛的。

1510 年，帕里斯出生在法国南部，他一直从事玻璃制造业，直到有一天看到一只精美绝伦的意大利彩陶茶杯。这一瞥，改变了他一生的命运。

"我也要造出这样美丽的彩陶。"这是他当时唯一的信念。

他建起煅炉，买来陶罐，打成碎片，开始摸索着进行烧制。

几年下来，碎陶片堆得像小山一样，可他心目中的彩陶却仍不见踪影，他甚至无米下锅了。迫不得已他只得回去重操旧业，挣钱来生活。

他赚了一笔钱后，又烧了 3 年，碎陶片又在砖炉旁堆成了大山，可仍然没有结果。

长期的失败使人们对他产生了看法。都说他愚蠢，是个大傻瓜，连家里人也开始埋怨他。他也只是默默地承受。

实验又开始了，他十多天都没有脱衣服，日夜守在炉旁。燃料不够了。他拆了院子里的木栅栏，怎么也不能让火停下来呀。又不够了！他搬出了家具，劈开，扔进炉子里。还是不够，他又开始拆屋子里的地板。噼噼啪啪的爆裂声和妻子儿女们的哭声，让人听了鼻子都是酸酸的。马上就可以出炉了，多年的心血就要有回报了，可就在这时，只听炉内"嘭"的一声，不知是什么爆裂了。所有的产品都沾染上了黑点，全成了次品。

眼看到手的成功，又失败了！帕里斯也感受到了巨大的打击，他独自一人到田野里漫无目的地走着。不知走了多长时间，优美的大自然终于使他恢复了心里的平静，他平静地又开始了下一次实验。

经过16年无数次的艰辛实验，他终于成功了，而这一刻，他却一片平静。他的作品成了稀世珍宝，价值连城，艺术家们争相收藏。他烧制的彩陶瓦，至今仍在法国的卢浮宫上闪耀着光芒。

他的成功来得何等不易，在一次又一次的失败中一次又一次地重新站起，这正是帕里斯成功的秘诀。

奋斗者不相信失败。他们将错误当作学习和发展新技能及策略的机会，而不是失败。有人认为失败一无是处，只会给人生带来阴暗。其实恰恰相反，人们从每次错误中可以学习到很多东西，并调整自己的路线，重新回到正确的道路上来。错误和失败是不可避免的，甚至是必要的；它们是行动的证明——表明你正在努力。你犯的错误越多，你成功的机会就越大，失败表示你愿意尝试和冒险。奋斗者应该明白：每一次的失败都使你在实现自己梦想的道路上前进了一步。

西奥多·罗斯福说："最好的事情是敢于尝试所有可能的事，经历了一次次的失败后赢得荣誉和胜利。这远比与那些可怜的人们为伍好得多，那些人既没有享受过多少成功的喜悦，也没有体验过失败的痛苦，因为他们的生活暗淡无光，不知道什么是胜利，什么是失败。"

在这个世界上，有阳光，就必定有乌云；有晴天，就必定有风雨。从乌云中挣脱出来阳光会显得更加灿烂，经历过风雨的洗礼，天空才能更加湛蓝。人们都希望自己的生活平静如水，可是命运却给予人们那么多波折坎坷。此时，我们要知道，困难和坎坷只不过是人生的馈赠，它能使我们的思想更清醒、更深刻、更成熟、更完美。

所以，不要害怕失败，在失败面前，只有永不言弃者才能傲然面对一切，才能最终取得成功，其实，失败真的不过是从头再来！

历练太少，就会被挫折绊倒

学会及时总结得失，我们才会有良好的心态，宠辱不惊，面对生活给予我们的一切。学会及时总结得失，我们自己才会不断完善，一步一步迈向成功。

威廉·赛姆是美国著名投资大师。他的事业如日中天，在全球金融领域里，"威廉·赛姆"这几个字如雷贯耳。但在一次十拿九稳的投资中，他由于分析错误而损失了一大笔资产。

朋友与家人都对他很不满，可威廉·赛姆却异常沉着，将这次投资的整个分析过程一一回想，找到了产生错误的主要原因。紧接着，他又有了一次投资机会，家人与朋友都非常担心，害怕他不能从上一次的失败中解脱出来。但是威廉·赛姆毫不动摇，坚持要投资，并获得了成功。

在人漫长的一生中，谁也不能保证自己永远不犯错，但我们应该从错误中积累经验教训，而并非永远消沉。

有个渔人有着一流的捕鱼技术，被人们尊称为"渔王"。然而"渔王"年老的时候非常苦恼，因为他的三个儿子的渔技都很平庸。

于是他经常向人诉说心中的苦恼："我真不明白，我捕鱼的技术这么好，儿子们的技术为什么这么差？我从他们懂事起就传授捕鱼技术给他们，从最基本的东西教起，告诉他们怎样织网最容易捕到鱼，怎样划船最不会惊动鱼，怎样下网最容易请鱼入瓮。他们长大了，我又教他们怎样识潮汐，辨鱼汛……凡是我辛辛苦苦总结出来的经验，我都毫无保留地传授给了他们，可他们的捕鱼技术竟然赶不上技术比我差的渔民的儿子！"

一位路人听了他的诉说后，问："你一直手把手地教他们吗？"

"是的，为了让他们学到一流的捕鱼技术，我教得很仔细很耐心。"

"他们一直跟随着你吗？"

"是的，为了让他们少走弯路，我一直让他们跟着我学。"

路人说："这样说来，你的错误就很明显了。你只传授给了他们技术，却没传授给他们教训，对于才能来说，没有教训与没有经验一样，都不能使人成大器。"

孩子是在摔倒了无数次之后才学会走路的，伟人的发明创造更是经历了无数次失败之后才成功的。可口可乐董事长罗伯特·高兹耶达说："过去是迈向未来的踏脚石，若不知道踏脚石在何处，必然会被绊倒。"教训和失败是人生历练不可缺少的财富。

在学习和工作中，刚开始的时候总是不够顺利，是因为我们还对那些事情很陌生，没有足够的经验。这个时候，我们要珍视每一次错误，珍视每一个操作的环节，要及时总结经验教训，只有吸取了经验教训，才能避免在以后的人生中再犯类似的错误。也只有积累了足够的经验，我们才能熟能生巧，做事情信手拈来。

每一次丢脸都是一种成长

我们曾经听说过很多在"丢脸"当中不断成长并最终取得了巨大成就的人，"英语口语教父"李阳就是其中之一。

李阳从英语不及格到成为著名的英语教师，从不敢接电话、不敢和陌生人说话，到全球著名的中英文演讲大师；从一个自卑的人，成长为千万人成功和自信的榜样；李阳创造了一个个奇迹，而在激励别人的时候，他总是喜欢说，我们要为热爱丢脸的人喝彩！

中国传统英语教学存在"不敢开口、不习惯开口"的两大心理障碍及怕丢脸、怕犯错误的心理陋习，李阳极力鼓励他的学生大声说英语。他认为疯狂英语的第一步就是要突破不敢开口、害怕丢脸的心理障碍。他说："我特别喜欢犯错误丢人，因为你犯的错误越多，你的进步就越大。如果你想一辈子不犯错误，那么结果只有一个；当你80岁的时候，你仍然只会对人讲一句'My English is very poor'。朋友们，请大家暂时把脸皮放进口袋里，尽管大声去说吧！重要的不是现在丢脸，而是将来不丢脸！于是，"I enjoy losing my face（我热爱丢脸）"就成了李阳和广大英语学习者的行动口号。

别怕犯错误丢脸，因为你犯下的错误越多，学到的知识和经验就越多，你进步的可能性就越大。可是，传统观念里，人们总是为了保住自己的颜面而努力着，甚至于有一些人，为了面子问题丢失了性命也在所不惜。

公元前206年，项羽占有楚魏东部九郡之地，自封为西楚霸王，又违背先入关中者为关中王的前约，改封先入关中的刘邦为汉王，刘邦心中非常不快。

项羽的谋臣"亚父"范增知道刘邦的不满，也知道他定会东山再起，于是建议项羽找借口杀掉刘邦。

项羽就把刘邦找来，准备封刘邦为汉中王，他若去，定有储备实力、自封为王之心；若不去，正好可以杀死他。

刘邦听说项羽召见，虽然明知此去凶多吉少，又不能公然抗命不去，便在心中盘算着怎样应对这场智斗。刘邦来到殿前，恭恭敬敬地伏在地上，谦恭的样子使项羽心中异常受用，当即放松了警惕，就对刘邦放行了。刘邦谢恩退出大殿，急忙回到自己的营地，稍加打点，便率军急匆匆地向巴蜀进发。他决心以巴蜀偏塞之地为依托，招兵买马，养精蓄锐，待力量充实了，再还三秦，谋取天下。 项羽闻知刘邦率军已向巴蜀进发，才感到范增所言极是，立即派季布带3000人马前去追赶，然而为时已晚。

后来刘邦广纳贤才，休兵养士，最终在众贤士的帮助下，使得不可一世的西楚霸王自刎乌江，统一天下。

只因一句"无颜见江东父老"，项羽舍弃了自己的性命，自刎乌江。可见，面子问题一直是中国人的软肋，无数的英雄志士都在为了面子而纠结。

可是，人的一生，谁又能保证不犯错？谁又能一次面子都不丢呢？如果你想逃避丢脸而一辈子不犯错，那么结果只有一个：当你白发苍苍的时候，你仍然什么都不会，因为你什么都不曾尝试去做。

民谚云："要了脸皮，饿了肚皮。"有时害怕丢一次脸，就是白白让出了一条路。所以，不要害怕丢脸，更不应该躲避"丢脸"的历练，而应该拿出自己的勇气，勇敢面对一次又一次的波折，让自己在一次又一次的"丢脸"当中成长起来。

命运的冷遇也是一种幸运

想实现自己的梦想，就要有胆识有胆量，要勇敢地面对挑战，做一个生活的攀登者，只有这样才能攀上人生的顶峰，欣赏到无限的风景。有时候，白眼、冷遇、嘲讽会让弱者低头走开，但对强者而言，这也是另一种幸运和动力。

她从小就"与众不同"，因为小儿麻痹症，不要说像其他孩子那样欢快地跳跃奔跑，就连正常走路都做不到。寸步难行的她非常悲观和忧郁，当医生教她做一点运动，说这可能对她恢复健康有益时，她就像没有听到一般。随着年龄的增长，她的忧郁和自卑感越来越重，甚至，她拒绝所有人的靠近。但也有个例外，邻居家那个只有一只胳膊的老人却成为她的好伙伴。老人是在一场战争中失去一只胳膊的，老人非常乐观，她非常喜欢听老人讲故事。

这天，她被老人用轮椅推着去附近的一所幼儿园，操场上孩子们动听的歌声吸引了他们。当一首歌唱完，老人说道："我们为他们鼓掌吧！"她吃惊地看着老人，问道："你只有一只胳膊，怎么鼓掌啊？"老人对她笑了笑，解开衬衣扣子，露出胸膛，用手掌拍起了胸膛……

那是一个初春，风中还有几分寒意，但她却突然感觉自己的身体里涌动起一股暖流。老人对她笑了笑，说："只要努力，一个巴掌一样可以拍响。你一样能站起来的！"

那天晚上，她让父亲写了一张纸条，贴到了墙上，上面是这样的一行字："一个巴掌也能鼓掌。"从那之后，她开始配合医生做运动。无论多么艰难和痛苦，她都咬牙坚持着。有一点进步了，她又以更大的受苦姿态，来求更大的进步。甚至在父母不在时，她自己扔开支架，试着走路。她坚持着，她相信自己能够像其他孩子一样，她要行走，她要奔跑……

11岁时，她终于扔掉支架，她又向另一个更高的目标努力着，她开始锻炼打篮球和参加田径运动。

1960年罗马奥运会女子100米跑决赛，当她以11秒18第一个撞线后，掌声雷动，人们都站起来为她喝彩，齐声欢呼着这个美国黑人的名字：威尔玛·鲁道夫。

那一届奥运会上，威尔玛·鲁道夫成为当时世界上跑得最快的女性，她共摘取了3枚金牌，也是第一个黑人奥运女子百米冠军。

生活中，我们能够听到这样的话："立即干""做得最好""尽你全力""不退缩""我们能产生什么""总有办法""问题不在于假设，而在于它究竟怎样""没做并不意味着不能做""让我们干""现在就行动"。这些都是攀登者热爱的语言。他们是真正的行动者，他们总是要求行动，追求行动的结果，他们的语言恰恰反映了他们追求的方向。

生活中，当我们遭到冷遇时，不必沮丧，不必愤恨，唯有尽全力赢得成功，才是最好的答复与反击。不因幸运而故步自封，不因厄运而一蹶不振。真正的强者，善于从顺境中找到阴影，从逆境中找到光亮，时时校准自己前进的目标，人生的冷遇也可能成为你幸运的起点。

磨砺到了，幸福也就到了

世间很多事情都是难以预料的，亲人的离去、生意的失败、失恋、失业等打破了我们原本平静的生活，以后的路究竟应该怎么走？我们应当从哪里起步？这些灰暗的影子一直笼罩在我们的头上，让我们裹足不前。

难道生活真的就这么难吗？日子真的就暗无天日吗？其实，并不是这样的。在这个世界上，为何有的人活得轻松，而有的人却活得沉重？因为前者拿得起，放得下，后者是拿得起，却放不下。很多人在受到伤害之后，一蹶不振，在伤痛的海洋里沉沦。

只得到不失去的事情是不可能的，而一个人在失去之后，就对未来丧失信心和希望，又怎么在失去之后再得到呢？人生又怎能过得快乐幸福呢？

被誉为"经营之神"的松下幸之助9岁起就去大阪做一个小伙计，父亲的过早去世使得15岁的他不得不担负起生活的重担，寄人篱下的生活使他过早地体验了做人的艰辛。

22岁那年，他晋升为一家电灯公司的检察员。就在这时，松下幸之助发现自己得了家族病，已经有9位家人在30岁前因为家族病离开了人世。他没了退路，反而对可能发生的事情有了充分的精神准备，这也使他形成了一套与疾病作斗争的办法：不断调整自己的心态，以平常之心面对疾病，使自己保持旺盛的精力。这样的过程持续了一年，他的身体变得结实起来，内心也越来越坚强，这种心态也影响了他的一生。

患病一年来的苦苦思索，改良插座的愿望受阻后，他决心辞去公司的工作，开始独立经营插座生意。创业之初，正逢第一次世界大战，物价飞涨，而松下幸之助手里的所有资金少得可怜。公司成立后，最初的产品是插座和灯头，却因销量不佳，使得工厂到了难以维持的地步，员工相继离去，松下幸之助的境况变得很糟糕。

但他把这一切都看成是创业的必然经历，他对自己说："再下点功夫，总会成功的！已有更接近成功的把握了。"他相信：坚持下去取得成功，就是对自己最好的报答。功夫不负有心人，生意逐渐有了转机，直到6年后拿出第一个像样的产品，也就是自行车前灯时，公司才慢慢走出了困境。

1929年经济危机席卷全球，日本也未能幸免，销量锐减，库存激增。"二战"中日本的战败更使得松下幸之助变得几乎一无所有，剩下的是到1949年时达10亿元的巨额债务。为抗议把公司定为财阀，松下幸之助不下50次去美军司令部进行交涉。

一次又一次的打击并没有击垮松下幸之助，如今松下已经成为享誉全世界的知名品牌，这个品牌正是在不断的磨砺之中逐渐成长起来的。

如果当初在得知自己患上家族病的那一刻，松下就将自己埋没在悲观之中，那么，或许我们今天就不会看到松下这个品牌了。

生活中有各种各样我们想不到的事情，其实这些事情本身并不可怕，可怕的是我们无法从这件事情所造成的影响中抽身出来，尽早的以最新、最好的状态去投入下面的事情，哪怕我们现在身无分文，我们可以从身无分文起步，一点一滴地打拼，磨砺到了，幸福也就到了。

给自己时间，别害怕重新开始

人生随时都可以重新开始

这个世界上不会有人一生都毫无转机，穷人可能会腾达为富人，富人也可能沦落为穷人，很多事情都是发生在一瞬间。富有或贫穷，胜利或失败，光荣与耻辱，所有的改变都会在一瞬间发生。

比如，一个人要戒烟，如果他总认为戒烟是一个渐进的、缓慢的过程，要逐渐地戒，那他永远也戒不了烟；他只有在某天突然醒悟，才会痛下决断，马上坚决采取戒烟措施，才有可能戒掉烟。

CNN 的老板特德·特纳，年轻时是一个典型的花花公子，从不安分守己，他的父亲也拿他没办法。他曾两次被布朗大学除名。不久，他的父亲因企业债务问题而自杀，他因此受到了很大的触动。他想到父亲含辛茹苦地为家庭打拼，他却在胡作非为，不仅不能帮助父亲，反而为父亲添了无数麻烦。他决定改变自己的行为，要把父亲留给自己的公司打理好。从此他像变了一个人，成了一个工作狂，而且不断寻找机会，壮大父亲留下的企业，最终将 CNN 从一个小企业变成了世界级的大公司。

其实，人的改变就在一瞬间，只要我们思想上有了一种强烈的要改变的意识，并下定决心，变化就会出现。一瞬间的改变可以成就一个人的一生，也可以毁灭一个人的一生，所以，我们不能忽视一瞬间的力量。

鲁迅认为中国落后是因为中国人的体格不行，被称作东亚病夫，于是他去日本学习医学。但一次在课间看电影的时候，他看到日本军人挥刀砍杀中国人，而围观的中国人却一脸的麻木，当时其他的日本同学大声地议论："只要看中国人的样子，就可以断定中国必然灭亡。"鲁迅思想上顿时发生了改变，他说："由此我觉得医学并非一件紧要事，凡是愚弱的国民，即使体格如何健全，如何茁壮，也只能做毫无意义的示众的材料和看客，病死多少是不必以为不幸的，所以我的第一要素是在改变他们的精神，而善于改变精神的是，我那时以为当然要推文艺，于是想提倡文艺运动了。"从此，鲁迅决定弃医从文，以笔为枪，去唤醒沉睡中的中国，中国也多了一位伟大的思想家和文学家。

禅宗讲求顿悟，认为人的得道在于顿悟，在于一刹那的开悟。其实人生也是这样，人思想的改变就在一瞬间。当我们顿悟后，我们就能洞察生命的本性，从被奴役的生活走向自由的道路，将蕴藏在内心的仁慈和潜能都充分发挥出来。

一个人想要达到成功的巅峰，也需要顿悟，从你的内心深处升起的那份卓越的渴望，将会在瞬间改变你的一生。

把心重新放到起点上

归零的心态就是一切从头再来，就像大海一样把自己放在最低点，吸纳百川。归零的心态就是空灵、谦虚的心态，它并不是一味地否定过去，而是要怀着否定或者说放下过去的一种态度，去接纳新事物，追求更多的收获。有句话说：谦虚是人类最大的成就。谦虚让你得到尊重。越饱满的麦穗越弯腰，不要自以为是，虚心使人进步，骄傲使人落后。

有一个故事，讲的是知了学飞。知了看见大雁在空中自由自在地飞翔，十分羡慕，就请大雁教它飞翔，大雁高兴地答应了。

但学习是一件很辛苦的事。大雁给它讲怎样飞，它听了几句，就不耐烦地说："知了！知了！"大雁让它多试着飞一飞，它只飞了几次，就自满地嚷道："知了！知了！"秋天到了，大雁要到南方去了，知了虽然很想和大雁一起远行，可是，它扑腾着翅膀，怎么也飞不高。

望着大雁在云霄之上高飞，知了十分懊悔自己当初太自满，没有努力练习。可为时已晚，它只好叹息道："迟了！迟了！"

在现实生活中，有多少人像知了一样自以为是，结果在最后只有感叹"迟了"。自满者总是认为自己能力很高，不能虚下心弯下腰，这样的故步自封，只会让自己走向退步。

　　古时候一个佛学造诣很深的修行者，听说某个寺庙里有位德高望重的老禅师，便去拜访。老禅师的徒弟接待他时，他态度傲慢，心想："我是佛学造诣很深的人，你算老几？"后来老禅师十分恭敬地接待了他，并为他沏茶。可在倒水时，明明杯子已经满了，老禅师还不停地倒。他不解地问："大师，为什么杯子已经满了，还要往里倒？"禅师说："是啊，既然已满了，干吗还倒呢？"禅师的意思是，既然你已经很有学问了，为什么还要到我这里求教？

　　老禅师无疑是个智者，他看出修行者过于自满，未必能从自己这里学到真东西。我们每个人都一样，若太过骄傲，就无法虚心向别人学习。

　　很多人都这样认为：自己学过的东西是不会消失的，只要保有它们，就不愁吃不到饭。但在进步的社会中，不刷新你的知识，是很容易贬值的，人们常说"谦虚使人进步"，谦就是一种礼貌，一种礼节上的心态；虚就是一种空杯心态，把自己归零去学习。

　　人的生存环境不同，立场角度各异，同样的事例故事，讲述的角度不同，对他来说可能是有道理的，对你却显得荒谬。如此，在我们没有明晰一种观点所体现的立场、生存环境、角度、寓意，请先行接纳，然后理性反思剔除。自以为是的害处只能导致盲目自大，尔后自欺，然后欺人。

　　一个已经装满了水的杯子难以再装下别的东西，人心也是如此。

　　人们生来本站在同一起跑线上，可为什么所达到的高度不同？有的功成名就，有的却一事无成？主要在于，前者总是"留一些空杯子"虚心接纳，而后者却自我满足，自以为是，最终自己淘汰了自己。

　　人生旅行，就是汲取各种养分、滋养生命的过程。如果我们带着太多的自满上路，就像那个装满水的杯子，再也容不得半点水进入，这将是人生最大的悲哀。在人生的旅途中，每一个即将上路或已在路上的年轻人，一定要牢记，不论什么时候，都要给自己留一些"空杯子"，虚心求教。学无止境，心有空余，才能装物。

不要拿过去犯下的错误抱怨自己

　　当刘翔从北京奥运会赛场上退下来的时候，他说，下一次一定会做得很好；当程菲因为一个动作而出现失误的时候，她说，下一次一定会吸取教训。尽管因为没有注意到自己的伤而导致不能坚持到最后，但是刘翔没有一直活在悔恨之中，而是鼓足了勇气面对未来的路；尽管练习了多次的动作没能发挥到最好，但是程菲也没有抓住自己过去所犯的错误不放，而是在总结了经验之后，期待另一次精彩的绽放。

可是，在生活中，有太多的人喜欢抓住自己的错误不放：没能抓住发展的机遇，就一直怨恨自己不具慧眼；因为粗心而算错了数据，就一直抱怨自己没长大脑；做错了事情伤害到了别人，会为没有及时道歉而自责很久……

人生一世，花开一季，谁都想让此生了无遗憾，谁都想让自己所做的每一件事都永远正确，从而达到预期的目标。可这只能是一种美好的幻想。人不可能不做错事，不可能不走弯路。做了错事，走了弯路之后，有谴责自己的情绪是很正常的，这是一种自我反省，是自我解剖与改正的前奏曲，正因为有了这种"积极的谴责"，我们才会在以后的人生之路上走得更好、更稳。但是，如果你纠缠住"后悔"不放，或羞愧万分，一蹶不振；或自惭形秽，自暴自弃，那么你的这种做法就是愚人之举了。

卓根·朱达是哥本哈根大学的学生。有一年暑假，他去当导游，因为他总是高高兴兴地做了许多额外的服务，因此几个芝加哥来的游客就邀请他去美国观光。旅行路线包括在前往芝加哥的途中，到华盛顿特区做一天的游览。

卓根抵达华盛顿以后就住进"威乐饭店"，他在那里的账单已经预付过了。他这时真是乐不可支，外套口袋里放着飞往芝加哥的机票，裤袋里则装着护照和钱。所有的一切都很顺利，然而，这个青年突然遇到晴天霹雳。

当他准备就寝时，才发现由于自己的粗心大意，放在口袋里的皮夹不翼而飞。他立刻跑到柜台那里。

"我们会尽量想办法。"经理说。

第二天早上，仍然找不到，卓根的零用钱连两块钱都不到。因为一时的粗心马虎，让自己孤零零一个人待在异国他乡，应该怎么办呢？他越想越是生气，越想越是懊恼。

这样折腾了一夜之后，他突然对自己说："不行，我不能再这样一直沉浸在悔恨当中了，我要好好看看华盛顿，说不定我以后没有机会再来，但是现在仍有宝贵的一天待在这个国家里。好在今天晚上还有机票到芝加哥去，一定有时间解决护照和钱的问题。

"我跟以前的我还是同一个人，那时我很快乐，现在也应该快乐呀。我不能因为自己犯了一点错误就在这白白地浪费时间，现在正是享受的好时候。"

于是他立刻动身，徒步参观了白宫和国会山，并且参观了几座大博物馆，还爬到华盛顿纪念馆的顶端。他去不成原先想去的阿灵顿和许多别的地方，但他能看到的，他都看得更仔细。

等他回到丹麦以后，这趟美国之旅最使他怀念的却是在华盛顿漫步的那一天——因为如果他一直抓住过去的错误不放，那么这宝贵的一天就会白白溜走。

放下过去的错误，向前看，才能有更多的收获。我们一生当中会犯很多错误，如果每一次都抓住错误不放，那么我们的人生恐怕只能在懊悔中度过。很多事情，既然已经没有办法挽回，就没有必要再去惋惜悔恨了。与其在痛苦中浪费时间，还不如重新找一个目标，再一次奋发努力。

昨天的总要在今天归零

年轻的时候，玛丽比较贪心，什么都追求最好的，拼了命想抓住每一个机会。有一段时间，她手上同时拥有13个广播节目，每天忙得昏天暗地，她形容自己："简直累得跟狗一样！"

事情都是双方面的，所谓有一利必有一弊，事业越做越大，压力也越来越大。到了后来，玛丽发觉拥有更多、更大的不是乐趣，反而是一种沉重的负担。她的内心始终被一种强烈的不安全感笼罩着。

1995年"灾难"发生了，她独资经营的传播公司被恶性倒账四五千万美元，交往了7年的男友和她分手……一连串的打击直奔她而来，就在极度沮丧的时候，她冒出了结束自己生命的念头。

在面临崩溃之际，她向一位朋友求助："如果我把公司关掉，我不知道我还能做什么？"朋友沉吟片刻后回答："你什么都能做，别忘了，当初我们都是从'零'开始的！"

这句话让她恍然大悟，也让她勇气再生："是啊！我们本来就是一无所有，既然如此，又有什么好怕的呢？"就这样念头一转，没有想到在短短半个月之内，她连续接到两笔很大的业务，濒临倒闭的公司起死回生，又重新正常运转了起来。

历经这些挫折后，让玛丽体悟到人生"无常"的一面，费尽了力气去强求，虽然勉强得到，最后留也留不住；反而是一旦放空了，随之而来的是更大的能量。

她学会了"生活的减法"。为了简化生活，她谢绝应酬，搬离了150平方米的房子。索性以公司为家，在一间小小的办公室里，淘汰不必要的家当，只留下一张床，一张小茶几，还有两只作伴的狗儿。

玛丽忽然发现，原来一个人需要的其实那么有限，许多附加的东西只是徒增无谓的负担而已。朋友不解地问她："你为什么都不爱自己了？"她回答："我现在是从内心爱自己。"

对于过去发生的事情，我们无能为力。关于未来，它还没有发生，我们对于它的一切不过是想象。只有此刻，才是最真实的，也只有抓住此刻，才是最幸福的，才是最懂得疼爱自己的。

有人喜欢抓住过去不放，总是活在过去里，对往事缅怀。可是过去的事情里，我们大概忘记了兴奋与激情了吧，只有悲伤还残存在记忆中。于是我们每天都在咀嚼自己的痛苦，用过去的事情来折磨自己。

就像玛丽那样，以为没有了自己，什么事情都做不了，这样的想法是不对的；以为没有了一切，自己就活不下去，这也是不对的。宇宙间的事情，不是谁没有了谁就延续不下去的，只要我们愿意，我们随时都可以从零开始。

抛开过去，就在今天全部归零，我们才能整装待发，快乐出行。

怀旧情绪适可而止

淑娟是某校一位普通的学生，她曾经沉浸在考入重点大学的喜悦中，但好景不长，大一开学才两个月，她就对自己失去了信心：连续两次与同学闹别扭，功课也不能令她满意，她对自己失望透了。

她自认为是一个坚强的女孩，很少有被吓倒的时候，但她没想到大学开学才两个月，自己就对大学四年的生活失去了信心。她曾经安慰过自己，也无数次试着让自己抱以希望，但换来的却只是一次又一次的失望。

以前在中学时，几乎所有老师跟她的关系都很好，很喜欢她，她的学习状态也很好，学什么会什么，身边还有一群朋友，那时她感觉自己像个明星似的。但是进入大学后，一切都变了，人与人的隔阂是那样的明显，自己的学习成绩又如此糟糕。现在的她很无助，她常常想："我并未比别人少付出，并未比别人少努力，为什么别人能做到的，我却不能呢？"

进入一个新的学校，新生往往会不自觉地与以前相对比，而当困难和挫折发生时，产生"回归心理"更是一种普遍的心理状态。淑娟在新学校中缺少安全感，不管是与人相处方面，还是自尊、自信方面，这使她长期处于一种怀旧、留恋过去的心理状态中，如果不去正视目前的困境，就会更加难以适应新的生活环境、建立新的自信。

不能尽快适应新环境，就会导致过分的怀旧。一些人在人际交往中只能做到"不忘老朋友"，但难以做到"结识新朋友"，个人的交际圈也大大缩小。此类过分的怀旧行为将阻碍着你去适应新的环境，使你很难与时代同步。回忆是属于过去的岁月的，一个人应该不断进步。我们要试着走出过去的回忆，不管它是悲还是喜，不能让回忆干扰我们今天的生活。

一个人适当怀旧是正常的，也是必要的，但是因为怀旧而否认现在和将来，就会陷入病态。

不要总是表现出对现状很不满意的样子，更不要因此过于沉溺在对过去的追忆中。当你不厌其烦地重复述说往事，述说着过去如何如何时，你可能忽略了今天正在经历的体验。把过多的时间放在追忆上，会影响你的正常生活。

我们需要做的，是尽情地享受现在。过去的东西再美好抑或再悲伤，那毕竟已经因为岁月的流逝而沉淀。如果你总是因为昨天错过今天，那么在不远的将来，你又会回忆着今天的错过。在这样的恶性循环中，你永远是一个迟到的人。

隆萨乐尔曾经说过："不是时间流逝，而是我们流逝。"不是吗？在已逝的岁月里，我们毫无抗拒地让生命一点一滴地流逝，却做出了分秒必争的滑稽模样。

说穿了，回到从前也只能是一次心灵的谎言，是对现在的一种不负责的敷衍。史威福说："没有人活在现在，大家都活着为其他时间做准备。"所谓"活在现在"，就是指活在今天，今天应该好好地生活。这其实并不是一件很难的事，我们都可以轻易做到。

太阳每天都是新的

人的一生中会遇到各种各样的困难和挫折，逃避和消沉是解决不了问题的，唯有以乐观的阳光心态去迎接生活的挑战，才有机会成功。阳光的人每天都拥有一个全新的太阳，积极向上，并能从生活中不断汲取前进的动力。

"不论担子有多重，每个人都能支持到夜晚的来临，"19世纪的浪漫主义代表、小说《金银岛》的作者罗勃·史蒂文生写道，"不论工作有多苦，每个人都能做他那一天的工作，每一个人都能很甜美、很有耐心、很可爱、很纯洁地活到太阳下山，而这就是生命的真谛。"不错，生命对我们所要求的也就是这些。可是住在密歇根州沙支那城的薛尔德太太，在学到"要生活到上床为止"这一点之前，却感到极度的颓丧，甚至于几乎想自杀。

1937年薛尔德太太的丈夫死了，她觉得非常颓丧——而且几乎一文不名。她写信给她以前的老板李奥罗区先生，请他允许她回去做她以前的老工作。她以前靠推销世界百科全书过活。两年前她丈夫生病的时候，她把汽车卖了，如今于是她勉强凑足钱，分期付款才买了一部旧车，又开始出去卖书。

她原想，再回去做事或许可以帮她解脱她的颓丧。可是要一个人驾车，一个人吃饭，几乎令她无法忍受。有些区域简直就做不出什么成绩来，虽然分期付款买车的数目不大，却很难付清。

1938年的春天，她在密苏里州的维沙里市，见那儿的学校都很穷，路很坏，很难找到客户。她一个人又孤独又沮丧，有一次甚至想要自杀。她觉得成功是不可能的，活着也没有什么希望。每天早上她都很怕起床面对生活。她什么都怕，怕付不出分期付款的车钱，怕付不出房租，怕没有足够的东西吃，怕她的健康情况变坏而没有钱看医生。让她没有自杀的唯一理由是，她担心她的姐姐会因此而觉得很难过，而且她姐姐也没有足够的钱来支付自己的丧葬费用。

然而有一天，她读到一篇文章，使她从消沉中振作了起来，使她有勇气继续活下去。她永远感激那篇文章里那一句令人振奋的话："对一个聪明人来说，太阳每天都是新的。"她用打字机把这句话打下来，贴在她的车子里，这样，在她开车的时候，每一分钟都能看见这句话。她发现每次只活一天并不困难，她学会了忘记过去，不想未来，每天早上都对自己说："今天又是一个新的开始。"

她成功地克服了对孤寂和对需要的恐惧。她现在很快活，也还算成功，并对生命充满了热忱和爱。她也知道，不论在生活上碰到什么事情，都不要害怕；她也知道，不必怕未来，每次只要活一天——而"对一个聪明人来说，太阳每天都是新的"。

在日常生活中可能会碰到令人兴奋的事情，也同样会碰到令人消极的、悲观的坏事，这本来应属正常，但如果我们的思维总是围着那些不如意的事情转动的话，也就相当于往下看，那么，终究会摔下去的。因此，我们应尽量做到脑海想的、眼睛看的，以及口中说的都应该是光明的、乐观的、积极的，相信每天的太阳都是新的，每一天都是一个新的开始。

相信下一次会更好

很多人在失去的时候会痛惜不已，原因是怕再也找不到比失去的更好的东西了，比如说爱情，当失去他的时候，心里会担心再也遇不到比他更有感觉的人了，或者再也找不到自己爱的人了，甚至会对爱情绝望，今后不愿意碰触爱情。而事实上，人并没有自己想象的那样脆弱，爱情也并不像是自己想象得那样，一生只会遇到一次，只是真正适合你的那个人还没有出现。或许，某一天正当你伤心于上一次悲痛的恋爱之时，却不经意地发现某个人已经闯入你的视线，介入你的生活，你，怦然心动。

无论是对于爱情还是对于某一个物品，我们对于他（它）的感情其实并没有我们想象得那么死心塌地，一件东西丢失了，起初伤心，痛心，但随着时间的推移，这些东西慢慢地在我们的视线中模糊，再模糊，直到有一天想不起它的样子，就像你当初爱一个人爱得死心塌地，甚至觉得你这一生将会永远喜欢他一个人，而这些其实只是我们美好的期待而已。当初的一切都是真的，但是在失去一段时间之后，不爱了也是真的。所以，在失去的时候，不要将自己沉浸在自己所设置的伤感、悲痛的氛围中，因为这样并不能挽回什么，也不能代表你会永远爱他。

人生其实就是一个失去与得到的过程，也是一个选择的过程，既然以前失去了，那就证明并不适合你，那个适合你的一定在不远处等着你，如果只是留恋那个不适合你的人而错过了真正属于你的人，那就得不偿失了。

在人的一生中，最害怕的不是失去什么，而是在失去之后，丧失了对未来的希望，所以，对于我们来说，在失去之后，要相信：下一个人会更好，下一次机会会更好。

如果要问一个电影演员，他觉得自己拍的哪一部戏最好，很多人会觉得没有最好的，因为很多人会将希望寄托于将来，相信自己将来会超越现在的自己，所以很多回答就是："下一部戏是最好的。"

每个人的一生都不是一帆风顺的，如果没有怀有希望，那又怎么坚持好好地活着呢？悲伤、痛苦不该是生活的主旋律，选择快乐地活着，满怀信心和希望地或者还是绝望地活着完全在于每一个人自己。

下一次我们会更好，等待下一次，相信下一次。

第二章

不抱怨的智慧

/第一节/

别抱怨，每一个人的人生都有坎坷

人生没有过不去的坎

"没有永久的幸福，也没有永久的不幸"，尽管在生活中，我们每个人都会遇到各种各样的挫折和不幸，而且有的人不仅仅要承受一种磨难，甚至受打击的时间可以长达几年、十几年，但是让人极度讨厌的厄运也有它的"致命弱点"，那就是它不会持久存在。

人们在遭受了生活的打击之后，总是习惯抱怨自己的命运不好，身边没有能够帮忙的朋友，家世也不好，没有可依靠的父母，等等。其实抱怨并不能解决问题，当问题发生的时候，我们一定要相信——厄运不久就会远走，好运迟早会到来。

匹兹堡有一个女人，她已经 35 岁了，过着平静、舒适的中产阶层的家庭生活。但是，她突然连遭四重厄运的打击。丈夫在一次事故中丧生，留下两个小孩。没过多久，一个女儿被烤面包的油脂烫伤了脸，医生告诉她孩子脸上的伤疤终生难消，母亲为此伤透了心。她在一家小商店找了份工作，可没过多久，这家商店就关门倒闭了。丈夫给她留下一份小额保险，但是她耽误了最后一次保费的续交期，因此保险公司拒绝支付保费。

碰到一连串不幸事件后，女人近于绝望。她左思右想，为了自救，她决定再做一次努力，尽力拿到保险补偿。在此之前，她一直与保险公司的普通员工打交道。当她想面见经理时，一位接待员告诉她经理出去了。她站在办公室门口无所适从，就在这时，接待员离开了办公桌。机遇来了。她毫不犹豫地走进了经理的办公室，结果，看见经理独自一人在那里。经理很有礼貌地问候了她。她受到了鼓励，沉着镇静地讲述了索赔时碰到的难题。经理派人取来她的档案，经过再三思索，决定应当以德为先，给予赔偿，虽然从法律上讲公司没有承担赔偿的义务。工作人员按照经理的决定为她办了赔偿手续。

但是，由此引发的好运并没有到此中止。经理尚未结婚，对这位年轻寡妇一见倾心。他给她打了电话，几星期后，他为寡妇推荐了一位医生，医生为她的女儿治好了病，脸上的伤疤被清除干净；经理通过在一家大百货公司工作的朋友给寡妇安排了一份工作，这份工作比以前那份工作好多了。不久，经理向她求婚。几个月后，他们结为夫妻，而且婚姻生活相当美满。

这个故事很好地阐释了厄运与好运的意义，厄运不会一直存在于我们的生活里，即使是现在深陷困境，也会在不久之后就等到了厄运的夭折期。

易卜生说："不因幸运而故步自封，不因厄运而一蹶不振。真正的强者，善于从顺境中找到阴影，从逆境中找到光亮，时时校准自己前进的目标。"

任何时候，都不要因厄运而气馁，厄运不会时时伴随你，阴云之后的阳光很快就会来临。

日子难过，更要认真地过

经济不景气，大学生刚毕业就待业，裁员、下岗、减薪……这些词汇每天都充斥在工薪阶层的耳旁，扰得人们寝食难安；消费水平提高、物价上涨、孩子上学问题、户口问题、买不起房子买不起车、租个房子还要整天面对苛刻的房东……面对如此尴尬的处境，人们不禁感叹："这日子真的是没法过了。"

艰难的日子虽然让人焦头烂额，可是我们却没有办法选择别样的生活。既然改变不了，那么不如就冷静地接受，认真地过好每一天，这样也许我们就会有很多意外的收获，生活也不会再让我们觉得痛苦了。

众所周知，王宝强是个在少林寺里拳来脚往生活了6年的孩子，因为克制不住内心梦想之火的燃烧，就决定出少林"闯荡江湖"了。他从少林寺伙房师傅的口中得知很多师兄弟都去了北京做武打替身，可以拍电影，还可以和很多大明星接触……被外面五彩缤纷的生活所吸引，也被心中的梦想所牵引，于是王宝强来到北京，开始了所谓的"北漂生活"。

实际上，我们可以想象得到，像王宝强这样没有什么学历和文凭的人，在"北漂"

中注定是不能气定神闲的。他曾经自己回忆："那个时候住排房，屋子很小，夏天非常拥挤，五六个师兄弟挤在一起。不过房租很便宜，一个月一百块，每个人每月也就二十块钱的租金。"可是，就算你空有一身好武功，也要有戏演才能维持生活。而实际上，只凭当替身的那点拳脚费，几乎无法维持生活。于是，那个时候的王宝强，几乎是"替身和民工"并存。

生活的艰难并没有动摇王宝强的信念，不管生活多难，他都咬紧牙关坚持着。在一次访谈中，王宝强的哥哥说："他到了北京忽然和家里失去了联系，信也没有，电话也没有。差不多将近两年的时间。我妈妈想他都快得病了。他忽然有一天打电话回来，说自己得了大奖，开始我们都还不信呢……"

王宝强的确曾经和家里失去联系，他说："那个时候没有钱，就是没钱打电话……而且也不想打，没混出来个人样，觉得没法跟家里交代，没脸和家里人说。"就在那样孤独、艰难的岁月里，王宝强一面做"武替"，一面做民工，才勉强维持了自己的生活。有时候"武替"一天有几十块钱，有时候就只有一顿盒饭，可是即便这样，王宝强也觉得挺好的，来了北京，能吃饱，还能长见识。

很多师兄都劝他："宝强，咱回去吧。你说咱们武功也一般，长得也不好，还没什么文化，哪有导演愿意要咱们这样的呀。不是每个人都有李连杰那样的好运气的。"可是，倔强的王宝强就是不肯认输，就是抱定了"再难也要坚持下去"的观点，坚决要留在北京打拼。记得蒲松龄曾经写过这样的落第自勉联："有志者，事竟成，破釜沉舟，百二秦关终属楚；苦心人，天不负，卧薪尝胆，三千越甲可吞吴。"不知道是不是因为他"愚公移山"的精神感动了上帝，好运终于飘然降临了。

李扬导演相中了他，电影《盲井》中的优秀表演让他脱颖而出，并荣获了当年金马奖最佳新人奖。随后，冯小刚导演找到了他，他和中国最优秀的几个一线大明星、众多影帝影后加盟《天下无贼》。那个憨厚的"傻根"让人们一下子记住了他的名字。王宝强的星途从此一帆风顺。

很多人认为王宝强之所以能越来越好，是因为他太幸运了。可是王宝强却说："我并不是幸运的一个，能够有今天的成绩，是因为我一直没有放弃，尽管日子很难过，但是我一直在认真过好每一天。"

尽管在生活中，我们每个人都会遇到各种各样的磨难和考验，可是只有能够认真地过日子的人，才能在最后的关头突破自己，创造生活的奇迹。其实，生活给予我们每个人的机会都是相同的，越是艰难的岁月，就越能给我们提供进步的空间。所以，不要总是抱怨日子不好过，只要我们坚持，认真过好每一天，我们就能抓住希望。

冬天总会过去，春天迟早会来临

四时有更替，季节有轮回，严冬过后必是暖春，这符合大自然的发展规律。在我们人类眼中，事物的发展似乎也遵循着这一条规律，否极泰来、苦尽甘来、时来运转等成语无不反映了人们的一种美好愿望：逆境达到极点就会向顺境转化，坏运到了尽头好运就会到来。所以，我们坚信，没有一个冬天不可逾越，没有一个春天不会来临。这是对生活的信心，也是对生活的希望，有了信心与希望，无论事情多糟糕，我们也会有面对现实的勇气和决心。

约翰是一个汽车推销商的儿子，是一个典型的美国孩子。他活泼、健康，热衷于篮球、网球、垒球等运动，是中学里一个众所周知的优秀学生。后来约翰应征入伍，在一次军事行动中，他所在部队被派遣驻守一个山头。激战中，突然一颗炸弹飞入他们的阵地，眼看即将爆炸，他果断地扑向炸弹，试图将它丢开。可是炸弹却爆炸了，他重重地倒在地上，当他向后看时，发现自己的右腿右手全部炸掉，左腿变得血肉模糊，也必须截掉了。一瞬间他想哭，却哭不出来，因为弹片穿过了他的喉咙。人们都以为约翰再也不能生还，但他却奇迹般地活了下来。

是什么力量使他活了下来？是格言的力量。在生命垂危的时候，他反复诵读贤人先哲的这句格言："如果你懂得苦难磨炼出坚韧，坚韧孕育出骨气，骨气萌发不懈的希望，那么苦难最终会给你带来幸福。"约翰一次又一次默念着这段话，心中始终保持着不灭的希望。然而，对于一个三截肢（双腿、右臂）的年轻人来说，这个打击实在太大了！在深深的绝望中，他又看到了一句先哲格言："当你被命运击倒在最底层之后，再能高高跃起就是成功。"

回国后，他从事了政治活动。他先在州议会中工作了两届。然后，他竞选副州长失败。这是一次沉重的打击。但他用这样一句格言鼓励自己："经验不等于经历，经验是一个人经过经历所获得的感受。"这指导他更自觉地去尝试。紧接着，他学会驾驶一辆特制的汽车并跑遍全国，发动了一场支持退伍军人的事业。那一年，总统命他担任全国复员军人委员会负责人，那时他34岁，是在这个机构中担任此职务最年轻的一个人。约翰卸任后，回到自己的家乡。1982年，他被选为州议会部长，1986年再次当选。

后来，约翰已成为亚特兰城一个传奇式人物。人们可以经常在篮球场上看到他摇着轮椅打篮球。他经常邀请年轻人与他进行投篮比赛。他曾经用左手一连投进了18个空心篮。一句格言说："你必须知道，人们是以你自己看待自己的方式来看你的。你对自己自怜，人家则会报以怜悯；你充满自信，人们会待以敬畏；你自暴自弃，多数人就会嗤之以鼻。"一个只剩一条手臂的人能成为一名议会部长，能被总统赏识担任一个全国机构的要职，是这些格言给了他力量。同时，他的成功也成了这些格言的有力佐证。

天无绝人之路，生活有难题，同时也会给我们解决问题的能力与方法。约翰之所以能够生存下来并创造事业的辉煌，是因为他坚信人生没有过不去的坎儿，坚信冬天之后春天会来临。他在困难面前没有低头，昂首挺进，直至迎来了生命的春天。

生活并非总是艳阳高照，狂风暴雨随时都有可能来临。但是每一个人都需要将自己重新打理一下，以一种勇敢的人生姿态去迎接命运的挑战。请记住，冬天总会过去，春天总会来到，太阳也总要出来的。度过寒冬，我们一定会生活得更好。

不要把自己禁锢在眼前的苦痛中

世事无常，我们随时都会遇到困厄和挫折。遇见生命中突如其来的困难时，你都是怎么看待的呢？不要把自己禁锢在眼前的困苦中，眼光放远一点，当你看得见成功的未来远景时，便能走出困境，达到你梦想的目标。

当我们处于厄运的时候，当我们面对失败的时候，当我们面对重大灾难的时候，只要我们仍能在自己的生命之杯中盛满希望之水，那么，无论遭遇何种坎坷，我们都能保持快乐的心情，我们的生命才不会枯萎。

在断崖上，不知何时长出了一株小小的百合。它刚发芽的时候，长得和野草一模一样，但是，它心里知道自己并不是一株野草。它的内心深处，有一个纯洁的念头："我是一株百合，不是一株野草。唯一能证明我是百合的方法，就是开出美丽的花朵。"它努力地吸收水分和阳光，深深地扎根，直直地挺着胸膛，对附近的杂草置之不理。

在野草和蜂蝶的鄙夷下，百合努力地释放内心的能量。百合说："我要开花，是因为知道自己有美丽的花；我要开花，是为了完成作为一株花的庄严使命；我要开花，是由于自己喜欢以花来证明自己的存在。不管你们怎样看我，我都要开花！"

终于，它开花了。它那灵性的洁白和秀挺的风姿，成为断崖上最美丽的风景。年年春天，百合努力地开花、结籽，最后，这里被称为"百合谷地"。因为这里到处是洁白的百合。

我们生活在一个竞争十分激烈的社会，有时在某方面一时落后，有时困难重重，有时失败连连，甚至有时被人嘲笑……无论什么时候，我们都不能放弃努力；无论什么时候，我们都应该像那株百合一样，为自己播下希望的种子。

内心充满希望，它可以为你增添一分勇气和力量，它可以支撑起你一身的傲骨。当莱特兄弟研究飞机的时候，许多人都讥笑他们是异想天开，当时甚至有句俗语说："上帝如果有意让人飞，早就使他们长出翅膀。"但是莱特兄弟毫不理会外界的说法，终于发明了飞机。当伽利略以望远镜观察天体，发现地球绕太阳而行的时候，教皇曾将他下狱，命令他改变主张，但是伽利略依然继续研究，并著书阐明自己的学说，他的研究成果后来终于获得了证实。最伟大的成就，常属于那些在大家都认为不可能的情况下却能坚持到底的人。坚持就是胜利，这是成功的一条秘诀。

暂时的落后一点都不可怕，自卑的心理才是可怕的。人生的不如意、挫折、失败对人是一种考验，是一种学习，是一种财富。我们要牢记"勤能补拙"，既能正确认识自己的不足，又能放下包袱，以最大的决心和最顽强的毅力克服这些不足，弥补这些缺陷。人的缺陷不是不能改变，而是看你愿不愿意改变。只要下定决心，讲究方法，就可以弥补自己的不足。

在不断前进的人生中，凡是看得见未来的人，也一定能掌握现在，因为明天的方向他已经规划好了，知道自己的人生将走向何方。留住心中的"希望种子"，相信自己会有一个无可限量的未来，心存希望，任何艰难都不会成为我们的阻碍。只要怀抱希望，生命自然会充满激情与活力。

别为了关上的门而痛苦，老天还为你留了一扇窗

生活中，我们往往看到的只是事物的一个侧面，这个侧面让人痛苦，但痛苦却可以转化。蚌因身体嵌入沙砾，伤口的刺激使它不断分泌物质来疗伤，如此，就出现一颗晶莹的珍珠。哪颗珍珠不是由痛苦孕育而成？可见，任何不幸、失败与损失，都有可能成为我们有利的因素。

1900前，在意大利的庞贝古城里，有一个叫莉蒂雅的卖花女孩。她自小双目失明，但并不自怨自艾，也没有垂头丧气把自己关在家里，而是像常人一样靠劳动自食其力。

不久，一场毁灭性的灾难降临到了庞贝城。没有任何预兆的维苏威火山突然爆发，数亿吨的火山灰和灼热的岩浆顷刻间把庞贝城给吞没了。

整座城市被笼罩在浓烟和尘埃中，漆黑如无星的午夜。惊慌失措的居民跌来碰去寻找出路，却无法找到。许多人来不及逃脱，被活活埋葬；有些人设法躲入地窖，但因熔岩和火山灰层的覆盖而窒息，也没有幸免，城中2万多居民大部分逃到了别

处，但仍有 2 千多人遇难。由于盲女莉蒂雅这些年走街串巷地卖花，她的不幸这时反而成了她的大幸。她靠着自己的触觉和听觉找到了生路，而且还救了许多人。残疾，成为她的财富。

生活中谁都难免遭遇挫折，只要你树立信心，继续努力，生活中，肯定会有"柳暗花明又一村"的新景象。

西娅在维伦公司担任高级主管，待遇优厚。很长一段时间，她都为到底去什么地方度假而烦恼。但是情况很快就变得糟糕起来。为了应对激烈的竞争，公司开始裁员，而西娅则是被裁掉的一员。那一年，她 43 岁。

"我在学校一直表现不错！"她对好友墨菲说，"但没有哪一项特别突出。后来，我开始从事市场销售。在 30 岁的时候，我加入了那家大公司，担任高级主管。"

"我以为一切都会很好，但在我 43 岁的时候，我失业了。那感觉就像有人给了我的鼻子一拳。"她接着说，"简直糟糕透了。"

西娅似乎又回到了那段灰暗的日子，语气也沉重了许多。但是，不久她凭借自己的优势找到了工作，两年后，她已经拥有了自己的咨询公司。

"被裁员是一件糟糕的事情，但那绝对不是地狱。也许，对你自己来说，可能还是一个改变命运的机会，比如现在的我。重要的是如何看待，我记得那句名言，世界上没有失败，只有暂时的不成功。"西娅真诚地对墨菲说。

在人的一生中，每个人都不能保证事业上能够一帆风顺。很多人刚刚步入社会，自身的经验、才能都尚在成长之中，加上社会上竞争激烈，各个用人单位对人才的要求不尽相同，这期间面试遭淘汰，或者工作不适被辞退，这都是很正常的事情。你不必为此感到屈辱，耿耿于怀。

世界充满了就业的机遇，也充满了被淘汰的可能。被淘汰不一定是坏事，也许这正是上帝在以另一种方式告诉你：你未尽其才，你需要寻找更适合你发展的空间。

错误往往是成功的开始

曾经有人做过分析后指出，成功者成功的原因，其中一条很重要就是"随时矫正自己的错误"。一个渴望成功、渴望改变现状的人，绝对不会因一个错误而停止前进的脚步，他必定会找出成功的契机，继续前进。

一位老农场主把他的农场交给一位外号叫错错的雇工管理。

农场里有位堆草垛手心里很不服气，因为他从来都没有把错错放在眼里。他想，全农场哪个能够像我那样，一举挑杆子，草垛便像中了魔似的不偏不倚地落到了预想的位置上？回想错错刚进农场那会儿，连杆子都拿不稳，掉得满地都是草，有的甚至还砸在自己的头上，非常可笑。等他学会了堆草垛，又去学割草，留下歪歪斜斜、高高低低一片狼藉；别人睡觉了，他半夜里去了马房，观察一匹病马，说是要学学怎样给马治病。为了这些古怪的念头，错错出尽了洋相，不然怎么叫他"错错"呢？

老农场主知道堆草高手的心思，邀请他到家里喝茶聊天。老农场主问："你可爱的宝宝还好吗？平时都由他们的妈妈照顾吧？"高手点点头，看得出来他很喜欢他的孩子。老人又说："如果孩子的妈妈有事离开，孩子又哭又闹怎么办呢？""当然得由我来管他们啦。孩子刚出生那阵子真是手忙脚乱哩，不过现在好多了。"高手说。

老人叹了一口气，说："当父母可不易哦。随着孩子的渐渐长大，你需要考虑的事情还有很多很多，不管你愿意不愿意，因为你是父亲。对我来说，这个农场也就是我的孩子，早年我也是什么都不懂，但我可以学，也经过了很多次的失败，就像'错错'那样，经常遭到别人的嘲笑。"

话说到这个节骨眼上，堆草高手似乎领会了老人的用意，神情中露出愧色。

"优胜劣汰"成为一种必然。但现在人们开始认同另一种说法：成功，就是无数个"错误"的堆积。

错误是这个世界的一部分，与错误共生是人类不得不接受的命运。

错误并不总是坏事，从错误中汲取经验教训，再一步步走向成功的例子也比比皆是。因此，当出现错误时，我们应该像有创造力的思考者一样了解错误的潜在价值，然后把这个错误当作垫脚石，从而产生新的创意。事实上，人类的发明史、发现史到处充满了错误假设和错误观点。哥伦布以为他发现了一条到印度的捷径；开普勒偶然间得到行星间引力的概念，他这个正确假设正是从错误中得到的；再说爱迪生还知道几千种不能用来制作灯丝的材料呢。

错误还有一个好用途，它能告诉我们什么时候该转变方向。只有适时转变方向，才不会撞上失败这块绊脚石。

笑迎人生风雨

生活中难免有痛苦和失落，但是我们不能总是用悲观的心去对待生活，而应该在艰难中给自己一点希望，让自己坚强起来，再苦也要笑一笑。

钟爱东，百亩鱼塘的主人，被评为省"巾帼科技兴农带头人"。

从一名普通的下岗女工到身价千万的养殖大王，不惑之年的钟爱东仍然勤劳淳朴。事业几经起落，她说，横下一条心，没有过不去的坎儿。

1997年1月1日，钟爱东不能忘却的日子，这一天，本以为捧上"铁饭碗"的她下岗了。在这家工厂工作了近20年，还成了厂里的"一把手"，钟爱东说，她把全部的心血、最好的青春年华，都给了工厂，甚至没有时间照顾年幼的孩子，"当时觉得，心里有什么东西被人硬掰了下来"，钟爱东说。那天，她哭了。

下岗后，她接到的第一个电话，是花都区妇联打来的，她说，就是这个电话，在最艰难的时候教会她"用笑容去迎接困难"。钟爱东在当厂长的时候就经常与周围的农民接触，知道养殖水产有赚头，看准这一点，她拿出了仅有的2000元"压箱底钱"，又东奔西走借了些款，一咬牙承包了200亩低洼田，资金不够，就赚一分投入一分，滚动式周转。几年下来，天天"泡"鱼塘、搞技术，200亩低洼田变成了水产养殖地。钟爱东说，那时照看鱼塘就是她全部的生活了。她每天早上都要花一个小时绕池塘走上几圈。

钟爱东没想到，生活中的第二次打击来得这么快。那一天，是钟爱东伤心的日子。一场大洪水湮灭了她刚刚兴旺的鱼塘。站在堤坝上，看着不断上涨的洪水一点点吞没了鱼塘，钟爱东绝望地回了家。"哪里跌倒就从哪里爬起来。"钟爱东说，这是当时丈夫说的唯一的一话，倔强的她这次没有流泪。她开始带着工人挖塘、养苗，引进新技术、新鱼种，被洪水湮灭的鱼塘一点点"回来"了。

钟爱东成了远近闻名的"鱼王"，鱼塘越做越大，还办起了企业。多年的艰难经营，"养鱼为生"的钟爱东对技术情有独钟：一个没有创新、没有新产品的企业，就像脱水的鱼。

钟爱东有个温暖的四口之家，她说，在最困难的时候，家人的支持成了她的精神支柱。"当初好多次想到放弃，是他们帮我挺过了难关。"屡经磨难，钟爱东说最重要的是要学会如何看待失败，"下岗、失败都不用怕，路是自己走出来的，认定目标走下去，一定会成功。"

生命，有起有落，有悲有喜，起伏不定，但是太阳却依然明亮，月亮仍然美丽，星星依旧闪烁……一切的一切仍旧是那么和谐，而生命，依然会有着更美丽的色彩，亟待我们去开发。明天，总是美好的，只要我们有心，只要我们在艰难中咬紧牙关，我们就能够在痛苦中盼来新一轮的朝阳。

/ 第二节 /

用感恩的心驱走抱怨的"恶魔"

感恩的心才能念动幸福的咒语

一位哲人说，世界上最大的悲剧和不幸就是一个人大言不惭地说："没人给过我任何东西。"对生活常怀有一颗感恩之心的人，即使遇上再大的灾难，也能熬过去。

在日本"推销之神"原一平的奋斗史中，最受人们推崇的是"三恩主义"，即社恩、佛恩和客恩。

即使被尊称为"推销之神"，原一平也没有骄傲，反而以谦恭为怀，时时刻刻感谢公司的栽培，认为没有公司提供的平台，就没有今日的他，因此他十分尊敬公司，晚上睡觉脚不敢朝向公司的方向，这就是社恩。原一平一生的成功，除了自己的辛苦奋斗之外，串田董事长的知遇和栽培功不可没。不过，他内心里最感谢的是启蒙恩师吉田胜逞法师、伊藤道海法师，没有他们的一语道破及指点迷津，或许原一平还只是一名推销的小卒呢！这就是佛恩。对参加保险的客户以及周围合作的同事心怀感激，这就是客恩。据原一平自称：他的所得除10%留为己用外，其余皆回馈给公司及客户。由于对公司有着感谢的胸怀，所以处处为公司的利益着想，为客户提供无微不至的服务，从而也锻炼了自己的能力，得到上司和客户的回赠，登上了事业的高峰。

感恩，可以使我们浮躁的心态得以平静下来，也使我们能够从全新的角度来看待身边的事物。

中国电力国际发展公司首席执行官李小琳在中国电力市场被称为"一姐"，统

75

领市值近百亿的中国电力，也是香港 H 股、红筹股上市公司中唯一女性 CEO。

感恩，是李小琳平时用得最多的字眼。对此她有着自己的说法："常怀感恩之情，我们就会时刻有报恩之心，报祖国之恩、组织之恩、父母之恩、老师之恩、同志之恩、朋友之恩……"常怀感恩之心，就会将给予视为最大的快乐；就会内生一种定力，在纷繁复杂的社会生活中保持那种难得的"律己"。

她早已养成静坐禅修的习惯，在没有打扰的情况下，可以静坐上一个小时，甚至更长时间。"吾当一日而三省吾身"，静思时，一天的所思所想、所作所为，无不撞击心头，让她警醒觉悟。

李小琳说："我能有今天的成果，要感谢很多人的恩惠。"一个懂得感恩的女人，无须言他，本身就是一种成功和美丽的理由。

感恩是一种处世哲学，是生活中的大智慧。人生在世，不可能一帆风顺，种种失败、无奈都需要我们勇敢地面对、旷达地处理。当挫折、失败来临时，是一味地埋怨生活，从此变得消沉、萎靡不振，还是对生活满怀感恩，跌倒了再爬起来？

英国作家萨克雷说："生活就是一面镜子，你笑，它也笑；你哭，它也哭。"感恩不纯粹是一种心理安慰，也不是对现实的逃避，更不是阿 Q 的"精神胜利法"。感恩，是一种歌唱生活的方式，它来自对生活的爱与希望。

感恩之情是滋润生命的营养素，它使我们的生活充满芳香和阳光。一个不懂得感恩的人，即使家财万贯，他仍是个贫穷的人；懂得感恩，才是天下最富有的人。

得到别人的好处要想到回报

在第一次世界大战中，有一种德国特种兵的任务是深入敌后去抓俘虏回来审讯。

当时打的是堑壕战，大队人马要想穿过两军对垒前沿的无人区，是十分困难的。但是一个或几个士兵悄悄爬过去，溜进敌人的战壕，相对来说就比较容易了。参战双方都有这方面的特种兵，经常被派去抓回敌军的士兵审讯。

有一个德军特种兵以前曾多次成功地完成这样的任务，这次他又出发了。他很熟练地穿过两军之间的地域，出乎意料地出现在敌军的战壕中。

一个落单的士兵正在吃东西，毫无戒备，一下子就被缴了械。他手中还举着刚才正在吃的面包，这时，他本能地把一些面包递给对面突然出现的敌人。这也许是他一生中做得最正确的一件事了。

面前的德国兵忽然被这个举动打动了，并导致了他奇特的行为——他没有俘虏这个敌军士兵回去，而是自己回去了，虽然他知道回去后上司会大发雷霆。

这个德国兵为什么这么容易就被一块面包打动呢？人的心理其实是很微妙的。人一般有一种心理，就是得到别人的好处或好意后，就想要回报对方。虽然德国兵从对手那里得到的只是一块面包，或者他根本没有要那个面包，但是他感受到了对方对他的一种善意，即使这善意中包含着一种恳求。但这毕竟是一种善意，是很自然地表达出来的，在一瞬间打动了他。他在心里觉得，无论如何不能把一个对自己好的人当俘虏抓回去，甚至要了他的命。

其实这个德国兵不知不觉地受到了心理学上"互惠定律"的左右。这种得到对方的恩惠，就一定要报答的心理，就是"互惠定律"，这是人类社会中根深蒂固的一个行为准则。

一位心理学教授做过一个小小的实验，证明了这个定律。他在一群素不相识的人中随机抽样，给挑选出来的人寄去了圣诞卡片。虽然他也估计会有一些回音，但却没有想到大部分收到卡片的人，都给他回了一张，而其实他们都不认识他啊！

给他回赠卡片的人，根本就没有想到过打听一下这个陌生的教授到底是谁。他们收到卡片，自动就回赠了一张。也许他们想，可能自己忘了这个教授是谁了，或者这个教授有什么原因才给自己寄卡片。不管怎样，自己不能欠人家的情，要给人家回寄一张，总是没有错的。

这个实验虽小，却证明了互惠定律的作用。当从别人那里得到好处，我们总觉得应该回报对方。如果一个人帮了我们一次忙，我们也会帮他一次，或者给他送礼品，或请他吃饭；如果别人记住了我们的生日，并送我们礼品，我们也会如此回馈。

中国人讲究礼尚往来也是互惠定律的表现。这似乎是人类行为不成文的规则。

在不是很熟悉的朋友之间，你求别人办事，如果没有及时回报，下一次又求人家，就显得不太自然。因为人家会怀疑你是否感激他对你的付出。及时地回报，可以表现出自己是知恩图报的人，有利于相互的继续交往。

让心中的抱怨工厂关门大吉

杯子里只有半杯水了，一个人看见会说："唉，只有半杯水了。"而另一个则说："啊，还有半杯水呢！"这就是对待事物的不同心态。前者是抱怨而悲观的，而后者是感恩而乐观的。我们应该要养成积极的心态，确信天黑透了，就能够看见星星，而不是去抱怨没有太阳，因为太阳绝不会听到你的抱怨。

在我们的生活和工作中，为什么有人觉得自己活得很累，不停地抱怨，又有的人觉得很轻松？为什么有的人觉得这个世界很丑恶，又有的人觉得这个世界很美好？可以说，这一切的一切都来源于心态的不同。

1972年，新加坡旅游局给总理李光耀打了一份报告，大意是说，我们新加坡不像埃及有金字塔，不像中国有长城，不像日本有富士山，不像夏威夷有十几米高的海浪。我们除了一年四季直射的阳光，什么名胜古迹都没有，要发展旅游事业，实在是巧妇难为无米之炊。

李光耀看过报告，非常气愤。据说，他在报告上批示了这么一行字：你想让上帝给我们多少东西？阳光，阳光就够了！

后来，新加坡利用那一年四季直射的阳光种花植草，在很短的时间里，发展成为世界上著名的"花园城市"，连续多年，旅游收入列亚洲第三位。

与旅游局长心存抱怨形成鲜明对照的是，李光耀总理心存感谢。即使是一缕阳光，那也是上天的恩赐，新加坡正是抓住了阳光，做大了阳光产业，新加坡从而发展成为亚洲"四小龙"之一。一个国家如此，一个人也应如此，一定要心怀感恩：对自己的生活环境充满感激，对自己的家人充满感激，对自己的朋友充满感激。

有的人会对工作抱怨，诸如今天又遇到比较烦的事，比较难沟通的客户，但如果你换个角度想想，假如你把比较烦的事情都做好了，比较难沟通的客户给协调好了，那说明你的服务水平又提高了，你又有进步了。如果你用积极乐观的心态去做事，相信从此你会多一分快乐，少一分抱怨。

不知感恩是一种严重的职业癌症，会严重阻碍职业发展，甚至是把自己毁灭掉。得了这种癌症的患者的症状是：不是千方百计想办法战胜困难，而是先指责、埋怨一番。

在某企业的一次招聘中有两个年轻人脱颖而出，最后主考官单独约见了他们，问了他们同一个问题："你觉得以前你工作的那个公司怎么样？"

一个面试者抱怨说："糟透了，同事们整天不干正事，主管的水平实在太低！真难以想象我在那里是怎么度过了两年的！"

另外一个面试者却说："虽然我原来工作的是一家很小的公司，管理也不是很规范，不过在我工作的那段时间里，学到了不少的东西。正因如此，我现在才有勇气坐在这里。我很感激原来工作的公司。"

最后被录取的，毫无疑问，当然是后者！

不知感恩，缺乏感恩心态，失去免疫能力会导致一个人的情感变得麻木；对人对事缺乏热情与认真；对工作、生活懈怠，渐渐蜕化成冷漠无情的动物。不懂感恩的人，他们的存在价值会大打折扣。

我们或许有时会感叹自己的工作平淡无味，有时会觉得自己的生活琐碎繁重，有时会气馁于某种失败，但其实只要我们用一种感恩的眼光去看待生活，就会发现我们的人生早就给我们安排了快乐和幸福，只是我们一直都被悲观遮住了眼睛。

《圣经》上说："一生一世，都是恩惠。"我们应该把拥有的一切看成是"天上掉的馅饼"，没有一个快乐的人不深爱自己的生活，没有一个幸福的人不懂得感恩。一个不懂感恩的人，抱怨自己生活和工作现状的人，必定不善于利用手中的资源，也无法发掘现有的价值优势。

所以，只有关闭心中的抱怨"工厂"，搭建心中的感恩"花园"，你的生活将会实现神奇的改变。从现在开始，每天抽出一点时间，为自己目前所拥有的一切而感恩，为自己的生活而感谢吧。

感谢折磨，锤炼自己

人不能总停留在原地，而是要努力向前。感谢折磨你的人，你将得到更迅捷的发展速度。

对于生活中的各种折磨，我们应时时心存感激。只有这样，我们才会常常有一种幸福的感觉，纷繁芜杂的世界才会变得鲜活、温馨和动人。一朵美丽的花，如果你不能以一种美好的心情去欣赏它，它在你的心中和眼里也永远娇艳妩媚不起来，而如你的心情一般灰暗和没有生机。

只有心存感激，我们才会把折磨放在背后，珍视他人的爱心，才会享受生活的美好，才会发现世界原本有太多的温情。心存感激，是一种人格的升华，是一种美好的人性。只有心存感激，我们才会热爱生活，珍惜生命，以平和的心态去努力地工作与学习，使自己成为一个有益于社会的人。心存感激，我们的生活就会洋溢着更多的欢笑和阳光，世界在我们眼里就会更加美丽动人。

面对人生中各种各样的坎坷，你要保持感谢的态度，因为唯有折磨才能使你不断地成长。法国启蒙思想家伏尔泰说："人生布满了荆棘，我们的唯一办法是从那些荆棘上面迅速踏过。"人生是不平坦的，但同时也说明生命正需要磨炼，"燧石受到的敲打越厉害，发出的光就越灿烂。"正是这种敲打才使它发出光来，因此，燧石需要感谢那些敲打。人也一样，感谢折磨你的人，你就是在锤炼自己。

美国独立企业联盟主席杰克·弗雷斯从 13 岁起就开始在他父母的加油站工作。弗雷斯想学修车，但他父亲让他在前台接待顾客。当有汽车开进来时，弗雷斯必须在车子停稳前就站到司机门前，然后去检查油量、蓄电池、传动带、胶皮管和水箱。

弗雷斯注意到，如果他干得好的话，顾客大多还会再来。于是弗雷斯总是多干一些，帮助顾客擦去车身、挡风玻璃和车灯上的污渍。有一段时间，每周都有一位老太太开着她的车来清洗和打蜡。这个车的车内踏板凹陷得很深很难打扫，而且这位老太太极难打交道。每次当弗雷斯给她把车清洗好后，她都要再仔细检查一遍，让弗雷斯重新打扫，直到清除掉每一缕棉绒和灰尘，她才满意。

终于有一次，弗雷斯忍无可忍，不愿意再侍候她了。他的父亲告诫他说："孩子，记住，这就是你的工作！不管顾客说什么或做什么，你都要记住做好你的工作，并以应有的礼貌去对待顾客。"

父亲的话让弗雷斯深受震动，许多年以后他仍不能忘记。弗雷斯说："正是在加油站的工作使我学到了严格的职业道德和应该如何对待顾客，这些东西在我以后的职业生涯中起到了非常重要的作用。"

其实，弗雷斯的成功与他懂得感谢那些折磨自己的人有着莫大的关系。"吃一堑，长一智"，你为什么不对他心存感激呢？学会感谢折磨你的人，这样，你注定会与成功结缘。

向批评鞠个躬

当人类世界被现代技术网罗成一个村庄的时候，无论你身在何处，也不管你是为了学习还是工作，我们都无法和网络撇清关系。即便是身为天王级巨星的刘德华也不得不经常上网。他如此沉迷网络，甚至到了每天不上网不自在的地步。但是他上网和我们经常看到的上网"聊天"、"打游戏"有所不同。用他自己的话说："他们将全球有关我的信息集合起来给我看，让我知道世界各地的人对我的看法，他们觉得我是一个怎样的人，这是我很想知道的事。加上地球上有时差关系，所以我每天不止上一次网去看看这些有关我的信息。"

原来，刘德华上网是为了接受更多的批评，让自己更加了解自己。有勇气接受别人的批评，才能够不断取得进步。同时，敢于接受别人批评的人，也显示了自己莫大的勇气和自信。相反，一个听到别人的批评就暴跳如雷、反唇相讥的人，不但缺乏涵养、心胸狭窄，而且这种冲动的做法还会造成难以预测的后果，使每个想帮助他的人都敬而远之。坦然接受他人的批评，无论是正面的还是负面的，你才能成为一个心胸宽广、受别人欢迎的人。

刘德华刚出道时，香港有家知名电台的老板听了他的歌后，当即表示："这个人不懂唱歌，也没有歌唱的天分。"从此不再听他唱歌，并在很多场合坦言刘德华是歌坛"四大天王"里最差的一个。但是刘德华并没有因为别人的打击和嘲笑而气馁，从此，他每逢演唱会必定要给这个人送票，邀请他去听歌。十几年后，那个老板终于肯去听他的演唱会，并且为华仔的歌声所打动，不禁夸赞道："原来是我错了，华仔真的很会唱歌。"

刘德华能够在别人的批评和讽刺之下不气馁，用自信做支撑，用实力去说话，逐渐走出了一条属于自己的星光大道。

世界是五光十色的，世界上的人们也用各不相同的视角来看待生活。不同的人站在不同的方位看待同一个事物，也会产生不同的观点。正如"一千个读者眼中就有一千个哈姆雷特"一样，人们对刘德华的看法也褒贬不一。对此，他开怀地说："世上当然会出现有人喜欢或不喜欢我的情况，好评语自然会吸引我多看，但对我不好的评语我也会清楚地看一次，这样可以完全了解网友是如何看待我的，让我可以加深了解自己，并且为我提供改进的空间。"每个人都需要面对世界，不管你肯不肯；每个人都要面对别人的评论，不管你愿意不愿意。我们在面对别人的评论时，最好的解决方式就是像刘德华那样，让执拗的想法带动心怀转一个弯，这样我们看到的就不会是别人的苛刻和刁钻，而是自己应该进一步提升的空间。

可是在现实生活中，我们总是希望按照自己的想法去勾勒我们的世界，希望一切都按照自己的计划进行，也希望别人都在为了自己的世界去服务，所以我们总是不愿意听到不同的声音，不希望有人给予我们批评和指责。

按照自己的理想搭建的世界，毕竟只是我们一厢情愿的，虽然我们一直希望自己是最完美的，可是谁都没有办法抹杀自己身上的不足。有时候，因为过于理想化，我们常常会只看到自己身上的优点，而忽略了所有的缺点。所以，经常听一听别人的声音，虚心接受别人的批评和指正，也未尝不是一个让自己更加完美的方法。

所以，对于敢于批评和指正我们的人，不要总是把他们当成我们的敌人来对待。当我们从他们的话语里了解了一个我们看不到的自己的时候，我们就应该给予他们最真诚的感谢。

感谢别人给你的一片阳光

很多人才貌双全，拥有让人羡慕的家境和学历，但他们却不快乐。无论物质上是多么的丰厚，他们都不会感到满足和幸福。而不幸福的人，往往容易被时间催残，淡忘生活的意义。

其实，幸福是一种感觉，虽然有外在的因素，但更多地取决于自己的内心。

拥有感恩的心才是快乐的秘诀。对生活拥有一颗感恩的心的人，即使物质生活再贫穷，也可以拥有很多的快乐。感恩的心不是天生就有的，它是后天培养的。

一个常怀感恩之心生活的人，一定是个幸福的人。感恩是爱的根源，也是快乐的必要条件。如果我们对生命中所拥有的一切能心存感激，便能体会到人生的快乐、人间的温暖以及人生的价值。拥有一颗感恩的心，才能更懂得珍惜生命、热爱生活，那么，即使遇上再大的困难，也能够绕过去。

一家外资公司的公关部需要招聘一位职员，前来应聘的人经过甄选，最后只剩下了五个。公司告诉这五个人，聘用谁得由经理层会议讨论才能决定，结果会在三天内发到他们的邮箱里。

三天后，其中一位的电子邮箱里收到一封信，信是公司人事部发来的，内容是："经过公司研究决定，很抱歉，你落选了。我们虽然很欣赏你的学识、气质，但名额有限，这实是割爱之举。公司以后若有招聘名额，必会优先通知你。你所提交的材料在被复印后，不日将邮寄返还于你。另外，为感谢你对本公司的信任，还随信寄去本公司产品的优惠券一份。祝你好运！"

看完电子邮件，她知道自己落选了，有点难过，但又为该公司的诚意所感动，便顺手花了一分钟时间回复了一封简短的感谢信。

但在两天后，她却接到了那家外资公司的电话，说经过经理层会议讨论，她已被正式录用为该公司职员。

她很不解，后来才明白邮件其实是公司最后的一道考题。她能胜出，只不过因为多花了一分钟时间去感谢。

在日常生活中，常有父母抱怨孩子不听话，孩子抱怨父母不理解她们，男朋友抱怨女朋友不够温柔，女孩抱怨男孩不够体贴；在工作中，也常出现领导埋怨下级工作不得力，下级埋怨上级不够理解，不能发挥自己的才能……总之，对生活永远是抱怨，而不是感激。她们只是在意自己没有得到什么好处，却不曾想别人付出了多少。如果一个二十几岁的女人不能够经受世界的考验，感受这个世界的美好，心胸只能容得下私利，那她就得不到幸福。

生命的整体是相互依存的，世界上每一样东西都依赖其他的东西。父母的养育，师长的教诲，配偶的关爱，他人的服务，大自然的慷慨赐予……你从出生那天起，便沉浸在恩惠的海洋里。只有你真正明白了这个道理，你才会感谢大自然的福佑，感谢父母的养育，感谢社会的安定，感谢食之香甜，感谢衣之温暖，感谢花草鱼虫，感谢苦难逆境。就连自己的敌人，也不忘感谢，因为真正促使自己成功，使自己变得机智勇敢、豁达大度的，不是顺境，而是那些常常可以置自己于死地的打击、挫折和对立面。

"打击" 你的人可能更爱你

人跟人是不同的，有的人比较直接，所以跟别人表达自己的感情也比较直接：喜欢你就会告诉你，对你好也会让你感觉出来。有些人比较内敛：即使是关心你的，也不会表现出来，反而会给你个很严肃的表情，让你觉得好像欠了他的钱一样，这种人，最容易遭到别人的误解，以为跟他的关系是很难相处的，事实上他对你早就有了一份关心和爱护。相对于你的误解，他往往更注意自己应该怎样做才对你有利，怎样做才能让你成长得更快。

日本大企业家福富先生就曾遇到过这样的人。在他做服务生的时候，他的老板毛利先生常常会很严厉地责骂他。

尽管挨骂的时候，自己的心里是很难过的，可是福富发现自己每次挨了责骂后都会得到一些启示，学会一些事情，所以福富当时总是"主动地"寻找挨骂。只要遇见了毛利先生，福富绝不会像其他怕麻烦的服务生一样逃之夭夭，他会掌握机会，立刻趋身向前，向毛利先生打招呼，并请教说："早安！请问我有什么地方需要改进？"

这时，毛利先生便会对他指出许多需要注意的地方，福富在聆听训话之后，必定马上遵照他的指示改正缺点。

福富之所以殷勤主动到毛利先生面前请教，是因为他深知年轻资浅的服务生很难有机会和老板交谈，只有如此把握机会，别无他法。而且向老板请教，通常正是老板在视察自己工作的时候，这就是向老板推销自己的最佳时机。所以，毛利先生对福富的印象就深刻，对福富有所指示时，也总是亲切直呼他的名字，告诉福富什么地方需要注意。

他就这样每天主动又虚心地向他请教,持续了两年。有一天,毛利先生对福富说:"我长期观察,发现你工作相当勤勉,值得鼓励,所以明天开始请你担任经理。"就这样,19岁的服务生一下子便晋升为经理,在待遇方面也提高很多。被人指责训斥,就是在接受另一种形式的教育。对于毛利先生一年365天的不断教导,福富至今仍感谢不已。

在被指责或训斥时,心里总是会受到一定的打击,会觉得很沮丧甚至很失望。尤其是对方说话或者做事的态度很难让你接受的时候,就会觉得对方很讨厌,甚至会对他产生怨恨。但是,你有没有静下心来想一想:在你承受对方给你的压力之后,你是否成长了?或者说,对方是出于什么心态来"打击"你的?难道他是跟你有仇,还是只是为了自己的一时发泄?

对方给予你"打击",正是希望你能从中知道自己的错误,并且能够从中学习到一些东西。尽管处理事情的方式可能与你不同,可是,给予你"打击"的人,往往是比任何人都关心你、爱护你的。就如同自己的家长,可能每天都在骂你,但是他们的真实心愿是希望你能尽快地成才;你的上司,可能每天都在责罚你,可是他往往是想让你尽快地成长……

人与人之间,表达感情的方式是不一样的,所以,在遭受委屈而对"打击"你的人产生抱怨的时候,一定要用心地想一想:他为什么这么对我?这样,你很快就会明白,"打击"你的人,原来都是为了你好。

/ 第三节 /

学会忍耐，让宽容代替抱怨

宽容比怨恨更具威慑力

古今中外，许多大人物身上都有大度、宽容的美德，这也是他们能够被人们尊重的原因之一。

一天，在开往费城的火车上，一个妇人中途上了车，她走进一节车厢，坐在了座位上。对面是一位略显肥胖的男子，正在吸烟。这位妇女禁不住咳了几声，可是，那个男子丝毫没注意到她的暗示。最后，妇人忍不住开口说："你多半是外国人吧！大概不知道这趟车有一节吸烟车厢，这里是不让吸烟的。"那个男子一声不吭，掐灭了香烟，扔出了窗外。

这时，列车员走过来对妇人说，这里是格兰特将军的私人车厢，请她离开。她听了大吃一惊，心里很害怕，站起身往门口走。而格兰特将军仍像刚才一样，没有给她任何难堪，甚至没有取笑、嘲弄她的神情。

宽容也并非大人物的专利，普通人也同样有之。

有这样一个故事：格林夫妇带着两个儿子在意大利旅游，不幸遭劫匪袭击。7岁的长子尼古拉死于劫匪的枪下，在医生证实尼古拉的大脑确实已经死亡的10个小时内，孩子的父亲做出了决定，同意将儿子的器官捐出。4小时后，尼古拉的心脏移植给了一个患先天性心肌畸形的14岁孩子；一对肾分别使两个患先天性肾功能不全的孩子有了活下去的希望；一个19岁的濒危少女，获得了尼古拉的肝；尼古拉的眼角膜使两个意大利人重见光明。就连尼古拉的胰腺，也被提取出来，用于治疗糖尿病……

"我不恨这个国家，不恨意大利人。我只是希望凶手知道他们做了些什么。"格林说，嘴角的一丝微笑掩不住内心的悲痛。而他的妻子玛格丽特的庄重、坚定、安详的面容，和他们4岁幼子脸上小大人般的表情，尤其令意大利人的灵魂震撼！他们失去了自己的亲人，但事件发生后他们所表现出来的宽容与大度，令全体意大利人深感羞愧。

生活中，我们要学会宽容、大度。古人说："大度集群朋。"一个人若能有宽宏的度量，他的身边便会集结起大群的知心朋友。大度，表现为对人、对事能"求同存异"，不以自己的特殊个性或癖好对待他人。大度，也表现为能听得进各种不同的意见，尤其能认真听取相反的意见。

大度，还要能容忍他人的过失，尤其是当他人对自己犯有过失时，能不计前嫌，一如既往。大度，更应表现为能够虚心接受批评，发现自己的过失，便立即改正，和他人发生矛盾时，能够主动检讨自己，而不文过饰非、推诿责任。大度者，能够关心人、帮助人、体贴人，责己严、责人宽。

有首打油诗写道："占便宜处失便宜，吃得亏时天自知。但把此心存正直，不愁一世被人欺。"内心正直、胸怀雅量，才能包容万物，才能以美好、善良之心看待万物。

那么，如何培养度量呢？

凡是小事，不要太过计较，要原谅别人的过失。

不如意的事来临时，泰然处之，不为所累。

受人讥讽，不要睚眦必报。

学会吃亏，把便宜让给别人。

多看别人的优点，少盯着别人的缺点。

俗语说："将军额上能跑马，宰相肚里能撑船。"宽容是一种境界、一种美德，它能使复杂的事情变简单，使人生跃上新的台阶。

与人争辩，你永远不会真赢

与别人看法和意见不一致，就去跟别人争辩。这样的想法是错的。因为在你争辩的过程当中，势必会想办法证明自己是对的，别人是错的。

通常情况下，没有人愿意听到别人对于自己的批评，所以即使我们说的是对的，他也未必能够听进去。再者，争论的过程中，每一方都以对方为"敌"，试图将一己的观念强加给别人，最终一定会伤害彼此之间的情感，引发很多不必要的误解。

美国耶鲁大学的两位教授曾经做过一项实验。他们耗费了 7 年的时间，调查了种种争论的实态。例如，店员之间的争执、夫妇间的吵架、售货员与顾客间的斗嘴等，甚至还调查了联合国的讨论会。结果，他们证明了凡是去攻击对方的人，绝对无法在争论方面获胜。

当别人在和你谈话时，他根本没有准备请你说教，若你自作聪明，拿出更高超的见解，对方绝不会乐意接受。所以，你不可随便摆出要教导别人的姿态。你的同事向你提出一个意见时，你若不能赞同，最低限度也要表示可以考虑，不可马上反驳。要是你的朋友和你谈天，你更要注意，太多的执拗会把一切有趣的生活变得乏味。遇上别人真的错了，又不肯接受批评或劝告时，别急于求成，往后退一步，把时间延长些，隔一天或两个星期再谈吧！否则大家都固执，就不仅没有进展，反而互相伤害感情，造成隔阂了。

许多人因为喜欢表示不同意见，而得罪了同事，所以常常有人认为不要轻易表示出不同意见。这种看法是很片面的。只要你的办法是正确的，向别人表示自己的不同意见，不但不会得罪人，而且有时还会大受欢迎，使人有"听君一席话，胜读十年书"之感。

那么怎样才能有效避免争论呢？大致可以从以下几个方面做起：

1. 欢迎不同的意见。

当你与别人的意见始终不能统一的时候，这时就要求舍弃其中之一。人的脑力是有限的，有些方面不可能完全想到，因而别人的意见是从另外一个人的角度提出的，总有些可取之处，或者比自己的更好。这时你就应该冷静地思考，或两者互补，或择其善者。如果采取的是别人的意见，就应该衷心地感谢对方，因为有可能此意见可以使你避开了一个重大的错误，甚至奠定了你一生成功的基础。

2. 不要相信直觉。

每个人都不愿意听到与自己不同的声音。当别人提出与你不同的意见时，你的第一个反应是要自卫，为自己的意见辩护并竭力去寻找根据，这完全没有必要。这时你要平心静气地、公平、谨慎地对待两种观点（包括你自己的），并时刻提防你的直觉（自卫意识）对你做出正确抉择的影响。值得一提的是，有的人脾气不好，听不得反对意见，一听见就会暴躁起来。这时就应控制自己的脾气，让别人陈述观点，不然，就未免气量太窄了。

3. 耐心把话听完。

每次对方提出一个不同的观点，不能只听一点就开始发作了，要让别人有说话的机会。一是尊重对方，二是让自己更多地了解对方的观点，以判断此观点是否可取，努力建立了解的桥梁，使双方都完全知道对方的意思，不要弄巧成拙。否则的话，只会增加彼此沟通的障碍和困难，加深双方的误解。

4. 仔细考虑反对者的意见。

在听完对方的话后，首先想的就是去找你同意的意见，看是否有相同之处。如果对方提出的观点是正确的，则应放弃自己的观点，而考虑采取他们的意见。一味地坚持己见，只会使自己处于尴尬境地。

5. 真诚对待他人。

如果对方的观点是正确的，就应该积极地采纳，并主动指出自己观点的不足和错误的地方。这样做，有助于解除反对者的武装，减少他们的防卫，同时也缓和了气氛。

及时原谅别人的错误

世界上如果没有宽容和信任，一切亲情、友情、爱情都将失去存在的基础，每个角落都是尔虞我诈的欺骗，社会将毫无温情可言。

只因偶尔的过错完全否定自己的朋友，以至于不再信任他了，这不仅是对朋友的背叛，也是对自己的背叛。

过错与过错是不一样的，有的过错不可原谅，有的过错可以原谅。对朋友偶尔犯下的过错，只要他承担了自己应负的责任，作为朋友理当予以原谅。

在一个小镇上有一个出名的地痞，整日游手好闲，酗酒闹事，人们见到他避之唯恐不及。一天，他醉酒后失手打伤了上门讨债的债主，被判刑入狱。

入狱后的地痞幡然悔悟，对以往的言行深深感到懊悔。

一次，他成功地协助监狱管理人员制止了一次犯人的集体越狱出逃，获得减刑的机会。

地痞（原谅这样继续称呼他）从监狱中出来后，回到小镇上重新做人。他先是想找个地方打工赚钱，结果全被拒绝。食不果腹的地痞又来到亲朋好友家借钱，看到的都是一双双不相信的眼光，他那一点刚充满希望的心，开始滑向失望的边缘。这时，地痞少年时代的朋友听说了，就取出了100美元送给他，地痞接钱时没有显出过分的激动，他平静地看了一眼"昔日的朋友"后，消失在镇口的小路上。

数年后，地痞从外地归来。他靠100美元起家，苦命拼搏，终于成了一个腰缠万贯的富翁，不仅还清了亲朋好友的旧账，还领回来一个漂亮的妻子。他来到了昔日的朋友家，恭恭敬敬地捧上了 200 美元，然后，流着泪说道："谢谢你！你是我真正的朋友，是你的宽容之心和真诚的信任给了我站起来的勇气。"

可见，宽容他人，信任他人，既是对人性的肯定，也是对人的帮助。

要做到胸襟开阔，一般需要认识到"人无完人"，要做到"得理让人"，宽容别人。

小赵大学毕业初入社会，在一家公司外贸部就职。他的顶头上司每天下班后总是跟着外方科长拼命"加班"，无事瞎忙，把白天理好的文件弄得一团糟，出了错，又把责任推给小赵。小赵的稚嫩决定他不是一个会"争"的人，只好忍气吞声地等外方科长长出"火眼金睛"，看出此中曲直来，结果等了几个月，还是等不来一句公道话。

一气之下，小赵辞职去了另一家公司，在那里，他的出色工作博得了许多同事的称赞，但无论怎样也没法使苛刻、暴躁的经理满意。心灰意冷间，他又萌生了跳槽之念，于是向总经理递交了辞呈。总经理先生没有竭力挽留小赵，只是告诉他自己处世多年得出的一个经验：如果你讨厌一个人，你就要试着去爱他。总经理说，他就像鸡蛋里挑骨头一样在每一位上司身上找优点，结果，他发现了老板的两大优点，而老板也逐渐喜欢上了他。

小赵依旧讨厌他的经理，但已悄悄收回了辞呈。作为一个成熟的人，应该放开心胸去包容一切，爱一切。

就算我们没办法爱我们的敌人，起码也应该更多爱惜自己。不要让敌人控制我们的心情、左右我们的健康以及外表。

当耶稣说，我们应该原谅我们的仇人"77 次"时，他实际上也是在教我们做人的道理。

当然，人非圣贤，要去爱我们的敌人也许真的有点强人所难，但出于自身的健康与幸福，学习宽恕敌人，甚至忘了所有的仇恨，也可以算是一种明智之举。有句名言说："无论被虐待也好，被抢掠也好，只要忘掉就行了。"

让谣言止于平静

生存于一个团体之中，无论你如何做人，也无法让每一个人都满意，更何况当有利益纷争的时候呢？出于种种原因，对我们不利的谣言就来了，有攻击我们能力的，也有诽谤我们的信誉和人格的。

　　流言很多，常常令我们身陷被动的境地。怎么处理它成为每个人关心的问题，其实对于身陷谣言旋涡中的人来说，最需要的是冷静的头脑，而非沮丧的心情和失望的愤怒。

　　他人对我们造谣的动机各种各样，但无论是出于嫉妒还是别的阴谋，我们越在不顺心的时候就越要保持冷静，绝不能被谣言的制造者打倒。

　　1952年，尼克松参加了艾森豪威尔总统的竞选班子。就在这时，有人揭发：加利福尼亚的某些富商以私人捐款的方式暗中资助尼克松，而尼克松将那笔钱据为己有。

　　尼克松据理反驳，说那笔钱是用来支付政治活动开支的，绝没有据为己有。但是，艾森豪威尔要求他的竞选伙伴必须"像猎狗的牙齿一样清白"，准备把尼克松从候选人的名单中除去。

　　这样，那一年10月的一天晚上，10点30分，全国所有的电视台、电台将各自的镜头、话筒对准了尼克松——他不得不通过电视讲话解释这些捐款的来龙去脉，为自己的清白而作辩护。

　　尼克松在讲话中并没有单刀直入地为自己辩解，而是多次提到他的出身如何低微，如何凭借自己的一股勇气、自我克制和勤奋工作才得以逐步上升的，博得了观众和听众的同情。

　　说着说着，他话题一转，似乎是顺便提起了一件有趣的往事，他说道："在我被提名为候选人后，的确有人给我送来一件礼物。那是在我们一家人动身去参加竞选活动的当天，有人说寄给了我家一个包裹。我前去领取，你们猜会是什么东西？"

　　尼克松故意打住，以提高听众的兴趣。"打开包裹一看，是一个条箱，里面装着一条西班牙长耳朵小狗儿，全身有黑白相间的斑点，十分可爱。我那6岁的女儿特莉西亚喜欢极了，就给它起了一个名字，叫'棋盘'。大家都知道，小孩子们都是喜欢狗的。所以，不管人家怎么说，我打算把狗留下来……"

　　这就是历史上有名的尼克松的"棋盘演说"。

　　事后，美国的一份娱乐杂志马上把这次"棋盘演说"嘲讽为花言巧语的产物。好莱坞制片人达里尔·扎纳克则说："这是我从未见过的最为惊人的表演。"

　　尼克松当时还以为自己失败了，可最后事态的发展完全出乎大家的意料，成千上万封赞扬他的电报涌进了共和党总部，他因为表现出色而最终被留在了候选人的名单上。

　　冷静是卓越的基础，只有冷静才能让自己不乱方寸，在谣言的旋涡中立住脚，以便伺机出击、反击对手。

　　冷静更是保证我们准确判断的重要因素，没有冷静的头脑就不会制定出正确的决策和行之有效的计划。

谣言并不是什么可怕的事，冷静思考是我们对待谣言的最佳处理办法。

阮玲玉就曾因为谣言漫天飞舞而割腕自杀，只留下了"人言可畏"四个字！一代名伶，最后竟以这样的方式香消玉殒，这不得不说是没能保持头脑冷静的结果。

冷静是一种出色的自制力，一个遇事总是头脑发热丧失理智的人是非常危险的。当不利于我们的谣言出现时，告诉自己这很正常，要用冷静击破它。

拥有忍耐力可以战胜一切

当"智慧"已经钝化，"天才"无能为力，"机智"与"手腕"已经机关算尽，其他的各种能力都已束手无策、宣告绝望的时候，就只剩下"忍耐"。

在别人都已停止前进时，你仍然坚持；在别人都已失望放弃时，你仍然进行，这是需要相当的勇气的。使你得到比别人更高的位置、更多的薪资，使你超乎寻常的，正是这种坚持、忍耐的能力，不以喜怒好恶改变行动的能力。

忍耐的精神与态度，是许多人能够成功的关键。

推销商品时，不管对方怎样傲慢无礼，总不要怒然而返，这种商人才能得到胜利。一次推销不成，两次、三次、四次，最后使对方不但钦佩你的勇气与决心，并会感受到你的耐力与诚恳的精神而成全了你，照顾你的生意。

在商界中，能做最多的生意、得到最多的主顾的人，都是那些决不在困难时说出"不"字来的人，是那种有忍耐的精神、谦和的礼貌，足以使别人感觉难拂其意、难却其情的人。

一受刺激就不能忍耐的人，不会有大成就。

人们的天性决定了他们对各商家的推销员，总有些不欢迎。但当他们遇到了一个有忍耐精神、谦和态度的推销员，事情就不同了。他们知道，有忍耐精神的推销员是不容易打发的，他们常常由于钦佩某个推销员的忍耐精神而购买他的商品。

有谦和、愉快、礼貌、诚恳的态度，同时又兼具忍耐精神的人，是非常幸运的。

做我们高兴做的事，做我们愿意做的事，这是很容易的，但是要全神贯注地去做那种不快的、讨厌的、为我们的内心所反对的，而同时又因为别人的缘故不得不去做的事，却是需要勇气、耐性的。每天怀着勇气与热诚去从事我们所不适宜、不想做的工作，从事我们内心反抗不得不干的事，年复一年这样下去，真是需要英雄般的勇气与耐力。

认定了一个大目标，不管它可喜或可厌，不管自己高兴或不高兴，总是全力以赴——这样的人，总能得到胜利。

定下了一个固定的目标，然后集中全部精力去实现那个目标。这种能力，最能获得他人的钦佩与尊敬。

没有不顾障碍而坚持奋斗的勇气与百折不挠的忍耐精神，不能成就大的事业。懦弱、意志不坚定、不能忍耐的人，不能得到他人的信任与钦佩。只有积极的、意志坚强的人，才能得到大家的信任。如果没有大家的信任，那么事业的成功是没什么希望的。

不管社会发生什么变化，意志坚定的人总能在社会上找到位置。人人都相信百折不挠、能坚持、能忍耐的人，意志的坚定能生出信用来。假使你能够不管情形如何，总是坚持，总能忍耐，则你已经具备了"成功"的要素了。

所以，从某个角度来说，忍耐不失为一种技巧和一种策略。

多点雅量面对嘲笑

面对他们的嘲笑，一定要有胸襟，有雅量，这同时也是一种做人的智慧。

曾任美国总统的福特在大学里是一名橄榄球运动员，体质非常好，所以他在62岁入主白宫时，他的身体仍然非常挺拔结实。当了总统以后，他仍继续滑雪、打高尔夫球和网球，而且非常擅长。

在1975年5月，他到奥地利访问，当飞机抵达萨尔茨堡，他走下舷梯时，他的皮鞋碰到一个隆起的地方，脚一滑就跌倒在跑道上。他跳了起来，没有受伤，但使他惊奇的是，记者们竟把这次跌倒当成一项大新闻，大肆渲染起来。在同一天里，他又在丽希丹宫被雨淋滑了的长梯上滑倒了两次，险些跌下来。随即一个奇妙的传说散播开了：福特总统笨手笨脚，行动不灵敏。自萨尔茨堡以后，福特每次跌跤或者撞伤，记者们总是添油加醋地把消息向全世界报道。后来，竟然反过来，他不跌跤也变成新闻了。哥伦比亚广播公司曾这样报道说："我一直在等待着总统撞伤头部，或者扭伤胫骨，或者受点轻伤之类的来吸引读者。"记者们如此的渲染似乎想给人形成一种印象：福特总统是个行动笨拙的人。电视节目主持人还在电视中和福特总统开玩笑，喜剧演员切维·蔡斯甚至在节目里模仿总统滑倒和跌跤的动作。

福特的新闻秘书朗·聂森对此提出抗议，他对记者们说："总统是健康而且优雅的，他可以说是我们能记得起的总统中身体最为健壮的一位。"

"我是一个活动家，"福特抗议道，"活动家比任何人都容易跌跤。"

他对别人的玩笑总是一笑了之。1976年3月，他还在华盛顿广播电视记者协会年会上和切维·蔡斯同台表演过。节目开始，蔡斯先出场。当乐队奏起乐曲时，他"绊"了一下，跌倒在歌舞厅的地板上，从一端滑到另一端，头部撞到讲台上。此时，每个到场的人都捧腹大笑，福特也跟着笑了。

当轮到福特出场时，蔡斯站了起来，佯装被餐桌布缠住了，弄得碟子和银餐具纷纷落地。蔡斯装出要把演讲稿放在乐队指挥台上，可一不留心，稿纸掉了，撒得满地都是。众人哄堂大笑，福特却满不在乎地说道："蔡斯先生，你是个非常、非常滑稽的演员。"

生活是需要睿智的。如果你不够睿智，那至少可以豁达。以乐观、豁达、体谅的心态看问题，就会看出事物美好的一面；以悲观、狭隘、苛刻的心态去看问题，你会觉得世界一片灰暗。两个被关在同一间牢房里的人，透过铁窗看外面的世界，一个看到的是美丽神秘的星空，一个看到的是地上的垃圾和烂泥，这就是区别。

面对嘲笑，最忌讳的做法是勃然大怒，大骂一通，其结果只会让嘲笑之声越来越炽。要让嘲笑尽快平息，最好的办法是一笑了之。一个目标明确的人，不会去考虑别人多余的想法，而是有风度、有气概地接受一切非难与嘲笑。伟大的心灵多是海底之下的暗流，唯有小丑式的人物，才会像一只烦人的青蛙一样，整天聒噪不休！

原谅生活，是为了更好地生活

人生在世，我们不必总跟自己过不去，也别跟生活过不去，没理由不滋润、不快活，关键是我们选择什么样的角度看生活与看自己。我们有我们的悲哀，生活有生活的难处，应当学会原谅生活。

宋代大诗人苏轼说："人有悲欢离合，月有阴晴圆缺，此事古难全。"古人有古人的悲哀，可古人很看得开，他把人世间的悲欢离合比作月的阴晴圆缺，一切全出于自然，其中有永恒不变的真理，它像一只无形的手在那里翻云覆雨，演绎着多色多味的世界。今人也有今人的苦恼，因为"此事古难全"。

1985年，辛蒂还在医科大学读书。有一次，她到山上散步，带回了一些蚜虫。回来后，她拿起杀虫剂为蚜虫去除化学污染，就在这时，她突然感觉到一阵痉挛。她原以为那只是暂时性的症状，却没有料到自己的后半生从此变得悲惨至极。

原来，这种杀虫剂内所含的一种化学物质使辛蒂的免疫系统遭到破坏，使她对香水、洗发水以及日常生活中可接触的所有化学物质一律过敏，甚至连空气也可能使她的支气管发炎。这种"多重化学物质过敏症"是一种奇怪的慢性病，到目前为止仍无药可医。

患病的前几年，辛蒂一直流口水，尿液变成绿色，有毒的汗水刺激背部形成了一块块疤痕；她甚至不能睡在经过防火处理的床垫上，否则就会引发心悸和四肢抽搐——辛蒂所承受的痛苦是令人难以想象的。1989 年，她的丈夫吉姆用钢和玻璃为她盖了一所无毒房间，一个足以逃避所有威胁的"世外桃源"。辛蒂所有吃的、喝的都得经过选择与处理，她平时只能喝蒸馏水，食物中不能含有任何化学成分。

多年来，辛蒂没有见到过一棵花草，听不见一声悠扬的歌声，阳光、流水和风等正常人毫不费力就可以拥有的美好东西，她都无法享有。她躲在没有任何饰物的小屋里，饱尝孤独之苦。更可悲的是，无论怎样难受，她都不能哭泣，因为她的眼泪跟汗液一样也是有毒的物质。

坚强的辛蒂并没有在痛苦中自暴自弃，她一直在为自己，同时更为所有化学污染物的牺牲者争取权益。辛蒂在生病后的第二年，就创立了"环境接触研究网"，以便为那些致力于此类病症研究的人士提供一个窗口。1994 年辛蒂又与另一组织合作，创建了"化学物质伤害资讯网"，保证人们免受威胁。目前这一资讯网已有 5000 多名来自 32 个国家的会员，不仅发行了刊物，还得到美国上议院、欧盟及联合国的大力支持。

苦恼和悲哀常常引起人们对生活的抱怨，哀自己命运，怨生活的不公。其实生活仍然是生活，关键看你从什么角度去看。

人生是什么？从某种意义上说，难道不像一场赌局吗？用你的青春去赌事业，用你的痛苦去赌欢乐，用你的爱去赌别人的爱。要不诗人顾城怎么说："如果你觉得活得没意思了，那就该死了。"

每逢沮丧失落时，我们对一切感到乏味，生活的天空阴云密布，看什么都不顺眼，像 T 恤衫上印着的：别理我，烦着呢！生活中有很多时候令我们心情不好。面对落榜，面对失恋，面对解释不清的误会，我们的确不易很快超脱。但是人有逆反心理，更多的时候是"多云转晴"，忧郁被生气勃勃的憧憬所取代。烦些什么？你的敌人就是你自己，战胜不了自己，没法不失败；想不开、钻死胡同，全是想不开所致。

原谅生活有那么多阴差阳错，因为它要让你学会坚强、珍惜。生活在这个世界上，我们不得不怀着一颗宽大的心去原谅诸多人和事，原谅上天对人的不公，因为它总要去考验一些人、捉弄一些人……

报复是对别人的打击，也是对自己的摧残

大多数人都一直以为，只要我们不原谅对方，就可以让对方得到一些教训，也就是说：只要我不原谅你，你就没有好日子过。而实际上，不原谅别人，表面上是令别人尴尬，其实真正倒霉的人却是我们自己，一肚子窝囊气不说，甚至连觉都睡不好。没多久就积出病来。这样看来，报复不仅让我们对别人的打击不能实现，反倒对自己的内心是一种摧残。

有一位好莱坞的女演员，失恋后，怨恨和报复心使她的面孔变得僵硬而多皱，她去找一位最有名的化妆师为她美容。这位化妆师深知她的心理状态，中肯地告诉她："你如果不消除心中的怨和恨，我敢说全世界任何美容师也无法美化你的容貌。"

当你被痛苦折磨得筋疲力尽时，不妨学着宽恕，忘记怨恨，沉浸在痛苦的回忆中是徒劳的。与其咒骂黑暗，不如在黑暗中燃起一支明烛。忘记怨恨能让你告别过去的灰暗情绪，重新变得积极乐观起来。

生活中，我们难免与别人产生误会、摩擦。有的伤了自己的面子，有的让自己下不了台，有的当众给了自己难堪，有的对自己有成见，等等。如果不注意，在我们萌生恨意之时，仇恨袋便会悄悄成长，你的心灵就会背负上报复的重负而无法获得自由。

英国作家乔治·赫伯特说："不能宽容的人将会损坏他自己必须去过的桥。"这句话的智慧在于，宽容使给予者和接受者都受益。当真正的宽容产生时，没有疮疤留下，没有伤害，没有复仇的念头，只有愈合。宽容是一种医治的力量，不仅能医治被宽容者的缺陷，还可以挖掘出宽容者身上的伟大之处，正如美国作家哈伯德所说："宽容和受宽容的难以言喻的快乐，是连神明都会为之羡慕的极大乐事。"

有人给宽容作了一个十分美丽的比喻，他说："一只脚踩扁了紫罗兰，它却把香味留在那脚跟上，这就是宽容。"

1944年冬天，苏军已经把德军赶出了国门，成百万的德国兵被俘虏。一天，一队德国战俘从莫斯科大街上穿过，所有的马路都挤满了人。她们每一个人，都和德国人有着一笔血债。

妇女们怀着满腔仇恨，当俘虏出现时，她们把手攥成了拳头。士兵和警察们竭尽全力阻挡着她们，生怕她们控制不住自己。

这时，最令人意想不到的事情发生了：一位上了年纪的犹太妇女，从怀里掏出一个用印花布方巾包裹的东西。里面是一块黑面包，她把它塞到了一个疲惫不堪的、

几乎站不住的俘虏的衣袋里。

她转过身对那些充满仇恨的同胞们说："当这些人手持武器出现在战场上时，他们是敌人。可当他们解除了武装出现在街道上时，他们是跟所有别的人，跟'我们'和'自己'一样的人。"

于是，气氛改变了。妇女们从四面八方一齐拥向俘虏，把面包、香烟等各种东西塞给这些战俘。

仇恨是带有毁灭性的情感，只会激化矛盾，酿成大祸。宽容的心却能轻易将恨意化解，让紧张的气氛化成温情脉脉。能将宽容之心给予敌对方，已经可以称得上圣洁了，即便只是一个贫苦的犹太老妇人，也完全担得起"伟大"两个字。

有智慧的人，不会将"仇人"恨之入骨。每个人站的角度不同，考虑的事情自然有所差异，不管想法和你是否接近，每个角度的"出发点"自有它存在的理由。我们应该学会宽容：把自己当成别人，站在对方的角度去感受对方的情感；把别人当成自己，感同身受用亲身去体验别人的感受；把别人当成别人，我们无法强求别人改变，只能去理解别人；把自己当成自己，我们的一切理解和包容并非为了别人，而是为了自己，设身处地地包容别人，其实也是在包容我们自己。

消灭嫉妒的"毒瘤"

有人的地方，就有比较。所以人与人之间的交往，一直遵循着"攀比定律"，即别人有的东西，我也要有；别人没有的东西，我最好也有。这样就会产生心理上的优越感，否则就只能看着别人的东西生气。嫉妒的痛苦是难以用语言来形容的。

一般来说，心胸狭窄的人都有一颗善于嫉妒别人的心，而一个人的嫉妒心常常会让他采取一些过激行为，这对于个人的成长来说不啻于一颗毒瘤。在某大学曾经发生过一个悲惨的故事：一名生物系即将毕业的女研究生用水果刀将自己的导师刺伤，随即举刀自尽。

这个女生自小就性格孤僻，爱嫉妒他人，虽然在升学的道路上，她成绩优异，一帆风顺，但她孤僻而爱嫉妒的性格始终没有改变。在就读研究生时，她的刻苦精神深得导师器重，但导师更喜欢另一位男生灵活而幽默的性格。于是女生妒火中烧，数次在导师面前中伤那位男生。导师明察之后，发现多数事情纯属子虚乌有，便委婉地批评了女生。由此，女生怒不可遏，做出了伤师残己的愚蠢行为。

类似上面的事情在我们身边不止一次地发生，然而我们却常常只当故事来听、来看。其实，嫉妒的杀伤力远超过我们的想象，每当心中怀着一股嫉妒之火时，受到伤害的就是自己。

一只老鹰常常嫉妒别的老鹰飞得比它高。有一天，它看到一个带着弓箭的猎人，便对他说："我希望你帮我把在天空飞的其他老鹰射下来。"

猎人说："你若提供一些羽毛，我就把它们射下来。"

这只老鹰于是从自己的身上拔了几根羽毛给猎人，但猎人却没有射中其他的老鹰。它一次又一次地提供身上的羽毛给猎人，直到身上大部分的羽毛都拔光了。于是猎人转身过来抓住它，把它杀了。

嫉妒对嫉妒者的伤害，正如铁锈对钢铁的伤害一样。心胸狭隘者之所以避免不了失败的结局，就在于他们心存不良。不愿别人超过自己倒还罢了，要命的是，当自己倒霉之时，也要别人没好日子过。要达到这样的目的，除了伤人害己，别无他途了。

听一听智者的箴言，让我们再次认识嫉妒之害。英国作家萨克雷说："一个人妒火中烧的时候，事实上就是个疯子，不能把他的一举一动当真。"

另一位英国作家亚当契斯说："不要让嫉妒的毒蛇钻进你的心里，这条毒蛇会腐蚀你的头脑，毁坏你的心灵。"

英国逻辑学家罗素说："善嫉的人，不但从自己所有的东西中拿掉快乐，还从他人所有的东西中拿走痛苦。"

英国诗人雪莱说："妒忌的眼睛易受欺骗。"

英国哲学家培根说："妒忌会使人得到短暂的快感，也能使不幸更辛酸。"

德国散文家海涅说："失宠和嫉妒曾使天使堕落。"

英国戏剧家莎士比亚说："善妒者必惹忧愁。"

既然嫉妒如毒素，就要转移它，不让嫉妒之火成为心中的绳索。你要明白，嫉妒实质上是在不知不觉中毁灭了你自己。一滴水成不了海洋，一棵树成不了森林。任何事业的成功都少不了合作，而嫉妒却总是会拆散所有的合作。因而，克服嫉妒，你就要时刻提醒自己：只有你自己将一事无成。

著名的华尔街投资大师巴鲁克说："不要妒忌。最好的办法是假定别人能做的事情，自己也能做，甚至能做得更好。"记住，一旦你开始妒忌，也就是承认自己不如别人。你要超越别人，首先你得超越自身。坚信别人的优秀并不妨碍自己的前进，相反，它可能给你前所未有的动力。事实上，每一个真正埋头投入自己事业的人，是没有工夫去嫉妒别人的。

知足，让抱怨无处停留

抱怨源自不知足

大哲人老子曾说过："祸莫大于不知足，咎莫大于欲得。"这句话对于今天有着尤其特殊的意义。纵观今日一些落马之人，探其原由，"祸咎"概莫能出其"不知足"和"欲得"之外。贪婪的欲望使得一个又一个春风得意的"能人"，从马上倏然坠地，沦为"阶下囚"，甚至走上"断头台"。

自老子以后，很多先哲都提倡"知足知止"的教条，这个教条也确实在紧紧地约束着中国人的行止。比如庄子就是一个清心寡欲的人，他曾告诫人们："知足者，不以利自累也。"王廷相则说："君子不辞乎福，而能知足也；不去乎利，而能知足也。故随遇而安，有天下而不与也，其道至矣乎！"吕坤也有一言曰："万物安于知足，死于无厌。"

由古至今，人类始终难以摆脱欲望。在欲望的支配下，人们会做出许多不可理解的事情。当自己的欲望得到了满足的时候，就万事顺心了。可是，当欲望没有达成的时候，人们的心理就会失衡，就会产生抱怨的情绪。所以，抱怨源自不知足，只有知足的人才能感受到人生的富足。

希腊哲学家克里安德，当年虽已八十高龄，但依然仙风鹤骨，非常健壮，有人问他："谁是世上最富有的人！"

克里安德斩钉截铁地说："知足的人。"

这句话恰和老子的"知足者富"的说法如出一辙。

曾有人问当代美国最富有的石油大王史泰莱："怎样才能致富？"

这位石油大王不假思索地回答："节约。"

"谁比你更富有？"

"知足的人。"

"知足就是最大的财富吗？"

史泰莱引用了罗马哲学家塞涅卡的一句名言来回答说："最大的财富，是在于无欲。"

塞涅卡还有一句智慧的话："如果你不能对现在的一切感到满足，那么纵使让你拥有全世界，你也不会幸福。"

最妙的是，罗马大政治家兼哲学家西塞罗也曾有类似的说法："对于我们现在有的一切感到满足，就是财富上的最大保证。"

知足者常乐，知足便不作非分之想；知足便不好高骛远；知足便安若止水、气静心平；知足便不贪婪、不奢求、不豪夺巧取。知足者温饱不虑便是幸事；知足者无病无灾便是福泽。过分地贪取、无理的要求，只是徒然带给自己烦恼而已，在日日夜夜的焦虑企盼中，还没有尝到快乐之前，已饱受痛苦煎熬了。因此古人说："养心莫善于寡欲。"我们如果能够把握住自己的心，驾驭好自己的欲望，不贪得、不觊觎，做到寡欲无求，役物而不为物役，生活上自然能够知足常乐、随遇而安了。

知足不是自满和自负，不是装饰，不是自谦，而是知荣辱，乐自然。知足的人即满足于自我的人，知足者能认识到无止境的欲望和痛苦，于是就干脆压抑一些无法实现的欲望，这样虽然看起来比较残忍，但它却减少了更多的痛苦。在能实现的欲望之内，他拼命为之奋斗，一旦得到了自己的所求，快乐便油然而生，每上一个台阶，快乐的程度也会增加一分。只有经常知足，在自我能达到的范围之内去要求自己，而不是刻意去勉强、强迫自己，才能心平气和地去享受幸福。

让你痛苦的，就是你的贪欲

欲望与生俱来，人人都有。世人如何不心安，只因存有放纵的欲望。明末清初有一本书叫《解人颐》，对欲望做了入木三分的描述：

终日奔波只为饥，方才一饱又思衣。

衣食两般皆俱足，又想娇容美貌妻。

娶得美妻生下子，恨无田地少根基。
买到田园多广阔，出入无船少马骑。
槽头扣了骡和马，叹无官职被人欺。
当了县令嫌官小，又要朝中挂紫衣。
若要世人心满足，除是南柯一梦西。

可见人心不足蛇吞象，不是一句空言。做人如果不能控制自己的欲望，就会成为欲望的奴隶，最终丧失自我，被欲望所役。

我们应该明白：即使拥有整个世界，我们一天也只能吃三餐，这是人生思悟后的一种清醒，谁真正懂得它的含义，谁就能活得轻松，过得自在，白天知足常乐，夜里睡得安宁，走路感觉踏实，蓦然回首时没有遗憾！

物欲太盛就是永不知足，没有家产想家产，有了家产想当官，当了小官想大官，当了大官想成仙……精神上永无宁静，永无快乐。

物质上永不知足是一种病态，其病因多是权力、地位、金钱之类引发的。这种病态如果发展下去，就是贪得无厌，其结局是自我爆炸、自我毁灭。

托尔斯泰说："欲望越小，人生就越幸福。"这话，蕴含着深邃的人生哲理。这是针对欲望越大，人越贪婪，人生越易致祸而言的。古往今来，被难填的欲壑所葬送的贪婪者，多得不可计数。

韩国前总统卢泰愚从 1988 到 1993 年执政 5 年期间，利用职权贪污政治资金多达 5000 亿韩元（约 800 韩元合 1 美元），下野前夕，将剩余的政治资金用化名分别存入 20 多家银行，据为己有。1995 年 8 月初，韩国前内阁成员总务处长官徐锡宰与一些新闻界的朋友在汉城市一家餐馆饮酒，酒后吐真言，将这秘密泄露。在野的民主党穷追不舍，私下进行调查，掌握了大量证据，卢泰愚被关入监狱，等待法律的最终判决。

在证人、证据面前，卢泰愚不得不承认他的犯罪事实，并在记者招待会上流下了眼泪。接受传讯后回到住宅，他问他的医生："有没有一种药服后可以一睡不醒，我真不想活了！"但是正如韩国报纸所强调的那样："眼泪不会获得国民的同情。"

面对诱惑，需要保持清醒的头脑，勇于放弃。如果抓住不放，贪得无厌，就会带来无尽的压力，令人痛苦不安，甚至自己毁灭。

晋代陆机《猛虎行》有云："渴不饮盗泉水，热不息恶木荫。"讲的就是在诱惑面前的一种放弃、一种清醒。

以虎门销烟闻名中外的清朝封疆大吏林则徐便深谙放弃的道理。他以"无欲则刚"为座右铭，历官 40 年，在权力、金钱、美色面前做到了洁身自好。他教育两个儿子"切勿仰仗乃父的势力"，实则也是本人处世的准则。他在《自定分析家产书》中说："田地家产折价三百银有零""况目下均无现银可分"，其廉洁之状可见一斑。终其一生，林则徐没有沾染拥姬纳妾之俗，在高官重臣之中恐怕也是少见的。

在现实生活中，我们需要有一种放弃欲望的清醒。其实，在物欲横流、灯红酒绿的今天，摆在每个人面前的诱惑都有很多。唯有保持一颗清凉心，善待欲望的人，才不会误入歧途。无尽的欲望只会让你成为一口枯井。贪婪耗尽人的能量，是永不让人满足的地狱。所以，我们一定要锁住自己的欲望，不要让它破坏我们的幸福。

学会在远处欣赏人生美景

一天，上帝突发奇想："假如让现在世界上的每一个生命再活一次，他们会怎样选择呢？"于是，上帝给世界众生发放问卷，让大家填写。

问卷收回后，令上帝大吃一惊，请看他们各自的回答——

猫："假如让我再活一次，我要做一只鼠。我偷吃主人一条鱼，会被主人打个半死。而老鼠呢，可以在厨房翻箱倒柜，大吃大喝，人们对它也无可奈何。"

鼠："假如让我再活一次，我要做一只猫。吃皇粮，拿官饷，从生到死由主人供养，时不时还有我们的同类给它打打牙祭，很自在。"

猪："假如让我再活一次，我要当一头牛。生活虽然苦点，但名声好。我们似乎是傻瓜懒蛋的象征，连骂人也都要说蠢猪。"

牛："假如让我再活一次，我愿做一头猪。我吃的是草，挤的是奶，干的是力气活，有谁给我评过功，发过奖？做猪多快活，吃罢睡，睡罢吃，肥头大耳，生活赛过神仙。"

鹰："假如让我再活一次，我愿做一只鸡，渴有水，饿有米，住有房，还受主人保护。我们呢，一年四季漂泊在外，风吹雨淋，还要时刻提防冷枪暗箭，活得多累！"

鸡："假如让我再活一次，我愿做一只鹰，可以翱翔天空，任意捕兔捉鸡。而我们除了生蛋、报晓外，每天还胆战心惊，怕被捉被宰，惶惶不可终日。"

最有意思的是人的答卷。

不少男人填写的是："假如让我再活一次，我要做一个女人，可以撒娇，可以邀宠，可以当妃子，可以当公主，可以当太太，可以当妻妾……最重要的是可以支配男人，让男人拜倒在石榴裙下。"

不少女人的答卷填写着："假如让我再活一次，一定要做个男人，可以蛮横，可以冒险，可以当皇帝，可以当王子，可以当老爷，可以当父亲……最重要是可以驱使女人。"

上帝看完，气不打一处来："这些家伙只知道盲目攀比，太不知足了。"他把所有答卷全都撕碎，喝道："一切照旧！"

真正的幸福来自于我们眼下所拥有的一切。幸福源自珍惜，生活不是攀比。

中国有句古老的话："人比人，气死人。"同时亦有"知足常乐"的说法。人生的许多悲剧的产生，都是因为许多人不懂得珍惜，盲目将自己之短与他人之长作比较。如果希望获得快乐，就要学会爱自己。

《卧虎藏龙》里李慕白对师妹说的一句话："把手握紧，什么都没有，但把手张开，就可以拥有一切。"在人生的旅途中，需要我们放弃的东西很多。古人云，鱼和熊掌不可兼得。如果不是我们应该拥有的，我们就要学会放弃。几十年的人生旅途，会有山山水水，风风雨雨，有所得也必然有所失，只有我们学会了放弃，我们才觉拥有一份成熟，才会活得更加充实、坦然和轻松。

弱水三千，只取一瓢而饮。就好像人生，因为不能获得而增进了生活的乐趣，生活也因为得不到而越来越美丽。所以，我们要学会知足，学会在高处欣赏人生的美景。

错过花，我们将收获雨

生活中有一种痛苦叫错过。人生中一些极美、极珍贵的东西，常常与我们失之交臂，这时的我们总会因为错过美好而感到遗憾和痛苦。其实喜欢一样东西不一定非要得到它，俗话说："得不到的东西永远是最好的。"当你为一份美好而心醉时，远远地欣赏它或许是最明智的选择，错过它或许还会给你带来意想不到的收获。

哈佛大学要在中国招一名学生，这名学生的所有费用由美国政府全额提供。初试结束了，有30名学生成为候选人。

考试结束后的第10天，是面试的日子。30名学生及其家长云集锦江饭店等待面试。当主考官劳伦斯·金出现在饭店的大厅时，一下子被大家围了起来，他们用流利的英语向他问候，有的甚至还迫不及待地向他作自我介绍。这时，只有一名学生，由于起身晚了一步，没来得及围上去，等他想接近主考官时，主考官的周围已经是水泄不通了，根本没有插空而入的可能。

于是他错过了接近主考官的大好机会，他觉得自己也许已经错过了机会，于是有些懊丧起来。正在这时，他看见一个异国女人有些落寞地站在大厅一角，目光茫然地望着窗外，他想：身在异国的她是不是遇到了什么麻烦，不知自己能不能帮上忙？于是他走过去，彬彬有礼地和她打招呼，然后向她做了自我介绍，最后他问道："夫人，您有什么需要我帮助的吗？"接下来两个人聊得非常投机。

后来这名学生被劳伦斯·金选中了，在30名候选人中，他的成绩并不是最好的，而且面试之前他错过了跟主考官套近乎、加深自己在主考官心目中印象的最佳机会，但是他却无心插柳柳成荫。原来，那位异国女子正是劳伦斯·金的夫人。

这件事曾经引起很多人的震动：原来错过了美丽，收获的并不一定是遗憾，有时甚至可能是圆满。

许多的心情，可能只有经历过之后才会懂得，如感情，痛过了之后才会懂得如何保护自己，傻过了之后才会懂得适时的坚持与放弃，在得到与失去的过程中，我们慢慢认识自己，其实生活并不需要那么多无谓的执着，没有什么真的不能割舍的，学会放弃，生活会更容易！

因此，在你感觉到人生处于最困顿的时刻，也不要为错过而惋惜。失去的折磨会带给你意想不到的收获。花朵虽美，但毕竟有凋谢的一天，请不要再对花长叹了。因为可能在接下来的时间里，你将收获雨滴的温馨和细雨的浪漫。

只看我有的，我已经是富人

人生短暂几十年，赤条条来，又赤条条去，何必物欲太强，贪占身外之物？"身外物，不奢恋"是思悟后的清醒，它不但是超越世俗的大智大勇，也是放眼未来的豁达襟怀。谁能做到这一点，谁就会遇事想得开，放得下，活得轻松，过得自在。

《伊索寓言》讲述了这样一则故事：

有一次，孙子和祖父在林子里捕野鸡。祖父教孙子用一种捕猎机，它像一只箱子，用木棍支起，木棍上系的绳子一直伸到他们隐蔽的灌木丛中。野鸡受撒下的玉米粒的诱惑，一路啄食，就会进入箱子，只要一拉绳子就大功告成了。

支好箱子藏起不久，就有一群野鸡飞来，共有九只。大概是饿久了的缘故，不一会儿就有六只野鸡走进了箱子。孙子正要拉绳子，可转念一想，那三只也会进去的，再等等吧。等了一会儿，那三只非但没进去，反而走出来三只。

孙子后悔了，对自己说，哪怕再有一只走进去就拉绳子。接着，又有两只走了出来。如果这时拉绳，还能套住一只。但孙子对失去的好运不甘心，心想着还会有些野鸡要回去的，所以迟迟没有拉绳。

结果，连最后那一只也走了出来。孙子一只野鸡也没有捕到。

贪婪是欲望无止境的一种表现，它让人永不知足。永不知足是一种病态，其病因多是对权力、地位、金钱之类的贪婪而引发的。捕野鸡的孙子，就是因为贪婪，想得到更多的东西，最后却把现在所拥有的也失掉了。

其实，快乐重要的是对追求过程的一种体验，而不是结果。结果无论成败得失，只要中间过程给你带来了欢乐喜悦，那就行了。有时，得而复失，失而复得，幻想破灭，空欢喜一场，这都是快乐的过渡和转化。

要是我们得不到我们希望的东西，最好不要让忧虑和悔恨来苦恼我们的生活，且让我们原谅自己，学得豁达一点。古希腊哲学家科蒂说："一个人生活上的快乐，应该来自尽可能少的对外来事物的依赖。"罗马政治学家及哲学家塞尼加也说："如果你一直觉得不满，那么即使你拥有了整个世界，也会觉得伤心。"

这个世界物欲无止境，而人生却太有限。一个人要想贪占天下所有的东西，灾难就要来了。做人必须要想透，人生一定要顿悟。古人早已告诫过我们："以德遗后者昌，以财遗后者亡。"

一个人要顺其自然地、平淡地看待物质的享受，得之无喜色，失之无悔色。什么都想得到的人，结果可能什么都得不到，甚至连自己已经拥有的也会失去。一个平淡对待自己生活的人，可能会意外地得到惊喜。

如果为了没有鞋而哭泣，看看那些没有脚的人

有这样一句话："在这个世界上，你是自己最好的朋友，你也可以成为自己最大的敌人。"当你接受自己、爱自己时，你的心里就充满了阳光；而当你排斥自己、讨厌自己时，你的心灵就会覆盖冰雪。要知道，微不足道的一点烦恼也可以毁掉你的整个生活。

有一个富翁，为了教育每天精神不振的孩子知福惜福，便让他到当地最贫穷的村落住了一个月。一个月后，孩子精神饱满地回家了，脸上并没有带着"下放"的不悦，让富爸爸感到不可思议。爸爸想要知道孩子有何领悟，问儿子："怎样？现在你知道，不是每个人都能像我们这样生活吧？"

儿子说："是的，他们过的日子比我们还好。

"我们晚上只有灯，他们却有满天星空。

"我们必须花钱才买得到食物,他们吃的却是自己的土地上栽种的免费粮食。

"我们只有一个小花园,对他们来说到处都是花园。

"我们听到的都是噪声,他们听到的都是自然音乐。

"我们工作时神经紧绷,他们一边工作一边大声唱歌。

"我们要管理佣人、管理员工,他们只要管好自己。

"我们要关在房子里吹冷气,他们在树下乘凉。

"我们担心有人来偷钱,他们没什么好担心的。

"我们老是嫌菜不好,他们有东西吃就很开心。

"我们常常失眠,他们睡得好安稳。

"所以,谢谢你,爸爸。你让我知道,我们可以过得那么好。"

很多刚刚踏入社会的年轻人,无论思想还是为人处世,都有很多不成熟的地方,却又敏感异常。他们希望事事做到完美,人人都能赞许他。但当这种想法不能实现时,他们就很轻易地陷入不如意的境地,觉得自己是全世界最倒霉的人了。

也许,你并不确切地了解自己幸运与否。没关系,这儿有一份专家们的"全球报告",来细细地对照一下吧:

如果我们将全世界的人口压缩成一个100人的村庄,那么这个村庄将有:

57名亚洲人,21名欧洲人,14名美洲人和大洋洲人,8名非洲人;52名女人和48名男人,30名白人和70名非基督教徒,89名异性恋和11名同性恋。

6人拥有全村财富的89%,而这6人均来自美国;80人住房条件不好;70人为文盲;50人营养不良;1人正在死亡;1人正在出生;1人拥有电脑;1人(对,只有一人)拥有大学文凭。

如果我们从这种压缩的角度来认识世界,我们就能发现:

假如你的冰箱里有食物可吃,身上有衣可穿,有房可住,有床可睡,那么你比世界上75%的人更富有。

假如你在银行有存款,钱包里有现钞,口袋里有零钱,那么你属于世界上8%最幸运的人。

假如你父母双全没有离异,那你就是很稀有的地球人。

假如你今天早晨起床时身体健康,没有疾病,那么你比其他几千万人都幸运,他们甚至看不到下周的太阳。

假如你从未经历过战争的危险、牢狱的孤独、酷刑的折磨和饥饿的煎熬,那么你的处境比其他5亿人更好。

假如你能随便进出教堂或寺庙而没有任何被恐吓、强暴和杀害的危险,那么你比其他30亿人更有运气。

假如你读了以上的文字，说明你就不属于 20 亿文盲中的一员，他们每天都在为不识字而痛苦……

看吧，我们原来这么幸运。只要肯用心去面对，用心去体会，我们当下拥有的，足以幸福一生了。

学着豁达一些，在盯着他人财富的同时，也细细清点一下自己的所有，你会发觉，自己的运气其实一点都不差。

远离名利，生命才更逍遥

古今中外，为了生命的自由、潇洒，不少智者都懂得与名利保持距离。

惠子在梁国做了宰相，庄子想去见见这位好友。有人急忙报告惠子："庄子来，是想取代您的相位。"惠子很恐慌，想阻止庄子，派人在国中搜了三日三夜。不料庄子从容而来拜见他道："南方有只鸟，其名为凤凰，您可听说过？这凤凰展翅而起，从南海飞向北海，非梧桐不栖，非练实不食，非醴泉不饮。这时，有只猫头鹰正津津有味地吃着一只腐烂的老鼠，恰好凤凰从头顶飞过。猫头鹰急忙护住腐鼠，仰头视之道：'吓！'现在您也想用您的梁国来吓我吗？"惠子十分羞愧。

一天，庄子正在濮水垂钓。楚王派来二位大夫前来聘请他："吾王久闻先生贤名，欲以国事相累。"庄子持竿不顾，淡然说道："我听说楚国有只神龟，被杀死时已三千岁了。楚王珍藏之以竹箱，覆之以锦缎，供奉在庙堂之上。请问二大夫，此龟是宁愿死后留骨而贵，还是宁愿生时在泥水中潜行曳尾呢？"二大夫道："自然是愿活着在泥水中摇尾而行啦。"庄子说："二位大夫请回去吧！我也愿在泥水中曳尾而行。"

庄子不慕名利，不恋权势，为自由而活，可谓洞悉幸福真谛的聪明人。

人活在世界上，无论贫穷富贵，穷达逆顺，都免不了与名利打交道。《清代皇帝秘史》记述乾隆皇帝下江南时，来到江苏镇江的金山寺，看到山脚下大江东去，百舸争流，不禁兴致大发，随口问一个老和尚："你在这里住了几十年，可知道每天来来往往多少船？"老和尚回答说："我只看到两只船。一只为名，一只为利。"一语道破天机。

淡泊名利是一种境界，追逐名利是一种贪欲。放眼古今中外，真正淡泊名利的很少，追逐名利的很多。今天的社会是五彩斑斓的大千世界，充溢着各种各样炫人耳目的名利诱惑，要做到淡泊名利确实是一件不容易的事情。

作家玛格丽特·米切尔说过："直到你失去了名誉以后，你才会知道这玩意儿有多累赘，才会知道真正的自由是什么。"盛名之下，是一颗活得很累的心，因为它只是在为别人而活着。我们常羡慕那些名人的风光，可我们是否了解他们的苦衷？其实大家都一样，希望能活出自我，能活出自我的人生才更有意义。

世间有许多诱惑：桂冠、金钱，但那都是身外之物，只有生命最美，快乐最贵。我们要想活得潇洒自在，要想过得幸福快乐，就必须做到：学会淡泊，割断权与利的联系；无官不去争，有官不去斗；位高不自傲，位低不自卑，欣然享受清心自在的美好。

这样，就会感受到生活的快乐和惬意。太看重权力地位，让一生的快乐都毁在争权夺利中，那就太不值得，也太愚蠢了。

当然，放弃荣誉并不是寻常人具有的，它是经历磨难、挫折后的一种心灵上的感悟，一种精神上的升华。"宠辱不惊，去留无意"说起来容易，做起来却十分困难。红尘的多姿、世界的多彩令大家怦然心动，名利皆你我所欲，又怎能不忧不惧、不喜不悲呢？否则也不会有那么多人穷尽一生追名逐利，更不会有那么多人失魂落魄、心灰意冷了。只有做到了宠辱不惊，方能心态平和，笑看人生。

第二名同样幸福

赛场上，第一名只有一个，只有他能够享受最高荣耀，享受别人的欢呼，可是生活中，并不是只有第一名才能获得幸福。所以，赚钱没有别人多，业绩没有别人好，都用不着抱怨，只要我们的心是快乐的，谁也阻挡不了我们的幸福。

1968年，第一位踏上月球的航天员阿姆斯特朗，以"这是我个人的一小步，却是全人类的一大步"的一番话而名留青史，成为全世界人民心目中的大英雄。

然而，当时登陆月球的，除了阿姆斯特朗之外，还有他的队友奥德伦。

当时，两人只有一步之差，结果却相差千里之遥。阿姆斯特朗以登月第一人闻名于世，奥德伦却默默无名，知道他的人可说是寥寥无几。

在庆功宴上，当人们为这项前所未有的创举感到骄傲不已时，一名记者却突然问奥德伦："阿姆斯特朗先下了太空舱，成为登陆月球的第一人，你会不会觉得有些遗憾？"

众人纷纷把目光投向奥德伦，看他怎么接下这突如其来的问题。

此时，气氛一下子降到了冰点，连太空英雄阿姆斯特朗都显得有些尴尬，然而奥德伦却神情自若，微微一笑："各位，千万别忘了，回到地面时，我可是最先走出太空舱的，所以，我是从别的星球回到地球的第一人。"

话音刚落，人群中响起了一阵笑声，同时也化解了尴尬的场面，热烈的掌声持续了一分钟之久。

一位思想家曾说："不要为自己所没有的东西感到苦恼，能享受自己现在所拥有的，才是最聪明的人。"

法国哲学家孟德斯鸠也说过："假如一个人只是希望幸福，这很容易达到。然而，我们总是希望比其他人幸福，这就是困难所在，因为人们通常坚信他人比自己更幸福。"

拥有幸福是一件很简单的事，但是懂得珍惜幸福，却一点儿也不简单。

我们都有一个惯性，觉得得不到的就一定是好的。可是，等到尝试过的时候，就会知道，很多我们一直向往的东西并不是最适合我们的，所以得不到的并不一定是好的。面对错过的东西，心中多一点豁达，多一点释然，往往能获得更多的快乐。

已经得不到了，即使浪费了再多抱怨的口水，也无法更改事实。所以，与其在痛苦中抱怨，不如换个心态去对待。对于豁达者而言，第二名、第三名同样幸福。其实，发生在我们身边的事情，并不是一定要分出高下，拼个你死我活。生活，需要的是一种睿智，要拿得起，还要能放得下。

打好手中的坏牌

发牌的是上帝，出牌的是自己

人生的轨迹不是别人的标尺可以度量的，自己才是自己的主人，所以不能依仗别人的脚步，要大胆地往前走，开辟属于自己的道路。

有一个出身名校的大学生，毕业时被分配到一个让人们眼红的政府机关，干着一份惬意的工作。

好景不长，他开始陷入苦闷，原来他的工作虽轻松，但与所学专业毫无关系。他可是经济专业的高才生啊，在机关里并无用武之地。

他想辞职外出闯天下，却又留恋眼下这一份舒适的工作。外面的世界虽然很精彩，风险也大啊。无奈之下，他就将自己的困惑告诉了他最敬重的一位长者。长者一笑，给他讲了一个故事：

一个农民在山里打柴时，拾到一只样子怪怪的鸟。那只怪鸟和出生刚满月的小鸡一样大小，还不会飞，农民就把这只怪鸟带回家给小女儿玩耍。

调皮的小女儿玩够了，便将怪鸟放在小鸡群里充当小鸡，让母鸡养育。

怪鸟长大后，人们发现它竟是一只鹰，他们担心鹰再长大一些会吃鸡。然而，那只鹰和鸡相处得很和睦，只是当鹰出于本能飞上天空再向地面俯冲时，鸡群会产生恐慌和骚乱。渐渐地，人们越来越不满，如果哪家丢了鸡，便会首先怀疑那只鹰——要知道鹰终归是鹰，生来是要吃鸡的。大家一致强烈要求：要么杀了那只鹰，要么将它放生，让它永远也别回来。因为和鹰有了感情，这一家人决定将鹰放生。

谁知，他们把鹰带到很远的地方放生，过了几天那只鹰又飞回来了，他们驱赶它不让它进家门，甚至将它打得遍体鳞伤都无法让它离开。

后来村里的一位老人说："把鹰交给我吧，我会让它永远不再回来。"老人将鹰带到附近一个最陡峭的悬崖旁，将鹰狠狠向悬崖下的深涧扔去。那只鹰开始如石头般向下坠去，然而快要到涧底时它终于展开双翅托住了身体，开始缓缓滑翔，最后轻轻拍了拍翅膀，就飞向蔚蓝的天空。它越飞越自由舒展，越飞越高，越飞越远，渐渐变成了一个小黑点，飞出了人们的视野，再也没有回来。

听了长者的故事，年轻人似有所悟。几天后，他辞去了公职外出打拼，终有所成。

每一个人都有他自己的人生，顾虑太多，反而会失去更多。当你把外部的所有可能影响你的东西切断以后，你就会发现，只有自己才能主宰命运的沉浮。

人生的风风雨雨，只有靠自己去体会、去感受，任何人都不能为你提供永远的庇护。你应该掌握前进的方向，把握目标，让目标似灯塔般在高远处闪光；你应该独立思考，有自己的主见，懂得自己解决问题。是雄鹰，总会有展翅的一天。所以，不要总是把别人看成是救世主，要始终坚信，在人生的牌局上，只有自己才是自己的上帝。

牌不在于好坏，而在于你想不想赢

生活中很多人有成功的愿望，但愿望和信念不一样。愿望只是静态的："我希望成功，希望富有，希望很有成就……"而信念则是动态的："我要获得成功，要创造财富，要获得成就……"一个拥有坚定信念的人，坚信成功会在不久到来，所以一直努力坚持，用自己最大的努力向成功迈进。

原籍中国广东的泰国华侨、亚洲最大的富翁之一、泰国的头号大亨、泰国盘谷银行的董事长陈弼臣，其父亲只是泰国曼谷某商业机构的一名普通秘书。陈弼臣儿时被父亲送回中国接受教育。17岁那一年因家境贫困被迫辍学。返回曼谷后，陈弼臣做过搬运夫、售货小贩以及厨师，同时还为两家木材公司做账目，日子就在他精打细算的盘算中度过。4年之后，陈弼臣终于从一家建筑公司职位低微的秘书，晋升为部门经理。后来，在几位朋友的赞助下，他集资创办了一家五金木材行，自任经理。经过艰苦的奋斗，攒了一些钱后，陈弼臣又接连开了三家公司，致力于木材、五金、药物、罐头食品以及大米的外销业务。当时，泰国被日本占领，陈弼臣的生意可想而知。但是，陈弼臣一边抗日，一边做生意，业务在他的打理下渐渐兴隆。

1944 年底，陈弼臣与其他 10 个泰国商人集资 20 万美元创立了盘谷银行，职员仅仅 23 人。银行正式营业后，陈弼臣经常与那些受尽了列强凌辱、被外国大银行拒之于门外的华裔小商人来往。尽管那些贫穷的小商人时常突如其来地闯进陈弼臣的家中，但仍然受到陈弼臣的礼遇。

关于这一点，陈弼臣后来说："在亚洲开银行是做生意，不是只做金融业务。当我判断一笔生意是否可做时，只观察这个顾客本人，观察他的过去和他的家庭状况。"

陈弼臣最初负责银行的出口贸易，因此与亚洲各地的华人商业团体建立了广泛的联系，并且积累了丰富的业务知识和经验，大大推进了盘谷银行的出口业务。在他出任盘谷银行的总裁后，一直是这家银行的中流砥柱。

经过多年的艰苦奋斗，陈弼臣已跨进亚洲的大富翁之列。

陈弼臣的成功史，其实是一部白手起家的创业史。他没有继承祖业，也没有飞来的横财，他经过苦苦地寻觅，一直不甘落后，渴望成功，终于找到了属于自己的那一片蓝天、自己的那一方土地，找到了发展机遇。这一切都是他不听任命运摆布的结果。

历史上的众多人士就是因为心中怀着成功的信念，才能够留名史册。

司马迁凭着自己坚定的信念，历经各种坎坷，搜集到了大量的历史素材和社会素材，才完成了名垂千古的《史记》。

元朝的时候，一名女子出身贫苦，并且是别人的童养媳，凭借着坚强的意志逃到了海南岛，并在那里与当地的人民一起生活了几十年，而后发明了纺织机，这个人就是黄道婆。生于并处于恶劣的条件下，她就是凭着"誓为祖国报效"的坚定信念取得了成功，假若黄道婆没有坚定信念她就不会逃到海南岛，也不会发明纺织机。

一个看不到屋外的阳光、听不到大自然的声音的女孩却能够赢得世人的尊重，她就是海伦·凯勒。她以自己坚强的意志力，以"热爱生命、刻苦学习"的信念不向命运屈服并最终获得了成功。马克思凭借对人类社会改良的信念，在众多的批判声中依然坚持自己的意见，终于完成了《资本论》，并成为社会主义思想的奠基人和创始人之一。

无论古今中外，成功的人都怀着一个必定成功的信念，也正是这些信念，不断地支持着他们在成功的路上披荆斩棘，一路向前。

一个人能否成功，关键还在于他是否具有坚定不移的信念。踏过人生的重重阻挠，为自己的明天而努力！

不能改变手中的牌，就改变出牌的方式

有人这样解读"命运"："命"是由基因决定的，是伴随我们一生难以改变的那一部分；"运"则是后天形成的，是可以通过我们的努力加以改变的。有时，我们会有一个不如常人的出身，会有贫寒的童年，甚至会有残缺的身体，这些就像手中拿到的坏牌，这是不可变更的。但是，究竟怎样来玩这把牌，主动权在我们的手里，我们可以变换出牌的方式，尽全力得到最好的结果。

美国心理学家福·汤姆逊有一次外出回家，天色已晚，大街上静悄悄的，连个人影都没有。他摸了摸旧大衣口袋里的 2000 美元，心里不免为之担忧。因为当时强盗很猖獗，人们外出时往往带上几美元，以在被劫时乖乖奉上，保全自己的性命。

汤姆逊边走边警惕地观察四周，果然发现身后几米远的地方，有个戴鸭舌帽的彪形大汉紧紧尾随着他。他慢跑快走，怎么也甩不掉这个"尾巴"。汤姆逊毕竟是个心理学家，他急中生智，冷不防地向后转，朝大汉迎面走去，并用凄惨的声音对大汉说："先生发发慈悲，给我几角钱吧！我快饿得发昏了。"

大汉上下打量他一番，见他一副寒酸相，嘟囔着说："倒霉！我还以为你口袋里有钱哩！"说完，他从口袋里摸出一点儿零钱抛给汤姆逊，然后把大衣领子竖起来半遮着脸，很快闪进黑暗里去了。

你一定会说：太聪明了！的确，善于找方法的人无论面临怎样的困境都能将主动权紧紧掌握在自己手中。

企业无不喜欢"玩好坏牌"的员工，有了这种精神和智慧，无论是在工作中还是生活中，都可以把问题解决得很好。

有一个人卖菜，每天挑担子去菜市场，一天大概能赚两百块，生活过得不松不紧。可是他观察到，在台湾，人们在农历每月的初二和十六，都要拜土地爷。很多公司的会计或采购小姐会到菜市场买鱼、买肉、买水果等。他就灵机一动，如果他们都需要出来买东西，就不能在公司工作了，对老板来说，这是不划算的。如果我提供给他们这样的服务，那不是有了很大的赚钱机会吗？

于是他去了一栋 16 层的大楼，共有 160 家公司。他对那些公司的老板说："我是菜市场卖菜的，就在你们这栋楼附近。我看你们的会计每个月都需要出来买菜，每个月要浪费两天的工作时间，你们发给他们的工资不是让他们来买菜的，买菜这种事我来做好了。我这儿有三种菜单可以让你选，一种是 A 餐，一种是 B 餐，一种是 C 餐。A 餐有水果、有鸡鸭鱼肉、有饼干，还有烧的那些"金子银子"；B 餐有水果、糖果、饼干和拜烧的东西，但是没有肉；C 餐有饼干、拜烧的东西，可是没有水果。A 餐台币 1500 块，B 餐 1000 块，C 餐 500 块，一个月两次准时配送到你公司，只要一年结四次账，每季度结一次就好。"

于是，很多公司都开始预订 C 餐，因为它最便宜。可是每次拜土地爷的时候发现，隔壁那一家供的是 B 餐，土地爷会不会去吃 B 餐而不来吃 C 餐？所以他们下一次的供品全部都改成 B 餐，结果又发现别人先走了一步，已经用 A 餐了，所以他们又全部都改成 A 餐。A 餐 1500 块，一个月两次共 3000 块，这栋楼有 160 家公司，就是 48 万，一年就是 576 万，而他现在已经管 15 栋楼了，营业额将近一个亿。

卖菜也能卖出花样，卖出创意，并能根据人们的心理引导大家的消费，不可谓不聪明。如果有更多的人具有卖菜人的智慧，生活和工作至少会变得更好一些。

不能改变手中的牌，就改变出牌的方式。这是一种智慧，是一种变通，是一种寻求方法的途径。当问题出现时，就像我们的手中握着一把糟糕的牌，状况难以改变，我们只能改变自己的思路，改变行事的方法，力求将"坏"变成"好"，继而让自己变得优秀，变得卓越。

晒晒自己的优点，越臭的牌局越需要掌声

很多人对自己的评价往往是这样的：我不行，我没有某某的才干，我没有某某貌美，我没有某某有人缘，我是这几个人中最差的一个，我……总之一堆堆消极的评价，对自己这样的评价看起来没什么，实际上会对一个人的发展产生巨大的影响。人应当适时"晒晒"自己的优点。

一个对自己具有消极评价的人在做事情的时候总会缩头缩尾，放不开手脚，所以自身的能力总得不到最大化的发挥，所以可想而知，一个不发挥自己能力的人和一个将自己的能力极大地发挥出来的人相比较，孰强孰弱，一目了然。

一个消极的评价也会影响自己的心情，总觉得自己不如别人，所以做事情就会缺乏信心，有时候即使有好的机会来临，对自己评价消极的人也会让机会白白溜走，因为对自己没有信心，所以就不敢去抓机会。人实际上应当多给自己一些积极的评价，这样会更有助于自己的成长。

一个喜欢棒球的小男孩，生日时得到一个新的球棒。他激动万分地冲出屋子，大喊道："我是世界上最好的棒球手！"他把球高高地扔向天空，举棒击球，结果没中。

他毫不犹豫地第二次拿起了球，挑战似的喊道："我是世界上最好的棒球手！"这次他打得更带劲，但又没击中，反而跌了一跤，擦破了皮。男孩第三次站了起来，再次击球。这一次准头更差，连球也丢了。他望了望球棒道："嘿，你知道吗，我是世界上最伟大的棒球手！"

每个人都需要给自己一个积极的评价，特别是当你身处逆境的时候，赞美自己可以使你更加自信。尼采说："每个人距自己是最远的。"这句话的意思是说，人类最不了解的是自己，最容易疏忽的也是自己。

有人说，演员必须有人赞美，如果好长时间没人赞美，他就应自己赞美自己，这样才能保持舞台激情，保持自信。员工需要老板的褒奖，学生需要老师的表扬，孩子需要父母的肯定，都是一个道理。人们的心灵是脆弱的，需要经常的激励与抚慰，常常自我激励、自我表扬，会使自己的心灵快乐无比，时常拥有自信。

一个人只有时刻保持自信和快乐的感觉，才会使自己在不顺心的生活中更加热爱生命、热爱生活。只有快乐、愉悦的心情，才能催动人的创造力和人生动力。只有不断给自己创造快乐，才能远离痛苦与烦恼，才能拥有快乐的人生。

这种对自我的赞美，正是一颗深深地植根于自己灵魂中的种子，最后一定会在现实生活中结出无数颗能展示生命之美的果实。

自我赞美，会成为创造奇迹的动力。当年拿破仑在奥辛威茨不得不面临着数倍于自己的强敌时，拿破仑对即将投入战斗的将士们说："……我的兄弟们，请你们记住：我们法兰西的战士，是世界上最优秀的战士，是永远都不可战胜的英雄！当你冲向敌人的时候，我希望你们能高喊着：我是最优秀的战士，我是不可战胜的英雄！"战斗中，法国将士高喊着"我是最优秀的战士，我是不可战胜的英雄"的口号，他们以一当十，摧枯拉朽地大败奥、俄等国的联军。

给自己一个积极的评价，适时赞美自己，你就可以从中获得不可战胜的力量；可以使自信的阳光融化心中的胆怯和懦弱；可以唤醒生命里沉睡的智慧和能力，从而推动事业的蓬勃发展；赞美自己，你的灵魂从此将不再迷失在绝望的黑暗里……

人生是场牌局，每个人都有手握烂牌的时候，都遇到过牌局中的逆境，此时，自暴自弃就是赢牌的大敌，只有能够看到自身优势、自己给自己掌声的人才可能创造奇迹。对于我们每个人来说，得到别人的赞美都是不容易的，此时要懂得自己赞美自己，赞美让人自信，催促自己奋进！

总有一张拿得出手的好牌

现实生活中，有的人常常感到实际中的"我"离理想中的"我"太遥远了。一方面在为自己设想一条成功之路，另一方面又悲叹自己无力去实现……

为什么有的人在平凡的工作中，却干出了不平凡的成绩，而有的人终生都一事无成？问题不在于一个人的"天赋"有多高，而在于人们常常看不清自己，难以认识自己所拥有的一切，不论是你的外貌、才能、身高、人际关系，都是你可以拿出来的资本。只是我们不能很好地利用这些资源，导致机会的错失。

罗琳太太是一家500强公司的清洁工，她手脚不是很勤快，但嘴巴却总是闲不住，经常与人搭讪，手机也是天天响个不停，好像比公司的经理还要忙。

一天，公司的员工们聚在一起聊天，汤姆突然感叹道："我们连罗琳太太都不如啊！"见到别人诧异，他又说："你猜她每个月能赚多少钱？"

一个清洁工，薪水再高能高哪去？有人说500，有人说800，但汤姆只是摇摇头，伸出了四个指头，于是有人就"大胆"地猜测："不会是4000吧，挺厉害的呀。"

"什么4000？是4万美元！她每个月至少可以赚4万！"

"不会吧？"大家惊讶得眼珠子都差点掉下来。

"是她自己跟我说的。"汤姆笑着说，"罗琳太太还说，做清洁工只是一个平台，我觉得她完全可以做一个CEO了！"

原来，罗琳太太借着到公司做清洁工，打听公司里谁需要找钟点工，谁需要租房子，然后就当起了中介，收取中介费。罗琳太太还自己买了一套房子，并以一万的月租把这套房子租了出去。

罗琳太太借清洁工这个平台延伸出的另一项业务是卖保险。公司里面有不少员工都已经向罗琳太太买了几万元的保险。

罗琳太太就善于运用自己所拥有的东西，利用善于和人打交道这个特点寻找适当的客户、选择合理的沟通方法以及适时地转变经营项目。

在日常生活中，当两个企业之间进行竞争的时候，无数个回合都难以决出胜负的时候，如果其中一个企业能够充分发挥自身企业优于对手的地方，认识到对方的弱项，并对自己的强项进行深入的发掘、发展，那么就很有可能在竞争中取胜。这和人与人之间的道理是一样，比如：小张和小王进行竞争，小张是一个充满奇思妙想的人，而小王却没有小张的思维活跃，但是小王却是一个极细心和耐心的人，那么这一点就可以作为小王的强项与小张进行对比，而不是在奇思妙想上与小张进行竞争，这显然会吃亏的。竞争的时候，小王如果尽力处处彰显细心的力量，体现一个人细心所带来种种优势，就很可能在这方面战胜小张。

一个人的身上总会有最闪光的地方，就像电视剧《士兵突击》中的许三多一样，他虽然不是很聪明，但是他身上闪现的是人最本质、最纯真的东西，在时间的不断证实中，他也一样光彩照人，甚至比别人更加出色。我们每个人都可以做出惊人的成绩，如果将自身拥有的最突出的、上天赠予的不同于别人的优秀本能发掘出来，就离成功越来越近。人身上的这种力量一旦被唤醒，即便在最卑微的生命中，也能像酵母一样，对身心起发酵净化作用，增加人工作的力量。

不论是生活处于什么样的困境，我们每一个人都要相信自己身上永远有着一张拿得出手的牌，在生活中不断发掘自身的潜力，认识自我，就可以在关键的时候打出这张牌。

别人的牌可能更坏

生活中，有人为低工资而懊恼、忧郁，猛然发现邻居大嫂已经下岗失业，于是又暗暗庆幸自己还有一份工作可以做，虽然工资低一些，但起码没有下岗失业，心情转眼就好了起来。很多人总是看重自己的痛苦，而对别人的痛苦忽略不计。当自己痛苦不堪的时候，要是能够换一个角度来思考，痛苦的程度就会大大减弱。当自己兴高采烈的时候，应多向上比，会越比越进步；当自己苦恼郁闷的时候，应多向下比，会越比越开心。

所以，很多时候，我们要多看到自己的优点，看到自己所拥有的，而不是抓住自己的缺点或者不曾拥有的东西不放。人生最可怜的事，不是生与死的诀别，而是面对自己所拥有的，却不知道它是多么的珍贵。

从前有一个流浪汉，不知进取，每天只知道拿着一个碗向人乞讨度日，最后终于有一天，人们发现他饥饿而死。他死后，只留下了那个他天天向人要饭用的碗。有人看到这个碗，觉得有些特别，就带回家仔细研究，后来发现，原来流浪汉用来向人乞讨的碗，竟是价值连城的古董。

《法华经》记载了这样一个故事：

有个穷人探访一位有钱有地位的富翁亲戚。富翁同情他，故热诚款待，结果穷人酒醉不醒。恰好这时官方通知富翁有要事需要他处理，富翁想推醒穷人，向他告别，但穷人不醒，富翁只好悄悄地把一些珠宝塞进他的破衣服之中。

穷人醒后，浑然不知，依然如同往常，四处流浪。过了一些时日，两个人偶遇，富翁告诉他衣服中藏宝的真相，穷人方才如梦初醒。

原来这么多日子以来，自己身上有"宝藏"也不知道！

每个人身上就拥有很大的潜能，只是大多数人都毫无察觉。20世纪90年代，由于受亚洲金融风暴的影响，香港经济萧条，各行各业传来裁员的消息，社会上一下子出现了很多的"穷人"。有些人怨天怨地，自暴自弃；有些人担惊受怕，惶惶不可终日。人们都指望老天爷搭救，幻想买六合彩、赌马、打麻将能发财。这时一位学者站出来呼吁说："大家为什么不冷静地反省、思索，面对经济不景气，自己还有哪些潜藏的本事、才能没有发挥？凭自己的实力、条件，还有哪些事业、工作可以去拼搏？"

如同那位身怀"宝藏"却仍四处流浪的穷人一样，我们要仔细地"搜查"一下自己，看看自己的潜能在哪里。找到宝藏后，你还会失落惆怅吗？

有一幅漫画：一个漂亮的女孩子，觉得自己过得很不幸，终于有一天她决定跳楼自杀。身体慢慢往下坠，她看到了十楼以恩爱著称的夫妇正在互殴，她看到了九楼平常坚强的 Peter 正在偷偷哭泣，八楼的阿妹发现未婚夫跟最好的朋友在床上，七楼的丹丹在吃她的抗忧郁药，六楼失业的阿喜还是每天买7份报纸找工作，五楼受人尊敬的王老师正在偷穿老婆的内衣，四楼的 Rose 又要和男友闹分手，三楼的阿伯每天盼望有人拜访他，二楼的莉莉还在看她那结婚半年就失踪的老公照片。在她跳下之前，她以为自己是世上最倒霉的人，而此刻她才知道每个人都有不为人知的困境。看完他们之后觉得其实自己过得还不错……可是已经晚了。当她掉在地上时，楼上所有不幸的人同时感慨：原来自己的生活还是美好的，还有人比他们更不幸。

这幅漫画很贴切地展现了我们生活中许多人的想法，我们每每羡慕别人的生活是如何的美好，总觉得自己是最不幸的那一个，而实际上并不是这样的，每个人的生活中是会出现别人所没有的各种各样的困难，就像这个美丽的女子在跳楼时所看到的那样，谁都不是生活的宠儿，只是每个人对待生活的态度不同而已。坚强的人最终尝到了生活的美味，意志薄弱的人最终被生活所淘汰。

所以，我们不要总把眼光局限在自身的坏牌上，实际上，别人手中的牌也并非都是好牌。这样去想，你才能不至于太自卑、太绝望，才能保持必胜的决心，坚强地走下去。

抓牌靠的是运气，打牌靠的是心气

有一手好牌靠的是运气，这样的运气也只是极少数人才有，大部分人手中的牌实际上都差不多。但是一个拥有良好心态的人却对什么牌都泰然处之，他最终会取得胜利。

很多人常常会这样给自己找借口：

"我从来就未曾真正有过一个奔向美好前程的机会。你知道，我的家庭环境很糟。"

"我是在农村长大的，你绝对体会不到那种生活。"

"我只受过小学教育，我们家很穷。"

"我机遇不好。"

......

他们所给出的理由无一例外地都是些关于自己失败的客观原因和悲剧性的故事。实际上，他们是想说：世界给了他们不公平的待遇。他们是在责备他们身处的世界和境况，责备他们的遗传和身世。其实，很少有人一生下来就是幸运的，只是有的人在后天的成长中似乎变得幸运了。幸运的人之所以幸运是因为他们不相信命运，或者他们始终相信命运之神总有一天会眷顾自己，在失意的时候不放弃。不幸的人之所以不幸是因为他们自暴自弃，在艰难险阻面前低下了头。

困难、挫折、失败和胜利、喜悦、幸福是轮换的，人生总是这样顺逆交替，有如黑夜、白天或四季的变更。但是在现实生活中，能看清这一点的人其实并不多，这是因为并不是所有的人都能调整好自己的心态。只有那些能调整好心态的人才能跨越困境。

大文豪巴尔扎克说："世界上的事情永远不是绝对的，结果完全因人而异。苦难对于天才而言是一块垫脚石，对于能干的人来说是一笔财富，对弱者来说则是一个万丈深渊。"

在美国，有一个穷困潦倒的年轻人，即使把身上全部的钱加起来都不够买一件像样的西服的时候，他仍全心全意地坚持着自己心中的梦想，他想做演员、拍电影、当明星。当时，好莱坞共有500家电影公司，他逐一数过，并且不止一遍。后来，他又根据自己认真拟定的路线和排列好的名单顺序，带着自己写好的量身定做的剧本前去拜访。但一趟下来，500家电影公司没有一家愿意聘用他。面对百分之百的拒绝，这位年轻人没有灰心，从最后一家被拒绝的电影公司出来之后，他又从第一家开始，继续他的第二轮拜访与自我推荐。在第二轮的拜访中，500家电影公司依然全部拒绝了他。

第三轮的拜访结果仍与第二轮相同，这位年轻人又开始他的第四轮拜访。当拜访完第349家后，第350家电影公司的老板破天荒地答应让他留下剧本先看一看。几天后，这个年轻人得到通知，请他前去详细商谈。就在这次商谈中，这家公司决定投资开拍这部电影，并请这位年轻人担任自己所写剧本中的男主角。这部电影名叫《洛奇》。这位年轻人名叫席维斯·史泰龙。现在翻开电影史，这部叫《洛奇》的电影与这个日后红遍全世界的巨星皆榜上有名。

类似的成功之士不胜枚举，他们之所以能从绝望中腾飞，从贫苦中奋起，都是因为少了一份自暴自弃，多了一点执著和坚毅，并对自己的能力深信不疑。也唯有拥有这样良好的心态，他们才得以成功。

困境时常来临，人们给予它们的颜色或为黑或为灰，然而如果没有它们的锤炼，哪来五彩斑斓的人生？面对困境，我们或许是因为懒惰，不愿意从困境中走出来。当一个人的心被懒惰与麻木占据时，他就会处于绝望与消极的状态，尽管他能意识到自己必须改变，但是他却没有行动起来。这其实也是缺少良好的心态去应对困难的表现，所以就很难有动力去做好它。成功源自良好的心态，拥有良好的心态，即使你的能力稍差，你也可以通过勤奋和敬业弥补。只要你能持之以恒，你的能力就会得到很大提高，成功离你也就不会太远了。

我们无法选择命运给我们的安排，或贫穷或富贵，或聪慧过人或愚钝难教化，但我们可以选择对待和接受命运的态度。遭遇逆境并不等于给我们的命运宣判"死刑"，真正的法官永远是我们自己。只有我们自己才有资格对神圣的生命作出判决，而调整心态的能力将影响你手中的判笔。在牌场上，握有一手好牌的人毕竟只是少数，在大部分人的牌差不多的情况下，心态好的人才能成为赢家。

深思熟虑，让坏牌变好牌

我们很可能会遇到这样的情形：有时候会觉得所有的问题都会接踵而至，所有的难题似乎都在同一时间之内抛向了你，于是你开始晕头转向，觉得为什么自己的运气会这么差？而每每这个时候，人越是要慎重走好每一步，每一步都要经过深思熟虑，只要深思熟虑之后不走错路，这些问题才能迎刃而解，自己的前途才能无限光明。

做任何事情，都既要勤奋刻苦，又要开动脑筋想办法。傻瓜喜欢速决：他们不顾障碍，行事鲁莽，干什么事都急匆匆的；有时候尽管判断正确，却又因为疏忽或办事缺乏效率而出差错；在遇到难题的时候，不是积极主动地寻找方法，而是默默地待在那里等待时间去自行解决。但是智者却不会这样，他们一生都在开动脑筋，积极寻找新的方法，为人类解决了很多曾被认为是根本解决不了的问题。在现代社会，每个人都在想尽一切办法来解决生活中的问题，而且，最终的强者也将是善于寻找新方法的那一部分人。

稻盛和夫在日本经济界亨有很高的声誉。他所创办的京都陶瓷公司，是日本最著名的高科技公司之一。该公司刚创办不久，就接到著名的松下电子的显像管零件U形绝缘体的订单。这笔订单对于京都陶瓷公司的意义非同一般。

但是，与松下做生意绝非易事，商界对松下电子公司的评价是："松下电子会把你尾巴上的毛拔光。"对新创办的京都陶瓷公司，松下电子虽然看中其产品质量好，给了他们供货的机会，但在价钱上却一点都不含糊，且年年都要求降价。对此，京都陶瓷有一些人很灰心，因为他们认为：再这样做下去的话，根本无利可图，不如干脆放弃算了。但是，稻盛和夫认为：松下出的难题，确实很难解决，但是，屈服于困难，也许是给自己找借口，只有积极主动地想办法，才能最终找到解决之道。

经过再三摸索，京都陶瓷公司创立了一种名叫"变形虫经营"的管理方式。其具体做法是将公司分为一个个的"变形虫"小组，作为最基层的独立核算单位，将降低成本的责任落实到每一个人身上。即使是一个负责打包的员工，也都知道用于打包的绳子原价是多少，明白浪费一根绳会造成多大的损失。这样一来，公司的营运成本大大降低，即便是在满足松下电子苛刻的条件下，利润也甚为可观。

有些问题的确非常顽固，想了许多办法，仍无法解决。于是有人便认为"已是极限"，或是"已经尽力"，再去努力也是白搭。当你真正经过一番努力奋斗后，就知道所谓"难"，其实只是自己的"心灵桎梏"。解决问题的关键不在于问题本身，而在于我们没有解开自己的心结，在于我们没有用心去"想"。不怕问题困难，就怕不想。就好像一把钥匙开一把锁，每一个问题都会有解决的办法，而这把解决问题的钥匙，就在我们自己身上。

想办法是有办法的前提条件。在面对一个问题时，如果不积极思考，努力寻找应对之策，那么，即使你是一名天才，面对该问题，你仍会一筹莫展。所以我们就要开动自己的脑筋走好每一步，才能够让坏牌变好牌！

/第六节/

该做就做，行动比抱怨更有效

青春经不起一再蹉跎

时光悠悠，童年的稚气已在花开花落的四季轮回里渐渐褪去，理想的双翅还未来得及完全展开，转眼我们就到了青春的花期。"花无百日红"，随着年龄的增长，记忆力会出现衰退，容颜也渐渐憔悴，青春易逝，所以说，人生拼搏就趁早。

有一位年轻人的父母希望自己的儿子长大后能成为一位体面的医生，这位年轻人自己也对医生这个职业很感兴趣。可是他读到高中便被计算机迷住了，心思都放在了电脑上。他的父母耐心地规劝他，希望他能用功念书，以后好风光地立足社会。可是，他却说："有朝一日我会成为医生的。"

不久，他果然不负众望，考入了一所医科大学。他虽然对做医生也很感兴趣，但无论如何努力，医学成绩总是平平，丝毫也不能引起老师的注意。反而是在电脑方面，他越做越顺手。

在第一学期，他从零售商处买来了降价处理的个人电脑，在宿舍里改装升级后卖给同学。他组装的电脑性能优良，而且价格便宜。不久，他的电脑不但在学校里走俏，而且连附近的法律事务所和许多小企业也纷纷来购买。

后来，经过认真考虑，第一个学期快要结束的时候，他把退学的计划提了出来。父母坚决不同意，只允许他利用假期推销，并且承诺，如果一个夏季销售不好，那么，必须放弃。可是，他的电脑生意就在这个夏季突飞猛进，仅用了 1 个月的时间，他就完成了 19 万元的销售额。他的父母只得同意他退学。

这以后，他组建了自己的公司，并且公司很快就发展了起来。那年他才24岁。

最宝贵的是时间，最被轻视的也是时间。现在的年轻人都崇尚悠闲，安于"散漫"，三三两两聚在一起能聊个天昏地暗，有什么不顺心的事能郁闷好几天，刚准备看看书，一个电话打来，就兴高采烈地随老友逛街了。他们总以为自己有用不完的时间，于是毫不怜惜地蹉跎着时间，挥霍着光阴——这是一件多么可悲、可惜的事啊。

你可能没有傲人的姿色、出色的才能、高贵的出身，但是请你相信，上帝给了你公平的时间。所以，别看比尔·盖茨富可敌国，别看妮可·基德曼艳光四射，任何人都会败给时间。荣华可以无限，时间却是有限。然而生命虽然有限，精彩可以无限。积极地投身生活吧，你没有下一个轮回，你只有现世。别在生命的尽头才遗憾自己的生命并未"燃烧"。"人生能有几回搏"，让我们尽情释放自己，做一朵在风雨中迎风起舞的"铿锵玫瑰"！

等待永远是美好的最大敌人

任何人都是一样，年轻时需要积累，年老时才来享受，年轻时正是积累自身实力的时期，年老力衰的时候才能靠着智慧经验或者年轻时储蓄的财富过日子，否则年纪大了再来吃苦，就是"自造孽"，看看那些下岗女工再就业，看看中老年离婚的妇女，你是否能从中得到一些危机的启示？

1904年，正当年轻的爱因斯坦潜心于研究的时候，他的儿子出生了。于是，在家里，他常常左手抱儿子，右手做运算。在街上，他也是一边推着婴儿车，一边思考着他的研究课题。妻儿熟睡了，他还到屋外点灯撰写论文。爱因斯坦就是这样抓住每一个"今天"，通过日积月累，一年中完成了四篇重要的论文，引领了物理学领域的一场革命。

"明日复明日，明日何其多。我生待明日，万事成蹉跎。"要想不荒废岁月，干出一番事业，就要克服拖拉，珍视今天。

有个创意家，一直给人悠闲无事的感觉，但收入却不少。记者问他是怎么做到的，他说："做时间的主人，别让时间做你的主人。"

这话听起来有些玄妙，意思是说，你可以决定什么时间做什么事，而不是让时间来决定你应该做什么事。

时间对他而言只是桥梁，通过它，可以找到更合适的生活，而不仅仅是谋取财富。在他看来，时间还有更重要的使命："有时间的人是活人，没有时间的人是死人。"

宋国大夫戴盈之曾对孟子说："现在的税负太重了，很想按照以前的井田制度，只征收 1/10 的税，但是目前执行起来有困难，只能暂时减一点，明年再看着办，你以为如何？"孟子不置可否，只举了个例子："有一个小偷，每天都偷邻居的鸡，别人警告他，再偷就将他送官，他哀求说，从今天开始，我每个月少偷一只，明年就洗手不干了，可以吗？"

等待永远是美好的最大敌人，拖拉者的一个悲剧是，一方面梦想仙境中的玫瑰园出现，另一方面又忽略窗外盛开的玫瑰。昨天已成为历史，明天仅是幻想，现实的玫瑰就是"今天"。拖拉所浪费的正是这宝贵的"今天"。

钟表王国瑞士有一座温特图尔钟表博物馆。在博物馆里的一些古钟上，都刻着这样一句话："如果你跟得上时间的步伐，你就不会默默无闻。"这句富有哲理的话，一定早已铭刻在许多成功者的心灵深处了。

所以，成功者从来都不希望坐在那里等待，而是积极地投入行动之中，为了理想而努力，为了事业而拼搏。尽管道路中会经历风雨，可是等到他们品尝到了成功的甘甜的时候，他们就会感谢曾经的行动，因为正是行动成就了他们的明天。

清理抱怨，清理行动障碍

如果你有了理想，就一定要行动。尽管在尝试的过程中可能会遇到障碍，但是请不要抱怨不曾得到上苍的偏爱，而是要努力坚持，继续追求梦想，这样，你才有机会获得成功。

史泰龙的父亲是一个赌徒，母亲是一个酒鬼。父亲赌输了，又打老婆又打他；母亲喝醉了也拿他出气发泄。他下定决心，要走一条与父母迥然不同的路，活出个人样来。他想到了当演员——不需要文凭，更不需要本钱，而一旦成功，却可以名利双收。但是他显然不具备演员的条件，长相就很难使人有信心，又没有接受过任何专业训练，没有经验，也无"天赋"的迹象。然而，"一定要成功"的驱动力促使他认为，这是他今生今世唯一出头的机会。在成功之前，决不能放弃！于是，他来到好莱坞，找明星，找导演，找制片……找一切可能使他成为演员的人，四处哀求："给我一次机会吧，我要当演员，我一定能成功！"

他一次又一次被拒绝了，但他并不气馁，他知道，失败定有原因。每次被拒绝之后，他就把它当作是一次学习。一定要成功，痴心不改，又去找人……不幸得很，两年一晃过去了，钱花光了，他便在好莱坞打工，做些粗重的零活。两年来他遭受到 1000 多次拒绝。

他想出了一个"迂回前进"的思路：先写剧本，待剧本被导演看中后，再要求当演员。一年后，剧本写出来了，他又拿去遍访各位导演："这个剧本怎么样，让我当男主角吧！"人们认为他的剧本挺好，但要让他当男主角是不可能的。他再一次被拒绝了。

"我一定要成功，也许下一次就行，再下一次……"

在他一共遭到 1300 多次拒绝后的一天，一个曾拒绝过他 20 多次的导演对他说："我不知道你是否能演好，但至少你的精神令我感动。我可以给你一次机会，但我要把你的剧本改成电视连续剧，同时，先只拍一集，就让你当男主角，看看效果再说。如果效果不好，你便从此断绝这个念头吧！"

第一集电视剧创下了当时全美最高收视纪录。从此，史泰龙也成了国际知名影星。

史泰龙的健身教练哥伦布医生曾这样评价他：

"史泰龙每做一件事都 100% 投入。他的意志、恒心与持久力都是令人惊叹的。他是一个行动家，他从来不呆坐着让事情发生——他主动地令事情发生。"

富兰克林说："把握今日等于拥有两倍的明日。"将今天该做的事拖延到明天，而即使到了明天也无法做好的人，占了大约一半以上。今日事，今日毕，才能成就大事。

歌德说："把握住现在的瞬间，从现在开始做起。"只要坚持做下去就行，在实干的过程当中，你的心态会越来越成熟。有了开始，不久之后你的工作就可以顺利完成了。

很多成功者真正的才能在于他们审时度势之后付诸行动的速度，这才是他们出类拔萃、真正成功的秘诀。什么事一旦决定，马上付诸实施是他们共同的本质，"现在就干，马上行动"是他们的口头禅。而如果在行动中，遭遇了一次失败，或者遇到了什么困难，就开始怨天尤人，那么你将没有办法再集中精神对梦想全力以赴了。

抱怨是很消极的东西，一旦你产生了这样的情绪，你就开始失去了积极的动力，也就失去了全力以赴的信念。所以，在实现梦想的道路上，不管遇到什么困难，都不应该抱怨，而是要勇敢地面对，用坚定的行动获得成功。

抱怨失败不如用行动接近成功

很多人以为只要拥有一部成功的宝典，就可以一夜之间功成名就，这显然是极其错误的。对此，卡耐基一再告诫我们：

一张地图，不论它多么详细，比例尺有多么精确，绝不能够带它的主人在地面上移动一寸。一本羊皮纸的法典，不论它有多么公正，也绝不能够预防罪行。一个卷轴，绝不会赚一分钱或制造一个赚钱的字。只有行动，才是导火线，才能够点燃地图、羊皮纸、卷轴的价值。行动，才是滋润成功的食物和水，因此我们必须铭记"行动"这个成功准则，绝不拖延和犹豫不决。

我们不逃避今天的责任而等到明天去做，因为"明日复明日，明日何其多"。让我们现在就采取行动吧，即使行动不会为我们马上换回财富，但是，动而失败总比坐而待毙好。即使财富可能不是行动所摘下来的那个果子，但是，没有行动，任何果子都会在藤上烂掉。从今以后，我们要一遍又一遍、每一小时、每一天重复这句话，而跟在它后面的行动，要像我们眨眼睛那种本能一样迅速。有了这句话，我们就能够振作我们的精神，实现使我们成功的每一个行动。有了这句话，我们就能够振作我们的精神，迎接失败者躲避的每一次挑战。

我们要一次又一次地重复这句话。

当我们醒来，而失败者还要多睡一个小时的时候，我们要说这句话，接着从床上跳下来。

当我们走进市场，而失败者还在考虑是否会遭到拒绝的时候，我们要说这句话，并立刻面对我们第一个可能的顾客。

当我们遇到人家闭着门，而失败者带着惧怕和惶恐的心情在门外徘徊的时候，我们要说这句话，并随即敲门。

当我们面临诱惑的时候，我们要说这句话，抄大路行动，离开邪恶。

当我们想停下来明天再做的时候，我们要说这句话，并立刻行动。

只有行动才能决定我们在市场上的价值，要想扩大我们的价值，就要加强我们的行动。我们要走到失败者怕走的地方去。

当失败者想休息的时候，我们要工作。

当失败者仍在沉默的时候，我们要说话。

当失败者说太迟的时候，我们要说已经做好了。

我们只想着现在，明日是为懒人保留的工作日，而我们并不懒惰。明日是使邪恶变好的日子，而我们并不邪恶。明日是衰弱变强壮的日子，而我们并不衰弱。明日是失败者要成功的日子，而我们并不是一个失败者。

狮子饥饿的时候会吃，苍鹰口渴的时候会喝，如果它们不采取行动的话，两者都会灭亡。我们要饱食成功与富裕，我们渴望幸福和心灵的宁静。如果我们不采取行动，我们就会在失败、贫困和彻夜失眠的生活中灭亡。

成功不会等待，财富也不会从地下冒出来，如果我们犹豫不决，它就会永远弃我们而去。

让问题止于自己的行动

美国总统杜鲁门上任后，在自己的办公桌上摆了个牌子，上面写着一句话，翻译成中文是"问题到此为止"，意思就是说："让自己负起责任来，不要把问题丢给别人。"把这句话引申到生活中，让问题止于自己，而不是把所有的过错都推给别人。大多数情况下，人们会对那些容易解决的事情负责，而把那些有难度的事情推给别人，这种思维常常会导致我们的失败。

美国钢铁大王安德鲁·卡内基年轻的时候，曾经在铁路公司做电报员。有一天正好他值班，突然收到了一封紧急电报，原来在附近的铁路上，有一列装满货物的火车出了轨道，要求上司通知所有要通过这条铁路的火车改变路线或者暂停运行，以免发生撞车事故。

因为是星期天，一连打了好几个电话，卡内基也找不到主管上司，眼看时间一分一秒地过去，而正有一次列车驶向出事地点。此时，卡内基做了一个大胆的决定，他冒充上司给所有要经过这里的列车司机发出命令，让他们立即改变轨道。按照当时铁路公司的规定，电报员擅自冒用上级名义发报，唯一的处分就是立即开除。卡内基十分清楚这项规定，于是在发完命令后，就写了一封辞职信，放到了上司的办公桌上。

第二天，卡内基没有去上班，却接到了上司的电话。来到上司的办公室后，这位向来以严厉著称的上司当着卡内基的面将辞职信撕碎，微笑着对卡内基说："由于我要调到公司的其他部门工作，我们已经决定由你担任这里的负责人。不是因为其他任何原因，只是因为你在正确的时机做了一个正确的选择。"

老板聘用一个人，给他一个职位，给他与这个职位相应的权力，目的是让他完成与这个职位相应的工作，妥善及时地解决工作中出现的问题，而不是听他讲关于问题长篇累牍的分析。

1999 年，曾是美国第一大零售商的凯玛特开始显露出走下坡路的迹象，有一个关于凯玛特的故事在广泛流传。

在 1990 年的凯玛特总结会上，一位高级经理认为自己犯了一个"错误"，他向坐在他身边的上司请示如何更正。这位上司不知道如何回答，便向上级请示："我不知道，您看怎么办。"而上司的上司又转过身来，向他的上司请示。这样一个小小的问题，一直推到总经理帕金那里。帕金后来回忆说："真是可笑，没有人积极思考解决问题的办法，而宁愿将问题一直推到最高领导那里。"2002 年 1 月 22 日，凯玛特正式申请破产保护。凯玛特的破产有很多管理和运作上的问题，但是与公司内部流行的"把问题留给老板"的办事作风有着莫大的关系。

美国肯塔基丰田装配厂的管理者迈克·达普里莱把丰田生产方式描述为 3 个层次：技术、制度和哲学。他说："许多工厂装了紧急拉绳，如果出现问题，你可以拉动绳子让装配线停下来。5 岁的孩子都能拉动这根绳，但是在丰田的工厂里，工人被灌输的哲学是，拉动这根绳子是一种耻辱，所以人人都仔细操作，不使生产线出现问题，所以那根绳子潜在的意义远远大于它的实际作用。"

在这里，是否拉动这根绳子，其实体现的是对待问题的态度。一个不把问题留给别人的人是不容许自己去拉动这样的紧急拉绳的，相反，他们会使出自己所有的办法，让问题止于行动。

在生活中，我们随时都可能遇到很多难题，这个时候如果自己不去解决，而是把所有的问题都推给别人，那么我们将一事无成。只有你去积极地解决问题，你才能有机会获得成功。

最佳的任务完成期是昨天

埃克森·美孚石油公司是一家利润最高的公司。2002 年，埃克森·美孚的资本回报率达到 10 年以来的最高值——14.7%。知名投资分析师鲍勃说："这种回报率是其他公司数年来一直可望而不可及的。"

更多的人说，李·雷蒙德是工业史上绝顶聪明的 CEO 之一，是洛克菲勒之后最成功的石油公司总裁——没有人能够像他一样，令一家保守行业的超级公司股息连续 21 年不断攀升，并且成为世界上一台最赚钱的机器。

埃克森·美孚石油公司跃升为全球利润最高的公司，有着埃克森公司和美孚公司携手的因素，更是因为它拥有一支绝不拖延的员工队伍。这家公司的实践再一次告诉我们，员工克服拖延的毛病，培养一种简捷高效的工作风格，可以使公司的绩效迅速提升，并使每一位员工的工作乃至生命都更有价值。

有一次，李·雷蒙德和他的一位副手到公司各部门巡视工作。到达休斯敦一个区加油站的时候，已经是下午三点了，李·雷蒙德却看见油价告示牌上公布的还是昨天的数字，并没有按照总部指令将油价下调 5 美分 / 加仑进行公布，他十分恼火。

李·雷蒙德立即让助理找来了加油站的主管约翰逊。

远远地望见这位主管，他就指着报价牌大声说道："先生，你大概还在昨天的梦里熟睡吧！要知道，你的拖延已经给我们公司的荣誉造成很大损失。因为我们收取的单价比我们公布的单价高出了 5 美分，我们的客户完全可以在休斯敦的很多场合贬损我们的管理水平，并使我们的公司被传为笑柄。"

意识到问题的严重性，约翰逊连忙说道："是的，我立刻去办。"

看见告示牌上的油价得到更正以后，李·雷蒙德面带微笑说："如果我告诉你，你腰间的皮带断了，而你却不立刻去更换它或者修理它，那么，当众出丑的只有你自己。这是与我们竞争财富排行榜第一把交椅的沃尔玛的信条，你应该要记住。"

然后，李·雷蒙德和助手一起离开了加油站。从此之后，那位主管约翰逊做事再也不拖拖拉拉了。

商场就是战场，工作就如同战斗。任何一家公司要想在市场上立于不败之地，就必须拥有一支高效能的战斗团队。任何一位经营者都知道，对那些做事拖延的人，是不可能给予太高期望的。

第三章

不抱怨的工作

/ 第一节 /

公司就是你的船

责任不容推却

船员常常把自己看作是与船一体的，船上的一切，他都承担着一定的责任。所以，几乎每一个环节，他都会很用心的顾及和照料。在职场中，同样也有这样的人。他们富有责任感，想尽一切办法尽快地完成公司交下来的任务，并且会在公司有困难的时候主动补位，因为他知道，多做一些、多付出一些精力和时间就会收获更多，他们会在不同的岗位上让能力展现出最大的价值，同时也易获得成功。

下面故事中的乔治会用自己的亲身经历告诉你这份责任感让他收获了什么。

乔治到这家钢铁公司工作还不到 1 个月，就发现很多炼铁的矿石并没有得到完全充分的冶炼。如果这样下去的话，公司岂不是会有很大的损失？

于是，他找到了负责这项工作的工人，跟他说明了问题。这位工人说："如果技术有了问题，工程师一定会跟我说，现在还没有哪一位工程师向我说明这个问题，就证明现在没有问题。"乔治又找到了负责技术的工程师，对工程师说明了他看到的问题。工程师很自信地说，我们的技术是世界上一流的，不可能出现这样的问题。工程师非但不重视他说的话，还暗自认为，一个刚刚毕业的大学生，能明白多少，不过是因为想博得别人的好感而表现自己罢了。

但是乔治认为这是个很大的问题，于是拿着没有冶炼好的矿石找到了公司负责技术的总工程师，他说："先生，我认为这是一块没有冶炼好的矿石，您认为呢？"

总工程师看了一眼，说："没错，年轻人，你说得对，哪里来的矿石？"

乔治说："是我们公司的。"

"怎么会，我们公司的技术是一流的，怎么可能会有这样的问题？"总工程师很诧异。"工程师也这么说，但事实确实如此。"乔治坚持道。

"看来是出问题了。怎么没有人向我反映？"总工程师有些发火了。

总工程师召集负责技术的工程师来到车间，果然发现了一些冶炼并不充分的矿石。经过检查发现，原来是监测机器的某个零件出现了问题，才导致了冶炼的不充分。

公司的总经理知道了这件事之后，不但奖励了乔治，而且还晋升乔治为负责技术监督的工程师。总经理不无感慨地说："我们公司并不缺少工程师，但缺少的是负责任的工程师，这么多工程师就没有一个人发现问题，甚至有人提出了问题，他们还不以为然。对于一个企业来讲，人才是重要的，但是更重要的是真正有责任感的人才。"

乔治从一个刚刚毕业的大学生成为负责技术监督的工程师，可以说实现了一个飞跃，他能获得工作之后的第一步成功就是来自于他的责任感。正如他的总经理所说的那样，公司并不缺少工程师，并不缺少能力出色的人才，但缺乏负责任的员工，从这个意义上说，乔治正是公司最需要的人才。他的责任感让他的领导者认为可以对他委以重任。

如果你的领导让你去执行某一个命令或者指示，而你发现这样做可能会大大影响公司利益，那么你一定要理直气壮地提出来，不必去想你的意见可能会让你的上司大为恼火。大胆地说出你的想法，让你的领导明白，作为员工，你不是在刻板地执行他的命令，你一直都在思考，考虑怎样做才能更好地维护公司的利益。同样，如果你有能力为公司创造更多的效益或避免不必要的损失，你也一定要付诸行动。因为，没有哪一个领导会因为员工的责任感而批评或者责难你；相反，你的领导会因为你的这种责任感而对你青睐有加。

工作中没有"不关我的事"

在工作中，没有"不关我的事"，因为工作无"疆界"，工作不分分内分外。大家一起工作的目标是一样的，只是分工不同罢了。在我们的工作过程中，仅仅做好我们的本职工作是远远不够的，因为在一个企业中，除了每个员工要各自完成的职责外，总是还有一些没有人做或者有些该做而没有做的事情，我们暂且称之为责任的空白地带，空白地带同样事关企业的存亡，老板在分配责任的时候却又容易忽视它。若在一个公司里，人人都抱着"这不是我职责范围里面的事情，我根本就不用操心"这样的想法和态度去工作，那么，公司事务之间的连贯和衔接将如何进行？公司内部的协调合作又该怎样开展？公司的共同目标又该如何得以实现？

李芬担任一家公司的部门经理，有一天晚上，公司有十分紧急的事，要发通告信给所有的营业处，所以需要抽调一些员工协助，李芬安排一个做书记员的下属去帮忙套信封时，那个职员傲慢地说："那有碍我的身份，分外的事我不做，再说我到公司来不是做套信封工作的。"听了这话，李芬一下就愤怒了，但她仍平静地说："既然不是你分内的事就不做，那就请你另谋高就吧！"那个员工就这样失去了工作。

在很多时候，我们也许会接受一些看上去很风光的分外之事，如陪老板出席一个商谈会，替公司接受媒体的采访等，但却对一些麻烦而卑微的分外之事置之不理。其实，这种心态是极其不正确的，一些毫不起眼的小事也同样能磨炼人，小事也同样能改变人的命运。

社会在发展，公司在扩展，个人的职责范围也会跟着扩大，所以不要总以"这不关我的事"为由推脱责任，要知道，抱着"不关我的事"这样想法的员工永远不会提高自己的工作效率，他们只会给公司带来时间以及金钱等资源的浪费，从而给公司带来巨大的损失。

李航是一家 IT 公司的销售部经理。一天，他到一家销售公司联系一款最新打印设备的销售事宜，因为是一款定位为大众化的新品，并且厂家即将开展大规模的广告宣传，为争取更大的市场份额，对经销商的让利幅度非常大。李航便决定在媒体大量宣传报道之前同一些信誉与关系都比较好的经销商敲定首批的订量。

不巧的是，同他一直保持密切业务联系的那家公司的老板不在。当他提起即将推出的新品时，一位负责接待他的员工冷冷地回绝了他。

李航没有办法，只好走了。

他来到有业务联系的第二家公司。不巧的是，这家公司的老板也不在。虽然很失望，但他还是想试一试，看能否说服接待他的人。

接待他的是一位新来不久的年轻小姐，不仅面容姣好，工作也特别热情。当得知李航是来自一家著名的 IT 公司的销售经理时，她立即表现出了一个公司员工应有的素质，马上倒了一杯水给李航，还主动介绍了自己的情况。

李航向她说明了来意，她敏锐地感觉到这是一个不错的商机，无论如何不能因为老板不在就让它白白溜走。她主动要求第二天给他们公司送货，其他具体事宜等老板回来以后再由老板定夺。

结果很清楚，第二家公司在老板不在的时候，由于那位女员工的热情接待，为公司促成了一桩生意。这款产品在整个市场上只有该公司一家经营，不到 1 个月就销售了近 3000 台，为老板净赚了 6 万多元。

可见，一句"不关我的事"，一次赚钱的机会就飞到了别人那里。其实，"不关我的事"这种想法不仅会给企业造成损失，同时，也会造成员工消极怠工，工作效率下降，这些都会给公司带来巨大的浪费。如果你只是从事你分内的工作，那么你将无法争取到人们对你的有利评价。

所以，作为公司里的一名职员，事关公司的事务，我们都不要以"这不是我的工作"为由，推卸责任，置身事外，应该抱着公司的事就是自己的事的积极态度，为公司的发展着想。

跟公司一起成长

沃尔玛是全美投资回报率较高的企业之一，其投资回报率为 46%，即使在 1991 年不景气时期也高达 32%。它的历史远没有美国零售业百年老店"西尔斯"那么久远。但在短短的四十几年时间里，它就发展壮大成为全美乃至全世界最大的零售企业。当前，沃尔玛的经营哲学、管理技能已经成为全世界管理学界的热门话题，当然这也包括其成功的人力资源管理。

在沃尔玛，员工有一个著名的称谓——"合伙人"。一方面，沃尔玛把公司领导称为公仆，而另一方面又把员工称为合伙人，这与许多企业强调管理者的领导地位迥然不同。

为什么会这样呢？这是因为，沃尔玛非常看重员工的责任感和忠诚度，所以，公司以其对员工平等相待的态度来赢得员工对企业的忠诚。沃尔玛员工的工资一直被认为在同行业不是最高的，但是员工却非常忠实于企业，他们以在沃尔玛工作为荣，把沃尔玛公司当成自己的家，因为他们在沃尔玛是合伙人。

在沃尔玛总部，一位女士因加入了公司的"利润分享计划"而感到由衷的庆幸，她名叫玛丽，是一名普通的采购员。玛丽很年轻的时候就进入沃尔玛工作，是沃尔玛的老员工。一开始，她的哥哥试图说服她辞去工作，他认为玛丽在沃尔玛以外的公司工作工资会比这里高。然而，玛丽留了下来，并成了公司"利润分享计划"中的一员。到了 1991 年，她的利润分享数字变成了 228 万美元，而她的职位也从原来的普通员工晋升为经理。玛丽很庆幸自己坚持了自己的意见，没有听哥哥的话，也更加对沃尔玛忠心耿耿，尽职尽责。现在她不仅可以拿所挣的钱供她的宝贝女儿上大学，还在沃尔玛公司这个舞台上实现了她的人生目标。

由此看来，员工和企业是一种互惠共生、共同成长、共同进步的共同体，只有企业上下齐心协力，员工负责任地推动企业发展，企业发展了，又带动了员工的发展，最终达到双赢的目的。

易卜生说："青年时种下什么，老年时就收获什么。"由此我们想到的是，你在公司的土壤中种下什么，公司就会回报给你什么。如果你愿意承担成长的责任，那么你就会获得成长的权利；如果你把公司的成长当成自己的责任，那么公司自然会为你创造成长的机会；如果你以积极的热情和全心全意的努力对待公司中的种种事务，那么你的事业、你的精神就会在公司中得到最大的进步。只要你的行为和态度切实推动了公司的成长，那么公司就一定会给予你相应的回报。

所以，作为一名员工，首先要有一个企业属于自己的心态。要把公司的事当成自己的事，不管老板在不在，不管主管在不在，不管公司遇到什么样的挫折，都愿意全力以赴、积极主动地去做任何事情。这样你终究会成为自己工作的最大受益者。

感恩公司，是它给了你发展的平台

职场中，很多人都在抱怨自己的公司，觉得是公司在盘剥他们的劳动价值。其实这样的想法是错误的，公司不但没有对你的价值进行剥削，相反的，它是在为你实现自己的人生价值提供一个发展的平台。公司中的每个人，无论是老板，还是员工，都是在这个平台上履行着自己的职责，发挥着自己的作用。任何人离开了这个平台，就如同演员离开了舞台，无法施展自己的才华。

许多员工认为自己只是一个打工者，与公司只是一种雇佣与被雇佣的关系，把公司仅仅当成是一个完成工作的地方，甚至有意无意地将自己置于与老板对立的位置，这种认识和心态对于一个人的职业发展是十分不利的。

年轻人初入职场时，切记不要过分考虑薪水，而应注重工作带来的隐性报酬，抓住机会发展自己的能力，把公司当成自己生存和发展的平台。

在一个寒冷的冬日，杰克和他的伙伴们正在铁路工地上干活，突然遇见前来视察工作的老朋友韦伯斯，不同的是韦伯斯已经担任了铁路公司总裁。他们进行了愉快交谈然后热情告别，杰克的伙伴对他和总裁居然是朋友表示惊讶。杰克解释他们曾经一同为一条铁路工作。

大家更是好奇，就问杰克："为什么你现在做着和以前一样的辛苦工作，而韦伯斯却成了总裁？"杰克很沮丧地说："当年，我工作只是为了一小时不到两美元的薪水，而韦伯斯却是为了整条铁路而工作。"

职场上有很多人像杰克一样，仅仅把公司当成一个完成工作的地方，工作也只是为了自己的那份薪水，他们总会盘算：我为老板做的工作应该和他支付给我的工资一样多，只有这样才公平。这种短浅的目光不但使他们的工作充满了痛苦，也会使他们丧失前进的动力。而韦伯斯则不同，他在杰克为了一小时不到两美元的薪水而工作时，就把整条铁路当成了自己的奋斗目标，把工作看成一个自身生存和个人发展的平台，这样，原本卑微单调的工作就成了事业发展的一个契机。

公司是员工生存和发展的平台，真正优秀的员工应当把公司看成一个实现自身价值的地方，始终与老板站在同一个立场上，自觉地维护公司的利益，建设和发展公司这个平台。这样，公司越来越大，越来越好，就能为员工创造更多的机会，提供更大的发展空间。

一位著名教授有两个十分优秀的学生，对于他们而言，毕业后找份工作可谓轻而易举。当时，教授有个创办公司的朋友，委托教授为他物色一个适当的人选做助理。

教授推荐两个学生都过去看看，于是他们分别前去应聘。第一个应聘的学生叫墨菲。面谈结束几天后，他打电话给教授说："您的朋友太苛刻了，他居然只肯给月薪600美元，我不能这样为他工作。现在我已经在另外一家公司上班，月薪是800美元。"

后来去的那位学生是约翰，尽管月薪也只有600美元，但是他却欣然接受。教授得知后问他："这么低的工资，你不觉得吃亏了吗？"

约翰说："我当然想挣更多的钱，但我对您朋友印象十分深刻，我觉得只要能从他那里学到一些本领，薪水低一些也是值得的。从长远来看，我在那里工作将更有前途。"

很多年过去了。墨菲的薪水由当年的一年9600美元涨到40000美元，而原先年薪只有7200美元的约翰,现在的年薪却高达200万美元,还有外加的公司股权和分红。

能力锻炼远比薪水重要得多，公司的存在为你能力的提升和事业的发展提供了更多的机会。当你的能力得到老板的认可和赏识时，老板就会付给你更多的薪水。许多杰出的经理人所具有的创造能力、决策能力以及敏锐的洞察力并不是与生俱来，而是在长期的工作中学习和积累中得到的。由此可见，公司不但是员工之间互相交流和协作的平台，也是员工学习和展示才华的平台，只有从这个意义上认识公司，你的职业生涯才有意义，你才能将工作视为事业发展的一个契机，而不是痛苦的工作——薪水与劳动力的交换过程。

跳槽时代，不当"背叛的水手"

跳槽是每个职场人士都必须经历的，有些人通过跳槽进入了更好的企业，获得更高的薪水，也获得了职业的提升。所以，也可以说跳槽是获得职业发展的一种手段。然而，对处于职业发展不同阶段的人来说，频繁跳槽是不可取的。虽然每个人都有权利寻求自己最合适的工作以及最佳的工作环境和工作状态，但这的确为企业的发展带来了不少的负面影响。有些人为了某些利益，不仅到竞争对手那里工作，而且带走了原公司大量有价值的资料，这不仅极大地损害了公司的利益，还伤害了公司其他员工的情感，严重地影响了其他员工正常工作的心态。

跳槽，这种高流动率，被一些管理理论家认为是忠诚度下降的一种表现。

一位人力资源部经理说："当我看到申请人员的简历上写着一连串的工作经历，而且是在短短的时间内，我的第一感觉就是他的工作换得太频繁了。这样频繁'跳槽'的人，不能给人一种安全感和信任感。一个什么工作都做不长久的人，让人想到的不会是公司的问题，而是他个人的问题：第一，他的工作能力值得怀疑；第二，他对企业的忠诚度值得怀疑；第三，我不能肯定他会在我的公司做得长久。所以这样的人，我们在录用时顾虑就比较多。"频繁地换工作并不能代表一个人工作经验不丰富，也不能说明他忠诚度一定低，但是，频繁"跳槽"的确会给人一种不好的感觉。

不要小视忠诚，没有忠诚，人真的寸步难行。忠诚会让一个人得到朋友甚至敌人的尊敬，因为忠诚是人性的亮点。

卡特是一家金属冶炼厂的技术骨干，由于企业改变发展方向，他准备换一份新工作。

凭着先前企业在本行业的影响力和他自身的能力，卡特决定去全美最大的金属冶炼公司应聘。

负责面试卡特的是公司负责技术管理的副总经理，他对卡特的能力没有任何挑剔，却向他提出了一个让卡特失望的问题："我们很高兴你能加入我们公司，你的资历和能力都很出色。我听说你原来的厂家正在研究一个提炼金属的新技术，而你也参与了这项技术的研发。很巧，我们公司也在研究这门新技术，你能够把你原来厂家研究的进展情况和取得的成果告诉我们吗？你知道这对我们公司意味着什么，这也是我们聘请你来我们公司的原因。"那位副总经理说。

"你的问题让我十分失望，我很理解市场竞争需要一些非常手段，但是我不能答应你的要求，因为我有责任忠诚于我的企业，尽管我已经离开了它。"

卡特身边的人都为他的回答感到惋惜，因为这家企业的影响力和实力比他原来的企业要大得多，在这里获得一份工作是无数人梦寐以求的，但卡特放弃了这个绝好的机会。

就在卡特准备寻找另一家公司时，那位副总经理给卡特来了一封信，在信中他这么说："年轻人，你被录取了，做我的助手。不仅是因为你的能力，更因为你的忠诚。"

每个公司都需要卡特这样的员工，你只有成为这样的人，才能受到公司的重用。无论在哪个公司，你都应该保守公司的机密，对公司的各种事情都不随便传播，一定要守口如瓶。

忠诚最大的受益者是你自己，从古至今，没有谁不喜欢忠诚的人。领导需要忠诚的下属，产品需要忠诚的消费者，每个人都希望有忠诚的朋友。员工忠诚于自己的公司，忠诚于自己的老板，与同事们同舟共济、共赴艰难，将获得一种集体的力量，他的人生将变得更加充实，事业也会更有成就，工作就会成为一种人生享受。其实一个人的能力中，知识只占了20%，技能占了40%，态度占了40%，而一个人最重要的工作态度之一就是忠诚。

相反，那些表里不一、言而无信的人，整天陷入尔虞我诈的复杂的人际关系中，在上下级、同事之间玩弄各种权术和阴谋，即使一时得以提升，取得一点成就，但终究不是一种理想的人生，最终受到损害的还是自己。

多问我能做什么，而非能得到什么

在现代职场中，许多人最关心的往往不是工作，而是薪酬的多寡和职位的高低。在他们眼中，这些是自己身价的标志，绝不能低于别人。一旦发现自己的薪酬和职位不如当初的预期，他们就会在工作中敷衍塞责、应付了事，能偷懒就偷懒，能逃避就逃避，并且振振有词地为自己开脱："拿得多干得多，拿得少就干得少，这很公平！"这些人只知向老板和企业索取，只记得自己能够得到什么，却忘了问一下自己能做什么，能够给企业带来什么。

凯琳受聘于一家做玩具出口生意的公司，到公司上班后，她迅速地投入工作中。在几位老同事的指导下，凯琳处理起事情来让老板很满意。但两星期后，凯琳工作起来就没有刚来时那么有激情了，因为她发现，企业里她学历最高，但工资却是最低的，她感觉很不平衡。老板发现凯琳的情绪低落，马上找她谈话，告诉她只要工作做得好，公司绝对不会亏待她。谈话时，凯琳没说什么。但第二天凯琳找到老板，要求老板要么提高她的月薪，要么就当月给她拿提成。而老板认为，凯琳的薪酬是他们经过测算的，不是随便给的，而且凯琳是新人，刚进公司，好多地方需要老员工指导，在凯琳没给企业创造出效益之前，不能提高薪酬。

老板将相关道理和凯琳讲了，凯琳当时表示理解。但凯琳并没因此努力工作，她每天除完成其部门经理分派的任务外，其他什么事情也不做，就坐在那里发短信。一个月之后，老板便将她解雇了。

在一个聪明的员工看来，先问付出，再问回报才是正确的顺序，否则所付出的对不起所拿的薪酬与职位，自己在这个职位上也是干不长久的。员工光盯着自己的薪酬和职位，往往会被短期利益蒙蔽了心智，使自己看不清未来的发展道路。我们要知道，老板是根据我们做了什么才决定给我们发多少工资的，而不是我们看老板给了我们多少工资，才决定自己要做什么。美国的肯尼迪总统说："不要问国家为你做了什么，要问你为国家做了什么。"同样，面对手头的工作，我们也应该不时地问一下自己：你的贡献是什么？

汤姆在一家广告公司工作了一年，由于不满意自己的工作，他愤愤地对朋友说："我在公司里的工资是最低的，老板也不把我放在眼里，如果再这样下去，总有一天我要跟他拍桌子，然后辞职不干。"

"你对那家广告公司的业务都清楚吗？对于公司运营的窍门完全弄懂了吗？"他的朋友问道。

"没有！"

"大丈夫能屈能伸。我建议你先冷静下来，认认真真地对待工作，好好地把他们的一切经营技巧、商业文书和公司组织完全搞通，再一走了之，这样做岂不是既出了气，又有许多收获吗？"

汤姆听从了朋友的建议，一改往日的散漫习惯，开始认认真真地工作起来，甚至下班之后还留在办公室研究商业文书的写法。

一年之后，那位朋友又遇到他。

"你现在大概都学会了，可以准备拍桌子不干了吧？"

"可是我发现近半年来，老板对我刮目相看，最近更是委以重任，又升职又加薪，说实话，现在我已经成为公司的红人了！"

"这是我早就料到的！"他的朋友笑着说，"当初你的老板不重视你，是因为你工作不认真，又不肯努力学习，没问自己能做什么，却总想着自己能够得到什么。你痛下苦功，能力增强了，也给公司带来了效益，当然会令老板刮目相看了。"

我们中的许多人不也像起初的汤姆吗？因为薪酬不高而满腹牢骚，却忘了先问自己能够做什么、给企业带来了什么。一名感恩的员工则恰恰相反，他知道他已经从工作中获益良多，需要尽最大的努力来回报老板的知遇之恩和企业的培养之恩。一个懂得付出的人，自然也会收获更大的成功，这本来就是一个良性循环。

抱怨工作不如热爱工作

"庸马"和"驽马"在抱怨

有一天，佛陀坐在金刚座上，开示弟子们道：

"世间有四种马：第一种良马，主人为它配上马鞍，驾上辔头，它能够日行千里，快速如流星。尤其可贵的是当主人一抬起手中的鞭子，它一见到鞭影，便能够知道主人的心意，迅速缓急，前进后退，都能够揣度得恰到好处，不差毫厘，这是能够明察秋毫、洞察先机的第一等良驹。

"第二种好马，当主人的鞭子打下来的时候，它看到鞭影不能马上警觉，但是等鞭子打到了马尾的毛端，它也能领受到主人的意思，奔跃飞腾，这是反应灵敏、矫健善走的好马。

"第三种庸马，不管主人几度扬起皮鞭，见到鞭影，它不但迟钝毫无反应，甚至皮鞭如雨点地挥打在皮毛上，它都无动于衷。等到主人动了怒气，鞭棍交加打在结实的肉躯上，它才能有所察觉，顺着主人的命令奔跑，这是后知后觉的庸马。

"第四种驽马，主人扬起了鞭子，它视若无睹；鞭棍抽打在皮肉上，它也毫无知觉；等到主人盛怒了，双腿夹紧马鞍两侧的铁锥，霎时痛刺骨髓，皮肉溃烂，它才如梦初醒，放足狂奔，这是愚劣无知、冥顽不化的驽马。"

庸马和驽马是职场中许多平庸员工的生存写照。他们总是抱怨老板对他们太苛刻，工资太低，抱怨公司没有为他们提供更好的舞台，没有给他们施展才华的机会。

职场中，数不清的庸马和驽马正在拼命地为自己的失败寻找借口，造成了职场人生的萎靡与黯然。相比之下，"良马"式员工从不会寻找理由为自己的行为开脱，更不会去抱怨自己的处境与外在的人与事。他们任何时候坚守着自己的信念，让自己朝着卓越奋进！下面故事中讲到的布莱克，就是"良马"式人物的典范。

罗杰·布莱克，一位体育界的成功人士，他曾获奥林匹克运动会400米银牌和世界锦标赛400米接力赛的金牌，可他的出色和优秀并不仅仅是因为他令人瞩目的竞技成绩。更让人为之动容的是，他所有的成绩是在他患心脏病的情况下取得的，他没有把患病当作自己的借口。

除了家人、医生和几个亲密的朋友，没有人知道他的病情，他也没向外界公布任何的消息。当在第一次获得银牌之后，他对自己并不满意，倘若他如实地告诉人们他的身体状况，即使他在运动生涯中半途而废，也同样会获得人们的理解与体谅的，可罗杰并没有这样做，他说："我不想小题大做地强调我的疾病，即使我失败了，也不想以此为借口。"

通过这个故事，我们可以发现，真正优秀的人从来不去抱怨环境给予了自己什么，也不会为了自己的失败找寻任何的借口。他们只会勇敢地面对生活，即使面临委屈的处境，也不会觉得难过。可是，在职场中，很多人却在一直为自己找寻借口。这样的人，注定了只能做"庸马"和"驽马"，而不会走向成功。

带着怨气不如带着快乐工作

旋！旋！旋！满满的一车螺丝钉都要旋出来！对于刚做旋车工的萨姆尔来说，他似乎觉得自己的一生都要消磨在旋钉子这件琐事上了。他满腹牢骚，老想着自己干什么别的不好，偏偏一定要来这旋钉子呢？就算他把这一大堆的螺丝钉都旋完了，过一会马上又会有另一车堆在原来的地方，然后，自己又得不停地旋啊！旋啊！这一切多么可怕呀！

在第二架旋车上的旋车工荷维德听了萨姆尔的埋怨，也很郁闷地叹了口气，以表同情。他和萨姆尔一样，也很讨厌这份工作。

有什么办法呢？难道去找工头说：以自己的能力，做这种简单的体力活简直就是大材小用，因此，我希望得到另外一份更好的工作？但是，可以想象得到工头听到这些话时的轻蔑神情。要么，干脆就辞职不干了，另外再去找一份工作？这可是他费了九牛二虎之力才找到的一份工作啊！萨姆尔是绝对不能轻易辞掉的。

难道就没有别的办法来改变这种讨厌的工作吗？办法总归会有的，关键在于你肯不肯动脑子去思考。当萨姆尔想到这一点时，他立刻想出一个很聪明的方法，可以使这种单调乏味的工作变成一件很有趣味的事——他要把它变成一种游戏。他转过头来对他的同伴说："让我们来比赛比赛吧，荷维德。你在你的旋机上磨钉子，把外面一层粗糙的东西磨下来。然后，我再把它们旋成一定的尺寸。我们比一比，看谁做得快。过一会儿如果你磨钉子磨烦了，我们再换着做。"

荷维德同意了他的建议，于是，他们俩之间的比赛马上就开始了。这样一来，果不其然，工作起来并不像以前那么烦闷啦，而且工作效率还比以前提高了。不久，工头便给他们调换了一个较好的工作。

这位聪明的年轻人萨姆尔就是后来鲍耳文火车制造厂的厂长。

萨姆尔并不是咬紧他的牙齿，好像受酷刑一样去从事自己所痛恨的工作，而是把工作变成了一种游戏，使自己做起来饶有趣味。后来他说："如果你不能在你所从事的工作中闯一条路出来，你就应该换一个工作试一试。"

这是一个很好的忠告，但是秘诀便在寻求的方法上，一味地埋怨和厌烦是无法找到的，而是要通过一种更好的方法去做到这一点。

钢铁大王安德鲁·卡内基曾说："如果一个人不能在他的工作中找出点'罗曼蒂克'来，这不能怪罪于工作本身，而只能归咎于做这项工作的人。"

成功学大师卡耐基之所以能够取得巨大成功，主要原因就在于他既知道享受生活中的快乐，而且还能以工作为乐。

决定将来的工作是一种快乐还是一种折磨，多半取决于你对工作的态度，而不在于工作本身。如果你能将你事业的第一块基石安放在有价值的生活根基上，你就可以使工作成为一种享受。

一个人的降生，便是表示他在自然界中最大的游戏——生活的游戏中被选为选手之一。如果你能让自己主动加入这一伟大的游戏中，你所体验到的震惊该会是相当巨大的！每一个黎明便是一个新的召唤，每一次跌倒后的爬起来都是一个新的起点。

你昨天失败过，那又有什么关系，今天新升的太阳又会给你带来一个崭新的机会，让你好好重新开始。如果你能将每天的生活视为一种去克服暂时的困难的机会，你每天得胜的机会便比前一天多。每天早晨，当你睁开双眼的时候，你便可以看到新的机会、新的得胜的可能、新的可得的奖品、新的可学的规则以及新的竞争者。

尽情地享受生活还是以生活为苦役，这一切都要看你自己的选择。

对于你所从事的工作，应当抱有一种积极乐观的态度，这样，你才可以做得更好。只有比别人做得更好，你才能脱颖而出。如果你能尽自己最大的努力去做自己的工作，不错过每一个机会，这样一直坚持不懈地努力下去，胜利总会在某个地方拥抱你的。

你的工作就是你的事业

拿破仑说过："不想当将军的士兵不是好士兵。"同样，在老板看来，不想当老板的职员也不会是好职员。老板喜欢和自己一样对待工作的职员，喜欢敬业负责，把每一份工作都当成自己的事业来对待的职员。这样的员工不仅是老板事业上的合伙人，而且也是工作中追求卓越，不断超越老板期望，忠诚敬业，最具领导潜质的员工。

彼得和杰克同在一个车间里工作，每当下班的铃声响起，杰克总是第一个换上衣服，冲出厂房；而彼得总是最后一个离开，他十分仔细地做完自己的工作，并且在车间里走一圈，确信没有问题后才关上大门。

有一天，杰克和彼得在酒吧里喝酒，杰克对彼得说："你让我们感到很难堪。"

"为什么？"彼得有些疑惑不解。

"你让老板认为我们不够努力。"杰克停顿了一下又说："要知道，我们不过是在为别人工作。"

"是的，我们是在为老板工作，但更是为自己的梦想而工作。"彼得的回答十分肯定有力。在彼得看来，自己在为他人工作的同时，也是在为自己工作——不仅为自己赚到养家糊口的薪水，还为自己积累了工作经验，工作带给他的是远远超出薪水的东西。

从某种意义上来说，工作真正是为了自己，工作是属于自己的一份事业。

15岁那年，齐瓦格家中一贫如洗，只受过短暂学校教育的他到了一个山村做了马夫。然而齐瓦格并没有自暴自弃，他无时无刻不在寻找着发展的机遇。三年后，齐瓦格来到钢铁大王卡内基下属的一个建筑工地打工。一踏进建筑工地，齐瓦格就抱定了要做同事中最优秀的人的决心。当其他人在抱怨工作辛苦、薪水低而怠工的时候，齐瓦格却默默地积累着工作经验，并自学建筑知识。

一天晚上，同伴们在闲聊，唯独齐瓦格躲在角落里看书。那天恰巧公司经理到工地检查工作，经理看了看齐瓦格手中的书，又翻开他的笔记本，什么也没说就走了。第二天，公司经理把齐瓦格叫到办公室，问："你学那些东西干什么？"齐瓦格说："我想我们公司并不缺少打工者，缺少的是既有工作经验，又有专业知识的技术人员或管理者，对吗？"经理点了点头。

不久，齐瓦格就被升为技师。打工者中，有些人讽刺挖苦齐瓦格，他回答说："我不光是在为老板打工，更不单纯为了赚钱，我是在为自己的梦想打工，为自己的远大前途打工。我们只能在业绩中提升自己。我要使自己工作所产生的价值，远远超过所得的薪水，只有这样我才能得到重用，才能获得机遇！"抱着这样的信念，齐瓦格一步步升到了总工程师的职位上。25岁那年，齐瓦格又做了这家建筑公司的总经理。

卡内基的钢铁公司有一个天才的工程师兼合伙人琼斯，他在筹建公司最大的布拉德钢铁厂时，发现了齐瓦格超人的工作热情和管理才能。当时身为总经理的齐瓦格，每天都最早来到建筑工地。当琼斯问齐瓦格为什么总来这么早的时候，他回答说："只有这样，如有什么急事，才不至于耽搁。"工厂建好后，琼斯推荐齐瓦格做了自己的副手，主管全厂事务。两年后，琼斯在一次事故中丧生，齐瓦格便接任了厂长一职。因为齐瓦格的卓越管理艺术及认真工作态度，布拉德钢铁厂成了卡内基钢铁公司的灵魂。几年后，齐瓦格被卡内基任命为钢铁公司的董事长。

当然，我们讲这个故事，并不是说只要努力，你就一定能够成为老板，而是说我们应当学习齐瓦格这种把工作当成自己的事业来对待的敬业精神和事业心。事实上，如果你能够以对待事业的态度来对待工作中的每一件事，并把它们当成使命，你就能发掘出自己特有的能力，即使是烦闷、枯燥的工作，你也能从中感受到价值，在完成使命的同时，你的工作也会真正变成一项事业。

是你需要工作，而不是工作需要你

清水原来是一名橡胶厂工人，后来转行做了邮差。在最初的日子里，他没有尝到多少工作的乐趣和甜头，于是在做满了一年以后，便心生厌倦和退意。这天，他看到自己的自行车信袋里只剩下一封信还没有送出去时，他便想：把这最后的一封信送完，就马上去递交辞呈。

然而这封信由于被雨水打湿，地址模糊不清，清水花费了好几个小时的时间，还是没有把信送到收信人的手中。由于这将是他邮差生涯送出的最后一封信，所以清水发誓无论如何也要把这封信送到收信人的手中。他耐心地穿越大街小巷，东打听西询问，好不容易才在黄昏的时候把信送到了目的地。原来这是一封录取通知书，被录取的年轻人已经焦急地等待好多天了。当年轻人终于拿到通知书的那一刻，他激动地和父母拥抱在了一起。

看到这感人的一幕，清水深深地体会到了邮差这份工作的意义所在。"即使是简单的几行字，也可能给收信人带来莫大的安慰和喜悦。这是多么有意义的一份工作啊！我怎么能够辞职呢？"

在这以后，清水更多地体会到了工作的意义和自己肩负的使命感，他不再觉得乏味与厌倦，他深深地领悟了职业的价值和尊严。这样他一干就是25年。从30岁当邮差到55岁，清水创下了25年全勤的空前纪录。他在得到人们普遍尊重的同时，也于1963年得到了日本天皇的召见和嘉奖。

可见，使命感是一个人积极工作的内在动力。找到了心中的使命感，明白了工作的意义，你就会充满激情地投入到自己的工作中去。

下文中的费兰德这样做了，他获得了成功。

30年前的费兰德是一个还不到13岁的少年，但谁会想到，这个孩子竟会把自己的人生目标不可思议地定在纽约大都会街区铁路公司总裁的位置上。

为了实现这个目标，费兰德从13岁开始就与一伙人一起为城市运送冰块。虽然没有上过几天学，但他总是利用一切闲暇时间学习知识来充实自己，并且想尽办法向铁路工作靠拢。

18岁那年，经朋友介绍，他进入了铁路行业，在长岛铁路公司的夜行货车上当一名装卸工，他觉得这是一个难得的机遇。尽管每天的工作又脏又累，但他始终保持着一份快乐的学习心态，因此受到上司的赏识，被安排到铁路上，开始了检查铁轨和路基的工作。虽然每天只能赚1美元，但费兰德觉得他已经在向铁路公司总裁的职位迈进了。

随后，他又被调到铁路扳道工的岗位上。在这里，他仍一如既往地勤奋工作，并利用空闲时间帮主管们做一些力所能及的工作，他认为这样可以学到一些更有价值的东西。

后来，他回忆说："记不清有多少次，我不得不工作到午夜十一二点钟，才能统计出各种关于火车的赢利与支出、发动机耗量与运转情况等相关数据。但也正是通过这些工作，我迅速地掌握了铁路各个部门具体运作情况的第一手资料。通过这种途径，我对这一行业所有部门的情况了如指掌。"

尽管在以后的工作生涯中，费兰德一直在不停地调换工作部门，但无论做什么工作，他都没有忘记自己的目标和使命，不断地补充自己的铁路知识。很快，大家都知道他是一个雄心勃勃的年轻人。现在，费兰德已是公司的总裁，他依旧废寝忘食地工作。他每天负责指挥运送100万乘客，迄今为止也没有发生过重大的交通事故。

费兰德的成功向我们证明：对于一个具有强烈使命感的员工而言，没有什么是不能改变的，也没有什么是不能实现的。

工作是一个价值体现的机会，应该是一种幸福的差事，我们有什么理由把它当作苦役呢？有些人抱怨工作本身太枯燥，然而，问题往往不是出在工作上，而是出在这些人自己身上。

如果你能够在工作中发现自己的使命，并努力从工作中发掘自身的价值，你就会发现工作是一件非做不可的乐事，而不是一种惹人烦恼的苦役。

任何时候，都要记住：是你需要工作，而不是工作需要你。带着这样的思想去工作，你才能成为真正敬业的员工。

蔑视工作就是否定自己

很多人都觉得自己的工作不如意，不足以让自己发挥出最大的人生价值。其实你现在的工作就是你发挥的平台，也是你实现自我价值的最佳选择。你的工作就是你的事业，是你的身份的代言人。如果不能认真努力地对待你的工作，那么你也将不能很好地做自己，也不会得到别人的认可。

让·菲利普在底特律一家家电企业工作。

在他刚刚开始工作时，他只是这家企业下设的一个电器商店的普通店员。菲利普每天的工作是清扫店铺，并协助销售员搬运货物，将顾客选好的货物送到指定的地方。

菲利普努力工作了 10 年，在这 10 年里，菲利普为家用电器销售业作出了非常出色的贡献，他们的连锁店以每年 1 到 2 家的速度递增着。在连锁店开到第 20 家时，尽管他是这个集团的核心指挥，尽管他一直被委以重任，但他的想法却发生了转变。

菲利普回想自己全力工作的 10 年，他一直以工作为他的生命核心，他每天从早忙到晚，工作总是占据着他所有的时间，还有数不清的应酬——虽然他乐于交际，但这么长时间过去了，他终于开始厌倦自己的工作，他对自己说：

"我实在厌倦了商场中的利害关系，也感到了疲倦。所以我应该辞掉工作，到一个风景秀丽的小岛上，过悠闲愉快的生活。"

让·菲利普经过认真考虑，作出了决定。虽然所有人都反对他的决定，并尽力挽留他，但他还是辞掉了自己的工作，带着多年的积蓄，来到南方一个迷人的小岛上，打算在此长期生活下去。10 天过去了，他却无法找到初来这里时的欣喜。因为没有任何事情可做，他闲得发慌。最后，他得出了这样的结论：以前他总是勾画在南方生活的蓝图，那只不过是对现实的逃避，也是放松自己的需要，那并不是自己最真实的需要。当这种因为疲倦而产生的向往一旦满足，他就无法再从中体会满足感与幸福感。

而与逃避现实的想法相比，直面现实，在现实中创造生命的价值，实现自己真正的愿望，才能给予自己真正的幸福与满足。

可见，人只有在工作中才能实现自己的价值。

美国第二代移民安松尼·阿司特，年轻时曾在纽约街上，靠着帮行人擦皮鞋为生。那时候，还不会说流利英文的他，擦鞋功夫既高明又迅速，虽然他一贫如洗，却以他的工作为荣。

即使三餐不继，他也不以贫穷为苦，虽然个性内向羞怯，有时不免自怨自艾，然而从未听到他怨天尤人。

以擦鞋工作为荣的他，凭着无比的毅力，奇迹般地以鞋油开创了自己的事业，至今他所出品的"克丽斯汀"牌鞋油，仍然畅销全球。

即使是一个平凡的岗位，也可以做出骄人的成绩，所以不要蔑视自己的工作，蔑视工作也就等于否定了自己的劳动和自己的人生价值。

不只为薪水工作，成长比成功更重要

某公司有一位员工，已经工作了 10 年，薪水却不见涨。有一天，他终于忍不住内心的不平，当面向老板诉苦。老板说："你虽然在公司待了 10 年，但你的工作经验却不到 1 年，能力也只是新手的水平。"

这名可怜的员工在他最宝贵的 10 年青春中，除了得到 10 年的新员工工资外，其他一无所获。

也许，老板对这名员工的判断有失公允，但我相信，在当今这个日益开放的年代，这名员工能够忍受 10 年的低薪和持续的内心郁闷而没有跳槽到其他公司，足以说明他的能力的确没有得到其他公司的认可，换句话说，他的现任老板对他的评价基本上是客观的。

这就是只为薪水而工作的结果！

在一个人的事业发展过程中，能力比金钱重要万倍。

　　许多成功人士的一生跌宕起伏，有攀上顶峰的兴奋，也有坠落谷底的失意，但最终都能重返事业的巅峰，俯瞰人生。原因何在？是因为有一种东西永远伴随着他们，那就是能力。他们所拥有的能力，无论是创造能力、决策能力还是敏锐的洞察力，绝非一开始就拥有，也不是一蹴而就，而是在长期工作和学习中积累得到的。

　　一位纽约的百万富翁在回顾自己的成功历程时说，当年，他在一家百货公司的薪水最初只有每周 7.5 美元，后来一下子就涨到了每年 10000 美元，而这之间竟然没有任何的过渡，没过多久，他还成为这家百货公司的合伙人。

　　刚去公司的时候，他和公司签订了五年的工作合约，约定这五年内薪水保持不变。但他暗下决心：绝不满足于这每周 7.5 美元的低微薪水，绝不能就此不思进取。他一定要让老板知道，他绝不比公司中的任何一个人逊色，他是最优秀的人。

　　他卓越的工作能力很快引起了周围人的注意。三年之后，他已经如鱼得水、游刃有余，以至于另一家公司愿意以 3000 美元的年薪，聘用他为海外采购员。但他并没有向老板们提及此事，在五年的期限结束之前，他甚至从未向他们暗示过要终止工作协定。也许有很多人会说，不接受如此优厚的条件，他实在是太愚蠢了。但是，在五年的合同到期之后，他所在的公司给予了他每年 10000 美元的高薪。老板们都很清楚，这五年来他所付出的劳动要比他所领的薪水高出数倍，理所当然，他成为一个获利者。

　　假如他当时对自己说："每周 7.5 美元，他们只给我这么多，既然我只领着每周 7.5 美元，那么我何必去考虑每周 50 美元的业绩呢！"如果那样，你说结局会怎样？实际上，这些话正是当下很多年轻人的想法，他们一边以玩世不恭的态度对待工作，对公司报以冷嘲热讽，频繁跳槽，蔑视敬业精神，消极懒惰，一边却怨天尤人，埋怨自己怀才不遇、生不逢时。因为老板所付不多就敷衍自己的工作，正是这种想法和做法，令成千上万的年轻人与成功绝缘。

　　对于一个雇员来说，还有比薪水更重要的东西，那就是工作后面的机会、工作后面的学习环境和工作后面的成长过程。工作固然也是为了生计，但比生计更重要的是品格的塑造和能力的提高。如果一个人的工作仅是为了工资的话，那么，我们可以肯定，他注定是一个平庸的人，无法走出平庸的生活模式。

让工作成为愉快的旅程

　　美国一家著名橡胶公司的董事会主席威尔罗格斯指出，工作应当有趣。他说："为了获得成功，你必须知道你正在做的事，喜欢你正在做的事，并相信你正在做的事。"

毋庸讳言，许多工作是重复性的，缺乏创新，没有刺激，因而很容易让人感觉单调与乏味。一个优秀的员工必须善于培养对工作的兴趣，使工作成为愉快的旅程。

大部分人都存在这样一个问题，就是对工作过分挑剔，一直在寻找完美的工作或雇主，可是并不自知他们不是完美的员工。许多人过分强调公司应当能提供优厚的福利，对于已经有工作且做得相当好的人而言，这个要求并不为过；而对于没有工作的人，如果一开始便如此要求，似乎野心过大。

兴趣是保持工作激情的源源不断的动力，也是获得成功的重要条件。没有兴趣的工作即使勉强坚持下去，过不了多久也会丧失耐心与信心，最后只能半途而废，前功尽弃。

许多员工之所以不够勤奋，最重要的原因就是他们对自己的工作没有兴趣，很多人对工作抱着完全消极的态度，如果再加上缺乏明确的职业发展规划，其工作的状态自然可想而知了。

积极的态度有积极的结果，这是因为态度有感染力，这种态度就是热情与兴趣。阿尔伯特·巴德曾说："没有一件伟大的事情不是由热情促成的。"好的传教士与伟大的传教士、好的母亲与伟大的母亲、好的演说家与伟大的演说、好的推销员与伟大的推销员之间的最大差别，就在于热情与兴趣。

拉斯维加斯有一间娱乐赌场，大到可以容纳两个足球场。在这个巨型建筑中有好几百种设施，用来玩金钱的得失游戏，可是里面却看不到一个时钟。道理很简单，人们赌博的理由很多，但主要是在享受赌博。他们全神贯注在赌博上，全然忘记了时间。

赌场老板显然也不想让时钟来提醒赌徒们。结果，许多人一赌下来就是好几个小时。在一般情况下，他们会赌到一文不剩或困得睡在桌上为止。

一个人如果在事业上也这样全神贯注的话，一定会大有成就，而且还能满足他们的事业心，所有这些都不是赌桌上所能得到的。

研究表明，能力的提高可以通过学习来实现，兴趣与热情则可以有意识地培养。比如：

1. 保持乐观积极的心态。

你不得不承认，心态的影响是如此之大，良好的心态无疑可使我们更加积极地面对挫折与失败，尽管客观地看，心态于事物的发展并没有直接的助益。

2. 用成就感激励自己。

尽管人们一直强调过程的意义，但是，与令人兴奋的结果比较起来，过程往往是平淡的、乏味的甚至痛苦的。因此，在每一次取得成果时，要学会欣赏自己的成就，然后将过程演化为一个值得回味的经历，以激励自己继续前行。

3. 努力寻找工作中的乐趣。

即使再乏味的工作，只要用心体验，也可以发现其中的乐趣。有一个每天上班乘坐拥挤的公交车的人，一度把公交车上的噪声当作音乐听，虽然有点阿Q的自我解嘲意味，但就其效果而言，不失为一种缓解情绪的方法，对待工作也是如此。

4. 兴趣只有在深入了解工作特点之后才会产生。

对问题的一知半解很容易使我们陷入困惑之中，只有对问题深入研究和了解之后才会产生兴趣。对一些人来说，数学是一门比较枯燥的学科，不过是数字、符号堆砌起来的恼人的魔术而已。但对真正了解它的人而言，数学则是一门艺术，是世界上最完美、最严谨的艺术。这就是泛泛了解与深入研究的区别。

当你开始喜欢你的工作时，工作将成为增添生命味道的食盐。你必须爱它，它才能给予你最大的恩惠并使你获得最大的成果。

记住这样一句话：当你喜欢工作时，它会使你的生命甜美，有目标，有收益。

学会必要的忍耐

美国第三任总统杰弗逊在给子孙的告诫中有一条是："当你气恼时，先数到10后再说话；假如怒火中烧，那就数到100。"

生活中，在遇到一些不顺心和不如意的事情时，我们的情绪往往会被超常激发起来，陷入激动、委屈、不安等精神状态中。此时最容易被情绪操纵，不顾理智做出鲁莽之事。"忍一时风平浪静，退一步海阔天空"，在这个时候，务必要记住"忍耐"二字。强制自己把心情平静下来，认真选择利最大、弊最小的做法，以求达到在当时可能取得的最好效果。

每个人从出生就面临来自方方面面的竞争和挫折。一个人的成功不仅需要不断提高自己的能力，而且需要经受自己在前进道路上的成功与失败的各种考验，需要具备良好的心理素质。由于我们每个人自身的缺点，由于社会还存在着一些阴暗面，还存在着一些人不那么光明正大，因此失败在所难免，有时甚至还不得不忍受"飞来横祸"。在这种情况下，有时需要进行必要的斗争，但是，更多的时候需要的是忍耐。在自己遭到失败的时候，当然希望周围的人同情自己、帮助自己，但是更为重要的是，忍耐住失败的痛苦，学会自己擦净自己伤口的鲜血，并走出痛苦，走向新的生活。要忍耐，以争取自己超越困难，同时，要灵活一些，争取更好的环境，努力奋斗，走向辉煌。

作为命运的主宰者——人，我们应该学会忍耐，因为它常会让我们有意想不到的收获。人在现实中生活，犹如驾一叶扁舟在大海中航行，巨浪和旋涡就潜伏在你的周围，可能会随时袭击你，因此，你要当个好舵手，同时还得具有克服艰难的毅力和勇气，设法绕过旋涡，乘风破浪前进。换言之，忍耐也是面对磨难的一种手法，以不变应万变；忍耐更是一种力量，它能磨钝利刃的锋芒。但忍耐不是软弱，不是退却，也不是背叛，而是以退为进的策略，是求同存异，是寻找合作。

对俞敏洪的创业经历，《中国青年报》记者卢跃刚在《东方马车——从北大到新东方的传奇》一文中，有详细记录。其中令人印象尤深的是对俞敏洪一次醉酒经历的描述，看了令人不禁想落泪。

俞敏洪那次醉酒，缘起于新东方的一位员工贴招生广告时被竞争对手用刀子捅伤。俞敏洪意识到自己在社会上混，应该结识几个警察，但又没有这样的门道。最后通过报案时仅有一面之缘的那个警察，将刑警大队的一个政委约出来"坐一坐"。卢跃刚是这样描述的：

他兜里揣了3000块钱，走进香港美食城。在中关村十几年，他第一次走进这么好的饭店。他在这种场面交流上有问题，一是他那口江阴普通话，别别扭扭，跟北京警察对不上牙口；二是找不着话说。为了掩盖自己内心的尴尬和恐惧，劝别人喝，自己先喝。不会说话，只会喝酒。因为不从容，光喝酒不吃菜，喝着喝着，俞敏洪失去了知觉，钻到桌子底下去了。老师和警察把他送到医院，抢救了两个半小时才活过来。医生说，换一般人，喝成这样，回不来了。俞敏洪喝了一瓶半的高度五粮液，差点喝死。

他醒过来喊的第一句话是："我不干了！"学校的人背他回家的路上，一个多小时，他一边哭，一边撕心裂肺地喊着："我不干了！再也不干了！把学校关了！把学校关了！我不干了……"

他说："那时，我感到特别痛苦，特别无助，四面漏风的破办公室，没有生源，没有老师，没有能力应付社会上的事情，同学都在国外，自己正在干着一个没有希望的事业……"

他不停地喊，喊得周围的人发怵。

哭够了，喊累了，睡着了，睡醒了，酒醒了，晚上7点还有课，他又像往常一样，背上书包上课去了。

实际上，酒醉了很难受，但相对还好对付，然而精神上的痛苦就不那么容易忍受了。当年"戊戌六君子"谭嗣同变法失败以后，被押到菜市口去砍头的前一夜，说自己乃"明知不可为而为之",有几个人能体会其中深沉的痛苦？醉了、哭了、喊了、不干了……可是第二天醒来仍旧要硬着头皮接着干，仍旧要硬着头皮挟起皮包给学生上课去，眼角的泪痕可以干，该干的事却不能不干。拿"观察家"卢跃刚的话说："不办学校，干吗去？"

现在大家都知道俞敏洪是富翁，但又有谁知道俞敏洪这样一类创业者是怎样成为千万富翁、亿万富翁的呢？他们在成为千万富翁、亿万富翁的道路上，付出了怎样的代价，付出了怎样的努力，忍受了多少别人不能够忍受的屈辱、憋闷、痛苦，有多少人愿意付出与他们一样的代价，获取与他们今天一样的财富？

当你不愿让命运来主宰你的一切，但又没有反击命运的能力时，切记，应学会忍耐！

儒家与道家都强调忍耐的重要，只有忍到最后一刻才会发生意想不到的变化，才有希望看到转机。或许你仍在向往一帆风顺，可是却在面对曲折的人生。其实所谓的一帆风顺只是对自己心灵的一种安慰而已，坚信唯有奋斗不息才能成为命运的主人。而在这一步步的努力中，你必须学会忍耐！

忍耐是沉默，功亏一篑是因为不懂得忍耐的真正含义，而坚忍不拔的追求并排除万难有所超越才是忍耐的外延。

实际上，忍耐是一种酝酿胜利的高超手段。忍耐实际上是一种动态的平衡，是一种形式的转换，不要被利益所陶醉，也不要因没有利益而悲伤。忍耐可以帮助我们摆脱烦恼，获得人生的真谛。

非洲的一位总统问一位友人做总统有什么好经验，这位友人就说了一句话："忍耐。"忍耐不是目的，是策略，是胜敌的关键所在，但一般人做不到。"小不忍则乱大谋"这句话很正确。三国演义中诸葛亮三气周瑜，愣是活活把周瑜气死了。如果周瑜学会忍耐，哪会有这样的结果呢！

我们有时候不妨学一学鸵鸟，逆来顺受。但是，这不是叫大家颓废，只是让大家学会忍让，为将来的爆发，也就是成功创造条件，同时它也可以为你提供丰富的经验。日常生活中，每一个人总会遇到他人的一些伤害，无缘由的中伤、诽谤……

平白无故的是非给我们带来身心伤害。类似的事件大家也许经历过，也可能以后的日子会遇到。在这种时候，大家应泰然处之，将忍耐进行到底，终有一天所有的错误都将改正。平和的心态不只是给我们自己带来了宁静，也给予他人更多！

百忍成钢，人生就像一个磨刀的过程，忍耐好比磨刀石。当心性修炼得清澈如镜，达到这种不以物喜，不以己悲的境界时，那就是我们历经千锤百炼的刀已炼成。

工作中的折磨使你不断超越自我

一个人不但要接受他所希望发生的事情，而且还要学会接受他所不希望发生的事情。要适应现实，接受任何不可改变的事实，心平气和，以平常心面对周围所发生的一切，而不是唉声叹气，自寻烦恼，更不要企求社会来适应你，奢望世界为你一人而改变，这是不可能实现的空想。在困难面前，如果你能承受折磨，你将会赢得长足发展；如果你不能忍受，那么等待你的也许就是被社会淘汰。

上海某高校计算机系一男生，毕业后如愿进了一个颇有名气的软件开发公司，本以为可以用上往日在学校里学习积累起来的编程技术，在公司一展身手，出人头地。可没想到就在他工作3个月后，上司竟突然让他负责计算机病毒的防治工作，这与他在学校里所关注和学习的内容有很大的差别。开始，他不禁产生了消极情绪，怎么办呢？经过沉思后，他想通了，只有面对现实，于是又拿起了病毒方面的书籍，开始学习新的知识来适应现在的环境。渐渐地，他竟然喜欢上了反病毒这个行业，而且很快就开发了一个全新的反病毒软件，给公司带来了可观的收入。

当我们面对不如意的事情时，当我们面对现实和理想的冲突时，唯有面对现实，适应现实，克服困难，奋发图强，才可做一个勇往直前的成功者。

如果我们没能学会面对、适应现实，而是逃避现实的话，我们将因经不起考验而被现实所淘汰，成功也将与我们擦肩而过。

一位年轻人毕业后被分配到北京某研究所，终日做些整理资料的工作，时间一久，觉得这样的工作索然寡味。恰好机会来了，一个海上油田钻井队来他们研究所要人，到海上工作是他从小就有的梦想。领导也觉得他这样的专业人才待在研究所光整理资料太可惜，所以批准他去海上油田钻井队工作。在海上工作的第一天，领班要求他在限定的时间内登上几十米高的钻井架，把一个包装好的漂亮盒子送到最顶层的主管手里。他拿着盒子快步登上高高的、狭窄的舷梯，气喘吁吁、满头是汗地登上顶层，把盒子交给主管。主管只在上面签下自己的名字，就让他送回去。他又快跑下舷梯，把盒子交给领班，领班也同样在上面签下自己的名字，让他再送给主管。

他看了看领班，犹豫了一下，又转身登上舷梯。当他第二次登上顶层把盒子交给主管时，浑身是汗，两腿发颤，主管却和上次一样，在盒子上签下名字，让他把盒子再送回去。他擦擦脸上的汗水，转身走向舷梯，把盒子送下来，领班签完字，让他再送上去。

这时他有些愤怒了，他看看领班平静的脸，尽力忍着不发作，又拿起盒子艰难地一个台阶一个台阶地往上爬。当他上到最顶层时，浑身上下都湿透了，他第三次把盒子递给主管，主管看着他，傲慢地说："把盒子打开。"他撕开外面的包装纸，打开盒子，里面是两个玻璃罐，一罐咖啡，一罐咖啡伴侣。他愤怒地抬起头，双眼喷着怒火，射向主管。

主管又对他说："把咖啡冲上。"年轻人再也忍不住了，"叭"的一下把盒子扔在地上："我不干了！"说完，他看看倒在地上的盒子，感到心里痛快了许多，刚才的愤怒全释放出来了。

这时，这位傲慢的主管站起身来，直视着他说："刚才让你做的这些，叫作承受极限训练，因为我们在海上作业，随时会遇到危险，要求队员身上一定要有极强的承受力，承受各种危险的考验，才能完成海上作业任务。可惜，前面三次你都通过了，只差最后一点点，你没有喝到自己冲的甜咖啡。现在，你可以走了。"

这位年轻人可能自己也没有想到，领导和主管对自己的折磨是一种考验，更是一种锻炼，经过这些考验之后，你的能力和意志力都会得到极大的提高。经受住各种考验，多用心，多忍耐，你就会获得相应的提高。

顾客把你磨炼成上帝的天使

阿迪·达斯勒被公认为是现代体育工业的开创者，他凭着不断的创新精神和克服困难的勇气，终身致力于为运动员制造最好的产品，最终建立了与体育运动同步发展的庞大的体育用品制造公司。

阿迪·达斯勒的父亲靠祖传的制鞋手艺来养活一家四口人，阿迪·达斯勒兄弟帮助父亲做一些零活。一个偶然的机会，一家店主将店房转让给了阿迪·达斯勒兄弟，并可以分期付款。

兄弟俩高兴之余，资金仍是个大问题，他们从父亲作坊搬来几台旧机器，又买来了一些旧的必要工具。这样，鲁道夫和阿迪正式挂出了"达斯勒制鞋厂"的牌子。

起初，他们以制作一些拖鞋为主，由于设备陈旧、规模太小，再加上兄弟俩刚刚开始从事制鞋行业，经验不足，款式上是模仿别人的老式样，种种原因导致生产出来的鞋销售并不好。

困境没有让两个年轻人却步，他们想方设法找出矛盾的根源所在，努力走出失败的困境。

聪明的阿迪逐渐意识到：那些成功企业家的秘诀在于牢牢抓住市场，而他们生产的款式已远远落后于当时的市场需求。

兄弟俩着手寻找自己的市场定位，经过市场调查，终于有了结果：他们应该立足于普通的消费者。因为普通大众大多数是体力劳动者，他们最需要的是既合脚又耐穿的鞋。再加上阿迪是一个体育运动迷，并且深信随着人们生活的提高，健康将越来越会成为人们的第一需要，而锻炼身体就离不开运动鞋。

定位已经明确，接下来就是设计生产的问题了。他们把自己的家也搬到了厂里，一个多月后，几种式样新颖、颜色独特的跑鞋面世了。

然而，新颖的跑鞋没有像兄弟俩想象的那样畅销。当阿迪兄弟俩带着新鞋上街推销时，人们首先对鞋的构造和样式大感新奇，争相一睹为快。

可看过之后，真正购买的人很少，人们看着两个小伙子年轻、陌生的脸孔，带着满脸的不信任离开了。

兄弟俩四处奔波，向人们推荐自己精心制作的新款鞋，一连许多天，都没有卖出一双鞋。

阿迪兄弟本以为做过大量的市场调查之后生产出的鞋子，一定会畅销，然而无法解决的困难又一次让两个年轻人陷入绝境。

可阿迪·达斯勒的字典里没有"输"这个字，只有勇气陪伴着他们，去闯过一个个难关。

在困难面前，阿迪兄弟没有消沉，没有退缩，而是迎着困难继续努力，在仔细分析当时的市场形式和自己工厂的现状后，终于找到了解决的办法。

兄弟俩商量后决定：把鞋子送往几个居民点，让用户们免费试穿，觉得满意后再向鞋厂付款。

一个星期过去了，用户们毫无音信，两个星期过去了，还是没有消息。兄弟俩心中都有些焦躁，有些坐不住了。

在耐心地等候中，又一个星期过去，他们现在唯一的办法也只有等待了。一天，第一个试穿的顾客终于上门了。他非常满意地告诉阿迪兄弟俩，鞋子穿起来感觉好极了，价钱也很公道。在交了试穿的鞋钱之后，又定购了好几双同型号的鞋。

随后不久，其余的试穿客户也都陆续上门。一时之间，小小的厂房竟然人来人往，络绎不绝。鞋子的销路就此打开，小厂的影响也渐渐扩大了。

阿迪兄弟俩没有被初次创业所遭受顾客的种种困难所吓倒，面对资金不足、经验不足、信誉缺乏等困难，他们凭着自己的信心和勇气——攻克，为日后家族现代体育工业帝国的建立，打下了坚实的基础。

现在的你也一样，不要抱怨顾客对你的折磨，因为，唯有这些折磨才能将你磨炼成美丽的"天使"。

/ 第三节 /

学会理解领导的不容易

老板是让员工赢利的顾客

用最简单的方法来定义，"顾客"就是直接花钱购买东西的人。从商品经济意义上看，当员工把自己作为一个劳动力商品出售时，购买者是谁？是老板。老板出钱购买员工的劳动力价值，员工也一定要把老板当作自己的顾客，并以此开始规划自己的赢利。

若想取得职业生涯的成功，那么，任何一位员工都要从现在开始确立一种观念："自己就是一家公司，自己所从事的职业就是自己用全身心经营的事业。"你既可以把自己看作是一家旭日初升、大有前途的公司，也可以看作是一件产品，你的产品是在你能力的基础上为你的顾客——老板提供的各种服务。

经营者的根本目的都是赢利，而要赢利就必须赢得顾客的认可，使你的产品能够畅销。一个企业只有生产高品质的产品，才能赢得顾客的信赖。

作为公司职员，我们的顾客应该包括我们的老板、我们的上司、我们所在的公司和所面对的客户。其实简单地看，顾客就是我们的老板。从自己是一家公司的角度看，作为经营者和领导者，你必须对自己负责，主要是为自己的赢利负责。

我们要为自己这家企业赢利，只有一个办法，那就是为顾客创造价值。要获得就必须首先付出，这是大自然的铁律。在经济领域也一样，任何一家公司要赢利，都只有先让顾客获得了相应的利益，自己才会得到相应的回报。

任何一家企业的产品和服务再好，也必须通过顾客的认可和购买，才能实现其赢利。顾客就是我们服务的对象，也是我们实现利润的真正关键。当顾客购买我们的商品或服务时，我们的资源和能力才能转化为财富。

对于任何一个职员，老板都是顾客。员工要实现赢利，就必须为老板创造出价值。

很多人在为老板工作时，脑子里只有一个想法，那就是赚钱。希望获得一定的经济利益，这是无可厚非的。然而，一心只是想着如何让老板给你加薪水，却从来不重视对公司的贡献，哪个老板会愿意请一名不能为自己创造价值的员工呢？

是的，金钱是我们生存的一种基础，在如今这个商业社会里，没有金钱我们就难以生存。但是，要获得金钱就必须要有用来交换的商品，它可以是产品，也可以是服务。你的产品和服务的价值越大，你的回报才能越大，也就是说你的赢利才能越大。若你的自我经营毫无意义，你的产品和服务毫无价值，那么，赢利只能是一种空想。

对于任何一家经营者而言，追求赢利都是合情合理的，作为自我经营的员工也一样。但是每一位经营者都应该记住，你给顾客创造价值的大小决定了你赢利的多少。老板是让员工赢利的顾客，对老板这位顾客，员工只有更好地提高为其服务的质量，更多地为其创造价值，他才能给你更多的利润。

老板与员工不是对立，而是合作

很多人认为，员工和老板天生是一对冤家。人们最常听到的是相互间的抱怨，即使偶尔彼此关心一下，也让人觉得有点假惺惺的。人们常呼吁老板要多为员工着想，是出于有利于企业长远发展的愿望来考虑的，而员工似乎就很少有理由要为老板着想了。

究其根本，老板和员工只不过是两种不同的社会角色，只是社会分工不同而已，这两种角色实际上是一种互惠共生的关系。

自然界中有许多互惠共生的现象。比如说豆科植物的根瘤菌，它本身具有固氮的功能，为豆科植物提供了丰富的营养，同时它又可以借助豆科植物获得生存的空间；再比如非洲热带雨林中的大象、犀牛等，它们身体表面往往会有一些寄生虫，一些鸟类等小动物也栖息在它们身上，以这些小寄生虫为食，同时，大象、犀牛也避免了寄生虫对它们的侵害，可谓是互惠互利。这种现象在自然界中不胜枚举，在生物学中统称为共生现象。

老板与员工的关系也有异曲同工之妙。从社会学的角度讲，老板和员工是互惠共生的关系。没有老板，员工就失去了赖以生存的就业机会；而没有了员工，老板想追求利润最大化也只能是镜中花、水中月。

对于老板而言，公司的生存和发展需要职员的敬业和服从；对于员工来说，他们需要的是丰厚的物质报酬和精神上的成就感。从互惠共生的角度来看，两者是和谐统一的——公司需要忠诚和有能力的员工，业务才能进行，员工必须依赖公司的业务平台才能发挥自己的聪明才智。

为了自己的利益，每个老板只保留那些最佳的职员——那些能够忠于公司、尽职尽责完成工作的人。同样，也是为了自己的利益，每个员工都应该意识到自己与公司的利益是一致的，并且全力以赴去工作。只有这样才能获得老板的信任，才能在自己独立创业时，保持敬业的习惯。

许多公司在招聘员工时，除了能力以外，个人品行是最重要的评估标准。品行不端正的人不能用，也不值得培养。因此，优秀员工应当遵循这样的职业信条：如果你真诚地、负责地为老板工作，他付给你薪水，那么你应该感激他、称赞他，支持他的立场，和他所代表的机构站在一起。

在一个有着卓越企业文化和完善激励机制的企业中，员工在享受着老板提供的优厚待遇的同时，也会为老板着想，积极为企业未来的发展出谋献策，积极工作。即使企业一时遇到困难，员工也会与老板同舟共济，渡过难关。每个人都知道，只有上下齐心协力，才能使企业在激烈的竞争中立于不败之地，在老板赚取利润的同时，员工的利益才能得到持久的保障。助人就是助己，多做一点对你并没有害处，也许这会花掉你一些时间和精力，但是可以使你从竞争者中脱颖而出，你的老板、上司和顾客会关注你、信赖你、需要你，从而给你更多的机会。今天种下的种子，总有一天会结出甜美的果实，最终受益的还是你自己。

有些员工以为老板整天只是打打电话、喝喝咖啡而已，这种认识使他们无意中让自己的立场与老板对立起来，使老板和员工之间原本和谐共赢的关系变得紧张起来。实际上，老板并不像我们想象的那么轻松潇洒，作为公司的经营者，他们承担着巨大的压力和风险，他们只要清醒着，头脑中就会思考公司的行动方向，一天十几个小时的工作时间并不少见。一到下班时间就率先冲出去的员工不会得到老板的喜爱，所以不要吝惜自己的私人时间。即使你的付出得不到什么回报，也不要斤斤计较。

斤斤计较一开始只是为了争取个人的小利益，但久而久之，当它变成一种习惯时，为利益而计较，就会使人变得心胸狭隘、自私自利。它不仅对老板和公司造成损失，也会扼杀员工的创造力和责任心。

老板也在为我们工作

很多员工认为老板对公司而言仅是一个投资者，是一个"最有权力的闲人"，在这种心态的支配下，多数员工（尤其是年轻员工）都有"净赚薪水"的心态，认为"你给多少钱，我就出几分力"是理所当然、各不相欠，有的甚至对老板产生了敌对的情绪。其实，这是一种非常错误的认识。别看有些老板平日里一副轻松潇洒的样子，其实他们大都承担着不为人知的痛苦和责任。

那么在工作中，老板主要承担了哪些痛苦和责任呢？

1. 风险之痛

企业越大，其经营中所遇到的风险就越大。经营企业是一项风险与收益并存的事情。尤其是当企业发展到一定规模之后，在管理机制和管理职能方面不可避免地会滋生出阻碍企业健康发展的种种潜在危机，这些都为老板管理和领导企业带来了很大的风险和挑战。

2. 抉择之痛

老板的角色就好像是一艘船的"船长"，时刻要考虑到企业之舰的航向。企业做到一定规模，老板自然风光，然而随之而来却是对于企业发展方向的抉择，这种抉择的痛苦是员工所不能理解的。企业到底要不要发展壮大？如果企业需要进一步发展，是自己来做还是请职业经理人？自己做，面临着精力和时间上的挑战，请职业经理人，又面临着处理老板与职业经理人间的种种矛盾。矛盾发生时，职业经理人拍拍屁股就可以走了，但是老板却还得捡起烂摊子。只要企业存在，企业抉择的问题就时刻萦绕在老板的心头。

3. 责任之痛

老板是一个企业的领航者和组织者，他们要对企业发展战略的制定、各级人员的管理、财务控制等重大环节负责，稍有不慎就会使企业出现重大变故，很多人可能会因此要重新选择岗位，甚至对整个产业产生很大的影响。由此可见，老板身上肩负着企业的、员工的、社会的责任等多重责任，这种责任为他们带来种种荣耀的同时，也给他们带来了巨大的压力和痛苦。

4. 身体之痛

很多老板都以牺牲身体健康为代价来换取事业上的成功。老板不仅工作要动脑，而且还要交际应酬，结果，过多的应酬和思虑把身体搞垮了，老板的成功是牺牲了健康作为代价的。例如，知名企业家王均瑶去世有很大一部分原因就是因为过于劳累。

5. 感情之痛

处于领导的位置，老板付出的比一般人多得多。算算老板的工作时间：早上 8 点钟到办公室，中午开会或者陪人吃饭，下午接待各种各样的人，晚上还要应酬。等到回家的时候，家人也睡了，老板与家人之间基本上没有时间沟通，由于缺少沟通，两者间也越来越不可能产生共鸣。

冷落了家人不说，有的人在做了老板以后，由于利益的纷争，兄弟姐妹也反目成仇，老板成了孤家寡人。有的是几个好朋友一起做生意，开始很好，做到一定程度，每个人的想法就不一样了，有的说我的钱赚够了，请退钱给我；有的说我还要继续发展，急需钱投资，不能退钱，矛盾的激化导致好朋友最终分道扬镳。

老板承受着不为人知的痛苦和责任，有人把他们称为企业的家长、教练，其实更多的，老板是员工事业上的伙伴，老板在为公司工作的同时，也为员工的发展搭建了一个很好的平台。

给老板多一些理解和支持

在这个世界上，一切都没有变化，变化的只是每个人观察问题的角度。凡是帮别人打过工的人都有这样一种感觉：似乎总有干不完的事，因而认为老板不近人情；而当有一天角色互换，你也成了老板时，你却会认为员工处处不积极主动。

成功守则中最伟大的一条定律——待人如己，也就是凡事为他人着想，站在他人的立场上思考。当你是一名雇员时，应该多考虑老板的难处，给老板多一些同情和理解；当自己成为一名老板时，则需要多考虑雇员的利益，给员工多一些支持和鼓励。

这不仅仅是一种道德法则，它还是一种动力，能推动整个工作环境的改善。当你试着待人如己，多替老板着想时，你的善意就会在无形之中表达出来，从而感动和影响包括你的老板在内的周围的每一个人。你将因为这份善意而得到应有的回报。任何成功都是有原因的，不管什么事都能悉心替他人考虑，这就是你成功的原因。

每一位老板在经营公司的过程中都会碰到很多出乎意料的事情，老板时刻都面临着公司内外的各种压力，而他在压力大的时候偶尔发泄一下，犯点错误，这是正常的。任何人都不可能达到完美，老板也一样。明白了这些，我们就应该以一种普通人的眼光来看待老板，而不要把他们当作雇主，应该同情那些以全副精力打理公司的人，他们往往下班之后还要工作。

很多年轻人认为，自己之所以得不到重用，在于老板鼠目寸光，没有识别人才的慧眼，而且还嫉贤妒能。他们认为在自己的老板手下做事，不仅不能实现自己的价值，还会使自己变成庸才，远离成功。

而事实上，这些年轻人哪里知道，每一个明智的老板无时无刻不在搜寻有能力的员工，而对于那些只知道抱怨却没有真才实学的人，老板只会解雇他们。任何一个老板重用的都是有才能而且能够为自己分忧解难的员工。

老板为了公司的利益，会对每一个员工进行仔细的观察和多方面的考察。只有发现某些人既无工作能力，又品行恶劣的时候，老板才会解雇他。任何人都不会拿自己的心血开玩笑，老板之所以不重用甚至解雇那些能力不足的人，就是因为他们不想拿自己一手创办的且一直苦心经营的事业当赌注。

在这个竞争激烈的社会，任何竞争说到底都是人才的竞争，只有拥有大批人才，公司才能健康发展，那些既没才能又没品行的人，当然会被老板置之不理。

把问题留给自己，把业绩留给老板

工作中，老板看的是业绩，要的是结果。因此，作为一名优秀的员工应当认清自己的职责，做对公司有益的事，把问题留给自己，把业绩留给老板。然而工作中只有极少数人能够做到这一点。我们总是很容易遇上很多怀才不遇的人，他们身上具备很多优秀的品质，他们也充满激情和梦想，可是他们的境况总是不尽如人意，得不到老板的赏识。相反，总有比他们平庸的人获得了成功。他们也常常因此而抱怨：为什么上天不垂青于我？

实际上，这是因为他们只关注"我做了什么"，而不关注"我做到了什么"，他们只懂得统计自己的工作量，而不知道老板和公司真正需要的是什么。当然，他们也无法取得让老板满意的业绩。

员工在工作中会面临很多要求，但最基本的要求就是为什么提供需要的结果。老板安排你做一个工作，实际上是想要你提供这个工作的结果。但是很多人却陷入了一个心理陷阱：因为公司与员工之间，不是采取公司与公司之间那种讨价还价的交换，我们就认为公司与自己之间不是商业交换，而是"一家人"。只要做事，尽力就算是有了业绩，至于是不是达到了公司想要的结果，那就不是自己所关心的了。

事实上，认为在工作中对任务负责，而不是对结果负责，这是对自己工作价值认识上的一个误区。要知道，虽然公司与员工不是在每一件事上都采取直接的讨价还价的关系，但员工应当清楚地知道，自己既然拿了公司的工资，就应当提供相应的价值回报。只有抱着这样的心态去理解自己的工作，才能解决好工作上的问题，完成自己的工作使命。

工作中有很多人只看到一份工作的权限和职责要求，而看不到这个岗位背后所承载的意义和作用，即工作使命。对工作使命认识不清导致了这样的结果：很多员工虽然任务执行得很"出色"，但仍然是将一大堆的问题留给了公司和老板，这也就是"做什么"与"做到什么"之间的矛盾。

林克是一家著名的管理咨询公司的业务经理。他有一个习惯，就是每次在接受客户的委托之前，总要先花点时间去拜访该客户组织的高级主管。在问了一些有关业务委托方面的问题之后，林克总要向这些高级主管提些诸如"你们公司现在聘用的员工数量是根据什么得出的"之类的问题。据林克统计，大部分主管的回答是"我负责的是财务"，或"我主管的是销售"，还有一些人回答是"我掌管的员工是100名"，只有很少的一部分人才会说"我的责任是向管理者提供决策所需要的正确信息"，或者是"比去年的任务量提升30%是我的责任"。

这两种不同的回答反应了人们对待工作价值认识上的差异。正是这种认识上的差异导致了把问题留给老板还是把业绩留给老板这两种行为上的差异。那些清楚自己工作使命、把业绩留给老板的人比较看重贡献，他们会将自己的注意力投向公司及个人的整体业绩，而不是自己的报酬和升迁。他们的视野广阔，在工作中，他们会认真考虑自己现有的技能水平、专业，乃至自己领导的部门与整个组织或组织目标应该是什么关系，进一步，他们还会从客户或消费者的角度出发考虑问题。这是因为，不管生产什么产品，提供什么服务，其目的都是帮助消费者或顾客解决问题。

那些把业绩留给老板的员工会经常自我反省："我究竟做到了什么？"这有利于他们提高工作责任感，充分发掘自己具备但还没有被充分利用的潜力。相反，那些把问题留给老板的员工不懂得自我反省，他们不清楚自己的工作使命，只知道将任务完成就可以交差了。这种心态致使他们不但不能充分发挥自己的能力，而且还很有可能把目标搞错，以至于南辕北辙。

获得老板者的认可

"老板"的概念意味着什么呢？有老板就有打工者，老板好像阎王爷，生杀予夺的权力就被他掌控着，任由他差遣。

下属能不能获得老板的认可，一般来说，有着非常重要的意义。下属如果与老板很投缘，老板就可以为下属提供良好的工作环境和晋升机会，下属的工作有一点起色老板就会很快对此做出反应，给予一定的奖励，如果机会一到，老板金口一开，你的"前程"也就伸手可摘了。

例如，在一个单位之中，特别是私营企业之中，下属的升迁和薪水几乎都是掌握在老板的手里。如果你很有能力，你已经做了很多事情，取得了不少成绩，可是老板还是没有对你表示鼓励。究其原因，就是老板对你只是平平淡淡。很显然，你的成绩不容易被老板发现，得不到老板的欣赏，那么你就没有办法得到晋升和加薪的机会。

因此，能否获得老板的认可，往往在很大程度上决定着老板能否理解并支持你的事业。能获得认可，有利于你的前程。反之，就会给你的发展带来很多不必要的麻烦。

工作的直接目标就是工作绩效。在工作过程中，每个人努力工作的结果几乎都是为了取得工作绩效。而能否获得老板的认可，在很大程度上直接影响着下属的工作绩效。

我们知道，任何人的发展和成功都是要靠机会恩赐的，也就是说，机会是下属发展和成功的重要条件。机会可以通过自己的创造等来获得，可是得到这种机会需要付出很大的代价，而获得机会的另一个重要途径就是老板为下属提供。

老板可以给下属提供、创造和分配机会，因此，下属与老板搞好关系，就可以获得更多的机会，增加成功的概率。

相反，不同的下属，做同样的工作，花同样的力气，可是，老板不喜欢他们，其评价很多都是否定的。但还是会说什么"工作还是不错,可是自信不足"之类的话。通过这种拐弯抹角的方式,老板嘴轻轻一动就把下属的功劳给抹杀了。对下属来说,这种做法是不好的,至少是有失公正。可是对老板来说,这不是什么了不起的大事,因为作为一个老板,行使权力是他的专利,他需要有人给他干活,而让自己喜欢的人干活更利于交流,这是不言而喻的。并且,老板的手里所掌握的资源是远远超过下属的，最终炒你鱿鱼，你也没话说，所空出来的位置可能还会弄回来一个高手呢？

可是，下属如果不懂得老板有这种偏袒的感情，那就很危险了，自己毁自己的前程。这是因为，作为下属一旦被老板嫌弃，那就不容易混下去了。

如何保住自己的前程呢？下属与老板的关系至关重要。

应该知道，下属与老板之间的缘分十分微妙：

很多时候，下属与老板攀谈几分钟，老板就会对下属产生好感。就好像男女之间的一见钟情这种情况，这就是所谓"人结人缘"。还有另外一种情况，那就是所谓的"日久生情"。

与"一见钟情"相比，"日久生情"发生比率更高，这是人与人之间建立良好关系的普遍方式。下属和老板关系大致也是这样的。

所以，下属在工作中不仅要勇于表现自己，还要注意自己的表现要获得领导的认可，这样你的路就会更宽，前途会更光明。

体谅老板，未来才能做好老板

很多时候，我们抱怨老板，因为他总是期望我们做得更多，却给予我们很少。可是，如果换一个角度想，老板整天忙忙碌碌，他是为了什么呢？我们的衣食住行，还不是得益于老板？

老板也在为我们工作。换个角度看老板，我们就能体会到老板为企业经营所付出的辛苦和努力，在工作中给老板更多的理解和支持，只有这样才能把我们的工作做好。

工作中，员工轻视老板主要分为下列两种情形：

第一种情形是，一旦某位职员在公司中起了很大作用，他就会变得自以为是。譬如顺利完成了一个大订单、为公司挽回了重大的损失等，他们就会想："如果没有我，公司不知道会变成什么样。"

第二种情形是，当员工处于事业的低谷，譬如没有完成业务指标，或者因个人工作问题遭到老板的批评责备，他们的内心会充满挫折感和委屈，于是，就会对那些批评他的人心存怨恨："当老板有什么了不起，将我放在那个位置上，我一样能做好。"

　　无论是哪一种情况，都不是一种正确的心态。他们被私欲蒙住了眼睛，看不到老板所付出的代价和努力，看不到做一名优秀的管理者所必须付出的艰辛。

　　事实上，作为一名老板，其工作性质与员工有很大不同。他必须思考公司整体的发展战略，他必须对每一个重大的决策进行规划，这些工作表面上看没什么大不了的，但却需要长时间的知识和经验的积累。维持一家公司的正常运行是一个相当复杂的过程，并不是我们所看到的那么简单，他必须具备许多非凡的能力：

　　——强烈的成就感，这类人追求卓越的成就感的愿望很强烈；

　　——良好的整合能力，这类人具备不错的逻辑思维能力，能把各种纷繁的信息整合起来，做出准确的判断；

　　——良好的承受力和持久力，这类人承受压力的能力较强，勇于面临各种打击，不轻言放弃；

　　——良好的团队组织能力，这类人有天生的领导力，善于调动团队整体积极性。

　　退一步说，如果你的老板真是很轻松，很悠闲，这也不意味着任何人做了老板都会很轻松，现在的轻松也许是以前辛苦的结果——只是你没有看到老板以前所付出的努力。一旦公司业务进入成熟稳定期，与那些整天疲于奔命的业务员相比，老板的轻松也是理所当然的。

　　李克是一名业绩出众的营销经理，看到每天老板坐在办公室里，而业务人员四处奔波，使得公司财源滚滚。他内心颇有些不平，于是产生了自己创业的念头。几经筹措终于将公司开起来了，结果如何呢？他发现，无论是业务还是管理都并非自己想象的那么简单。

　　当然，我们并不否定个人创业，这是一种十分可贵的职业精神，但我们必须明白，做老板是一件复杂而且辛苦的事情。做员工时能够认识到这一点，并且给老板更多的体谅，未来才有可能做好老板。

学会与老板“换位思考”

　　一位母亲在圣诞节带着 5 岁的儿子去买礼物。圣诞赞歌响彻整个大街，橱窗里装饰着彩灯，盛装可爱的小精灵载歌载舞，商店里五光十色的玩具琳琅满目。

　　“一个 5 岁的男孩将以多么兴奋的目光观赏这绚丽的世界啊！”母亲毫不怀疑地想。然而她绝对没有想到，儿子紧拽着她的大衣衣角，呜呜地哭出声来。

"怎么了？宝贝，要是哭个没完，圣诞精灵可就不到咱们这儿来啦！"

"我……我的鞋带开了……"

母亲不得不在人行道上蹲下身来，为儿子系好鞋带。母亲无意中抬起头来，啊，怎么什么都没有？——没有绚丽的彩灯，没有迷人的橱窗，没有圣诞礼物，也没有装饰丰富的餐桌……原来那些东西都太高了，孩子什么也看不见。在他眼里的只是一双双粗大的脚和妇人低低的裙摆，在那里互相摩擦、碰撞……

真是可怕的情景！这是这位母亲第一次从5岁儿子目光的高度眺望世界。她感到非常震惊，立即把儿子抱了起来……

从此这位母亲牢记，再也不要把自己认为的"快乐"强加给儿子。"站在孩子的立场上看待问题"，母亲通过自己的亲身体会认识到了这一点。

同样，我们在工作和生活中也需要经常去理解自己的老板。理解的最好角度是站在被理解一方即老板的立场去思考，即所谓的"换位思考"。通过换位思考去了解老板，这对于营造自己工作和生活的小环境是极其有用的。

作为公司的员工，从你一开始进入公司那一天起，你就要开始理解公司和公司里面的人，从公司的规章制度、产品特征、市场实力到公司文化都要尽力去理解。进而还要理解你的同事、你的上司、你的老板，理解他们各是什么样的人，有什么样的脾气秉性、工作作风、性格特征。有时候在工作中还需要理解为什么他们要这样处理问题，而不是像你想象的那样。

与老板进行换位思考，也就是要求员工站在老板的角度去思考一些问题，充分理解老板的苦衷。试想如果你是老板，你肯定也希望当自己不在的时候，公司的员工还能够一如既往地勤奋努力，踏实工作，各自做好分内之事，时刻注意维护公司的利益，这样你就可以一心一意处理好外面的事情。如果你是公司老板，当你派出你的员工到各地处理公司事务的时候，也希望他们个个都能够高质高效地完成任务，以保证公司的业务顺利开展，公司的盈利节节上升。

既然你希望你的员工这样去做，那么，当你回到自己的位置上的时候，你就应该想到，自己该做什么、该如何做。

只有与老板进行换位思考，我们才能真正从老板的角度考虑问题。老板也是人，他考虑的问题比一般员工更多，因为他处理的事情多，与他打交道的人多。员工和老板之间是什么关系？直观地，当然是雇佣关系，而实际上是共同创造价值、共同分享经营成果的互惠共生关系。在现今的商业环境中，老板和公司员工之间需要建立一种互信的关系。当然并不是说要对那种长期拖欠工资的老板也一味地迁就，而是说当公司真的有困难的时候，只要老板能够跟我们推心置腹地讲清楚，让我们有足够的思想准备，我们也应该体谅老板的艰辛和困难，并且自动自发地站在老板的角度，从公司的利益出发，为老板出谋划策。

老板的立场就是公司的立场，一个从公司的角度看问题的员工，会自觉调整自己与老板的对立情绪，同情和支持自己的老板，时刻与老板站在同一条战线上。

方法总比问题多

实干的人，还要会巧干

作为华人首富，李嘉诚的名字家喻户晓，他之所以能成为首富，也并非偶然：从打工的时候起，他就是一个找方法解决问题的高手。

李嘉诚的父亲是一名老师，他非常希望李嘉诚能够考个好大学。然而，父亲的突然去世使得这个梦想破灭了：家庭的重担全部落到了才10多岁的李嘉诚身上，他不得不靠打工来维持整个家庭的生存。

他先是在茶楼做跑堂的伙计，后来应聘到一家企业当推销员。干推销员首先要能跑路，这一点难不倒他，以前在茶楼成天跑前跑后，早就练就了一副好脚板；可最重要的，还是怎样千方百计把产品推销出去。

在做推销员的整个过程中，李嘉诚都很重视分析和总结。在干了一段时间的推销员之后，公司的老板发现：李嘉诚跑的地方不比别的推销员都多，成交量却最多。

他是如何做到这一点的呢？

原来，他将香港分成几片，对各片的人员结构进行分析，了解哪一片的潜在客户最多，有的放矢地去跑，这样一来，他获得的收益自然要比别人多。

不错，当别人都认为工作只需要按部就班做下去的时候，偏偏有一些优秀的人会找到更有效的方法，将效率更快地提高，将问题解决得更好。正因为他们有这种找方法的意识和能力，才使他们以最快的速度得到了认可。

联想老帅柳传志的经典名言就是："撒上一层新土，夯实，再撒上一层新土。当确认脚下是坚实的黄土地之后，撒腿就跑。"柳传志还说："没钱赚的事不能干；有钱赚但是投不起钱的事不能干；有钱赚也投得起钱但是没有可靠的人去做，这样的事也不能干。"

正是因为柳传志知道革命不能胡干蛮干，所以保证了联想在20世纪90年代初的房地产泡沫经济运行过程中没有跟风，并因此抓住了其他竞争对手实力下滑的时机一跃而出，从此一路领先。

张瑞敏曾说："世界上长盛不衰的百年企业，不变的是其创新的精神。"为了使巧干在海尔形成一种气候，提高员工巧干的理念与能力，让每个员工多谋创新之策、多出创新之招、多做创新之事，海尔给每个员工都发了"合理化建议卡"。员工对管理、技术、工作等任何方面有好的建议，都可以提出来。而对于合理化的建议，海尔会立即采纳并实行，对提出者还有一定的物质和精神奖励。

20年间，家电市场竞争日趋激烈，海尔却始终保持了高速、稳定发展的势头，奥秘只有两个字：巧干！

"推磨子不如打碾子，干活儿不如想点子。"实干不是傻干、蛮干，巧干也不是乱干、胡干，否则要么事倍功半，要么一事无成。带着思想工作就得"狼狈为奸"——既要有"狼"的勇敢、团队精神，还得有"狈"的鬼点子、好主意。

抱怨的人往往是没找对方法

我们常常听到这样的抱怨：

"这份工作太难了，根本就做不好。"

"这么难，让我无从下手，可怎么做啊？"

他们认为找不到方法来解决问题，自然工作是做不好的。这些只能说是推托之词，只有主动去找方法才会有办法。

我们说：没有解决不了的问题，只有找不到方法的人。只要拥有方法这把宝剑，工作中再大的障碍也会被夷为平地。

第25届世乒赛时，有一个戏剧性情节：中国选手容国团战胜自己的同胞队友杨瑞华。杨瑞华则大胜匈牙利老将西多，不是偶然获胜，而是每战必胜，被称为西多的克星。西多则每每战胜容国团，不是偶胜，而是常胜，两天前的团体赛就赢得很爽快，被称为容国团夺冠的拦路虎。最后的冠亚军决赛由容国团对阵西多。第一局，容国团很快就告负了。赛场预测，男单冠军必属西多无疑。可是，最后的结果却相反，容国团为我国体育代表队夺得了第一个世界冠军。这是为什么？中国队采取了什么战术？

在第一局结束后，教练傅其芳退后，队员杨瑞华临时充当教练，指导容国团。杨瑞华时而示范动作，时而侧目西多，眼中充满火药味。西多见杨瑞华为容国团面授机宜，浑身觉得不自在，心里直发怵。他双眼直盯杨瑞华，自己的教练说了什么都未能听进去，一副忧心忡忡的样子。第二局开始，荣国团士气大振，越战越勇，西多却步伐紊乱，连连失误。最后，容国团以 3∶1 夺冠。

教练导演了一个戏剧性变化，赢得了中国体育历史上值得大书特书的一块金牌。让我们看看这一方法的根蒂：

一是场上条件不足场外补。根据历史表现与现实表现，教练断定，容国团战胜西多的概率很小，换句话说，仅靠容国团个人在场上的力量很难制伏对方。场上条件不足，但我们有场外条件优势，让它发挥出来，不无小补，这是一个极为出格的决策。

二是技术条件不足心理补。很明显，在技术条件上，容国团根本不占优势，甚至说是遇上了拦路虎。场外条件虽好，但鞭长莫及，替代不了，那就提供心理力量：教练的创新打击了西多的求胜心理。对阵的还是容国团、西多两人，两人的技术也不可能在瞬间发生很大的变化，客观条件很难改变。着力点就在主观上——让西多的克星杨瑞华站到教练席上，对西多实施精神压迫。让杨瑞华面授机宜，尽管客观上不一定发挥多大作用，这让西多听不懂，猜不透，以为自己的弱点被对方抓住了，心中没了底气。同时，安排杨瑞华"侧目怒视"，充满火药味，进一步给西多施加压力。

通过教练的计谋，增添了容国团的自信心。而有杨瑞华点破西多的破绽，自己对西多的畏惧也消除了，在杨瑞华的点拨下，他对自己的攻击力也有自信了，斗志自然更加旺盛了。

我们常常看到这样的情况：面对同一种工作，有的人认为无从下手，而有的人却可以做得很好，其中的关键差别就在于能不能转换自己的思路，并积极地寻找解决问题的方法。

相信大家都读过"把梳子卖给和尚"的故事。乍一看，这是一个难以完成的任务，却有人可以作出很不错的业绩。原因就在于，他突破了传统思维的限制，梳子除了用来梳头发还可以做什么呢？可以做纪念品。如果在其上刻上"积善梳"三字，其意义又非同寻常了，根据不同的香客身份赠送不同品种的梳子，市场也就更为广阔了。

这就是方法的力量。有了找方法的人，原来看似难以解决的困难都可以迎刃而解，看似难以完成的工作都可以顺利完成。

正确的方法比执着的态度更重要

我们无一例外地被教导过，做事情要有恒心和毅力，比如"只要努力，再努力，就可以达到目的"等说法，我们早已十分熟悉了。你如果按照这样的准则做事，你常常会不断地遇到挫折和产生负疚感。由于"不惜代价，坚持到底"这一教条的原因，那些中途放弃的人，就常常被认为"半途而废"，令周围的人失望。

正是因为这个害人的教条，使我们即使有捷径也不去走，而是去简就繁，并以此为美德，加以宣扬。

一个胖女孩最近在减肥，她一直认为发胖是因为吃的食物太多造成的，所以，从决定减肥时起便开始节食。她也果然有毅力，每天的主食绝不超过二两，其余皆用水果、蔬菜来填补。然而，两个月之后，她的脂肪就像舍不得离开她一样，牢牢地附在她的身上，可由于营养不良，她已变得十分虚弱，爬三层楼梯都会气喘吁吁。

尽管这样，她仍认为是自己坚持的时间太短，又过了一个月，情况还是那样。没有办法，家人把她送到了医院，征求医生的意见。医生告诉她，减肥是要讲科学、讲方法的，不能只靠节食，还要结合运动，并保持心情舒畅。

女孩听了医生的话，意识到了曾经的"坚持"都是无谓的。按照医生教的方法，她每天坚持锻炼，适当节食，并通过听音乐等方式愉悦心情。现在，她已经取得了很大的成效。

其实，不只减肥要讲方法，无论做什么事都要讲究正确的方法。在我们的工作和生活中，类似的例子屡见不鲜。销售经理对业务受挫的推销员经常说："再多跑几家客户！"父母对拼命读书的孩子常说："再努力一些！"但是这些建议都有一个漏洞。就像有人曾经问一位高尔夫球高手："我是不是要多做练习？"高尔夫球高手却回答道："不，如果你不先把挥杆要领掌握好，再多的练习也没用。"其实，正确的方法往往比执着的态度更重要。

为工作设定目标是一件很重要的事情，我们也常会设计一套工作方案，并执着地依照这套方案行事，而完全忘记了根据形势的变化要更换方案。其实，头脑稍稍地转动一下，选用正确的方法，就可以获得更好的结果。

肯·富奇辞掉了美国电话电报公司的业务员工作，改当顾问，有一段时间，大概因为刚刚进入新行业，他变得十分散漫，工作时经常状态不佳，出了很多错。他痛苦极了，决定养成一个能一直保持下去的习惯。这时有人建议他每天早上当他走下楼梯到楼下的办公室时，打扮得就像要去外面的公司上班一样。这样做显得专业，随时准备好突然有人会来邀请他与客户约会，可以让自己一直处在工作状态中，后来肯·富奇发现，这的确是一个很好的工作方法。

态度执着者经常自己摸索方法。但既然成功可以复制，经验可以传承，又何苦去慢慢学炸鸡的技巧？加盟肯德基开家分店吧，操作手册上写得很清楚，你会很快就能够炸出美味的鸡肉，并且招聘来的员工即使没学过做快餐，按照炸鸡配方及流程照做一遍，也能有和你所见的肯德基炸鸡一样的味道。走遍每一家分店，都会吃到一样好吃的炸鸡，就是这个道理。

在工作中，我们不可能总是一帆风顺，当遇到难题的时候，绝对不应该一味下蛮力去干，要多动些脑筋，看看自己努力的方向是不是正确。

抓住问题的根源，在危机中找转机

在老板看来，一名称职员工最关键的素质是解决问题的能力，尤其是在紧要关头。正如一家知名的跨国集团总裁所说的那样："通向最高管理层的最迅捷的途径，是主动承担别人都不愿意接手的工作，并在其中展示你出众的创造力和解决问题的能力。"

然而解决问题不能一味地靠决心和蛮力，最重要的还是要发现问题的关键。在危机之中找到转机。

在美国纽约，有一家公司为了进一步谋求发展，斥巨资新建了一栋52层高的总部大楼。工程马上就竣工了，但如何面向社会宣传呢？公司的广告部人员绞尽了脑汁，仍然找不到一个满意的宣传方式。

就在这时，值班人员报告，在大楼的32层大厅中发现了大群的鸽子。这群鸽子似乎将这个大厅当成巢穴了，把整个大厅搞得脏乱不堪。可是，应该怎样处理这群鸽子呢？如果处理得不好，势必会引起环保组织的攻击。如果处理得巧妙，就可以使麻烦变成机遇。相关工作人员冥思苦想，终于得到了一个"一举两得"的好办法，那就是利用鸽子这一偶然事件大做文章，制造新闻。他们先派人关好窗子，不让鸽子飞走，并打电话通知了纽约动物保护委员会，请他们立即派人妥善处理好这些鸽子。

可想而知，历来以注重动物保护而自誉的美国人会怎么样。

动物保护委员会的人闻讯后立即赶来了，他们兴师动众的大举动马上惊动了纽约的新闻界，各大媒体竞相出动了大批记者前来采访。

三天之内，从捉住第一只鸽子直到最后一只鸽子落网，新闻、特写、电视录影等，连续不断地出现在报纸和荧屏上。这期间，出现了大量有关鸽子的新闻评论、现场采访、人物专访。而整个报道的背景就是这个即将竣工的总部大楼。此时，公司的首脑人物更是抓住这千金难买的机会频频出场亮相，乘机宣传自己和公司。一时间，"鸽子事件"成了酷爱动物的纽约人乃至全美国人关注的焦点。

随着鸽子被一只只放飞，这家公司的摩天大楼以极快的速度闻名遐迩，而公司却连一分钱的广告费都没花。

回过头，我们再想一想，如果这家公司没有找到问题的根源，没有意识到鸽子的处理方式会关系到公司的利益，若处理不当，不但会损害公司的形象，更会丧失免费宣传公司的机会。

在工作中，没有人不希望能最快、最有效地解决问题，但有的人能做到，有的人却做不到，这其中的原因有很多，而是否懂得抓要点、抓根本，是关键。

眉毛胡子一把抓，结果往往是事事着手、事事落空，即使事情能做成，也要付出很多的时间和精力。与此相反，有的人不管遇到多棘手的问题，都能够以最快的速度抓住问题的要点，并采取相应的手段，这样，再棘手的问题也能很快解决。

把问题扼杀在摇篮中

著名的人力资源培训专家吴甘霖先生在他的讲座中经常提到这样一个故事：

日本剑道大师家原卜传有三个儿子，都向他学习剑道。一天，他想测试一下三个儿子对剑道掌握的程度，就在自己房门上放置了一个小枕头，只要有人进门时稍微碰动门帘，枕头就会正好落在头上。

他先叫大儿子进来。大儿子走近房门的时候，就已经发现枕头，于是将之取下，进门之后又放回原处。二儿子接着进来，他碰到了门帘，当他看到枕头落下时，便用手抓住，然后又轻轻放回原处。最后，三儿子急匆匆跑进来了。当他发现枕头向他砸来时，情急之下，竟然挥剑砍去，在枕头将要落地之时，将其斩为两截。

剑道大师对大儿子说道："你已经完全掌握了剑道。"并给了他一把剑。然后他对二儿子说道："你还要苦练才行。"最后，他把三儿子狠狠责骂了一通，认为他这样做是他们剑道大师家族的耻辱。

剑道大师以什么标准给三个孩子不同的评价呢？其中的一点，就是对问题的察觉能力。大儿子能够以最敏锐的思维觉察到问题，并且将问题消灭在萌芽状态；二儿子发现问题晚，但当问题发生时，能够妥善地处理；三儿子根本没有发现问题，当问题出现时，便采取极端的应急方式进行处理，结果把不应该砍掉的枕头砍掉——不但没有解决问题反而又创造了新的问题。所以，一个优秀的人，总能在第一时间察觉问题，并将其扼杀在摇篮之中。

对一个员工来说，如果发现公司有不合理的问题，要立刻扼杀在摇篮之中，切不可姑息。对产品同样不要因为是自己做的，有了毛病就讳而不宣，等到让消费者发觉时，受损害的就不止是你个人，很可能连整个公司的名誉、信用也受到拖累。

爱立信在中国"黯然神伤"的案例便是最佳的教材。

有着百年辉煌历史的爱立信与诺基亚、摩托罗拉并世称雄于世界移动通信业。但自1998年开始的几年里，爱立信在中国的市场销售额一日千里地下滑，最终不但退出了销售三甲，而且还排在了新军三星、飞利浦之后。

2001年，在中国手机市场上，大家去买手机时，都在说爱立信如何如何不好。当时，它有一款叫作"T28"的手机存在质量问题，这本来就是一种错误，但更大的错误是爱立信漠视这一错误。"我的爱立信手机坏了，送到爱立信的维修部门，问题很长时间都没有解决。最后，他们告诉我是主板坏了，要花700块钱换主板。而我在个体维修部那里，只花25元就解决了问题。"这位消费者确切地说出了爱立信存在的问题。那时，几乎所有媒体都注意到了"T28"的问题，似乎只有爱立信没有注意到。爱立信一再地为自己辩解，认为是一些别有用心的人在背后捣鬼。然而，市场不会去探究事情的真相，也不给爱立信以"申冤"的机会，就无情地疏远了它。

广州青年报连续三次报道了爱立信手机在中国市场上的质量和服务问题，引发了消费者以及知名人士对爱立信的大规模批评，而且，爱立信的768、788 C以及当时大做广告的SH888，居然没有取得入网证就开始在中国大量销售。当时，轻易不表态的电信管理部门的声明，证实了此事。至此，爱立信手机存在的问题浮出水面。但爱立信一如既往地采取掩耳盗铃的方式来解决问题。据当时参加报道的一位记者透露，爱立信试图拿出几万元广告费来封媒体的嘴。爱立信广州办事处主任还心虚嘴硬地狡辩："我们的手机没有问题。"既然选择拒不认错，爱立信自然不会去解决问题，更不会切实地去做服务工作。

"为山九仞，功亏一篑。""千里之堤，溃于蚁穴。"质量和服务中的缺陷，使爱立信输掉了它从未想放弃的中国市场。在工作中，我们不要忽视任何一个小问题的滋生，更不能姑息它们由小到大的过程。解决问题和困难最好的时机，莫过于在它们刚刚萌生之时。如果一个问题在它刚刚萌芽之时没有得到及时解决，那它就有可能像雪球一样越滚越大，最终一发不可收拾。

只要有智慧，劣势也能变优势

当你身处劣势时，可以选择两种处理方式：

一是一味抱怨。抱怨自己生不逢时，有才华却毫无用武之地；抱怨天公不作美，陷自己于困顿之中。

二是积极行动。面对劣势，积极思考，用灵活的思维、巧妙的办法解决问题。

与之相对应，两种表现也会产生两种截然不同的结果：一味抱怨的仍在抱怨，因为他仍旧身处劣势而没有丝毫变化；积极行动的则会开怀一笑，因为他已经用头脑与行动化解了困难，甚至会将劣势转化为优势。

有一次，英国一家足球生产厂接到了一份"莫名其妙"的控诉，因此而面临一场不大不小的危机。但他们的工作人员凭借着超常的智慧和方法将自己所处的"劣势"转变成了"优势"。

一天，在英国麦克斯亚洲的法庭上，一位中年妇女声泪俱下，面对法官，严词指责丈夫有了外遇，要求和丈夫离婚。她对法官控诉了自己的丈夫，指责他不论白天还是黑夜，都要去运动场与那"第三者"见面。法官问这位中年妇女："你丈夫的'第三者'是谁？"她大声地回答："'第三者'就是臭名远扬、家喻户晓的足球。"

面对这种情况，法官啼笑皆非，不知如何是好，只得劝这位中年妇女说："足球不是人，你要告也只能去控告生产足球的厂家。"不料，这位中年妇女果真向法院控告了一年可生产20万只足球的足球厂。

更让人意想不到的却是这家被控告的足球厂，他们在接到法院的传票后，不怒反喜，竟十分爽快地出庭，并主动提出愿意出10万英镑作为这位中年妇女的孤独赔偿费。这位太太喜出望外、破涕为笑，在法庭上大获全胜。

大家知道，英国是现代足球的发祥地，国人对足球的酷爱几乎达到了发狂的地步，这场因足球而引起的官司自然在全英国产生了巨大的轰动效应，各个新闻媒体纷纷出动，做了大量的报道。

头脑精明的厂长，敏锐地利用了一次非常糟糕的事件大做文章，没花一分钱的广告费，却让他和他的足球厂名声大振。

这位足球厂厂长在接受记者采访时说："这位太太与她的丈夫闹离婚，正说明我们厂生产的足球魅力之大，并且她的控词为我厂做了一次绝妙的广告。"自此，这家足球厂的产品销量因此直线上升，成为同行中的"领头羊"。

被告上法庭，是每一个企业都比较头痛的问题，更不用说是如此"无厘头"的原因。处于劣势的足球厂却没有放掉这个让劣势变优势的机会，而是积极地促成它们的转化，让人们在对这起案子"津津乐道"之时也将这家足球厂深深地记在了心里。

正如故事给我们的启示，工作中，劣势与优势是可以相互转化的。只有那些勇于开拓思路、积极寻找方法、谋得有利发展的资源的人，才能成就大业。

优秀的员工往往能够从危机中寻找可以利用的商机，在失利中寻找契机，从而使自己反败为胜。只要思路再灵活一些、方法再得当一些，遇上的麻烦可能会带给你推销自己和企业的机会。

每一个人都有可能成功，但有时就差这么一点点火候，把握好时机，你便走到别人的前面了。

"此路不通"就换个方法

有位科学家做过这样一个实验：把一盆食物放在一个未封闭的护栏前，让鸡和狗去吃。鸡很愚蠢，看见食物，只在护栏前猛扑，结果总是吃不到食物。狗却很聪明，它只在护栏前站了一站，便侧身转到护栏后面，结果吃到了食物。

一个简单的故事，却阐释了一个不简单的道理：达到目标的最短距离未必是直线。在遇到问题时，我们基本会以两种方法去解决：以直线方法或以迂回的方法。通常，直线方法是我们的首选，因为我们认为两点之间直线最短。但是，许多问题的求解靠直线方法是难以如愿的，这时，采用迂回思维去观察思考，或许能使问题迎刃而解。

很多人都知道曹冲称象的故事。在称量技术落后的古代，一只大象的重量，谁也无法准确称出。小曹冲非常聪明，他避开了没有大秤的正面冲突，想到了把大象装在船上，刻下船在水中的吃水线。再牵下大象，装上同样吃水线的石子。这样，就把称大象的难题，转换成称同样重量的小石子。一把小秤，便把一只大象的重量称出来了。

蒙古族也有一则关于聪明的巴拉甘仓的民间故事。一次，一位财主骑马在路上碰到巴拉甘仓。财主说："巴拉甘仓，听说你很聪明，你能把我从马上拉下来吗？"巴拉甘仓说："先生，我不能。但我可以把你从马下拉到马上。"财主马上跳下来，叫巴拉甘仓把他拉上马。巴拉甘仓哈哈大笑："先生，我这不是把你拉下马了吗？"财主恍然大悟。

这两则故事都说明在我们的生活中，有很多难题看似无法解决，但如果我们采用迂回思维之术，不正面出击，而从侧面或背后出击，便可柳暗花明。

我国著名科学家吴阶平讲了一个他父亲的故事。他说，有一次，一位姓盛的人有一批大洋（银圆）要从武汉运往上海。当时，长江一线匪盗猖獗，谁也不敢承接这一任务。盛某人找到吴阶平的父亲。吴父面无难色，很爽快地答应了盛某人的要求。吴父为什么敢于如此爽快地应招？原来吴父是这样做的：他把那批大洋，全部买成洋油，洋油装船运输，就比直接装银圆运输安全多了。洋油运到上海，再换成银圆交给盛某人，问题不就轻而易举地解决了吗？凑巧的是，这批洋油运抵上海时，恰好遇上洋油大涨价，吴父不但把全部银圆安全交给了盛某人，还为其狠赚了一笔。盛某人大喜，要给吴父一些大洋，吴父不受。盛某人便投资帮吴父在上海建立了一个纱厂。

运用迂回思维的基本特点就是避直就曲，通过拐个弯的方法，规避摆在正前方的障碍，走一条看似复杂，却可以尽快到达目的地的曲线。这是迂回思维的智慧，也是迂回思维的魅力所在。

"此路不通"就绕个圈，"这个方法不行"就换个方法，应该成为每个人的生活理念。一个卓越的人，必是一个注重思考、思维灵活的人。当他发现一条路走不通或太挤时，就能够及时转换思路，改变方法，以退为进，寻找一条更加通畅的路。这一点思维特质，是需要我们用心学习的。

与其抱怨别人，不如从自己身上找原因

工作中没有"不可能"，障碍都在你心里

在工作中，"不可能"经常被人们所引用，它使人们对自己或他人失去信心，也让人们不相信奇迹的发生。但是人们应该想想过去所创造出的奇迹，如：海伦·凯勒不能听见声音，看不见东西，但她创造了文学史上的奇迹；约翰·库缇斯曾被医生断言活不过一周，但他活到了 34 岁，成为轮椅橄榄球运动员、室内板球健将、国际著名的演讲大师，并有了妻儿……

世上没有不可能，我们应该对自己有信心。在奥运会上，运动员最不可缺少的也正是这种信念——相信"没有不可能"。

奥康企业就是一个在工作中奉行"没有什么不可能"的典型代表。在发展过程中，奥康企业创造了许多别人觉得无法做到的"神话"，而这些所谓"神话"的产生，其实正体现了敢于蔑视困难、把问题踩在脚下的精神。

我们再来看一个奥康创造的"没有什么不可能"的故事：仅用 3 个月，就建成了一栋 7400 平方米的厂房。

2006 年，为了满足生产的需要，奥康准备再盖一栋厂房。

为了让厂房能够以最快的速度投入使用，奥康的高层对负责这一工程的主管下了死命令：3 个月必须将厂房建好。

开始时，很多人都认为这是天方夜谭，通常盖这样一栋厂房起码需要 8 个月，3 个月之内建好，这不是开玩笑吗？

但在奥康，没有什么不可能。

奥康制定出了一个详细的工作计划，什么时候该完成什么工作，都写得清清楚楚，并采取了一系列的措施。

如为了用足 24 小时，奥康安排工人三班倒，晚上的工资是白天的 3 倍。这就是奥康所信奉的"宁愿损失金钱，也不能浪费时间"。

终于，在大家的努力下，厂房如期建成了。

当时有一个工人开玩笑地说：

"奥康建房就像山里的竹笋一样，前一天还没破土，第二天就冒出来了。"

其实，除了 3 个月建成厂房，奥康还创造了很多个"不可能"：

西部鞋都，这个荒地上诞生的奇迹，在开始时看来也是不可能，但最后，"不可能"变成了现实。

和意大利一流制鞋企业 GEOX 的合作，在别人看来同样不可能。因为当时GEOX 考察的中国企业有七八家，论实力，奥康比不过某些企业；论名次，奥康被排在考察的最后一位。在考察奥康之前，GEOX 内部已经有了初步定论，甚至有些人提议不要去奥康了，免得浪费时间。但没有想到的是：最终，奥康成了 GEOX 在中国唯一的合作伙伴。

几年前，当奥康决定投资生物制药时，遭到了很多人的反对，可事实证明，投资这一领域是很有眼光和商业前景的。

黄冈商业步行街是奥康打造的 100 条商业步行街的第一条，之前几乎听不到赞同的声音，可是黄冈步行街的开业让所有不相信的声音都从此销声匿迹……

做大的事业，需要的正是将所有"不可能"踩在脚下的勇气和魄力！

"不可能"并非真的不可能，而是被夸大的困难吓住了前进的脚步。要想面对生活、工作中的多种"不可能"，就要相信"没有什么不可能"！只要坚信"没有什么不可能"，"不可能"就将变为可能。

不要抱怨不公平，是你努力还不够

许多员工抱怨自己为企业辛苦工作，为企业立下"汗马功劳"，却一直得不到老板的赏识，蜗居在平凡的岗位上，似乎永远也得不到提升的机遇。其实细细思考，自己是不是在自己的岗位上持续努力，为组织带来恒久的效益了呢？在如今这个竞争激烈的年代，如果不主动升值就意味着不断贬值，那么等待你的不仅不是升职，反而是被淘汰的命运。如果躺在自己过去的"功劳簿"上，只是沉浸在过去成功的喜悦之中，"晋升"势将与自己无缘。

对于任何一个员工来说，对自己所处的职位抱怨不已是没有任何作用的。其实我们不应该将精力放在"自己没有升职"上，而应该将注意力集中在"为什么自己没有升职"上，找到自己的缺点，给自己一个准确的定位。当我们不再为现状而一味抱怨，而是为将来的"提升"做好准备工作时，我们的升职之路将会展现无限光明。

奥尼斯初进戴尔公司的时候只是一名普通的业务员，后来一步一个脚印，由业务员成长为公司的市场部经理，随后又成为公司的市场总监。奥尼斯究竟是如何一步一步成长起来的？让我们看看他从一个市场部经理成长为市场总监的过程吧。

在成为公司的市场部经理之后，奥尼斯很快就对自己的工作有了一个正确的定位：

在企业的营销过程中，市场部经理的位置十分重要，一个优秀的市场部经理，在很大程度上能够协助市场总监完成营销战略任务。奥尼斯认为一个优秀的市场部经理必须具备以下四种基本素质：

1. 具有营销策划的能力。
2. 具有品牌策划的能力。
3. 具备产品策划的能力。
4. 具有对市场消费态势潜在性的分析能力。

后来，奥尼斯又认真研究了大多数公司对市场部经理的更高要求，他觉得自己应该在目前的能力基础上进一步学习，以提升自己的工作能力。

首先，他从掌握各项营销政策入手进行学习，因为他过去从事的是广告策划工作，对营销政策知之甚少。之后，他又开始不断强化自己的执行力。另外，奥尼斯认识到自己的市场应变能力很差，缺乏市场销售过程的锤炼和亲身的市场销售体验，这是他在工作中最大的软肋。

有了这些深刻而全面的认识之后，奥尼斯开始逐步提升自己的业务素质。他首先对自身这些软弱的因素进行弥补，先让自己成为一名优秀、称职的市场部经理。后来他又用了三年的时间来亲身体验营销实践。与此同时，奥尼斯又学习了丰富的组织管理知识、全面的法律知识和财会知识，因为这些知识在工作的时候很有用处。当然了，修炼对团队的掌控能力也是奥尼斯学习的一个重要方面，如果控制不了下属团队，那么一切都是空谈。

通过几年的认真学习和实践锻炼，奥尼斯终于如愿以偿地成了公司的市场总监，他为公司的市场营销工作作出了很大的贡献。

奥尼斯成长的例子告诉我们，工作中每一步台阶都需要相应的能力匹配，让自己的能力升值，给老板一个提升你的理由。

也许你还在抱怨自己劳苦功高却职位低下，但是却对现在的环境视而不见！据统计，25 周岁以下的从业人员，职业更新周期是人均一年零四个月。为公司创造的功劳永远只能代表自己的过去，只有不断为公司创造业绩，才能为自己赢得升职的机遇。

企业永远都选择最优秀的员工，并不会为了照顾某一位老员工而提升他。一些人面对自己职业上的停滞，他们更多的是埋怨企业没能给他们职位提升的空间，这种思维是不对的。"解铃还需系铃人"，要突破这种职业停滞期，我们要学会"自我革命"，只有不断地突破自我，才能够不断成长。

能力有提升，薪水自然会上涨

工作中，有很多员工总是发出"薪水太低""替别人卖命"等抱怨，从而对工作产生严重的抵触情绪，这样的态度永远也不能开创工作的新局面。他们不是把精力用于思考如何做好工作，而是整日抱怨，把大好的光阴和大把的精力白白浪费了。抱怨的恶习，将他们卓越的才华和创造性的智慧悉数吞噬，使之根本无法独立工作，成为没有任何价值的员工。

静下心来仔细想想我们为什么抱怨自己的薪水这么微薄，真的是"付出多，得到少"吗？其实很多时候，并不是老板故意不重视你、故意不给你加薪，而是你的能力和经验还没有提高到相应的水平。这时，如果能够抱持"抱怨工资低，不如自我增值"这样的想法，就能够获得事业的成功。

1961 年，韦尔奇已经作为一名出色的工程师在 GE 工作一年了，他的年薪是10500 美元。他发现他的薪水居然和许多工作能力不如他的人完全一样，他因此十分沮丧。于是，他一天比一天萎靡，终日无心工作。

终于有一天，他意识到自己以后的路还很长，整日抱怨薪水低，无心工作，只会浪费 GE 这个大舞台！

他决定让自己有一个根本性的改变，这时在他面前出现了一个机遇：一个经理因成绩突出被提升到总部担任战略策划负责人，这样经理的职位就出现了空缺。

"我为什么不试试呢？"韦尔奇想。这个富有挑战性的工作实在是太有诱惑力了。他找到领导说出他的想法。

"你是在开玩笑吗？"领导问道，"杰克，你根本不熟悉市场，而这一点对于这种新产品是至关重要的。"

韦尔奇不肯接受否定的回答。他谈到了自己的资历、看市场的眼光、对人和工作的态度。他在领导的车上坐了一个多小时，试图说服他。

最后，领导似乎明白了韦尔奇是多么需要用这份工作来证明自己能为公司做些什么，他对站在街边的韦尔奇大声说道："你是我认识的下属中，第一个向我要职位的人，我会记住你的。"

在接下来的 7 天时间里，韦尔奇不断给领导打电话，列出他适合这个职位的其他原因。一个星期后，领导打来电话，告诉韦尔奇，他已被提升为塑料部门主管聚合物产品生产的经理。

1968 年 6 月初，也就是韦尔奇进入 GE 的第八年，他被提升为主管塑料业务部的总经理。当时他年仅 33 岁，是这家大公司有史以来最年轻的总经理。

到 1981 年，他终于凭借自己对公司的卓越贡献，稳稳地站到了董事长兼首席执行官的位置上，站到了 GE 这个大舞台的中央。

如果你想改变不够理想的现状，获得加薪的机遇，抱怨是无济于事的。你必须认真对待自己的工作，明确自己在工作中的责任，明确自己应该为公司做什么。只有这样，你才能收获美丽"薪情"。

抱怨不会使自己的薪水得以提升。我们明白了这一点，就不会再将自己的精力放在抱怨上。

很多员工在看到别人屡次加薪时，他们就说："那是幸运。"发现有人为老板所重用，他们就说："那是机缘。"这种负面的消极态度只会让他们感觉越来越糟，工作越来越被动，收入越来越少，进而对自己的境况更加抱怨，于是便陷入了一种恶性循环中，严重影响他们的工作和生活。

在公司里，一个人的态度直接决定了他的行为，决定了他对待工作是尽心尽力还是敷衍了事，是安于现状还是积极进取。态度越积极，决心越大，对工作投入的心血也越多，从工作中所获得的回报也就相应的更为理想。

一味抱怨自己的工作并不能提升自己的薪水。专注于提升自己的能力，用兢兢业业、尽职尽责的态度去工作，才是你脱颖而出、区别于其他人、使自己变得更有竞争力、成为高薪者的一个"武器"。

抱怨别人不如反省自己

美国著名行销大师吉格讲过这样一段经历：

"我在行销业有一段非常困难的时光，但是在一位传道士启发我之后，我开始走上了成功之路。

"然后我停止成长而开始骄傲。结果很悲惨，在接下来的5年里，我到过17家不同的公司。有些公司是华而不实的，但有些是真正有潜力的。然而当时的我已骄傲地认为，天下没有可以难倒我的事。

"如果我正在工作的公司没有采纳我出色的建议，我会说：'我不必忍受这种迂腐。'然后我便离开，到自认为赏识我的公司去。当我离开的时候，我预言那家公司失败，虽然它可能已营业了50年。在5年里我更换了17家公司，我正在陷入越来越深的债务之中。最后，我决定做一件我曾经发誓决不会再做的事：回到厨具界，那个我以前享受过了不起的成功的地方。

"一位大公司的董事长给我一大笔贷款，帮我解决了窘迫的经济状况，于是我回到了厨具界。我是南卡罗来那州的经销商。在我加入团队之后不久，分区管理人来访问我，并且提供一些建议。

"老实说，对于厨具界，我自认为比这个人懂得多，而我才应该当管理人。因此我不愿意接受他是我上司的这个事实，而且我的骄傲与态度让我无心倾听。

"他的一段叙述非常有道理。他说：'你是个很棒的售货员——我曾见过的最好的一位。但是你的骄傲使你很容易被操纵。人们吹捧你，喂养你的骄傲，并且让你相信你能够完成那些根本做不到的事。你事实上已经尝试过你可以做的每一件事，而且你的结果不是很好。'然后他说：'现在吉格，我要给你一些忠告，它是免费的……而正如你所知，大多数免费忠告的价值大约就是它的成本，但是让我给你个建议。

"'你在这一行已经留下一些记录。你已经得到一些全国性的尊敬。但是，下一次这些好交易来到你身边的时候，试着把眼罩戴上。告诉那个人，不管他们的条件有多吸引人，你已经做出承诺。你将要留在这一行，直到你经济上稳定，并且要重建你的名声，让人觉得你是稳固可信的，而不是一闪而逝并且总在寻找下一次交易的人。如果那些交易都是好的，一年之后它们仍然是好的。而如果它们一年之后就不好了，那么它们现在也不是好的。'

"虽然我痛恨承认我有骄傲的问题，但我认可我的管理人告诉我的智慧。开头几个月并不好过，但是多亏辛苦的工作，与我决心安定下来的那个承诺，那一年，在全国超过 3000 多名经销商中，我是第五名。接下来的几年里，我是全美个人销售第一名。

"我的管理人给了我曾经得到过的最好的忠告，而且多年以来，我们培养了真正的友谊。如果我没有吞下我的骄傲，我将会错失更多的东西。"

上面的例子告诉我们，只有认清自己，才能在工作中实现自己的价值。

安格尔 17 岁进入巴黎的达维特画室，后来又到罗马进修。到了 1840 年，他从意大利回国，受到法国政府和民众的热烈欢迎，使他的艺术声望达到最高点，可是他仍秉持谦逊态度，以冷静心情看待这一切。

虽然获得无比的殊荣，但他并没有被名声冲昏了头，"人要有自知之明。"安格尔如此告诉自己，不能因这些虚名而放纵自己。于是，不为所动的安格尔，仍然坚持自己的风格，不向世俗妥协，尽管晚年身体虚弱，他依然锲而不舍地努力作画。70 岁那年，他创作出杰出油画《泉》，把人体绘画提升到炉火纯青的境界，成为一代不朽的艺术大师。

成功的人，往往都对自己有着一个客观的评价，对于赞美要清醒地接受而不是被虚空和名利冲昏了头。而往往越是真正伟大的人越是能客观地认清自己。

不要为失败找借口

一个人做事不可能一辈子一帆风顺，就算没有大失败，也会有小失败。每个人面对失败的态度也都不一样，有些人不把失败当一回事，他们认为"胜败乃兵家之常事"；也有人拼命为自己的失败找借口，告诉自己，也告诉别人：他的失败是因为别人扯了后腿、家人不帮忙，或是身体不好、运气不佳等。总之，他们可以找出一大堆理由。

有一位在职场打拼多年的年轻人时常对自己仍是一无所成的境遇牢骚满腹，抱怨命运的不公。

有一天，他终于鼓足勇气敲开了一位富翁的门，希望能从那位白手起家的富翁那里知道一些关于成功的秘诀。

"你一定想知道我是怎样白手起家的吧？"富翁就问道。

"您是怎么知道的？"这位年轻人惊讶地问道。

"因为在你之前，已经有很多位自以为一无所有的人来找过我。来时他们确实贫困潦倒而且牢骚满腹，但走时俨然个个都成了富翁。你也具有如此丰厚的财富，为什么还抱怨不止呢？"

"是什么？"年轻人问。

"是你的一双眼睛。只要你给我一只眼睛，我可以用 100 万作为补偿。"

"不，我不能失去眼睛！"年轻人拒绝道。

"好，那么把你的一双手给我吧！我可以给你 200 万。"

"不，双手也不能失去！"

"既然有一双眼睛，你就可以学习；既然有一双手，你就可以劳动。现在你看到了吧，你有多么丰厚的财富啊！这就是我所谓的成功秘诀。"富翁微笑着说。

这位年轻人听了，如梦初醒。

所以，不要为自己的失败找借口，成功需要自己把握。

从前，有一对贫穷的兄弟，他们以捡破烂为生。

一天，兄弟俩照旧从家里出发沿着一条街道去捡破烂。但这条偌大的街道，仅有的就是一个一个的一寸长的小铁钉。

弟弟看到了不屑一顾地说："几个小铁钉能值多少钱？"

但是，哥哥并不嫌弃，而是弯腰一个个地捡了起来。走到了街尾，他差不多捡到了满满一袋子的铁钉。

再向前走了不久，兄弟俩几乎同时发现街尾新开了一家收购店，门口挂着一块牌子写到：本店高价回收一寸长的旧铁钉。

两手空空的弟弟只好眼睁睁地看着哥哥用那些小铁钉换回了一大把钞票。

店主问弟弟："孩子，在来的路上，难道你一个铁钉也没看到？"

弟弟非常沮丧地回答："我看到了啊。可那小铁钉并不起眼，我也没想到一路上会有那么多，我更没想到它竟然这么值钱，等我想要去捡时，铁钉全被大哥捡光了。"

在职场上，也有许多人像故事中的弟弟一样，自己不努力抓住机会，却抱怨别人抢得先机。

工作中，有人经常为自己的失败找借口，时间长了，他们会把"为失败找借口"当成一种本能习惯，认为很多失败是由客观因素造成的，无法避免，却从未想过大部分失败应是由自己的主观原因造成的。

因此，当我们在工作中面对失败之时，不要寻找借口，而应找出失败的原因。

在这一点上，我们应该学习西点军校的做法。美国西点军校不仅培养了一大批优秀的军事人才，也培养出无数商界的精英。在这所学校里有一个悠久的传统，就是学生遇到长官问话时，只能有四种回答："报告长官，是！""报告长官，不知道！""报告长官，不是！""报告长官，没有借口！"除此之外，不能多说一个字。例如，军官派一个士兵去完成一项任务，但由于种种原因，没有及时完成，当军官问他原因时，如果他为自己辩解说由于这样或那样的原因导致自己没有按时完成任务，那就错了，他只能说："报告长官，没有借口！"因为军官看重的是结果，他根本不会听你长篇大论的解释。

西点军校之所以采取这种方式，就是为了使学生学会适应压力，培养他们不达目的誓不罢休的毅力，尽量把每件事都做得更好。它也让每一位学生懂得：失败是没有任何借口的。

尽管有些困难是不可避免的，但能从困境中走出来，获得成功的往往是那些不为自己失败找借口推托的人。

抱怨如同诅咒，越抱怨越退步

不管走到哪里，你都能发现许多才华横溢的失业者。当你和这些失业者交流时，你会发现，这些人对原有工作充满了抱怨、不满和谴责。要么就怪环境条件不够好，要么就怪老板有眼无珠，不识才，总之，牢骚一大堆，积怨满天飞。殊不知，这就是问题的关键所在——抱怨的恶习使他们丢失了责任感和使命感，只对寻找不利因素兴趣十足，从而使自己的发展道路越走越窄，在自己的抱怨声中不断退步。

我们可以发现，几乎在每一个公司里，都有"牢骚族"或"抱怨族"。他们每天轮流把"枪口"指向公司里的任何一个角落，埋怨这个、批评那个，而且从上到下，很少有人能幸免。他们的眼中处处都能看到毛病，因而处处都能看到或听到他们的批评、发怒或生气。

本来他们可能只是想发泄一下，但后来却一发而不可收。他们理直气壮地数落别人如何对不起他们，自己如何受到不公平的待遇，等等，牢骚越讲越多，使得他们也越来越相信，自己完全是遭受别人践踏的牺牲品。不停抱怨的"牢骚族"，他们的抱怨只会妨碍和干扰自己的阵脚，终究受害最大的还是自己。

事实上，你很难找到一个成功人士会经常大发牢骚、抱怨不停，因为成功人士都明白这样的道理：抱怨如同诅咒，越抱怨越退步。

于强在一家电器公司担任市场总监，他原本是公司的生产工人。那时，公司的规模不大，只有30多人，有许多市场等待开发，而公司又没有足够的财力和人力，每个市场只能派去一个人，于强被派往西部的一个市场。

于强在那个城市里举目无亲，吃住都成问题。没有钱坐车，他就步行去拜访客户，向客户介绍公司的电器产品。为了等待约好见面的客户，他常常顾不上吃饭。他租了一间破旧的地下室居住，晚上只要电灯一关，屋子里就有老鼠在那里载歌载舞。

那个城市的气候不好，春天沙尘暴频繁，夏天时常暴雨，冬天天气寒冷，这对于于强来说简直就是一个巨大的考验。公司提供的条件太差，远不如于强想象得那样。在这样艰苦的条件下，不抱怨几乎是不可能的，但每次抱怨时，于强都会对自己说："开拓市场是我的责任，抱怨不能帮助我解决任何问题。"他选择了坚持。

一年后，派往各地的营销人员都回到公司，其中有很多人早已不堪忍受工作的艰辛而离职了。后来，于强凭着自己过硬的业绩当上了公司的市场总监。

即使在恶劣的环境下，于强也没有选择抱怨，对自己工作的坚持，使他在进步的阶梯上得到了飞速发展。一名员工，无论从事什么工作都应当选择不抱怨的态度，应该尽自己的最大努力去争取进步。把不抱怨的态度融入自己的本职工作中，你才能不断地进步，才能得到社会的认可，受到老板的青睐。

你是否能够让自己在公司中不断得到进步，这完全取决于你自己。如果你永远对现状不满，以抱怨的态度去做事，那你在公司的地位永远都不能变得重要，因为你根本就不能做出重要的成绩。

抱怨的人很少积极想办法去解决问题，不认为主动独立完成工作是自己的责任，却将诉苦和抱怨视为理所当然。任何一个聪明的员工都应该明白这样的道理：一个人一旦被抱怨束缚，不尽心尽力去工作，在任何单位里都会自毁前程。如果希望改变一下自己的处境，希望自己能够取得不断的进步，那么首先从不抱怨自己的工作开始吧。

与其抱怨，不如实干

一位伟人曾说："有所作为是生活中的最高境界，而抱怨则是无所作为，是逃避责任，是放弃义务，是自甘沉沦。"不论我们遭遇到的是什么境况，喋喋不休地抱怨只会把事情弄得更糟。而这绝不是我们的初衷。

有一个小药店的店主，一直想找一个能干一番大事业的机会。每天早晨他一起来，就希望自己今天能够得到一个好机会。然而，好长时间过去了，他认为的机会并没有出现。对此，他抱怨不已，他认为自己有干大事业的本事，却没有干大事业的机会。大部分时间他并不是去研究市场，而是经常在花园里去做所谓的"散心"，而他经营的小药店也为此门庭冷落了。

在现实生活中，我们中的大多数人都不免多少有点像这个店主。看见别人的成功便无形中会生出点嫉妒，并且在这种嫉妒之余，常常还会妄自菲薄，总以为别人的工作才是最好的，而自己呢？自己总是看不到什么希望。我们总是把别人的成功归结为运气好，于是，我们也梦想着好运能早一天降临到自己的头上来。

后来，这个药店的店主战胜了自己这种消极的态度，而他接下来的所作所为，我们可以将其视为榜样。他是怎么做的呢？他的办法其实很简单：就是无论什么人，不管他们的地位是高还是低，自己都主动地去和他们接触。

有一天，他这样问自己："我为什么一定要把自己的希望、自己未来的奋斗目标寄托在那些自己一无所知的行业上呢？为什么不能在自己现在相对熟悉的医药行业干出一番大事业来呢？"

于是，他下定决心摆脱自己以前的那种怨天尤人的心态，就从自己的药店做起，他把自己的这一事业当作一种极为有兴趣的游戏，以此来促进他生意的发展。他让自己用那种发自内心的热情告诉别人，他是如何尽量提高服务质量使顾客满意，以及他对药店这一行业有多么大的兴趣。

"如果附近的顾客打电话来要买东西，我就会一面接电话，一面举手向店里的伙计示意，并大声地回答说：'好的，赫士博克夫人，二十片安眠药，一瓶三两的樟脑油，还要别的吗？赫士博克夫人，今天天气很好，不是吗？还有……'我尽量想些别的话题，以便能和她继续谈下去。

"在我和赫士博克夫人通电话的同时，我指挥着伙计们，让他们把顾客所需要的东西以最快的速度找出来。而这时负责送货的人，脸上带着笑容，正忙着穿外衣。在赫士博克夫人说完她所要的东西之后不到一分钟，送货的人已带着她所需要的东西上路了。而我则仍旧和她在电话中闲谈着，直到等她说：'呵，瓦格林先生，请先等一等，我家的门铃响了。'

"于是我笑了笑，手里仍拿着话筒。不一会儿，她在电话中说：'喂，瓦格林先生，刚才敲门的就是你们的店员，他给我送东西来了！我真不知道你怎么会这么快，实在是太不可思议了。我打电话给你还不过半分钟呢！我今天晚上一定要把这事告诉赫士博克先生。'

"因为我这里有优质的服务，过了不久，几条街以外的居民也都舍近求远地跑到我们店里来买药了。以至于后来城里好多别的药店老板都跑到我这儿来取经，他们不明白，为什么偏偏我的生意会做得这样好？"

这便是查尔斯·瓦格林成功的方法，也正是这一方法，使得他的小药店生意兴隆，其分店几乎在全美遍地开花，以前所未有的速度迅速占领了美国医药业的零售市场。在当时的美国医药零售业中，他的公司拥有的分店数量及其规模占全国第二，并且他的事业还在继续健康地发展下去。

他的医药事业之所以能够成功，有一个小小的秘诀，那就是：如果你放下了抱怨，选择了实干，那么机会不久便会站在你的门口。

放下抱怨，改善你与同事之间的关系

他人的蜡烛灭了，你的也未必亮

在职场中，随着竞争的激烈发展，很多人的信念开始起了变化。有些人，他们在与同事的竞争中，总是习惯于采取一些不正当的手段：看见对方要升职，就千方百计地进行阻挠，给上司打小报告或者写匿名信进行诋毁；看见对方负责了一个大一点的项目，就眼红到不行，暗地里下决心一定要让对方付出代价。于是，每每看到别人有了一点好处的时候，就使尽了浑身解数，从中作梗。

怀有这样的心理的人，在职场中并不少见。可是，事情的发展总是奇妙的。你容不得别人的好，所以一直在暗地里搞怪，可是等到真正把他从领导的位子拉下来了、从好的项目中分离出来的时候，顶替他的人永远都不可能是你。因为，你去找领导"反映情况"的时候，尽管他是笑脸相迎的，可是他的内心是反感你这样做的。谁的心里都有一把评论的标尺，这其中自然包括领导在内。

王明和李强是一个公司的同事。平时，两个人的关系不错。李强爱喝酒，他总叫上王明一起。通常情况下，李强几杯酒下肚，话匣子就打开了，天南海北地说，从家里的小事说到公司里的决策上，从来没有把王明当成是外人。可是，王明从来不肯在李强面前说出任何亲密的话来，也从来不肯对任何事情发表意见。有时候，被李强问急了，王明就随便说几句，应付了事。

这样的日子尽管过得无趣，但相对来说还算是和谐。李强是比较满意的。可是，好日子不长，公司一个部门的经理临时被调走，出现了空缺。公司的领导很看好李强，觉得他平时表现就很积极努力，而且人缘又好，有组织和管理的能力，就力推他来做这个部门经理。

王明听说了这件事以后，心里很不舒服。他们两个人经常在一起，李强有什么事情都跟他说，所以他自认李强并没有比自己强。可是升职的却是他而不是自己，这样的结果让王明很是接受不了。

所以，王明主动找到了总公司的领导，把李强平时爱喝酒，喝酒之后还总说一些不着边际的话等一系列的事情都说了出来。有一些不具备那么大的影响力的事情，王明还添油加醋地渲染了一番。他的说法让领导直皱眉头。王明看着领导的表情，以为机会成熟了，就趁机力荐自己，说自己其实很适合这个职位，等等。

领导听了以后，也没说什么，就让王明回去等消息了。过了几天，公司宣布了那个部门经理的任命，果然不是李强，但也不是王明，而是公司里一个实力不及他们两个的人。对于这样的结果，李强是没什么的，可是王明疑惑了。他再次找到领导，领导说："竞争的方式有很多种，但是踩着自己的朋友抬高自己，这样的做法公司是不鼓励。李强是一个有能力的人，可是连身边的人都疏于防范，被人出卖了还不知道，可见也是不能做大事的人。你回去好好反省一下吧。"

就这样，尽管王明费尽了心机，想要把李强挤掉，然后自己去当部门的经理。可是，在这件事情当中，他和李强都输了。

通过这件事情，我们可以得出这样的道理：尽管职场竞争激烈，也要采取正当的手段。因为你在暗地里搞怪，虽然可能对对方有一定的影响，但同时也会让领导对你的人品产生怀疑。

他人的蜡烛灭了，你的也未必亮。所以职场之中，那些损人不利己的事情最好别做。只要你凭借自己的努力，肯吃苦，肯上进，总有一天你的价值会得到领导的肯定的。

与同事相互扶持

安妮和玛莎同在一家广告公司工作，这天，经理汤姆分别交给她们一项开发大客户的任务，由于她们的任务都比较艰巨，所以在她们离开经理办公室时，汤姆特意叮嘱她们："如果有什么需要帮忙的话可以直接找我，同时要注意和其他部门的协调。"

安妮的业务能力一向很强，她在广告部的业绩也经常名列前茅，她也常常因此感到骄傲，有时候同事们甚至觉得安妮已经骄傲得过了头。离开办公室后，安妮心想：

"汤姆有什么能力，他只不过比我早到公司几年罢了，我解决不了的问题恐怕拿到他那里也没办法解决，再说了开发大客户的任务怎么和其他部门协调，其他部门怎么懂得这种事。凭我自己的能力和智慧一定会完成这项任务的。"

玛莎一向以谦虚好学著称，她的业务能力略逊安妮一筹，不过在团结同事和谦虚的学习精神方面，安妮就大不如她了。走出经理办公室以后，她就直接到公司企划部和售后服务部向大家打了一声招呼："过几天我可能有一些问题要向大家请教，同时也需要大家的合作，我先在这里谢谢大家了。"玛莎同时也想，安妮一向骄傲，但如果自己想要提高业务能力就必须向她多学习，不到万不得已的时候不会麻烦汤姆先生，但在客户沟通等方面自己确实需要汤姆先生的大力帮助。

这次的任务确实比以前艰难得多，通过向安妮和汤姆的学习，以及公司其他部门的配合，玛莎的任务超额完成了，她为公司带来了好几笔大生意，当然公司也给了她优厚的奖励，而且还让她和其他部门的优秀员工一起到夏威夷免费旅游。而安妮也联系到了一些大客户，但因为她向企划部交代的事项不清楚，导致客户要的方案不够详细，有些客户选择了其他公司；有些客户则因为没有得到更多的服务承诺而离开了；还有一些客户觉得安妮的公司不够重视他们，因为他们从来没有见过更高层的管理者和他们交涉。"这些大客户真是越来越难对付了。"安妮无可奈何地想，最后她只能联系一些小客户以补偿自己在这次任务中的损失。公司也因为没得到那些本该属于自己的大客户而比竞争对手少得到了很多的利润。

我们常说这样一句话："世界上没有完美的人，只有完美的团队。"如果不注意与别人合作，能力再强的人也无法出色地完成任务。如果注重与别人的合作，那么就能够以最小的代价，获取最大的成功。去过寺庙的人都知道，一进庙门，首先是弥勒佛，笑脸迎客，而在他的背面，则是黑口黑脸的韦陀。但相传在很久以前，他们并不在同一个庙里，而是分别掌管不同的庙。弥勒佛热情快乐，所以来的人非常多，但他什么都不在乎，经常丢三落四，无法好好地管理账务，最后依然入不敷出。而韦陀虽然管账是一把好手，但成天阴着个脸，像所有的人都欠他钱似的，搞得人越来越少，最后香火断绝。据说佛祖在查香火的时候发现了这个问题，就将他们俩放在同一个庙里，由弥勒佛负责公关，笑迎八方客，于是香火大旺。而韦陀铁面无私、锱铢必较，则让他负责财务，一丝不苟。在两人的分工合作中，庙里呈现一派欣欣向荣的景象。

成功者都明白一个最简单的道理：合作则两利，分裂则两败。这就像一棵树，无论它怎样伟岸、粗壮和挺拔，也成不了一片森林；一块石头，无论它怎样大，也成不了一面墙。所以，在工作中，一定不能单打独斗，而要与同事友善相处，相互扶持，这样才能获得共同的发展。

不在背后诋毁别人

公司里琐碎的事情比较多，这些事情看上去虽小，但若处理不当，可能会使你处于不利境地。当你对同事或上司不满时，切不可到处诉苦，或背后诋毁别人。当别人向你诉苦，你应该既对他表示同情，又能置身事外，切不可随波逐流，人云亦云。诋毁别人，你不会得到所谓的好处，相反，你会陷入人际关系混乱的境地，因为没有人敢和一个背后乱说坏话的人在一起，他们都会觉得这样的人十分危险。

例如，同事与某人有隙，指出对方凡事针对他，甚至诬告他。你只需听他吐苦水，切莫多问，避免参与孰是孰非的评判。做到平心静气地开导就行："我看某人的心地不差，凡事往好处想，做起事来你会更开心的。"

要是对公司不满，你的立场就要更加小心，不妨这样告诉他："公司的制度正在不断改进，这次你觉得不公平，或许是新政策的过渡期，不妨跟上司开诚布公地谈一下，没必要固执己见。"轻轻带过才是上策。

如果有的同事在你面前说别人的坏话，要切忌人云亦云，以讹传讹。为什么这样说呢？首先你要明白，你所知道的关于别人的事情不一定确凿无误，也许还有许多隐情你不了解。要是你不假思索就把你所听到的片面之言宣扬出去，难免颠倒是非。话说出口就收不回来，事后你完全明白了真相时才后悔不迭，但此时已经在同事之间造成了不良的影响。

事实上，人与人之间的关系相当复杂，你如果不知内幕，就不可信口雌黄，以免招惹是非。

某公司企划科李明升为科长，同一间办公室坐了几年的同事忽然升迁了高位，对每个人来说都是一个刺激与震动。平日不分高下，暗中竞争的同事成了自己的上司，总让人有那么一点酸酸的感觉。企划科李明的几个同事背后嘀咕开了："哼！他有什么本事，凭什么升他的官？"一百个不服气与嫉妒就都脱口而出了，于是你一句我一句，把李明数落得一无是处。

王新是分配到企划科不久的大学生，见大家说得激动，也毫无顾忌地说了些李明的坏话，如办事拖拉、疑心太重等。可偏有一个阳奉阴违的同事张捷，背后说李明的坏话说得比谁都厉害，可一转身就把大家说坏话的事说给了李明。

李明想："别人对我不满说我的坏话我可以理解，你王新乳臭未干有什么资格说我？"从此对王新很冷淡。王新大学毕业，一身本事得不到重用，还经常受到李明的指责和刁难，成了背后说别人坏话的牺牲品。

人与人之间的关系本来就是很复杂的，特别是在公司里，几个人凑在一起闲聊，话匣子打开就很难合上。有很多人因为把持不住，就很有可能说别人的坏话，而另一些人就会随声附和，甚至添油加醋地加以传播，那后果将不堪设想。

同事是工作伙伴，不是生活伴侣，你不可能要求他们像父母兄弟姐妹一样真正地包容你、体谅你。很多时候，同事之间最好保持一种平等、礼貌的伙伴关系，彼此心照不宣地遵守同一种"游戏规则"，一起把"游戏"进行到底。更多的时候，你需要去体谅别人。站在同事的角度替他们想一想，也许更能理解为什么有些话不该说，有些事情不该让别人知道。

尊重单位里的"老前辈"

年轻人，尤其是刚刚提拔的年轻上司一定要尊重单位里的老前辈，肯定他的贡献。但要记住一点：业务上要强于他，让他心中服气，让他明白你的晋升靠实力，而不是靠关系爬上去的。

在工作中，与同事搞好关系十分重要，人际关系搞不好，工作就不好开展。有这样一位职员，工作年限不长，但能力很强，深受领导赏识，很快被提升为部门主管。但是下属中有位老职员，仗着自己资格老，以前有功劳，对他不服，让他很难办。遇到这种情况该怎么办呢？

要想改变这种境况，必须首先认清一点：每个人都自我感觉良好，认为自己并不比别人差，对别人不服气是正常心理。所以，年轻主管必须遵循一条准则——尊重他人的优点，承认他的优势，慢慢解开他心里的疙瘩。

战国时候的廉颇和蔺相如就曾有这样的矛盾。蔺相如本来是赵国一名宦官的门客，地位低下，因为偶然的机会才为赵王所知，赵王派他带着和氏璧出使秦国，他不辱使命，出色地完成了任务。从此以后，他接连被提拔，简直比坐直升机还快。最后官拜上卿，名字排在廉颇之前。

这下廉颇很不服气了，说："我是赵国的将军，有攻城野战、保卫国家的汗马功劳，可是蔺相如仅仅靠耍嘴皮子立了一点功，他的爵位却在我的上面。况且，蔺相如出身低微，他原来不过是太监总管手下的一个舍人。我实在是感到耻辱，而且现在还要我做他的手下，这让我简直受不了。"他对外扬言："我如果碰到蔺相如，一定要羞辱他一番。"

蔺相如听到这些话，总是避免和廉颇见面。每次朝会的时候，蔺相如常常假托有病，不愿和廉颇争位次的先后。后来有一次蔺相如外出，远远地看见廉颇来了，蔺相如立即掉转方向躲避，门客对此不解。

后来蔺相如对自己的门客说："其实我哪是怕廉将军啊，我是为了国家着想啊。现在强秦之所以不敢发兵来攻打我们赵国，只是因为我和廉将军两人还活着。两虎相斗，必有一伤。我之所以忍辱退让，是由于我首先考虑到国家的危难，而把个人之间的仇怨摆在次要地位的缘故。"

这话传到廉颇的耳朵里，廉颇毕竟是个正直的人，感到很惭愧，觉得自己的境界实在太低了，于是真诚地负荆请罪，两人终于和解。

新主管要以敬重、真诚的态度对待资深同仁，比如，在聚会时，表示敬重之意，真诚地赞美他们为公司作出的贡献。在工作中不懂的事要和他商量，不能因为对方职位不高或生性老实而有失敬意，这种人对公司上上下下很清楚，听他讲讲公司的历史，对新主管也是有益的。如此一来，年轻主管不但加深了对公司的了解，而且在老员工及众人心中，也能留下好的印象。

如果职员在晋升之前，和资深下属搞好关系，表示出你对他的关心，在他需要帮助时，热心支援，他会支持你今后的工作。

当然，最重要的一点是：业务上要强于他，让他心中服气，让他明白你的晋升靠实力，而不是靠关系爬上去的。

跨越人生的痛苦

如果我们能理智地对待很多境界和环境，就都可以找到它们的平衡点。人们经常会有这样的忠告：不要害怕失败和逆境。多年来，人们一直以为，害怕失败和逆境始终是人类最大的弱点之一。

李斯特曾说过："失败曾是我最大的动力来源。就像想到破产一样，我就会心生警惕，告诉自己要尽力让业绩蒸蒸日上。"

他的这番话给我们很大的启示。所以，我们要修正自己的观念。其实，害怕失败和逆境并没有错，但如果是一再地想象失败，就对人生太没益处了。作为一个想要成功的人，必须超越失败，超越人生的痛苦。

一位老人在晚年罹患了关节炎，苦不堪言。后来病情加剧，以至于行走都很困难，从此拐杖和轮椅便和她形影不离。即使如此，她还是用积极的态度和乐观的眼光看待周围所有的事物。

她的房间总是满载着笑声，而访客还是如旧时一般络绎不绝。

有时候，她想在床上多躺一会儿，于是，她的孙子们——4个不到10岁的小男孩就到她房里去围在床边。这时，她会说故事给其中一个听，与另一个玩扑克牌，再和一个玩游戏，同时，哄另一个睡觉。

最令人钦佩的是，她从不将自身的痛苦或烦扰变成家人的负担。到后来，病情变得更加糟糕，但她总是说："这把老骨头今天总算有点起色了。"她积极又乐观的态度，就好像磁铁，吸引了所有的人，让人不由自主地在她身旁流连。这位老人的内心一定承受着巨大的痛苦，但她什么也不说，将痛苦压在身下，以笑脸面对生活，生活也给她以最大的馈赠。

超越人生痛苦是人生的快乐秘籍，在使你的生活充满欢乐的同时，还能帮你造就卓越的成就。所以，若想成功，就得具备这种态度。

失败、挫折，甚至苦难都会不停地侵蚀一个人的心灵，痛苦可想而知，但一个人不能永远只把目光停留在痛苦之上。一个眼中只有痛苦的人，不会有什么出息，一个人若想在有生之年有所作为，必须超越人生的痛苦，站在更高的台阶上俯视一切，这样才能找准方向，勇往直前。

剔除生命的碎屑

一块初出深山的顽石，只有经过玉匠仔细的雕琢打磨之后，才能成为无价的美玉。一个人又何尝不是这样呢？若不去除身上那些斑斑点点的碎屑，又怎么能够使自己的生命升华呢？

古书中曾记载过这样一则关于孔子的故事：

孔子年轻的时候，很喜欢到他隔壁的邻居家去。他的邻居是一位技艺精湛的老石匠，一块块岩石经过他的刻凿，便成了千姿百态栩栩如生的花鸟石刻。

一天，孔子又踱至邻家，那个老石匠正叮叮当当地为鲁国一位已故大夫刻石铭碑。孔子叹息道："有人淡如云影来去无痕，有人却把自己活进了碑石，活进了史册里，这样的人真是不虚此生啊！"

老石匠停下锤，问孔子说："你是想一生虚如云影，还是想把自己的名字刻进石碑、流芳千古？"孔子长叹一声说："一介草木之人，想把自己刻到一代一代人的心里，那不是比登天还难吗？"老石匠听了，摇摇头说："其实并不难啊。"他指着一块坚硬又平滑的石块说："要把这块石坯刻成碑铭，就要雕琢它。"老石匠说完，就一手握凿一手拿锤叮叮当当地凿起来，一块块石屑很快在锤子清脆的敲击声中飞起来。不一会儿，岩石上便现出了一朵栩栩如生的莲花图案。老石匠说："如果想使这个图案不容易被风雨抹平，那就要凿得更深些，要剔掉更多的石屑。只有剔凿掉许多不必要的石屑，才能成为碑铭。"

如果我们是一块不甘平庸的石头，那么就必须忍受折磨，去经受挫折、困难和失败等生活磨难的雕琢，去掉生命中那些劣质、腐朽的东西，只留下精华，生命才会更加完美。

如果我们不甘折磨，不剔除那些碎屑，天长日久，那些劣质的东西就会不断侵蚀一个人的美好部分，最终将精华淹没，甚至自己还可能成为害群之马、社会的祸端。

剔除你生命的碎屑，走向完美吧！因为这生命你只有一次。

清扫你心灵的垃圾

《王阳明全书》里记载了这样一个故事：

有一个名叫杨茂的人，是个聋哑人，阳明先生不懂得手语，只好跟他用笔谈。

阳明先生首先问："你的耳朵能听到是非吗？"

答："不能，因为我是个聋子。"

问："你的嘴巴能够讲是非吗？"

答："不能，因为我是个哑巴。"

又问："那你的心知道是非吗？"

但见杨茂高兴得不得了，指天画地地回答："能、能、能。"

于是阳明先生就对他说："你的耳朵不能听是非，省了多少闲是非；口不能说是非，又省了多少闲是非；你的心知道是非就够了。倒有许多人，耳能听是非，口能说是非，眼能见是非，心还未必知道是非呢！"

其实，在生活中，我们有很多的是非都是听来的，人家第一句话，就叫你暴跳如雷，第二句话就叫你泪流成河，那人家岂不成了导演，而我们也就当了演员。还有很多的是非，都是说出来的，所谓"病从口入，祸从口出"。哪怕两片薄薄的嘴唇，都会把人间搞得乌烟瘴气、鸡犬不宁。可见很多的是非都是听来的，都是说出来的。

很多时候，你人生的痛苦就是因为你太执着，看不开、也放不下，自然把自己给困缚住，而不得解脱，若能看开了放下了就不至于如此。

如何创造幸福人生呢？那些生活中的"是非"在心灵中堆积太多，便会形成垃圾，要想创造一个圆满而幸福的人生，必须将这些垃圾清扫出去。

快乐是要自己快乐，让别人来分享你的快乐，每天早上垃圾车来把垃圾全部带走，有形垃圾容易处理，无形的垃圾最难处理；什么是真正的垃圾呢？怨、恨、恼、怒、烦，这才是真正的垃圾，假若今天你把这些垃圾，请垃圾车全部带走，你今天就没有垃圾了。也就是说，只要你每天清扫心灵的垃圾，你就能得到幸福和快乐。

每天给自己一个希望

在这个世界上，有许多事情是我们难以预料的。但只要活着，就有希望。

1942 年寒冬，纳粹集中营内，一个孤独的男孩正从铁栏杆向外张望。恰好此时，一个女孩从集中营前经过。看得出，那女孩同样也被男孩的出现所吸引。为了表达她内心的情感，她将一个红苹果扔进铁栏。一只象征生命、希望和爱情的红苹果。

男孩弯腰拾起那个红苹果，一束光照亮了他那尘封已久的心田。第二天，男孩又到铁栏边，尽管为自己的做法感到可笑和不可思议，他还是倚栏而望，企盼她的到来，年轻的女孩同样渴望能再见到那令她心醉的不幸的身影。于是，她来了，手里拿着红苹果。

接下来的那天，寒风凛冽，雪花纷飞。两位年轻人仍然如期相约，通过那个红苹果在铁栏的两侧传递融融暖意。

这动人的情景又持续了好几天。铁栏内外两颗年轻的心天天渴望重逢：即使只是一小会儿，即使只有几句话。

终于，铁栏会面潸然落幕。这一天，男孩眉头紧锁对心爱的姑娘说："明天你就不用再来了。他们将把我转到另一个集中营去。"说完，他便转身而去，连回头再看一眼的勇气都没有。

从此以后，每当痛苦来临，女孩那恬静的身影便会出现在他的脑海中。她的明眸，她的关怀，她的红苹果，所有这些都在漫漫长夜给他带来慰藉，带来温暖。战争中，他的家人惨遭杀害，他所认识的亲人都不复存在。唯有这女孩的音容笑貌留存心底，给予他生的希望。

1957 年的某天，美国。两位成年移民无意中坐到一起。"大战时您在何处？"

女士问道。"那时我被关在德国的一个集中营里。"男士答道。

"哦！我曾向一位被关在德国集中营里的男孩递过苹果。"女士回忆道。

男士猛吃一惊，他问道："那男孩是不是有一天曾对你说，明天你就不用再来了，他将被转到另一个集中营去？"

"啊！是的。可您是怎么知道的？"

男士盯着她的眼："那就是我。"

好一阵沉默。

"从那时起，"男士说道，"我再也不想失去你。愿意嫁给我吗？"

"愿意。"她说。

他们紧紧地拥抱在了一起。

1996年情人节。在温弗利主持的一个向全美播出的节目中，故事的男主人公在现场向人们表达了他对妻子40年忠贞不渝的爱。

"在纳粹集中营，"他说，"你的爱温暖了我，这些年来，是你的爱，使我获得滋养。可我现在仍如饥似渴，企盼你的爱能伴我到永远。"

每天给自己一个希望，就是给自己一个目标，给自己一点信心。希望是什么？是引爆生命潜能的导火索，是激发生命激情的催化剂。每天给自己一个希望，我们将活得生机勃勃，激昂澎湃，哪里还有时间去叹息、去悲哀，将生命浪费在一些无聊的小事上？生命是有限的，但希望是无限的，只要不忘每天给自己一个希望，我们就一定能拥有一个丰富多彩的人生。

努力塑造一个最好的"我"

在美国西部，有个天然的大洞穴，它的美丽和壮观出乎人们的想象。但是这个大洞穴一直没有被人发现，没有人知道它的存在。直到有一天，一个牧童偶然发现了洞穴的入口，从此，新墨西哥州的绿色洞穴成为世界闻名的胜地。

据科学研究表明，我们每个人都有140亿个脑细胞，一个人只利用了肉体和心智能源的极小部分。若与人的潜力相比，我们只是半醒状态，还有许多未发现的"绿色洞穴"。正如美国诗人惠特曼诗中所说：

我，我要比我想象的更大、更美

在我的，在我的体内

我竟不知道包含这么多美丽

这么多动人之处……

人是万物的灵长，是宇宙的精华，我们每个人都具有发扬生命的本能。为"生命本能"效力的就是人体内的创造机能，它能创造人间的奇迹，也能创造一个最好的"我"。

我们每个人心里都有一幅"心理蓝图"或一幅自画像，有人称它为"自我心像"。自我心像有如电脑程序，直接影响它的运作结果。如果你的心像想的是做最好的你，那么你就会在你内心的"荧光屏"上看到一个踌躇满志、不断进取的自我。同时，还会经常听到"我做得很好，我以后还会做得更好"之类的信息，这样你注定会成为一个最好的你。美国哲学家爱默生说："人的一生正如他所设想的那样，你怎样想象，怎样期待，就有怎样的人生。"

美国赫赫有名的钢铁大王安德鲁·卡内基就是一个能充分发挥自己创造机能的楷模。他12岁时随家人由苏格兰移居美国，最初在一家纺织厂当工人，当时，他的目标是决心"做全工厂最出色的工人"。因为他经常这样想，也是这样做的，最后他果真成为全工厂最优秀的工人。后来命运又安排他当邮递员，他想的是怎样"做全美最杰出的邮递员"，结果他的这一目标也实现了。他的一生总是根据自己所处的环境和地位塑造最佳的自己，他的座右铭就是："做一个最好的自己。"

只要你坚定一个信念，努力去塑造自己，做到最好，你就会在不知不觉中超越众人，获得卓越的成功。

永远保持积极的心态

生活在困境之中，没有找到工作，这时你会悲观绝望吗？显然不行。那样只会使你变得更糟。

成功学大师拿破仑·希尔说，一个人能否成功，关键在于他的心态。我们所处的人生境遇往往决定于自己的生活态度。研究表明，成功人士与失败人士的很大差别在于成功人士拥有阳光的心态，而阳光的心态才是梦想开始的地方。为自己的心灵找一个舒适的心灵角度吧，这是成功和幸福入住的条件。

一个年轻人和一个老年人分别要在夜晚不同的时间里，穿过一处阴森的树林。

走之前，他俩都听说这树林里出现过一只狼，那是附近一座山上跑下来的。但这只狼是否还在那里，谁也不知道。

老年人临行前，别人劝他还是不去为好，可老人说："我已经与树林那边的人约好了，今晚无论如何要赶到。再说，反正我已经60多岁了，让狼吃了也没什么了不起。"

于是，老人走了，他准备了一根木棍，一把斧头，很快走进了树林。几个小时后，当老人走出树林时，他已经精疲力竭，灯光下人们看见老人身上有许多血迹。

年轻人临行前，别人也同样劝他别去，年轻人犹豫了一下，他想："老人都去了，我若退缩的话多没面子。"于是，他学着老人的话说："我也已经与树林那边的人约好了，怎能不去呢？"

接着又说："要是那老人和我一起走，该多好啊！毕竟两个人安全些，我还年轻，以后的日子还长着呢！"说这话的时候，年轻人因害怕而浑身发抖。

那晚他也走进了树林，但人们却没能见到他到达树林的那边。天亮的时候，人们只在那片树林里，见到一堆新鲜的骨头。

故事中年轻人悲惨结局的原因就在于他是持一种消极的心态，在遇到狼以前，就已经否定了自己。由此可见，建立一种积极的心态才是成功的关键。

很多时候大部分人之所以不成功，是因为他们不"想"成功，或者说他们不具备成功者的心态。知识与才能是成功的发动机，而积极的心态则是发动机中的润滑油。通过对大量成功者的研究，我们可以看到，几乎所有的成功者都表现出一个共同的特征，那就是积极的心态。

有的人仿佛天生就具备积极乐观、善于自我激励等特征，而有的人则是经过苦难的磨砺主动地培养了积极的个性。没有什么比积极的心态更能使一个平凡的人走上成功的道路。从这个角度讲，积极的心态是成功理论中重要原则之一。如果你已具有积极的心态，那么恭喜你；如果你能培养积极的心态，那么你也必定能走向成功。

世界的颜色由你自己来决定

世界是快乐的还是悲伤的，是多彩的还是单调的，关键还在于你怎么看。

安德烈在小时候，不知道从哪儿得到了一堆各种颜色的镜片，他总是喜欢用这些有颜色的镜片遮挡眼睛，站在窗台上看窗外的风景。用粉红色的镜片，面前的世界便是一片粉红色；用蓝色的镜片，眼前就是一片蓝色；当用黄色的镜片的时候，世界也变成黄色的啦！显然，用不同的镜片去看眼前的世界，世界便会给他不同的颜色……

这只是小时候所发生的一件事情。后来安德烈渐渐长大，每当遇到不高兴的时候，他总是会自然地想起这件事情。他总是对自己说："世界其实没什么不同，我可以决定这个世界的颜色啊！"

小安德烈的故事给了那些忍受折磨的人以很好的启示，既然你不能改变一些无法改变的东西，那就不妨改变一下自己吧。

世界的色彩因我们内心情绪的变化而变化，让自己快乐没有什么不对。我们为何不用快乐的情绪面对眼前的一切，让我们的世界充满快乐？

/第七节/

主动融入一支相互支持、不抱怨的团队

不是只有你最聪明

春秋时期，孔子和他的学生们周游列国。

一天，他们驾车正在赶往晋国的路上。一个孩子在路当中堆碎石瓦片玩，挡住了他们的去路。

孔子对那小孩说："你不该在路当中玩，这样就挡住了我们的车。"

孔子的学生们也觉得这个小孩没有礼貌，纷纷让他让开道路。

孩子指着地上说："老人家，您看这是什么？"

孔子一看，是用碎石瓦片摆的一座城，便说："这不过是一些瓦片堆垒的城墙而已。"

小孩又说："您说，应该是城给车让路，还是车给城让路呢？"

孔子被问住了，一时语塞。

孔子觉得这个小孩很聪明，便问："你几岁啦？"

小孩回答说："7 岁。"

孔子对学生们说："他可以做我的老师啊！"

圣人且拜师，我们普通的人当然更应该有自知之明，你要认清这样一个道理，不是只有你最聪明。

下面的寓言故事告诉我们同样的道理：

狮子和人类在一起比试，夸耀自己如何有能耐。

狮子说："看看我的样子就知道我有多么威风，我是百兽之王，动物们见了我没有一个不害怕的。"

人不屑一顾地说："我们人类是最聪明的，是万物之灵长，我们是天下最有智慧的。所有的生灵，植物也好，动物也罢，乃至整个宇宙，上至太空，下至海洋，无不掌控在我们人类的手中！"

狮子和人你一言我一语争论得不可开交，最后他们经过一座庙宇，庙宇的前面有一座狮子和人的雕像。人走过去，仔仔细细地看了看，发现上面雕塑的是人类狩猎的场面，只见雕像上一个猎人手持长矛，正刺向一头狮子的心脏，狮子垂死挣扎时面目狰狞，颓然瘫倒在地上。人看见后不无得意地对狮子说："不用我多说了，看看，这就是最好的证明，你们那尖牙利爪还比不上人类手中的一根长矛！"

狮子看到那座雕像，神情变得严肃起来，它猛地扑向站在一边的人，接着把他掀翻在地，并死死地踩在脚下。人吓得直打哆嗦，惊慌地问："你要干什么？"

狮子严厉地说："我只是想让你明白，如果我们狮子愿意树立一座雕像的话，你将会看到一大堆被狮子踩在脚底下的死人的雕像。"

那些自以为聪明的人一般很少关心别人，与他人关系疏远，对人缺少热情。但人与人之间的情感是相互的，久而久之，他们会因此而被孤立起来，影响到自己的生活、学习、工作和人际交往，严重的还会影响心理健康。谦虚才能使人进步。在职场上，有一些人总认为自己比别人聪明。无论在观念上还是行动上都无理地要求别人服从自己。他们的致命弱点是不愿意改变自己的态度或接受别人的观点。接受他人意见，即是针对这一特点提出的方法。接受他人意见不是完全服从他人，只是要求那些自以为是的人能够接受别人正确的观点，通过接受别人的意见，改变过去唯我独尊的形象。

要全面认识自我，既要看到自己的优点和长处，又要看到自己的缺点和不足，不可一叶障目，不见泰山。每个人都有自己的独到之处，都有他人所不及的地方，同时也有不如人的地方。与人比较，不能总拿自己的长处去比别人的不足，把别人看得一无是处。

每个人都要把"常检点自己，不要总是归咎别人"作为一条思维和行为准则。这样做的益处很多，比如减少不必要的误解和矛盾，融洽与周围人的关系，使自己保持良好的愉快情绪，进而有益于事业的发展。

如果一个人能够常常反省自己，那么他的所言所行就会更加正确，更加符合为人处世的通常道理。无论做什么事情，无论在什么时间，如果能够在反省中修错补漏，不但会使事情发展得更顺利，而且还会逐步完善自己的品质修养。

如果没有反省自己的习惯和品质，看不到自己的缺点和错误，把注意力放在观察别人的过失上，动辄妄加非议和批评，动不动就归咎他人，这样的人在职场是最容易被人厌恶的。

纪律上的约束是为了团队更好的发展

在团队中，总会有这样或那样的纪律约束着人们，让他们失去了自由。所以，很多人抱怨纪律的制定，认为对自己的利益构成伤害的，就是不合理的。其实，这样的想法是不对的。团队的发展，必须依靠纪律来约束。一个有纪律的团队必定是一个团结协作、富有战斗力和进取心的团队，如果其中一个人无视纪律，不但会毁掉整个团队的战斗力，而且会毁掉他自己的前途。

数年前，伊藤洋货行的董事长伊藤雅俊突然解雇了战功赫赫的岸信一雄，这一事件在日本商界引起了不小的震动，就连舆论界也以轻蔑尖刻的口气批评伊藤。人们都为岸信一雄打抱不平，指责伊藤过河拆桥，将自己好不容易请来的一雄解雇，是因为一雄已没有了利用价值。在舆论的猛烈攻击下，伊藤雅俊理直气壮地反驳道："秩序和纪律是我的企业的生命，不守纪律的人一定要处以重罚，即使会因此降低战斗力也在所不惜。"

事件的具体经过是这样的：岸信一雄是由东食公司跳槽到伊藤洋货行的。伊藤洋货行以从事衣料买卖起家，食品部门比较弱，因此从东食公司挖来一雄。东食公司是三井企业的食品公司，对食品业的经营有比较丰富的经验，于是有能力、有干劲的一雄来到伊藤洋货行，宛如是为伊藤洋货行注入了一剂兴奋剂。

事实上，一雄的表现也相当好，贡献很大，十年间将业绩提高数十倍，使得伊藤洋货行的食品部门呈现一片蓬勃发展的景象。但是从一开始，伊藤和一雄在工作态度和对经营销售方面的观念即呈现极大的不同，随着岁月的流逝，裂痕越来越深。一雄属于新潮型，非常重视对外开拓，善于交际，对部下也放任自流，这和伊藤的管理方式迥然不同。

伊藤是走传统保守的路线，一切以顾客为先，不太爱与批发商、零售商们交际、应酬，对员工的要求十分严格，他让他们充分发挥自己的能力，以严密的组织作为经营的基础。伊藤当然无法接受一雄的豪迈粗犷的做法，为企业整体发展着想，伊藤因此再三要求一雄改变工作态度，按照伊藤洋货行的经营方式去做。

但是一雄根本不加以理会，依然按照自己的方式去做，而且业绩依然达到水准以上，甚至有飞跃性的成长。这样一来，充满自信的一雄就更不肯改变自己的做法了。他说："公司情况一切都这么好，说明我的经营路线没错，为什么要改？"

为此，双方意见的分歧越来越严重，终于到了一发不可收拾的地步，伊藤只好下决心将一雄解雇。

这件事情不单是人情的问题，而是关系到整个企业的存亡问题。对于最重视纪律、秩序的伊藤而言，食品部门的业绩固然持续上升，但是他无法容许"治外权"如此持续下去，因为，这样会毁掉过去辛苦建立的企业体制和经营基础。

任何一个员工都应该清楚地认识到，在企业里，严明的纪律是不容忽视的。

公司要获得发展，就必须先构建有纪律的、团结有力的、无坚不摧的团队。团队要想完成任务，就必须磨砺团队中每个成员无比坚强的信念，就必须要求每个成员用严明的纪律来约束自己。通过在企业的倡导和推行，纪律容易在员工群体中达成共识和自觉性，从而起到促使员工的言行举止和工作习惯向企业期望的方向和标准转化的目的。

没有规矩，不成方圆。企业的活力来源于各级员工良好的职业精神面貌、崇高的职业道德。在残酷的商业竞争中，企业需要营造员工自觉遵守纪律的文化氛围，需要建立严格的制度和规范，这些制度和规范需要你去配合遵守，这是任何一家企业不可动摇的铁的纪律。

让集体荣誉感替代抱怨

漫长的迁徙过程中，总有一只大雁带头搏击，一只领头雁累了，就会有另一只来代替它。茫茫苍穹，每只大雁都在付出自己的努力，始终让雁队保持飞行的速度、保持明确的方向。它们仿佛是训练有素的军队，历经重重苦难，克服旅途的艰辛，雁队中，每只大雁都努力承担责任，竭尽全力。大雁给我们的启示其实是深刻的：只要自己是集体中的一分子，就应该时刻维护这个集体，时刻存有集体荣誉感，以集体利益为重，而不应该总是为了自己的利益获得而抱怨团队。

这是大雁要告诉我们的。同样，在人类社会中，像大雁一般拥有集体荣誉感的员工，他们往往会顾全大局，以公司利益为重，以团队的整体表现为约束力，而不会抱怨在工作过程中自己需要付出多少，又能获得多少。

美国记者布莱斯有一次去日本访问，回程的时候路过一家大百货公司，看中一部小巧的索尼随身听。因为对方是国际性大型企业，而且布莱斯当时由于时间紧迫，没有试听。

等到布莱斯乘飞机回到美国，拆开包装后发现里面装的只是一个随身听的空壳，布莱斯大为恼怒，当夜写了一篇新闻稿，名为《一个世界知名企业的骗局》，准备隔天在《华盛顿邮报》上刊出。

不难想象，这篇文章一旦刊登，对索尼公司在美国消费者心目中的声誉将会是毁灭性的打击，索尼公司在美国的业务拓展也一定会步履维艰，想彻底消除这一事件的影响，也不知道要花费多少时间、金钱和精力。

可是就在当夜凌晨两点，布莱斯接到了索尼公司从日本打来的加急越洋电话。电话中，一位索尼公司负责人连声向布莱斯抱歉，原来当时因为售货员的疏忽，把作为展示用的样品机卖给了布莱斯，公司知道情况后马上想方设法找到布莱斯的联系方式，然后致电道歉，并许诺很快给布莱斯更换。

布莱斯大为感动，他不解地问这位主管："我当时只是匆匆路过，并没有留下任何联系方式，也没有说我是谁，你们是怎么得知我在美国住处的电话的？"

原来，为了寻找布莱斯的联系方式，索尼公司东京办事处专门抽调了20多个人手，查访了上百人，连续打了39个加急电话，一直忙碌到凌晨，才找到了布莱斯的联系方式。布莱斯完全被索尼公司的做法折服了，他当即表示，只是一点小的疏忽，没必要劳师动众地更换了。那位主管严肃地说："对我们的企业来说，信誉就是生命，为了维护企业的信誉，不管耗费多少都是值得的。"

仅隔一天，布莱斯就收到了索尼公司派专人送来的正品机和一封恳切的道歉信。当晚他把那篇写好的批评文章扔进了垃圾筒，重新起草了一篇文章，叫作《39个加急电话——一个优秀企业对信誉的挽救与维护》。

如果那位主管没有一种以索尼公司为荣的荣誉感，他能这样尽职尽责吗？从表面上看，索尼公司的那位主管似乎在小题大做，一部小小的随身听却耗费如此庞大的人力、物力。可是从长远看，那位主管极力维护的是企业的荣誉，是他的职业道德挽救了一场索尼公司在美国消费者当中的信誉危机。

用他的话说："为了维护企业的荣誉，不管耗费多少都是值得的。"这为日后索尼产品进一步开拓美国市场打下了坚实的基础。

能够维护公司利益的员工都具有强烈的荣誉感。员工是企业的代言人，员工的形象在某种程度上代表了企业的形象。员工在任何时候都不能做有损企业形象的事情，这也是一个员工最基本的职业准则。就像你不愿意让别人伤害你的形象一样，你也不能容许别人伤害你所在企业的形象。

有荣誉感的员工，他们会顾全大局，以公司利益为重，绝不会为个人的私利而损害公司的整体利益，甚至不惜牺牲自己的利益。他们知道，只有公司强大了，自己才能有更大的发展。事实上，有这种想法的员工才能被公司真正地委以重任。只有那些有集体荣誉感的员工，才知道自己真正需要什么，企业需要什么。具有集体荣誉感的人，在任何一个团队中都会受到欢迎。

同舟共济，摒弃个人主义

一个企业的成功不是靠一个人或几个人能完成的，必须通过全体员工的努力。团队效应既可以发挥每个人的最佳效能，又能产生最佳的群体效应。个体永远存在缺陷，而团队则可以创造完美。放眼一流的工作团队，他们之所以会出类拔萃，无非是他们的成员能抛开自我，彼此高度信赖，一致为整体的目标奉献心力的结果。

下文中"法国队"便是"完美团队"的杰出代表。

在一次世界杯上，当时，巴西队成为夺冠热门，被寄予厚望，因为巴西队的队伍中拥有大小罗、卡卡、阿德里亚诺、罗比尼奥等明星球员，堪称"五星级"阵容，被媒体称为"史上最强巴西"的球队。

在夺冠的路途中，巴西队遭遇了法国队，令人始料不及的是，最终的结果是法国队以一颗点球让巴西队止步八强，巴西夺冠的梦想破灭。

为什么拥有明星阵容的巴西队会失败呢？在赛前，球王贝利就曾经表示，他对巴西和法国的相遇有不祥的预感。罗西迪对这两队的评论可以为贝利这种不祥预感加上注脚，罗西迪说："这次他们怎么看都不像一支强队，更像一群没有凝聚在一起的天才球员。"

因为，足球从来不是单打独斗的项目，集体协作，发挥团队的效能，才有可能在风云变幻的世界杯赛场上占据优势。球星们在比赛中并没能显示出五星级的实力，核心球员状态低迷，球员之间各自为战，整体配合生涩，最终令实力最强、光芒四射的巴西队与冠军擦肩而过。而法国队却能发挥团结协作的优势，聚集团队成员的所有力量，最终获得了胜利。

全队拧成一根绳子，发挥团队的最大力量，这就是法国队获胜的秘诀！美国国务活动家韦伯斯特有一句名言："人们在一起可以作出单独一个人所不能作出的事业；智慧、双手、力量结合在一起几乎是万能的。"一个人的力量是有限的，但是由很多人组成的群体却可以移山填海，这并不是什么奇迹，而是团结的力量。

　　著名企业家松下幸之助访问美国时，芝加哥邮报的一名记者问："您觉得美国人和日本人哪一个更优秀？"这是一个相当尴尬的问题，说美国人优秀，无疑伤害了日本人民的民族感情；说日本人优秀，肯定会惹恼美国人；说差不多，又显得搪塞。

　　这位深谙员工管理之道的企业家说："美国人很优秀，他们强壮、精力充沛、富于幻想，时刻都充满着激情和创造力，如果一个日本人和一个美国人比试的话，日本人是绝对不如美国人的。"

　　"谢谢您的夸奖。"正当周围的美国人沾沾自喜的时候，松下幸之助继续说："但是日本人很坚强，他们富有韧性，就好像山上的松柏，日本人十分注重集体的力量，他们可以为团体、为国家牺牲一切。如果 10 个日本人和 10 个美国人比试的话，肯定势均力敌。如果 100 个日本人和 100 个美国人比试的话，我相信日本人会略胜一筹。"美国记者们目瞪口呆。

　　如松下所说，美国人就好像独行的狮子，而日本人则像是群体活动的鬣狗，尽管单个的狮子比鬣狗厉害得多，可是在较量当中，狮子却经常吃亏。

　　有句俗话说得好："众人拾柴火焰高。"个体的力量是有限的，发动团队的力量则可以实现个人难以达到的目标，所以说，作为公司里的一名员工，我们应从公司的整体利益出发，从团队的角度出发，培养团队协作意识，树立对团队工作认真负责的信念。同时，要不断培养作为企业员工的自豪感，让我们深刻体会到在这个集体中凭借着共同的努力可以战胜所有的困难，实现我们自己的人生价值。

　　我们每一个人都很棒，如果加入团队会更加成功。我们要记住：没有完美的个人，只有完美的团队。所以，每一位员工都必须放弃个人主义，主动加强与同事之间的合作，提高自己的团队合作精神。

自动自发地为团队服务

　　在商店工作的史密斯一直认为自己是一个非常优秀的工人，完成了自己应该做的事——记录顾客的购物款。于是，史密斯向经理提出了升职的要求，没想到经理竟拒绝了他，理由是他做得还不够好。史密斯非常生气。一天，史密斯像往常一样，做完了工作，和同事站在一边闲聊。正在这时，经理走了过来，他环顾了一下四周，示意史密斯跟着他。史密斯很纳闷，不知道经理葫芦里卖的什么药。只见经理一句话也没有说，就开始动手整理那些订出去的商品，然后他又走到食品区，清理柜台，将购物车清空。

史密斯惊讶地看着经理，过了很久才明白经理的用意：如果你想获得加薪和升迁的机会，你就得永远保持自动自发做事的精神。哪怕你面对的是一份最平凡的工作，"自动自发做事"的精神也会让你获得更高的成就。

成功的机会总是留给那些自动自发工作的人，只有当你主动、真诚地去做事时，成功才会相伴而来。

彼得和查理一起进入一家快餐店，当上了服务员。他俩的年龄一样大，拿着同样的薪水，可是工作时间不长，彼得就得到了老板的褒奖，很快被加薪，而查理仍然在原地踏步。查理与其他人十分不解。面对查理和周围人士的牢骚与不解，老板让他们站在一旁，看看彼得是如何完成服务工作的。在冷饮柜台前，顾客走过来要一杯麦乳混合饮料。

彼得微笑着对顾客说："先生，你愿意在饮料中加入一个还是两个鸡蛋呢？"顾客说："哦，一个就够了。"这样快餐店就多卖出一个鸡蛋，在麦乳饮料中加鸡蛋是要额外收钱的。

看完彼得的工作后，经理说道："据我观察，我们大多数服务员是这样提问的：'先生，你愿意在你的饮料中加一个鸡蛋吗？'而这时顾客的回答通常是：'哦，不，谢谢。'对于一个能够在工作中主动完善提高的员工，我没有理由不给他加薪。"

许多公司都努力把自己的员工培养成对待工作自动自发的人。自动自发工作的员工，会勇于负责，有独立思考的能力。他们不会像机器一样，别人吩咐什么他就做什么。他们往往会发挥创意，出色地完成任务，而不能自动自发工作的员工，则墨守成规，害怕犯错误，凡事只求忠诚于公司的规则。他们会告诉自己，老板没有让我做的事，我又何必插手呢？又没有额外的奖励！这两种不同的想法会产生不同的工作表现。

博德鲁公司是一家行业信息和图书出版公司，总部位于康涅狄格州格林尼治镇。公司的一名运务员建议说，公司在下一次重印一种图书时，应当考虑适当缩减成品纸张的尺寸，那样在交付海运时，就可以将运费费率降低一个档次。

公司采纳了他的建议，结果仅仅在第一年度，就节省了50万美元的运费！公司主席马丁·埃德斯顿感慨地说："我在图书邮购业已经干了两三年，却压根不知道还有个第四类邮件运费费率。但是，每天负责运送图书的人对这个再清楚不过了！"

确实，那些自动自发工作的人，总是能为公司着想，忠心耿耿为老板考虑，主动想办法为公司节省费用。提出好的建议与信息，而且，他们也往往知道公司如何才能在其他方面省钱，或者整个公司的业务如何才能更高效地完成。他们也因此会得到提升和赏识。比别人多努力一些，就会拥有更多的机会。

用沟通击破合作的"壁垒"

有效沟通是建立高效团队的前提。一个优秀的团队肯定是一个沟通良好、协调一致的团队，因为团队如果没有交流沟通，就不可能达成共识；没有共识，就不可能协调一致，就不可能有默契；没有默契，就不能发挥团队绩效，也就失去了建立团队的基础。如果没有共识，团队成员就会站在不同的立场、为着不同的目的行动，这样的话，这个"团队"就很可能会分崩离析，失去存在的基础。

传说，人类的祖先最初讲的是同一种语言。他们在底格里斯河和幼发拉底河之间发现了一块非常肥沃的土地，于是就在那里定居下来，修建城池，建造起繁华的巴比伦城。后来，他们的日子越过越好，人们为自己创造的业绩感到自豪，决定在巴比伦修一座通天的高塔，来传颂自己的赫赫威名，并作为集合全天下弟兄的标记，以免分散。因为大家语言相通，同心协力，阶梯式的通天塔修建得非常顺利，很快就高耸入云。上帝得知此事，立即从天国下凡视察。上帝一看，又惊又怒，因为上帝是不允许凡人达到自己的高度的。他看到人们这样统一、强大，心想，人们讲同样的语言，就能建起这样的巨塔，日后还有什么办不成的事情呢？于是，上帝决定让人世间的语言发生混乱，使人们互相言语不通。

人们各自讲起不同的语言，感情无法交流，思想很难统一，就难免互相猜疑，各执己见，争吵斗殴。这就是人类之间误解的开始。

修造工程因语言纷争而停止，人类合作的力量消失了，通天塔最终半途而废。

虽然这只是一个很简单的故事，但是从这个故事中我们可以看出，沟通在团队合作中扮演着极其重要的角色。事实上，人与人之间的理解与支持关键在于沟通，沟通带来理解，理解才能促进合作。如果不能有效地沟通，就无法理解对方的意图，而不理解对方的意图，就不可能进行亲密无间的合作，更不用说创造最佳效益了。

美国前总统里根被尊称为"伟大的沟通者"绝非浪得虚名。在他漫长的政治生涯中，他已深切体会到与服务对象沟通的重要性。即使身在总统任内，他还保持阅读选民来信的习惯。他请白宫秘书每天下午交给他一些信件，然后，利用晚上的时间在家里亲自回复。

克林顿基于同样的理由常常利用电讯与人民面对面交谈，目的也无非是希望了解人民的想法，并表示对他们的关怀。就算他无法解决所有人提出的问题，但是克林顿总统亲自现身，聆听、抒发他自己的想法，本身就具有沟通的意义。

这已不是什么创新之举，林肯100多年前就采用了类似的做法。当时，任何美国公民都可以直接向总统请愿。偶尔，林肯会请助理回复，但他大部分都是亲自回复请愿者。

因为这件事，林肯还招致一些批评。当时正值国家内战、联邦待援的非常时期，为什么要浪费时间去处理这种小事情？只因为林肯深深地明白，了解民意乃是身为总统的首要职责，而他很愿意亲自接触民情。

沟通是每个人都要面临的问题，也是每个人都应该学习的课程，应该把提高自己的沟通技能提升到战略高度——从团队协作的角度来对待沟通。只有这样，才能真正创建一个沟通良好、理解互信、高效运作的团队。人在职场，难免会被同事误解。有的是他人造成的，有的则是自己不经意间造成的，对此绝不能采取消极的听之任之的态度，更不要采取对抗的方式，而是要通过沟通来解决。

无私奉献，把团队当作家

奉献是一种真诚自愿的付出行为，具有奉献精神的员工都能树立起与公司同命运的观念，把自己当成公司的主人，把公司当成自己的家。他在任何时候都会把公司的利益放在第一位，忠于职守，自觉主动，绝不出卖公司的机密，为公司奉献最大的力量。这样的员工将得到荣誉和报酬，将会受到所有公司的欢迎。让我们来看看下面这个感人的故事，感受一下一个普通员工具有的自我奉献的精神。

2002年10月，一个公司的营销部经理带领一支队伍参加某场国际产品展示会。在开展之前，有很多事情要做，包括展位设计和布置、产品组装、资料整理和分装等，需要加班加点地工作。可营销部经理带去的那一帮安装工人中的大多数却和平日在公司时一样，不肯多干一分钟，一到下班时间，就溜回宾馆或者逛大街去了。经理要求他们干活，他们竟然说："没加班费，凭什么干啊？"甚至有人还说："你也是打工仔，不过职位比我们高一点而已，何必那么卖命呢？"

在开展的前一天晚上，公司老板亲自来到展场，检查展场的准备情况。到达展场，已经是凌晨一点，让老板感动的是，营销部经理和一个安装工人正挥汗如雨地趴在地上，细心地擦着装修时粘在地板上的涂料。而让老板吃惊的是，其他人都不在。见到老板，营销部经理站起来对老总说："我失职了，我没有能够让所有人都来参加工作。"老板拍拍他的肩膀，没有责怪他，而指着那个工人问："他是在你的要求下才留下来工作的吗？"

经理回答说，这个工人是主动留下来工作的，在他留下来时，其他工人还一个劲地嘲笑他是傻瓜："你卖什么命啊，老板不在这里，你累死老板也不会看到啊！还不如回宾馆美美地睡上一觉！"

老板听了，没有作出任何表示，只是招呼他的秘书和其他几名随行人员加入到工作中去。但参展结束，一回到公司，老板就开除了那天晚上没有参加劳动的所有工人和工作人员，同时，将与营销部经理一同打扫卫生的那名普通工人提拔为安装分厂的厂长。那一帮被开除的人很不服气，来找人力资源总监理论。"我们不就是多睡了几个小时的觉吗，凭什么处罚这么重？而他不过是多干了几个小时的活，凭什么当厂长？"他们说的"他"就是那个被提拔的工人。

人力资源总监对他们说："用前途去换取几个小时的懒觉，是你们自己的行为，没有人逼迫你们那么做，怪不得谁。而且，我根据这件事情推断，你们在平时的工作里偷了很多懒。他虽然只是多干了几个小时的活，但据我们考察，他一直都是一个认真负责的人，他在平日里默默地奉献了许多。比你们多干了许多活，提拔他，是对他过去默默工作的回报。"

故事里的主人公体现出了高度的奉献精神，因为有了它，这名员工就会把公司的事当作自己的事，也会树立和公司同命运、共患难的观念。如果他能把这种精神坚持下去，必然能提高他的能力，使他的品格变得更为高尚，帮助他拓展成功的前景。

不论我们是一个出色的经理人，还是一个普通的员工，如果我们奉献的总是比别人多，人们终究会回报我们更多。如果我们能为周围的人提供更多和更好的服务，则顾客必定会记住我们，老板也会视我们为不可或缺的人。

对团队负责，才能对自己负责

一位英国科学家把一盘点燃的蚊香放进了蚁巢里。开始，巢中的蚂蚁惊慌失措，过了十几分钟后，便有许多蚂蚁纷纷向火中冲去，对着点燃的蚊香，喷射出自己的蚁酸。一只蚂蚁能射出的蚁酸量十分有限，因而导致一些蚁群中的"勇士"葬身火海。但是，它们前仆后继，过了几分钟，便将火扑灭了。活下来的蚂蚁将战友们的尸体移送到附近的一块墓地，盖上薄土，安葬了。

又过了一段时间，这位科学家又将一根点燃了的蚊香放到了那个蚁巢里，并细细观察。虽然这一次的"火灾"更大，但是这群蚂蚁已经有了上一次的经验。它们用很短的时间，便协同在一起，有条不紊地作战，不到一分钟，火便被扑灭了，而蚂蚁无一殉难，这真是个奇迹。

从蚂蚁灭火的现象中我们可以发现，个体的力量是很有限的，而团队的力量可以实现个人难以达成的目标。

所以说，作为公司里的职员，我们要从团队的角度出发，树立起对团队工作认真负责的信念。每一个公司都类似于一个大家庭，每一位成员都仅仅是其中的一份子，只有每一个人都具备了团队工作的精神后，才能对团队的工作认真负责，对自己的人生和事业负责。

"就招聘员工而言，我们有一套很严格的标准，但重要的是团队精神。"微软中国研究院的张湘辉博士说，"如果一个人是天才，但其团队精神比较差，这样的人我们不要。中国 IT 业有很多年轻聪明的人才，但团队精神不够，所以每个简单的程序都能编得很好，但编大型程序就不行了。微软开发 windows XP 时有 500 名工程师奋斗了 2 年，编写了 5000 万行编码。软件开发需要协调不同类型、不同性格的人员共同奋斗，缺乏领军型的人才，缺乏合作精神是难以成功的。"

一位人力资源专家指出："现在的年轻人在职场中普遍表现出来的自负，使他们在融入工作环境方面显得缓慢和困难，他们缺乏团队合作精神，项目都是自己做，不愿和同事一起想办法，每个人都会做出不同的结果，最后对公司一点儿用也没有。"

一个人是否具有团队合作的精神，也直接关系到他的工作业绩。

美国航天工业巨头休斯公司的副总裁艾登·科林斯曾经评价乔布斯说："我们就像小杂货店的店主，一年到头拼命干，才攒那么一点财富。而他几乎在一夜之间就赶上了。"乔布斯 22 岁开始创业，从赤手空拳打天下，到拥有 2 亿多美元的财富，他仅仅用了 4 年时间。不能不说乔布斯是有创业天赋的人。然而乔布斯因为独来独往，拒绝与人团结合作而吃尽了苦头。

他骄傲、粗暴，瞧不起手下的员工，像一个国王高高在上，他手下的员工都像躲避瘟疫一样躲避他。很多员工都不敢和他同乘一部电梯，因为他们害怕还没有出电梯之前就已经被乔布斯炒鱿鱼了。

就连他亲自聘请的高级主管——优秀的经理人、前百事可乐公司饮料部前总经理斯卡利都公然宣称："苹果公司如果有乔布斯在，我就无法执行任务。"

对于二人势同水火的形势，董事会必须在他们之间决定取舍。当然，他们选择的是善于团结的斯卡利，而乔布斯则被解除了全部的领导权，只保留董事长一职。对于苹果公司而言，乔布斯确实是一个大功臣，是一个才华横溢的人才，如果他能和手下员工们团结一心的话，相信苹果公司是战无不胜的，可是他选择了"独来独往"，不与人合作，这样他就成了公司发展的阻力，他越有才华，对公司的负面影响就越大。所以，即使是乔布斯这样出类拔萃的开创者，如果没有团队精神，公司也只好忍痛舍弃。

事实上，一个人的成功不是真正的成功，团队的成功才是最大的成功。对于每一个职场人士来说，谦虚、自信、诚信、善于沟通、团队精神等一些传统美德是非常重要的。团队精神在一个公司、在一个人事业的发展过程中都是不容忽视的。

/第八节/

给自己一点压力，才能激发潜力

给自己一点压力

折磨你的人会给予你巨大的压力，这时，你该如何应对？

美国鲍尔教授说："人们在感受工作中压力时，与其试图通过放松的技巧来应付压力，不如激励自己去面对压力。"

压力对于每一个人都有一种很特别的感觉。不错，人人都会本能地想摆脱压力，但往往都不能如愿！

一个人的惰性与生存所形成的矛盾会是压力，一个人的欲望与来自社会各方面的冲突会是压力。说通俗一些，就是人生的各个阶段都有压力：读书有压力，上班有压力，做平头老百姓有压力，做领导干部也有压力。总之，压力无处不在！

压力是好事还是坏事？

科学家认为：人是需要激情、紧张和压力的。如果没有既甜蜜又有痛苦的冒险滋味的"滋养"，人的机体就无法存在。对这些情感的体验有时就像药物和毒品一样让人上瘾，适度的压力可以激发人的免疫力，从而延长人的寿命。试验表明，如果将人关进隔离室内，即使让他感觉非常舒服，但没有任何情感体验，他很快会发疯。

压力带给人的感觉不仅仅是痛苦和沉重，它也能激发人的斗志和内在的激情，使你兴奋，使你的潜能被开发！

体育比赛的压力是大家都有目共睹的，正是因为压力大，才有了世界纪录频频被打破的现象。企业工作业绩的压力也是很大的，然而正是激烈的竞争机制才有了企业的飞速发展，人才也层出不穷。

压力不仅能激发斗志，压力还能创造奇迹。据说有一条非常危险的山路，是人们外出的必经之路，多少年来，从未出过任何事故。原因是，每一个经过的人都必须挑着担子才能通行。可是奇怪的是，人们空着手走尚且很危险的一条狭窄的小路，一边是陡峻的山崖，一边是无底的深渊，而挑着担子反能顺利通过。那是因为挑着担子的心不敢有丝毫的松懈，全部精力和心思都集中在此，所以，多少年来，这里都是安全的。这正是压力的效应。

相反，没有压力的生活会使人生活得没有滋味。

试想，如果所有的学生都是一样的考分，不管你是多么努力！所有的员工都是一样的工资，不管你是多么勤奋！那还会有谁愿意继续努力？人人就只会混日子过，变得越来越懒散，激情也将消失殆尽！说大了，社会也将停滞不前。

但压力又不能太大，大得难以承受，人又会被压垮的。这样的例子也很多。有一个女孩因高考感觉没考好，就没有回家而直接走到江里了。当录取通知书发下时，她已离去很多日子。原因是，这次考试是一锤子"买卖"，如果这次没考上，她也就没有第二次机会了，家长对她是这样说的，所以她无法承受这样的压力，于是选择了永不面对。

压力不能没有，压力又不能过大，而压力又无法摆脱。是的，生活就是这样，充满着矛盾，我们只能去选择适应生活和改变自己。当你没有了激情，懒懒散散，那就给自己加压，定下一个目标，限期完成；当你感到压力使你心身疲惫，都快成机器了，你就要进行压力舒解，放下一些攀比和力不从心的追求。

当你没有任何压力的时候，人就会失去动力，成为轻飘飘的云，没有了方向，要想改变目前的现状，你必须给自己一些压力。珍珠的来历大家都知道，它是石子放进贝壳，经过不分昼夜的磨砺而成。也让我们学习贝壳吧，把压力变成珍珠！

化压力为动力

常言道："井无压力不出油，人无压力轻飘飘。"生活中，人们经常有这样的感觉，挑着重担的人比空手步行的人要走得快，其中的奥妙，便是压力的作用。人生一世，轻松愉快只是一种可能，而承受不同程度的压力则是一种必然。在工作中、生活中遇到的困难、挫折、不幸，是一种压力，生活节奏加快、竞争日趋激烈、追求的痛苦、爱情的困惑，更是压力……我们无法撇开压力去谈人生。

人生苦短，由此不难让我们联想到云南大理白族的三道茶，就是一苦二甜三淡，象征着人生的三重境界。苦尽才能甘来，随之才有潇洒的人生，才会不屈服于压力，将压力转化为前进的动力，开创大业，走向人生的辉煌。天无绝人之路。生活抛给我们一个问题，也给了我们解决问题的能力。

也许你的生存压力不小，烦恼也不少，但切忌陷在自我忧虑中，而要冷静思考，全面评估现状，厘清思路，找到策略和行动方案，根据轻重缓急应对。记住你的力量远远要比压力大。

我国著名的国际口画艺术家杨杰就是这样一路走来的。农村出身的他6岁玩耍时双手触及高压线而不幸失去双臂，他被送至儿童福利院10年。10年过后归家，周围一切发生了很大变化，他感觉到生疏、艰难，很不适应。

他向人讨来笔墨，每天用牙磨墨、练画，用于练习的报纸摞起来高出他身高的几倍。功夫不负有心人，他在世界多个国家表演口画艺术，他的画在国外展出，并出版了个人画册，获得了多项荣誉称号。自强不息，哪怕有一丝希望也绝不放弃，这就是杨杰的人生态度。

善于承受压力和有强大的动力，是一个人成功的基础，只要你能够有效地将压力转化为动力，你离成功就不会遥远了。

在压力中奋起

毕业之后面临着就业压力，就业之后面临工作压力，其他还有诸如生活压力、竞争压力、恋爱压力，等等，如果你没有在压力面前奋起的勇气，那你只能在重重压力中陷入虚无。

众所周知，张学友是香港著名歌星，是四大天王之一，很多人痴迷他的歌、喜欢他的电影、羡慕他的辉煌，可有几个人知道他艰辛的奋斗历程呢？不要自卑，也不要害怕挫折，这是他的成功秘诀。

他的第一份工作是在政府贸易处当助理文员，工作十分乏味。不肯安于现状的性格使他不久跳槽到了一家航空公司，但工资比第一份还少。当时他也没有想过有一天会成为明星，踏入娱乐圈是偶然的，成功也来得太快，这使得他沉溺在成功带来的满足感和优越感之中，只知道尽情玩乐，逐渐变得放纵、狂傲、骄横，得罪了许多人。结果他的唱片销量直线下降，第一张、第二张唱片都可以卖20万，第三张只卖了10万，接着是8万、2万。他走在街上，原来是"学友""学友"的欢呼，现在成了粗言秽语；站在舞台上，原来是鲜花热吻，现在是阵阵嘘声。起初张学友接受不了这残酷的事实，没有去分析原因，而是去一味逃避：酗酒、骂人、闹事。家人朋友不断地劝慰他，但他一概不听，而且他还想过自杀！

沮丧的日子持续了两三年，后来他开始自省，意欲东山再起，这是他骨子里不肯服输、敢于一拼的性格所决定的。如果天生懦弱，自杀恐怕是他最终的抉择。他很了解娱乐圈"一沉百人踩"的事实，知道要东山再起所面对的艰辛，但他决意一拼！他后来总结经验说："当你决定要面对挫折和困难时，原来并不是没有出路的！"他努力唱出自己的风格，努力拍戏，努力去研究失败的原因，努力学习处世方法，努力应对各种刁难和挫折……全力以赴，付出了不为圈外人所知的艰辛，辉煌逐渐又回到了他的身边。

他说，没有人可以避免压力和挫折，重要的是要有豁达、乐观、坚毅、忍耐的性格，要搞清楚自己的位置和方向，才能走过失败，重新振作。他说自己希望做一只蜗牛，蜗牛永远不会理会别人的催促，无视外来的压力，只是依着自己的步伐和所选择的方向，勇往直前，这必能成功。

压力和挫折时刻都会存在，有人说，人没有了压力生活就会没有了方向，就像没有了风，帆船不会前进一样。但你一定不能在压力中不思进取，否则你将被压力淹没。

在压力中奋起，你才会有成功的可能。

找一个竞争对手"叮"自己

生活并不如意，你也没有什么前进的动力，如果一直这样下去，你的人生就会就此止息，没有什么指望了。

因此，面临这种情况，不妨找一个竞争对手，把他放在背后"叮"紧自己，不断前行。

在北方某大城市里，诸多电器经销商经过明争暗斗的激烈市场较量，在彼此付出了很大的代价后，有张、李两大商家脱颖而出，他们又成为最强硬的竞争对手。

这一年，张为了增强市场竞争力，采取了极度扩张的经营策略，大量地收购、兼并各类小企业，并在各市县发展连锁店，但由于实际操作中有所失误，造成信贷资金比例过大，经营包袱过重，其市场销售业绩反倒直线下降。

这时，许多业内外人士纷纷提醒李——这是主动出击、一举彻底击败对手张，进而独占该市电器市场的最好商机。

李却微微一笑，始终不曾采纳众人提出的建议。

在张最危难的时机，李却出人意料地主动伸出援手，拆借资金帮助张涉险过关。最终，张的经营状况日趋好转，并一直给李的经营施加着压力，迫使李时刻面对着这一强有力的竞争对手。

有很多人曾嘲笑李的心慈手软，说他是养虎为患。可李却没有丝毫后悔之意，只是殚精竭虑，四处招纳人才，并以多种方式调动手下的人拼搏进取，一刻也不敢懈怠。

就这样，李和张在激烈的市场竞争中，既是朋友又是对手，彼此绞尽脑汁地较量，双方各有损失，但各自的收获却都很大。多年后，李和张都成了当地赫赫有名的商业巨子。

面对事业如日中天的李，当记者提及他当年的"非常之举"时，李一脸的平淡：击倒一个对手有时候很简单，但没有对手的竞争又是乏味的。企业能够发展壮大，应该感谢对手时时施加的压力。正是这些压力，化为想方设法战胜困难的动力，进而在残酷的市场竞争中，始终保持着一种危机感。

其实，商界这一法则，动物界也给我们提供了例证。

一位动物学家在考察生活于非洲奥兰洽河两岸的动物时，注意到河东岸和河西岸的羚羊大不一样，前者繁殖能力比后者更强，而且奔跑的速度每分钟要快 13 米。

他感到十分奇怪，既然环境和食物都相同，何以差别如此之大？为了能解开其中之谜，动物学家和当地动物保护协会进行了一项实验：在两岸分别捉了 10 只羚羊送到对岸生活。结果送到西岸的羚羊发展到 14 只，而送到东岸的羚羊只剩下了 3 只，另外 7 只被狼吃掉了。

谜底终于被揭开，原来东岸的羚羊之所以身体强健，只因为它们附近居住着一个狼群，这使羚羊天天处在一个"竞争氛围"中。为了生存下去，它们变得越来越有"战斗力"。而西岸的羚羊长得弱不禁风，恰恰就是缺少天敌，没有生存压力的原因。

没有压力，人的潜能就会逐步退却，人的动力慢慢消退，生命的机能不断萎缩。最终，人的事业消沉，生活散漫，人生越来越暗淡。

只有注入强有力的压力，在压力中多多用心，努力将压力转化为动力，才有可能使生命越来越有活力，激发出更多的人生潜能，最终取得事业的成功。

找一个竞争对手"叮"自己，才不至于因生活散漫而消沉，才能在成功的路途上越走越远。

一次做好一件事

有人问拿破仑打胜仗的秘诀是什么。他说："就是在某一点上集中最大优势兵力，也可以说是集中兵力，各个击破。"这句话精辟地道出了集中注意力对于成功的重要。

无论何时，集中注意力去做事都是成功的关键之一。古往今来，凡是卓有成就的人，他们都有一个共同点，那就是将精力用在做一件事情上，专心致志，集中突破，这是他们做事卓有成效的主要原因。著名的效率提升大师博恩·崔西有一个著名的论断："一次做好一件事的人比同时涉猎多个领域的人要好得多。"富兰克林将自己一生的成就归功于"在一定时期内不遗余力地做一件事"这一信条的实践。

史蒂芬·柯维在为一些经理人做职业培训时，有一次，一位公司的经理去拜访他，看到柯维干净整洁的办公桌感到很惊讶，他问史蒂芬·柯维说："柯维先生，你没处理的信件放在哪儿呢？"

柯维说："我都处理完了。"

"那你今天没干的事情又推给谁了呢？"这位经理紧接着问。"我所有的事情都处理完了。"史蒂芬·柯维微笑着回答。看到这位经理困惑的表情，史蒂芬·柯维解释说："原因很简单，我知道我所需要处理的事情很多，但我的精力有限，一次只能处理一件事情，于是我就按照所要处理的事情的重要性，列一个顺序表，然后就一件一件地处理。结果，完了。"说到这儿，史蒂芬·柯维双手一摊，耸了耸肩膀。

"噢，我明白了，谢谢你，史蒂芬·柯维先生。"

几周以后，这位公司的经理请史蒂芬·柯维参观其宽敞的办公室，对史蒂芬说："柯维先生，感谢你教给了我处理事务的方法。过去，在我这宽大的办公室里，我要处理的文件、信件等，堆得和小山一样，一张桌子不够，就用三张桌子。自从用了你说的法子以后，情况好多了，瞧，再也没有没处理完的事情了。"

这位公司的经理，就这样找到了处理的办法，几年以后，成为美国社会成功人士中的佼佼者。

人的精力并不是无限的，如果你想超负荷地一次完成数件事情，那结果只会使事情变得更糟糕。最好的方法是，一次做好一件事，对你来说，这样就已经足够。只要你有恒心和毅力把手边的每件事都做好，你就会不断获得进步，最终改变困境，走向成功。

天助来自自助

求人不如求己。如果你不想失败，不想做他人耻笑的"半个人"，就打消你心中"依赖他人生存"的念头吧！给自己找个职业，让自己独立起来。只有这样，你才会真正地体会到自身价值，才会感到无比幸福。如果你不丢弃依赖别人这种可怜的想法，即使你怀有雄心和充满自信，也未必会发挥出所有的能力，获得成功。

人，要靠自己活着，而且必须靠自己活着。在人生的不同阶段，尽力达到理应达到的自立水平，拥有与之相适应的自立精神。这是当代人立足社会的根本基础，因为缺乏独立自主个性和自立能力的人，连自己都管不了，还能谈发展成功吗？

陶行知告诉我们："淌自己的汗，吃自己的饭，自己的事自己干。靠天靠人靠祖宗，不算是好汉。"

"自助者，天助之"，这是一条屡试不爽的格言，它早已被漫长的人类历史进程中无数人的经验所证实。自立的精神是个人真正的发展与进步的动力和根源，它体现在众多的生活领域，也成为国家兴旺强大的真正源泉。从效果上看，外在帮助只会使受助者走向衰弱，而自强自立则使自救者兴旺发达。

要想成为生活中的强者，只有身体健康和智力发达是远远不够的，如果连自立的能力都没有，连基本的生活都不会自理又如何能自强呢？要知道，自立是自强的基础。所以说，自立自强是我们品格优秀的一个很重要的因素，是不可缺少的。

从21世纪人才的竞争来看，社会对人才的素质要求是很高的，除了具备良好的身体素质和智力水平，还必须具备很强的生存意识和能力、很强的竞争意识和能力、很强的科技意识和能力，以及很强的创新意识与能力。这就要求我们从现在开始就注重对自己各方面能力包括自理能力的培养，只有使自己成为一个全面的、高素质的人，才可能在未来的竞争中站稳脚跟，取得成功。

人若失去自己，是一种不幸；人若失去自主，则是人生最大的缺憾。赤橙黄绿青蓝紫，谁都应该有自己的一片天地和特有的亮丽色彩。你应该果断地、毫无顾忌地向世人宣告并展示你的能力、你的风采、你的气度、你的才智。在生活道路上，必须善于做出抉择，不要总是踩着别人的脚印走，不要总是听凭他人摆布，而要勇敢地驾驭自己的命运，调控自己的情感，做自己的主宰，做命运的主人。

善于驾驭自我命运的人，是最幸福的人。只有摆脱了依赖，抛弃了拐杖，具有自信，能够自主的人，才能走向成功。自立自强是走入社会的第一步，是打开成功之门的金钥匙。

真正的自助者是令人敬佩的觉悟者，他会藐视困难，而困难也会在他面前轰然倒地。

行动起来吧，因为只有你自己才能真正帮助自己。

每天进步一点点

《礼记·大学》中有句话："苟日新，日日新，又日新。"老子在《道德经》中说："合抱之木，生于毫末，九层之台，起于累土，千里之行，始于足下。"这些古老的中国经典文化格言说明一个道理：量变积累到一定程度就会发生质变。一个人，只要坚持每天进步一点点，终有到达成功的那一天。

纽约的一家公司被一家法国公司兼并了，在兼并合同签订的当天，公司新的总裁就宣布："我们不会随意裁员，但如果你的法语太差，导致无法和其他员工交流，那么，我们不得不请你离开。这个周末我们将进行一次法语考试，只有考试及格的人才能继续在这里工作。"散会后，几乎所有人都拥向了图书馆，他们这时才意识到要赶快补习法语了。只有一位员工像平常一样直接回家了，同事们都认为他已经准备放弃这份工作了。令所有人都想不到的是，当考试结果出来后，这个在大家眼中肯定是没有希望的人却考了最高分。

原来，这位员工在大学刚毕业来到这家公司之后，就已经认识到自己身上有许多不足，从那时起，他就有意识地开始了自身能力的储备工作。虽然工作很繁忙，但他却每天坚持提高自己。作为一个销售部的普通员工，他看到公司的法国客户有很多，但自己不会法语，每次与客户的往来邮件与合同文本都要公司的翻译帮忙，有时翻译不在或兼顾不上的时候，自己的工作就要被迫停顿。因此，他早早就开始自学法语了。同时，为了在和客户沟通时能把公司产品的技术特点介绍得更详细，他还向技术部和产品开发部的同事们学习相关的技术知识。

这些准备都是需要时间的，他是如何解决学习与工作之间的矛盾呢？就像他自己所说的一样："只要每天记住10个法语单词，一年下来我就会3600多个单词了。同样，我只要每天学会一个技术方面的小问题，用不了多长时间，我就能掌握大量的技术了。"

我们每天的进步就在每天持之以恒的坚持之中，贵在日复一日、月复一月、年复一年勤勤恳恳的背诵之中。一步登天做不到，但一步一个脚印能做到，急于求成、一鸣惊人不好做，但永远保持一股韧劲，认认真真完成每天的功课可以做到，一下子成为圣贤之人不可能，但要求自己每天进步一点点有可能。

要求自己每天进步一点点，就是要让自己在漫长人生旅途中，今天要比昨天强，今天的事情今天做，每天都在为心中那个大目标做着永不懈怠的努力！为此，始终保持一份平静、从容的心态，步履稳健地走好人生的每一步，不允许每一天的虚度，不放过每一天的繁忙，不原谅每一天的懒散，用"自胜者强"来勉励、监督和强迫自己，克服浮躁，战胜动摇。要求自己在人生的旅途中每天进步一点点，不是做给别人看，所以不能懈怠，更不能糊弄自己，而是要用严于律己的人生态度和自强不息、每天进步一点点的可贵精神，走一条回归自然的光明大道。

所以每天进步一点点，不是可望而不可即，也不是可遇而不可求，它就在我们每天自身的努力之中。所以不能有一点成绩就自以为了不起，而是要以一种平和的心态，笨鸟先飞的态度，永远不满足，不停步，不回头！认认真真做好每天该做的事，对于我们每天的背诵要用雷打不动的精神把它完成好。

也许每天进步一点点并不引人注目，可就是这一个个小小的不引人注目的进步，终将会有一个大器晚成的效果。所以要坚信只要我们用每天进步一点点的精神，持之以恒地努力，就能使我们的人生充实而幸福，就能让我们的人生有耀眼的风采！

成功来源于诸多要素的几何叠加。比如，每天笑容多一点点，每天行动多一点点，每天创新多一点点，每天的效率高一点点……假以时日，我们的明天与昨天相比将会有天壤之别。

一个企业，如果把"每天进步一点点"变成企业文化的一部分，当其中的每个人每天都能进步一点点，试想，有什么障碍能阻挡得住它最终的辉煌；就像数学乘式中每个乘项增加 0.1，而乘积却会成倍的增长一样。竞争对手常常不是我们打败的，而是他们自己忘记了每天进步一点点；成功者不是比我们聪明，而是他比我们每天多进步一点点。

不要总相信"还有明天"

一日有一日的理想和决断，昨日有昨日的事，今日有今日的事，明日有明日的事。放着今天的事情不做，非得留到以后去做，却不知在拖延中所耗去的时间和精力，足以把今日的工作做好。决断好的事情拖延着不做，往往还会对我们的品格产生不良影响。

受到拖延引诱的时候，要振作精神去做，不要去做最容易的，而要去做最艰难的，并且坚持下去。美国哈佛大学人才学家哈里克说："世上有93%的人都因拖延的陋习而一事无成，这是因为拖延能杀伤人的积极性。"

曾有一位打工者在年底受到老板的忠告："希望从明年开始，你能认认真真地做下去。"

可是那位打工者却回答说："不！我要从今天开始就好好地认真工作。"

虽然告诉你明天，其实就是要你现在开始的意思。不从今天而从明天开始，似乎也不错，然而有"从今天开始"的精神才是最需要和让人敬佩的。

将事情留待明天处理的态度就是拖延和犹豫，这不但阻碍职业上的进步，也会加重生活的压力。对某些人而言，拖延就像一块心病，使人生充满了挫折、不满与失落感。

最初可能只是由于犹豫不决才拖延，但等到一个人养成了拖延的习惯，就会有众多借口导致拖延的发生。经常拖延的人总是寻找很多的借口：工作太无聊、太辛苦，工作环境不好，完成期限太紧，等等。

拖延误事，因此，没有比养成"今天的事情今天完成"更好的习惯了。当你每天起床后，应该预计今天要完成哪些事情，等到临睡前的时候，你就可以仔细检查一下，你预定的工作完成了没有，如果没有的话，就赶快抓紧时间完成吧！

拖延是一种顽疾，如果你要克服它并且养成"今日事今日毕"的习惯，你就要下定决心，准备洗心革面。

我们每个人在自己的一生中，有着种种憧憬、种种理想、种种计划，如果我们能够将这一切憧憬、理想与计划，迅速加以执行，那么我们在事业上的成就不知道会有多么伟大！然而，人们有了好的计划后，往往不去迅速执行，而是一味拖延，以致让充满热情的事情冷淡下去，幻想逐渐消失，计划最终破灭。

希腊神话告诉人们，智慧女神雅典娜是在某一天突然从宙斯的脑袋中一跃而出的，跃出之时雅典娜身披铠甲。同样，某个高尚的理想、有效的思想、宏伟的幻想，也是在某一瞬间从一个人的头脑中跃出的，这些想法刚出现的时候也是很完整的。但有拖延恶习的人迟迟不去执行，不去实现，而是留待将来再去做。这些人都是缺乏意志力的弱者。那些有能力并且意志坚强的人，往往趁着热情最高的时候就去把理想付诸实施。

今日的理想，今日的决断，今日就要去做，一定不要拖延到明日，因为明日还有新的理想与新的决断。日日复一日，明日何其多！

拖延往往会妨碍人们做事，因为拖延会消磨人的创造力。过分的谨慎与缺乏自信都是做事的大忌，有热忱的时候去做一件事，与在热忱消失以后去做一件事，其中的难易苦乐相差很大。趁着热忱最高的时候，做一件事情往往是一种乐趣，也比较容易；但在热情消灭后，再去做那件事，往往是一种痛苦，也不易办成。

不要总相信"还有明天"，今天才是你努力的起点，如果你一直等待明天再去努力，那你永远不会获得成功。

学会每天超越自己

无法每天超越自己的人，通常成不了大事。

只要说服自己做得到，不论多么艰巨的任务，你必能完成。反过来说，如果想象自己做不到，就是最简单的事，对你也是座无力攀登的险峰。

林恩是一位精力充沛、在家忙碌的妻子和母亲。18年来，她每天都要安慰和支持她的家人，她有个需要特殊照料的患脑积水的儿子。等孩子们长大后，林恩越发不安分，她渴望做一名计算机检修工。

她走出家门，在富有挑战性、男人所统治的领域工作，令林恩产生了无限忧虑。她的女性朋友分担了她的忧虑，在她们的鼓励下，林恩开始慢慢地克服忧虑，接着就开始积累成功所需的经验。当然她经历了挫折，但她没有灰心，一次又一次地克服困难并坚持下来。最后，大家开始认同并相信她做女商人的能力。

现在，林恩拥有成功的事业。她的成功是一点一滴积累而成的，例如参加成人教育班、自愿担任计算机初学者的培训员、组织收费低廉的小型讨论会等。她的最大成功就是超越了忧虑，超越了自我，并集中每次取得的小小成功，才取得了最后的胜利。

对自己有信心，并竭尽所能地工作——这是成功改变不利现状的根本。

懒惰会让你一事无成

《颜氏家训》说："天下事以难而废者十之一，以惰而废者十之九。"惰性往往是许多人虚度时光、碌碌无为的性格因素，这个因素最终致使他们陷入困顿的境地。惰性集中表现为拖拉，就是说可以完成的事不立即完成，今天推明天，明天推后天。

许多大学生奉行"今天不为待明朝，车到山前必有路"。结果，事情没做多少，青春年华却在这无休止的拖拉中流逝殆尽了。

"业精于勤荒于嬉。"产生惰性的原因就是试图逃避困难的事，图安逸，怕艰苦，积习成性。人一旦长期躲避艰辛的工作，就会形成习惯，而习惯就会发展成不良性格倾向。比尔·盖茨说："懒惰、好逸恶劳乃是万恶之源，懒惰会吞噬一个人的心灵，就像灰尘可以使铁生锈一样，懒惰可以轻而易举地毁掉一个人，乃至一个民族。"这给我们敲响了警钟。

城市附近有一个湖，湖面上总游着几只天鹅，许多人专程开车过去，就是为了欣赏天鹅的翩翩之姿。

"天鹅是候鸟，冬天应该向南迁徙才对，为什么这几只天鹅却终年定居，甚至从未见它们飞翔呢？"有人这样问湖边垂钓的老人。

"那还不简单吗？只要我们不断地喂它们好吃的东西，等到它们长肥了，自然无法起飞，而不得不待下来。"老人答道。

圣若望大学门口的停车场，每日总看见成群的灰鸟在场上翱翔，只要发现人们丢弃的食物，就俯冲而下。

它们有着窄窄的翅膀、长长的嘴、带蹼的脚。这种"灰鸟"原本是海鸥，只为城市的食物易得，而宁愿放弃属于自己的海洋，甘心做个清道夫。

湖上的天鹅，的确有着翩翩之姿，窗前的海鸥也实在翱翔得十分优美，但是每当看到高空列队飞过的鸿雁，看到海面乘风破浪的鸥鸟，就会为前者感到悲哀，为后者的命运担忧。

鸟因惰性而生死殊途，人也会因惰性而走向堕落。如果想战胜你的慵懒，勤劳是唯一的方法。对于人来说，勤劳不仅是创造财富的根本手段，而且是防止被舒适软化、涣散精神活力的"防护堤"。

有位妇人名叫雅克妮，现在她已是美国好几家公司的老板，分公司遍布美国27个州，雇用的工人达8万多。

而她原本却是一位极为懒惰的妇人，后来由于她的丈夫意外去世，家庭的全部负担都落在她一个人身上，而且还要抚养两个子女，在这样贫困的环境下，她被迫去工作赚钱。她每天把子女送去上学后，便利用余下的时间替别人料理家务，晚上，孩子们做功课时，她还要做一些杂务。这样，她懒惰的习性就被克服了。后来，她发现很多现代妇女都外出工作，无暇整理家务。于是她灵机一动，花了7美元买清洁用品，为有需要的家庭整理琐碎家务。这一工作需要自己付出很大的勤奋与辛苦。渐渐地，她把料理家务的工作变为一种技能。后来甚至大名鼎鼎的麦当劳快餐店居然也找她代劳，雅克妮就这样夜以继日地工作，终于使订单滚滚而来。

　　有些人终日游手好闲、无所事事，无论干什么都舍不得花力气、下功夫，他们总想不劳而获，总想占有别人的劳动成果，他们的脑子一刻也没有停止活动，他们一天到晚都在盘算着去掠夺本属于他人的东西。正如肥沃的稻田不生长稻子就必然长满茂盛的杂草一样，那些好逸恶劳者的脑子中就长满了各种各样的"思想杂草"。

　　"无论王侯、贵族、君主，还是普通市民都具有这个特点，人们总想尽力享受劳动成果，却不愿从事艰苦的劳动。懒惰、好逸恶劳这种本性是如此的根深蒂固、普遍存在，以至于人们为这种本性所驱使，往往不惜毁灭其他的民族，乃至整个社会。为了维持社会的和谐、统一，往往需要一种强制力量来迫使人们克服懒惰这一习性，不断地劳动。由此就产生了专制政府。"英国哲学家穆勒这样认为。

　　那些生性懒惰的人不可能在社会生活中成为一个成功者，他们永远是失败者；成功只会光顾那些辛勤劳动的人们。懒惰是一种恶劣而卑鄙的精神重负。人们一旦背上了懒惰这个包袱，就只会整天怨天尤人，精神沮丧、无所事事，这种人完全是无用的人。

第四章

不抱怨的情感

不懂珍惜生活的人，最会抱怨它的匆匆而过

停止抱怨，珍惜你所拥有的

"事情怎么会这样呢？真是烦人！""我这次考试没考好，全都怪昨天晚上……""考试题出成这样，老师根本就是在难为我们。"这是不是你经常挂在嘴边的话？心情不愉快的时候，这些抱怨的话好像不经过大脑自己就到嘴边了，然后心情就会变得很沮丧。在这样一种精神状态下，不难想象，你犯错误的概率自然要比别人高，许多新的烦恼又在后边等着你，那么你又开始新一轮的抱怨—沮丧—出错—倒霉……

哈佛教授认为，抱怨只是暂时的情绪宣泄，它可以是心灵的麻醉剂，但绝不是解救心灵的方法。因而，他们经常告诫自己的学生：遇到问题，抱怨是最坏的方法。

罗曼·罗兰说，只有将抱怨环境的心情化为上进的力量，才是成功的保证。也有人说，如果一个人青少年时就懂得永不抱怨的价值，那实在是一个良好而明智的开端。倘若我们还没修炼到此种境界，就最好记住下面的话：如果事情没有做好，就千万不要为抱怨找借口。

古人云："人生之事，不顺者十之八九，常想一二。"这句话的意思是说人活在世上，十件事中有八九件都会使人不顺心，但要常去想那一两件使人开心的事。每个人都会遇到烦恼，明智的人会一笑了之，因为有些事是不可避免的，有些事是无力改变的，有些事情是无法预测的。能补救的应该尽力补救，无法改变的就坦然面对，调整好

自己的心态去做该做的事情。

一名飞行员在太平洋上独自漂流了 20 多天才回到陆地。有人问他，从那次历险中他得到的最大教训是什么。他毫不犹豫地说："那次经历给我的最大教训就是：只要还有饭吃，有水喝，你就不该再抱怨生活。"

人的一生总会遇到各种各样的不幸，但快乐的人不会将这些装在心里，他们没有忧虑。所以，快乐是什么？快乐就是珍惜已拥有的一切，知足常乐。

抱怨是什么？抱怨就像用针刺破一个气球一样，让别人和自己泄气。

其实，抱怨属人之常情。"居长安，大不易"，难道不许别人说一说苦闷吗？困难是一回事，抱怨是另一回事。抱怨的人认为不是自己无能，而是社会太不公平，如同全世界的人合伙破坏他的成功，这就把事情的因果关系弄颠倒了。

喜欢抱怨的人在抱怨之后，心情非但没变轻松，反而变得更糟。常言说，放下就是快乐。这也包括放下抱怨，因为它是沉重又无价值的东西。

人们喜欢那些乐观的人，是喜欢他们表现出的超然。生活需要的信心、勇气和信仰，乐观的人都具备。他们在自己获益的同时，又感染着别人。人们和乐观，包括豁达、坚韧、沉着的人交往，会觉得困难从来不是生活的障碍，而是勇气的陪衬。和乐观的人在一起，自己也就得到了乐观。

抱怨失去的不仅是勇气，还有朋友。谁都不喜欢牢骚满腹的人，怕自己受到传染。失去了勇气和朋友，人生变得很难，所以抱怨的人继续抱怨。他们不知道，人生有许多简单的方法可以快乐地生活，停止抱怨是其中的真谛之一。

总是抱怨自己不幸的人，不要总是看到你还不曾拥有的东西，而要静下心来，放下心灵的负担，仔细品味你已拥有的一切。学会欣赏自己的每一次成功、每一份拥有，你就不难发现，自己竟会有那么多值得别人羡慕的地方，幸福之神早已向你频频招手。

谁珍惜生命，谁就延长了生命

人生总是那么短暂，有时候心怀梦想，想要按照计划去实行，可是似乎计划还没有定完，一段青春的岁月就这么溜走了。不知不觉，人生已经到了暮年，也许再转眼，就划过了所有的美好岁月，走向了人生的尽头。每天，都有无数生命像流星一样划过天际，消失在茫茫夜空当中。是哀叹、漠然，还是反思、爱惜？

曾在报刊上读过一篇关于生命的文章：

在一个炎热的上午，10时整，蝉发表了他的第一篇作品。它说：炎热。

同一天11时，它还在鸣叫，并没有改变它的调子，而且扩大了它的主旋律。它说：爱情。

在酷热的午后时分，当爱情与炎热带来的伤感动摇了它时，它心灵的交响乐进入了伟大的乐章，于是它说：死亡。

但是这事还没有结束。晚餐以后，它把炎热、爱情、死亡编织成最后一节，比其他各节更为精妙，而且没有那么嘈杂。它还掌握着最后一个英雄般的单音节词。

生命，它回忆着说：生命。

生命，即使如火焰、如昙花，只要学会珍惜，它便永存那一刹的动人与璀璨。

当代作家毕淑敏在谈到自己生命的经历时，曾说："我16岁时离开北京到西藏阿里当兵，是我记忆最深刻的人生转折。我从小的生活经历决定，我对于农村的想象空间也仅限于住土房子吃窝头，而到了阿里，零下40多度的酷寒、海拔5000米以上带来的缺氧、八九个月接不到任何信件、吃不到任何蔬菜，等等，那该不是外星吧？我吓坏了！我真正地感受到，人的生命太脆弱了，因为我们还时时会面对死亡。

"那时我们没有任何娱乐的条件，没过多久几个人连话都说尽了，我因此常常一个人呆坐着看冰雪，一看就是几个小时，现在想来，那简直就是'面壁'……原始人的生活不过如此吧？

"但是，我在那时有很多冥想，人从哪里来，要到哪里去，看冰雪的时候仿佛看出了人生的很多问题。我记得康德有一句话说：'人对于崇高的认识来源于恐惧。'可能吧，于是我决心自己的一生要过得有趣有意义，还要于他人有益。

"那十多年的生活让一种观念横贯我的一生，那就是珍惜生命。有人曾经对我的小说等作品做专门研究发现，我用'生命''死亡'，特别是'温暖'这样的词汇特别多，大概是因为我当年被冻怕了。

"不管怎么说，后来我的作品总是要把自己在高原所体验到的生命的宝贵，传达给他人。那是在我长篇小说里一以贯之的主题——爱惜生命。"

爱惜，是因为感恩。毕竟，能够拥有生命就是一种幸福。但是，如果人的生命就好像一朵盛开的花朵，你可以绚烂辉煌，香气袭人；或者苍白暗淡，寂寂无声。一切在于你珍惜与否。生命也是脆弱的，面对如此脆弱的生命，我们唯一能做的，就是珍惜生命中的每一天，不虚度，不浪费。

身边出现的每一个人都是我们的福分

一天，一个中年妇女见自己家门口站着三位老人，便上前对老人们说："你们一定饿了，请进屋吃点东西吧！"

"我们不能一起进屋。"老人们说。

"为什么？"中年妇女不解。

一位老人指着同伴说："他叫成功，他叫财富，我叫善良。你现在进屋和家人商量一下，看看需要我们当中哪一位？"

中年妇女进屋和家人商量后决定把善良请进屋。她出来对老人们说："善良老人，请到我家来做客吧。"

善良老人起身向屋里走去，另两位叫成功和财富的老人也跟进来了。

中年妇女感到奇怪，问成功和财富："你们怎么也进来了？"

"善良是我们的兄长，兄长在，我们也必须在，因为哪里有善良，哪里就有成功和财富。"老人们回答说。

其实就像这位老人说的那样，善良总是伴随着财富和地位一起而来，我们善待、珍惜生命中出现的每一个人，其实也是在善待我们自己。

在我们的生命中，不断地有人离开或进入，我们无法把握时间去改变这些，但是我们却可以用自己的心去珍惜于自己生命中存在过的人。与每一个人的相遇都是一种机缘，当有一天，我们回首的时候，发现那些当初很要好的人已经是天各一方，每个人都开始了没有我们的日子，那些曾经大大咧咧地喊他昵称的日子似乎已经很遥远了，想念彼人，却发现你已经连他的电话也没有了，于是后悔当初只因为一句话就彼此伤害，后悔没有好好珍惜在一起的日子。

所以，无论是什么时候，每一个人的出现都是自己的福分，感激上天让我们与每一个人的相逢，或许此刻你们亲近无比，但说不准哪一天你们从此分别，永远无法联系，为了我们的人生没有遗憾，善待我们生命中的每一位过客。

遇到你真正的爱人时，要努力争取和他相伴一生的机会，因为当他离去时，一切都来不及了；遇到可相信的朋友时，要好好地和他相处下去，因为在人的一生中，能遇到一个知己真的不容易；遇到人生中的贵人时，要记得好好感激，因为他是你人生的转折点；遇到曾经爱过的人，记得微笑向他感激，因为他是让你更懂得爱的人；遇到曾经恨过的人时，要微笑着向他打招呼，因为他让你变得更坚强；遇到现在和你相伴一生的人，要百分百感谢他爱你，因为你们现在都得到幸福和真爱；遇到背叛你的人时，要跟他好好聊一聊，因为若不是他，今天你不会懂得这个世界；遇到曾经偷偷喜欢的人时，要祝他幸福！因为你喜欢他时，是希望他幸福快乐；遇到匆匆离开你的人，要谢谢他走过你的人生，因为他是你精彩回忆的一部分。

善待生命中每一个与你擦肩而过的朋友，你的人生将轻松无比，了无缺憾。

告诉眼前人，他对你很重要

有一位著名作家说："人在年轻的时候，并不一定了解自己追求的、需要的是什么，甚至别人的起哄也会促成一桩婚姻；等你再长大一些，更成熟一些的时候，你才会知道你真正需要的是什么。可那时，你已经做了许多悔恨得使你锥心的蠢事。"所以，真正遇到自己爱的人，一定要告诉他，他对你很重要。不然，等到错过了，就再也没有让对方明白你的心意的机会了。

八十多年前，为了爱情，诗人徐志摩与其原配夫人离异，造就中国近代史第一例离婚案，影响巨大。其师梁启超力劝其悬崖勒马，徐意坚决，复书说："吾唯有于茫茫人海中求之，得之我幸，不得我命，如此而已！"

毛彦文是中国第一个女留学博士，大学者吴宓追求毛女士时，曾将他的罗曼蒂克写成诗，还发表出来，其中有"吴宓苦爱毛彦文，九州四海共惊闻。离婚不畏圣贤讥，金钱名誉何足云"等句。世人议论纷纷，吴宓泰然自若。

这种表达爱情的勇气和方式，直至今日，仍令人津津乐道。

他到国外出差，在机场告别了恋人便搭机飞往瑞士。半个月后，事情办完了，他也买好回家的机票，然后他到电信局打算发电报给恋人。

拟好电文后，他交给一位女营业员，问："麻烦帮我算算一共要多少钱？"

她讲了个数目，他却发现自己手头上的现金不够，眼看登机的时间就要到了，只好对营业员说："那么，把'亲爱的'这几个字从我的电报中去掉吧，这样钱就够了。"

"不，"那名女营业员一边反对，一边打开自己的手提包掏出钱来，"我来为'亲爱的'这几个字付钱好了，恋人一直渴望从她们的另一半那儿得到这个字眼呢。"

其实，岂止在恋人之间，就算在亲人朋友之间，我们都应该适时地去表达我们的"爱"。

有一个女人，她的脸动过肿瘤手术后，因为有一小段面部神经不得不被割去，造成脸部部分肌肉瘫痪，表情扭曲变形。从此以后，永远是这副样子。

她年轻的丈夫站在病床一旁。两人在昏黄的灯光下，默默对视。

"我的嘴永远都会是这样子吗？"她问医生。

"是的。"医生说。她听后低头不语。

"我喜欢这样子，"她的丈夫说，"亲爱的，孩子也会喜欢你的。"

此刻，丈夫毫不介意外人在场，低头去吻妻子歪扭的嘴。医生站得那么近，看见他也扭曲自己的嘴唇去配合妻子的唇型，表示两人还可以吻得很好。

医生屏住呼吸，不敢出一点儿声，只觉得自己是在目睹一个神圣的场面。

我们能从别人对我们的爱中得到力量，使我们察觉到自己在对方心中不可或缺的存在，从中体会到安全自在的感受。

我们知道自己喜欢被尊重、被爱护的感觉，相对的，我们也应该给予关爱我们的人相同的回报。

爱，拒绝犹豫、观望。唯有勇敢地付诸行动，才有希望撷取它的甘美。许多时候，含蓄的天性，让我们总是不敢说爱，不好意思示爱，却往往错过了爱可以发挥的力量；等到失去了，错过了机会，一切都难再从头开始，难过、失落与伤怀，都很难被抚平。勇敢地将心里的爱表现出来，真心地传达出对对方的支持。让我们成为彼此心灵的后盾，有了这份爱的力量，我们将能更有勇气继续前进，激荡出彼此生命中璀璨的火花。

珍惜缘分吧，它是可遇不可求的精灵

有人说："在对的时间，遇见对的人，是一生幸福；在对的时间，遇见错的人，是一场心伤；在错的时间，遇见对的人，是一声叹息；在错的时间，遇见错的人，是一段荒唐。"天意弄人，缘起缘灭，为什么最真的人却总碰不到最真的心？想起来让人欲哭无泪。或许爱情就是这样"狡猾"的东西吧，它有时躲在暗处，有时笑眯眯与你迎面走来，未找到爱情的你，左顾右盼却看它不到，遇到爱情的你，又总是瞻前顾后，羞羞答答，信奉"矜持"的教条，或者等待着他会先开口，结果一恍惚间，已是沧海桑田，再回首时，心依旧人已远，空留一腔怅惘在心间！

为什么会是这样呢？原因也许就在于"表露"。很多女孩太追求"意会"，或太固守女孩含蓄的美德，死死不肯流露自己的真心，让男人去猜，等男人来追。可男人是粗心的，你不暗示，他怎如你一般心细如发？就算他很想追你，但世事难料，怎能保证事情不节外生枝，阴错阳差，好事付诸东流？缘分不待人，它来的时候，该抓的一定要抓，不要等到木已成灰，才空自叹息。勇敢地去爱你想爱的那个人，即使是帅哥，你也不要畏缩，大胆地说出来，让他明白你的心意，哪怕被无情拒绝，只要曾经努力过，你就没有什么遗憾。

有一位美丽、温柔的女孩，身边不乏追求者，但她遇到了漂亮女孩常有的难题：在同样优秀的两个男孩中应该选择谁？锋长得帅气，很开朗很幽默。宇也不错，很善良，只是内向和羞涩，不善表现自己。

在心底，她喜欢宇。但她不知宇对她的爱有多深。于是，她决定等情人节再做出选择。她想，要是宇送来玫瑰，或跟她说"我爱你"，那么，她就选宇。

但是，现实总不能如愿。

情人节那天，送来玫瑰并说"我爱你"的是锋，不是宇。宇只给她送来一只鹦鹉，也没有说什么"我爱你"之类。一直深信缘分的她颇感失望。女友来访，她随手就将那只鹦鹉给了女友。她说，是缘分叫她选择锋。

几个月后，女孩偶遇女友，女友啧啧地说，那只鹦鹉笨死了，一天到晚只会说"我爱你、我爱你"，吵死了！女友说得轻描淡写，于她来说却是一个晴天霹雳，那可是宇送给她的呀！

有时候，缘，如同诗人席慕蓉笔下的《一棵开花的树》那样令人心痛，不可捉摸：

> 如何让你遇见我
> 在我最美丽的时刻
> 为这
> 我已在佛前求了五百年
> 求佛让我们结一段尘缘
> 佛于是把我化作一棵树
> 长在你必经的路旁
> 阳光下
> 慎重地开满了花
> 朵朵都是我前世的盼望
>
> 当你走近
> 请你细听
> 那颤抖的叶
> 是我等待的热情
> 而当你终于无视地走过

在你身后落了一地的
朋友啊
那不是花瓣
那是我凋零的心

人生之中，你孜孜以求的缘，或许终其一生也得不到，而你不曾期待的缘反而会在你淡泊宁静中不期而至。古语云："有缘千里来相会，无缘对面不相识。"所谓缘分就是让呼吸者与被呼吸者、爱者与被爱者在阳光下不期而遇。

"十年修得同船渡，百年修得共枕眠。"人世间有多少人能有缘从相许走进相爱，从相爱走完相守，走过这酸甜苦辣、五味俱全的漫漫一生呢？红尘看破了不过是沉浮；生命看破了不过是无常；爱情看破了不过是聚散罢了。

好马也吃"回头草"

一群马来到一片肥沃的草地，草地的这头碧波万顷，草地的那头是茫茫沙漠。马儿们忘乎所以地吃着鲜嫩的青草，觉得这是上天对它们的恩赐，从这头吃到那头。到了另一头，它们发现是一片一望无际的沙漠。这时候，几乎所有的马都惋惜再也吃不到这样好的草了。有的马继续前行，去寻找新的草地，但终究没有走出沙漠；有的马立在原地，誓死不回头；有的马忍不住回头望了望它们吃剩下的青草，但始终没有往回走，它们都是好马，好马不吃回头草啊！只有一匹马，它不想为了做好马而失去生存的机会，于是它轻松地往回走，坦然地吃着回头草。结果其他的好马都死了，只有它活了下来。

也许自然中没有这样的马，但现实中却有这样的人，他们以好马自居，错过了就错过了，失去了就失去了，表面上不在乎，心底里却后悔不已。不是他们不想吃回头草，而是他们不敢吃。所有的问题都归结于一点，那就是面子问题。然而，面子比自己的前途、自己的幸福还要重要吗？

曾经爱你的人也是你爱的人由于误会与你分手了，当你们再一次走到一起的时候，为什么不解开彼此的心结再续前缘呢？你曾经非常热爱的一份工作因为种种原因而失去了，如果你愿意，为什么不回到从前呢？

我们都是"好马"，必要的时候就要吃回头草，因为这个世界上好马很多而回头草很少。

女人有了外遇，要和丈夫离婚。丈夫不同意，女人便整天吵吵闹闹。没有办法，丈夫只好答应妻子的要求。不过，离婚前，他想见见妻子的男朋友。妻子满口答应。第二天一大早，女人便把一个高大英俊的中年男人带回家来。

女人本以为丈夫一见到自己的男朋友必定气势汹汹地讨伐。可丈夫没有，他很有风度地和男人握了握手。然后，他说他很想和她男朋友交谈一下，希望妻子回避。站在门外，女人心里七上八下，生怕两个男人在屋内打起来。然而结果证明，她的担心完全是多余的。几分钟后，两个男人相安无事地走了出来。

送男友回家的路上，女人忍不住问："我丈夫和你谈了些什么？是不是说我的坏话？"男人一听，停下了脚步，他惋惜地摇摇头说："你太不了解你丈夫了，就像我不了解你一样！"女人听完，连忙申辩道："我怎么不了解他，他木讷，缺少情趣，家庭保姆似的简直不像个男人。""你既然这么了解他，就应该知道他跟我说了些什么。"

"说了些什么？"女人非常想知道丈夫说的话。

"他说你心脏不好，但易暴易怒，结婚后，叫我凡事顺着你；他说你胃不好，但又喜欢吃辣椒，叮嘱我今后劝你少吃一点辣椒。"

"就这些？"女人有点吃惊。

"就这些，没别的。"

听完，女人慢慢低下了头。男人走上前，抚摸着女人的头发，语重心长地说："你丈夫是个好男人，他比我心胸开阔。回去吧，他才是真正值得你依恋的人，他比我和其他男人更懂得怎样爱你。"

说完，男人转过身，毅然离去。

自从这次风波过后，女人再也没提过"离婚"二字，因为她已经明白，她拥有的这份爱，就是世界上最好的那份。

很多事情，因为不了解，我们选择了放弃。可是在明白了事情的原委之后，就应该有勇气追回自己曾经失去的东西。

倘若我们当初离开是因为环境的恶劣，或根本不合自己的胃口，那完全可以义无反顾地选择新的道路，好马不愁没草吃。如果曾经属于我们的那片草地依然旺盛，我们也仍然是"好马"，这最佳的匹配就应该去尝试，草地永远不会拒绝好马，只是看好马敢不敢吃。

如果你是真的好马，又有肥沃的草地在等着你，与其去寻找那片遥不可及的新绿洲，何不低下头，吃一次回头草呢？

守望远方的玫瑰园，却不忘浇灌身旁的花朵

生活中真正的乐趣就是旅行。世界上没有后悔药，生命过去了就不可能重来。与其后悔，为什么当初不好好珍惜呢？寻找生命本真的乐趣，不因任何顾虑而战战兢兢，不为任何流俗而生活压抑，这样在生命的终点，就不会因为突然觉悟而痛悔不已。

一位智者旅行时，曾途经古代一座城池的废墟。岁月已经让这个城池显得满目苍凉了，但依然能辨析出昔日辉煌时的风采。智者想在此休息一下，就随手搬过一个石雕坐下来。

他望着废墟，想象着曾经发生过的故事，不由得感慨万千。

忽然，他听到有人说："先生，你感叹什么呀？"

他四下里望了望，却没有人，他疑惑着。那声音又响起来，是来自那个石雕，原来那是一尊"双面神"神像。

他从未见过双面神，就好奇地问："你为什么会有两副面孔呢？"

双面神说："有了两副面孔，我才能一面察看过去，牢牢吸取曾经的教训；另一面又可以展望未来，去憧憬无限美好的明天。"

智者说："过去的只能是现在的逝去，再也无法留住；而未来又是现在的延续，是你现在无法得到的。你不把现在放在眼里，即使你能对过去了如指掌，对未来洞察先知，又有什么意义呢？"

听了智者的话，双面神不由得痛哭起来："先生啊，听了你的话，我才明白，我今天落得如此下场的根源。

"很久以前，我驻守这座城时，自诩能够一面察看过去，一面又能展望未来，却唯独没有好好地把握住现在。结果，这座城池便被敌人攻陷了，美丽的辉煌都成了过眼云烟，我也被人们唾骂而弃于废墟中了。"

我们常常会对自己说"如果我考上理想的大学……""如果我进了知名的外资企业……""如果我付清住房的贷款……""如果我得到提升……""如果我退休，我就可以永远地享受人生"。

但或迟或早，我们全会明白，生活中根本不存在什么驿站，也没有什么既定的路线。回想昨天，可是昨天已经远去了；想要看到未来，可是未来还没有来到。

其实，生命就像一场旅行，有既定的路线也有路旁美丽的风景。有时候，人太在乎目的本身，一门心思扑入其中，就会忘记生命中还有许多美好的事物同样值得

珍惜。等到老去的时候，才惊觉自己只顾着追求和赶路，却从来没有轻松地享受过。这难道不是人生的悲哀吗？任何人的生命都只有一次，任何一秒对于人来说都是弥足珍贵无法再生的。幸福无法"零存整取"，你需要在每分每秒中去体会幸福，而不是把所有的幸福"储存"起来，尝遍了所有的苦再享受幸福。

不为打翻的牛奶哭泣

泰戈尔在《飞鸟集》中写道："只管走过去，不要逗留着去采下花朵来保存，因为一路上，花朵会继续开放的。"为采集眼前的花朵而花费太多的时间和精力是不值得的，道路还长，前面还有更多的花朵，让我们一路走下去……

1871年春天，一个年轻人拿起了一本书，看到了一句对他前途有莫大影响的话。他是蒙特瑞综合医科的一名学生，平日对生活充满了忧虑，担心通不过期末考试。

这位年轻的医科学生所看见的那一句话，使他成为当代最有名的医学家，他创建了全世界知名的约翰·霍普金斯学院，成为牛津大学医学院的教授——这是学医的人所能得到的最高荣誉。他还被英国皇帝册封为爵士，他的名字叫作威廉·奥斯勒爵士。

下面就是他所看到的——托马斯·卡莱里所写的一句话："最重要的就是不要去看远方模糊的事，而要做手边清楚的事。"

40年后，威廉·奥斯勒爵士在耶鲁大学发表了演讲，他对那些学生们说，人们传言说他拥有"特殊的头脑"，但其实不然，他周围的一些好朋友都知道，他的脑筋其实是"最普通不过了"。

那么他成功的秘诀是什么呢？他认为这无非是因为他活在所谓"一个完全独立的今天里"。在他到耶鲁演讲的前一个月，他曾乘坐着一艘很大的海轮横渡大西洋，一天，他看见船长站在船舱里，按下一个按钮，发出一阵机械运转的声音，船的几个部分就立刻彼此隔绝开来——隔成几个完全防水的隔舱。

"你们每一个人，"奥斯勒爵士说，"都要比那条大海轮精美得多，所要走的航程也要远得多，我要奉劝各位的是，你们也要学船长的样子控制一切，活在一个完全独立的今天，这才是航程中确保安全的最好方法。你有的是今天，断开过去，把已经过去的埋葬掉。断开那些会把傻子引上死亡之路的昨天，把明日紧紧地关在门外。未来就在今天，没有明天这个东西。精力的浪费、精神的苦闷，都会紧紧跟着一个为未来担忧的人。养成一个好习惯，那就是生活在一个完全独立的今天里。"

奥斯勒博士接着说道："为明日准备的最好办法，就是要集中你所有的智慧、所有的热忱，把今天的工作做得尽善尽美，这就是你能应付未来的唯一方法。"

奥斯勒博士的话值得我们每个人珍视。其实，人生的一切成就都是由你"今天"的成就累积起来的，老想着昨天和明天，你的"今天"就永远没有成果。只有珍惜今天，你才能有好的未来！

莎士比亚说过："明智的人永远不会坐在那里为他们的损失而悲伤，却会很高兴地去找出办法来弥补他们的创伤。"成功学大师拿破仑·希尔说："当我读历史和传记并观察一般人如何度过艰苦的处境时，我一直既觉得吃惊，又羡慕那些能够把他们的忧虑和不幸忘掉并继续过快乐生活的人。"

无论你昨天过得有多糟糕，无论你今天有多懊恼，都无法回到过去了。一百个理由，一千种借口，也于事无补。

/第二节/

快乐不在于拥有的多，而在于计较的少

因为不争，所以天下没有人能与之争

生活中经常有些人，无理争三分，得理不让人，小肚鸡肠。相反，有些人真理在握，不声不响，得理也让三分，显得态度柔顺，君子风度。假如是重大的或重要的是非问题，自然应当不失原则地争出个青红皂白，甚至为追求真理献身。但在日常生活中，有些人往往为一些鸡毛蒜皮的小问题争得面红耳赤，谁也不让谁，较起真来，以致非得决一雌雄才算罢休，甚至大打出手，或闹个不欢而散，影响团结。越是这样的人越被人瞧不顺眼。时下流行一句话叫"玩深沉"，其实这种场合玩点深沉正显示了宽宏大量的风度。

争强好胜者未必掌握真理，而谦和的人，原本就把出人头地看得很淡，更不屑一点小是小非的争论，这根本不值得称雄。越是你有理，越表现得谦和，往往越能显示一个人胸襟坦荡，修养深厚。

麦金利任美国总统时，特派某人为税务主任，但为许多政客所反对，他们派遣代表进谒总统，要求总统说出派那个人为税务主任的理由。为首的是一位国会议员，他身材矮小，脾气暴躁，说话粗声恶气，开口就给总统一顿难堪的讥骂。如果换成别人，也许早已气得暴跳如雷，但是麦金利却视若无睹，不吭一声，任凭他骂得声嘶力竭，然后才用极温和的口气说："你现在怒气应该可以平和了吧？照理你是没有权力这样责骂我的，但是，现在我仍愿详细解释给你听。"

这几句话把那位议员说得羞惭万分，但是总统不等他道歉，便和颜悦色地说：

"其实我也不能怪你。因为我想任何不明究竟的人，都会大怒若狂。"接着他把任命理由解释清楚了。

不等麦金利总统解释完，那位议员已被他的大度折服。他懊悔不该用这样恶劣的态度责备一位和善的总统，他满脑子都在想自己的错。因此，当他回去报告抗议的经过时，他只摇摇头说："我记不清总统的解释，但有一点可以报告，那就是——总统并没有错。"

无疑，在这次交锋中，麦金利占了上风。为什么他能占上风？就是因为他的宽宏大量。

做人首先是要有一颗博大的心，这颗心的格局要大。心的格局有多大，人生的成就才有多大。不是有"海纳百川，有容乃大"这句话吗？这句话被许多人看成自己做人的准则，麦金利就是其中之一。

心的大格局是一种人格的伟大。明代朱衮在《观微子》中说过："君子忍人所不能忍，容人所不能容，处人所不能处。"法国作家雨果说："世界上最大的是海洋，比海洋更大的是天空，比天空更大的是胸怀。"

在事业上建功立业、取得成就的，绝非是那些胸襟狭窄、小肚鸡肠、谨小慎微之人，而是那些如麦金利般襟怀坦荡、宽宏大量、豁达大度者。

老子说："夫唯不争，故天下莫能与之争。"只要有一种看透一切的格局，就能做到豁达大度；把一切都看作"没什么"，才能在慌乱时，从容自如；忧愁时，增添几许欢乐；艰难时，顽强拼搏；得意时，言行如常；胜利时，不醉不昏。只有如此放得开的人，才是豁达大度之人。

不管什么是非都去计较的话，你一辈子就没有办法生活了。在我们生活的社会里，许多事情，尤其是小事情，如果看开一些，自己的心胸就宽大。

一个人思虑太多，就会失去做人的乐趣

人生就好像是在观赏风景，如果你总是着眼于小处，那么你就领略不到大范围的庞大和优美。所以，在生活中，如果我们总是拘泥于小处，为了无数的小事而烦忧，那么我们就会忘记了人生最初的方向，失去了快乐也丢了情趣。

有一个年轻的主妇向自己的朋友抱怨自己的工作如此"单调乏味"。她举例说，她刚刚铺好床，床马上就被弄乱了；刚刚洗好碗碟，碗碟马上就被用脏了；刚刚

擦净了地板，地板马上就被弄得乱七八糟。她说："你刚刚把这些事做好，马上就会被人弄得像是未曾做过一样。"她进一步抱怨道："再这样下去，我简直要发疯！"

年轻主妇的朋友是一位相当聪明的人，他不动声色地说："这真是令人扫兴。有没有妇女喜欢家务劳动？"

她说："啊，有的，我想是有的。"

这位朋友又问："她们在家务劳动中有没有发现什么使得她们感到有趣、保持热情的东西呢？"

主妇思考了片刻回答道："也许在于她们的态度。她们似乎并不认为她们的工作是负担，而看见了超越日常工作的什么东西。"

琐碎的日常生活中，每天都会有很多事情发生，如果你一直计较这些已经发生的事情，不停地抱怨、不断地自责，这样下去，你的心境就会越来越沮丧。一个只知道计较的人，注定会活在迷离混沌的状态中，看不见前头亮着一片明朗的天空。

有时候，人生就是这样的，你坦然面对，会突然发现原来的事情都不算什么了，就像俗语所说的："思虑太多就会失去做人的乐趣。"所以，要学会控制自己的情绪，跟家人和朋友一起，享受坦然的生活，追逐自然的幸福。

要拿得起更要能放得下

一位少年背着一个砂锅赶路，不小心绳子断了，砂锅掉到地上摔碎了。少年头也不回地继续向前走。路人喊住少年问："你不知道你的砂锅摔碎了吗？"少年回答："知道。"路人又问："那为什么不回头看看？"少年说："既然碎了，回头有什么用？"说完，他又继续赶路。

故事中的少年是明智的，既然砂锅都碎了，回头看又有什么用呢？

人生中的许多失败也是同样的，已经无法挽回，惋惜悔恨于事无补，与其在痛苦中挣扎浪费时间，还不如重新找一个目标，再一次奋发努力。

人的一生，需要我们放下的东西很多。孟子说，鱼与熊掌不可兼得，如果不是我们应该拥有的，就果断抛弃吧。几十年的人生旅途，有所得，亦会有所失，只有适时放下，才能拥有一份成熟，才会活得更加充实、坦然和轻松。

但是，在现实生活中，许多人放不下的事情实在太多了。比如做了错事，说了错话，受到上司和同事的指责，或者好心却让人误解，于是，心里总有个结解不开……总之，有的人就是这也放不下，那也放不下；想这想那，愁这愁那；心事不断，愁肠百结，结果损害了自身的健康和寿命。有的人之所以感觉活得很累，无精打采，未老先衰，就是因为习惯于将一些事情吊在心里放不下来，结果把自己折腾得既疲劳又苍老。其实，简单地说，让人放不下的事情大多是在财、情、名这几个方面。想透了，想开了，也就看淡了，自然就放得下了。

人们常说："举得起、放得下的是举重，举得起、放不下的叫作负重。"为了前面的掌声和鲜花，学会放弃吧。放弃之后，你会发现，原来你的人生之路也可以变得轻松和愉快。

生活有时会逼迫你不得不交出权力，不得不放走机遇。然而，有时放弃并不意味着失去，反而可能因此获得。要想采一束清新的山花，就得放弃城市的舒适；要想做一名登山健儿，就得放弃娇嫩白净的肤色；要想穿越沙漠，就得放弃咖啡和可乐；要想拥有简单的生活，就得放弃眼前的虚荣；要想在深海中收获满船鱼虾，就得放弃安全的港湾。

今天的放弃，是为了明天的得到。干大事业者不会计较一时的得失，他们都知道如何放弃、放弃些什么。一个人倘若将一生的所得都背负在身，那么纵使他有一副钢筋铁骨，也会被压倒在地。昨天的辉煌不能代表今天，更不能代表明天。

我们应该学会放弃：放弃失恋带来的痛楚，放弃屈辱留下的仇恨，放弃心中所有难言的负荷，放弃耗费精力的争吵，放弃没完没了的解释，放弃对权力的角逐，放弃对金钱的贪欲，放弃对虚名的争夺……凡是次要的、枝节的、多余的、该放弃的，都应放弃。

放弃，是一种格局，是我们发展的必由之路。漫漫人生路，只有学会放弃，才能轻装前进，才能不断有所收获。

博大的心量可以稀释一切痛苦烦扰

当年，曾国藩在长沙读书，有一位同学性情暴躁，对人很不友善。因为曾国藩的书桌是靠近窗户的，他就说："教室里的光线都是从窗户射进来的，你的桌子放在了窗前，把光线挡住了，这让我们怎么读书？"他命令曾国藩把桌子搬开。曾国藩也不与他争辩，搬着书桌就去了角落里。曾国藩喜欢夜读，每每到了深夜，还在用功。那位同学又看不惯了："这么晚了还不睡觉，打扰别人的休息，别人第二天怎么上课啊？"曾国藩听了，不敢大声朗诵了，只在心里默读。一段时间之后，曾国藩中了举人，那人听了，就说："他把桌子搬到了角落，也把原本属于我的风水带去了角落，他是沾了我的光才考中举人的。"别人听他这么一说，都为曾国藩鸣不平，觉得那个同学欺人太甚。可是曾国藩毫不在意，还安慰别人说："他就是那样子的人，就让他说吧，我们不要与他计较。"

心量小的人，容不得，忍不得，受不得，装不下大格局。有成就的人，往往也是心量宽广的人，看那些"心包太虚，量周沙界"的古圣大德，都为人类留下了丰富而宝贵的物质财富和精神财富。

其实，我们每个人一生中总会遇到许多盐粒似的痛苦，它们在苍白的心空下泛着清冷的白光，如果你的容器有限，只能尝到又咸又苦的盐水。

一个人的心量有多大，他的成就就有多大，不为一己之利去争、去斗、去夺，扫除报复之心和嫉妒之念，则心胸广阔天地宽。当你能把虚空宇宙都包容在心中时，你的心量自然就能如同天空一样广大。无论荣辱悲喜、成败冷暖，只要心量放大，自然能做到风雨不惊。

寒山曾问拾得："世间有人谤我、欺我、辱我、笑我、轻我、贱我、骗我，如何处之？"

拾得答道："只要忍他、让他、避他、由他、耐他、敬他、不理他，再过几年，你且看他。"

如果说生命中的痛苦是无法自控的，那么我们唯有拓宽自己的心量，才能获得人生的愉悦。通过内心的调整去适应、去承受必须经历的苦难，从苦涩中体味心量是否足够宽广，从忍耐中感悟暗夜中的成长。

心量是一个可开合的容器，当我们只顾自己的私欲，它就会越缩越小；当我们能站在别人的立场上考虑，它又会渐渐舒展开来。若事事斤斤计较，便把自身局限在一个很小的框框里。这种处世心态，既轻薄了自身的能力，又轻薄了自己的品格。

心量是大还是小，在于自己愿不愿意敞开。一念之差，心的格局便不一样，它可以大如宇宙，也可以小如微尘。我们的心，要和海一样，任何大江小溪都要容纳；要和云一样，任何天涯海角都愿遨游；要和山一样，任何飞禽走兽，都不排拒；要和路一样，任何脚印车轨，都能承担。这样，我们才不会因一些小事而心绪不宁、烦躁苦闷！

把心打开吧，用更宽阔的心量来经营未来，你将拥有一个别样的人生！

凡事不能太较真

有一句著名的话叫作"唯大英雄能本色",做人在总体上、大方向上讲原则,讲规矩,但也不排除在特定的条件下灵活变通。

美国教育专家戴尔·卡耐基可以说是处理人际关系的"老手",然而他在年轻时,也曾犯过小错误。有一天晚上,卡耐基参加一个宴会。宴席中,坐在他右边的一位先生讲了一段幽默故事,并引用了一句话,那位健谈的先生提到,他所引用的那句话出自《圣经》。然而,卡耐基发现他说错了,他很肯定地知道出处,一点疑问也没有。为了表现优越感,卡耐基认真又讨嫌地纠正了过来。那位先生立刻反唇相讥:"什么?出自莎士比亚?不可能!绝对不可能!"卡耐基的话使那位先生一时下不来台,不禁有些恼怒。

当时卡耐基的老朋友法兰克·葛孟就坐在他的身边。葛孟研究莎士比亚的著作已有多年,于是卡耐基向他求证。葛孟在桌下踢了卡耐基一脚,然后说:"戴尔,你错了,这位先生是对的。这句话出自《圣经》。"那晚回家的路上,卡耐基对葛孟说:"法兰克,你明明知道那句话出自莎士比亚。""是的,当然。"葛孟回答,"在《哈姆雷特》第五幕第二场。可是亲爱的戴尔,为了那么一点小事就和别人较起劲来,值得吗?再说,我们是宴会上的客人,为什么要证明他错了?那样会使他喜欢你吗?他并没有征求你的意见,为什么不保留他的脸面而非要说出实话得罪他呢?"

法兰克所说的道理人人皆知,但并非人人都能做到。正如他所说,一些无关紧要的小错误,放过去无伤大局,那就没有必要去纠正它。这不仅是为了自己避免不必要的烦恼和人事纠纷,而且也顾全到了对方的名誉,不致给别人带来无谓的烦恼。这样做并非只是明哲保身,而是为了体现为人的大度。

人们常说:"凡事不能太较真。"一件事情是否该认真,这要视场合而定。钻研学问要讲究认真,面对大是大非的问题更要讲究认真。而对于一些无关大局的琐事,不必太认真。不看对象、不分地点刻板地认真,往往使自己处于尴尬的境地,处处被动受阻。每当这时,如果能理智地后退一步,往往能化险为夷。

与人相处,你敬我一尺,我敬你一丈;有一分退让,就有一分收益。相反,存一分骄躁,就多一分挫败;占一分便宜,就招一次灾祸。

当你心胸宽广的时候,对于那些蝇营狗苟、一副小家子气的人,就会觉得他的表演实在可笑。但是,凡人都有自尊心,有的人自尊心特别强烈和敏感,因而也就特别脆弱,稍有刺激就有反应,轻则板起脸孔,重则马上还击,结果常常是为了争面子反而没面子。多一点宽容退让之心，我们的路就会越走越宽，朋友也就越交越多了，生活也会更加甜美。所以，要想成为一个成功的人，我们千万不能处处斤斤计较。

认真需要我们去仔细权衡。许多非原则的事情不必过分纠缠计较，凡事都较真常会得罪人，给自己多设置一条障碍。鸡毛蒜皮的烦琐无须认真，无关大局的枝节无须认真，剑拔弩张的僵持则更不能认真。

不妨做个"糊涂"的人

很多年轻人缺少生活的历练，却对生活要求太高，任何事情都想要一个结果：朋友为什么会给自己"穿小鞋"？男（女）友在外面交了些什么朋友？上司对某个同事为什么比自己好？但生活中的是是非非很多，我们无法对每件事都做一个清楚的交代。

这些看似聪明的人其实都很愚蠢。他们总被生活牵着走，为了一点小事，就会歇斯底里，这种人对生活中的任何事情都抱着紧张的态度，无疑要承受比别人多很多的压力。但如果能够"糊涂"一些，这些人就会远离很多烦恼，活得更加快乐。

某家政学校的最后一门课是《婚姻的经营和创意》，主讲老师是学校特地聘请的一位研究婚姻问题的教授。他走进教室，把随手携带的一叠图表挂在黑板上，然后，他掀开挂图，上面用毛笔写着一行字：

婚姻的成功取决于两点：一是找个好人；二是自己做一个好人。

"就这么简单，至于其他的秘诀，我认为如果不是江湖偏方，也至少是些老生常谈。"教授说。

这时台下嗡嗡作响，因为下面有许多学生是已婚人士。不一会儿，终于有一位30多岁的女子站了起来，说："如果这两条没有做到呢？"

教授翻开挂图的第二张，说："那就变成4条了。"

1. 容忍，帮助，帮助不好仍然容忍。

2. 使容忍变成一种习惯。

3. 在习惯中养成傻瓜的品性。

4. 做傻瓜，并永远做下去。

教授还未把这4条念完，台下就喧哗起来，有的说不行，有的说这根本做不到。

等大家静下来，教授说："如果这4条做不到，你又想有一个稳固的婚姻，那你就得做到以下16条。"

接着教授翻开第三张挂图。

1. 不同时发脾气。

2. 除非有紧急事件，否则不要大声吼叫。

3. 争执时，让对方赢。

…… ……

教授念完，有些人笑了，有些人则叹起气来。教授听了一会儿，说："如果大家对这16条感到失望的话，那你只有做好下面的256条了，总之，两个人相处的理论是一个几何级数理论，它总是在前面那个数字的基础上进行二次方。"

接着教授翻开挂图的第四页，这一页已不再是用毛笔书写，而是用钢笔，256条，密密麻麻。教授说："婚姻到这一地步就已经很危险了。"这时台下的喧哗声更大了。

生活原本就是简单的，是我们自己太过计较了，所以变得越来越复杂。太过计较的人总是追着幸福跑，用尽全力也抓不住飘忽不定、转瞬即逝的幸福。每跨出一步，前面意味着什么，得到什么或失去什么，人未动心已远，何止一个"累"字了得。

不要太过计较，糊涂一番又何妨？只有想得开，放得下，朝前看，才有可能从琐事的纠缠中超脱出来。假如对生活中发生的每件事都寻根究底，去问一个为什么，那实在既无好处，又无必要，而且破坏了生活的诗意。

小事缠身，不要斤斤计较

两千多年前，雅典政治家伯利克里曾经给人类说过一句忠言："请注意啊，先生们，我们太多地纠缠于一些小事了！"这句话，对今天的人们来说仍然值得品味和借鉴。

说句老实话，对于一般人来说，生活就是由无数的小事所组合而成的，甚至对那些大人物来说也是如此。每个人的生活中，小事都是无处不在、无时不有的，如果你过多地拘泥、计较小事，那么人生就根本没有什么乐趣可言了，触目所及的必然都是矛盾和冲突。

想一想，你挤公共汽车时，有人不小心踩了你的脚；你去买菜时，有人无意间弄脏了你的裙子;有时走在路上,说不定从道旁楼上落下一个纸团,打在你头上……此时此刻,如果你不是大事化小,小事化了,而是口出污言秽语,大发雷霆之怒,说不定会闹出什么祸事来。

20世纪80年代末,在辽宁某地曾经发生过这样一件事:有一个年轻女子在看电影时,被后面的男观众无意间碰了一下脚,尽管男观众当面道歉,但那名女子仍然不依不饶。她硬说对方是要耍流氓,竟然回家叫来丈夫将那个人用刀砍伤解气。结果,因触犯刑律,夫妻俩双双锒铛入狱。

在小事上斤斤计较,常常成为损害人际关系的一大诱因。这种悲剧不仅在平常人中屡见不鲜,就是在一些卓有成就的名人中也时有发生。

从医学的观点看,事事计较、精于算计的人,不但容易损害人际关系,而且对自己的身体也极其有害。《红楼梦》里的林黛玉,虽有闭月羞花、沉鱼落雁的美丽容貌,可总是患得患失,别人一句无意的话都会让她辗转反侧,难于入眠,抑郁不已,再加上爱情的打击,终于落得个"红颜薄命"的悲惨结局。

还有一个实际的例子,就是唐代有一位著名的诗人李贺。他思路敏捷,才华过人,被人称为"奇才",写出的诗连当时的大文豪韩愈也赞不绝口。只可惜他心胸狭窄,常为一些芝麻绿豆大的小事而郁郁寡欢,愁肠百结。最后他只活了短暂的27岁,成为文学史上的一桩憾事。

古语云:"让一让,三尺巷。"人生之事,只要不是原则性的大事,得过且过又何妨?人活在世上,理应开朗、豁达,活得超脱一些;凡事斤斤计较,只是徒增烦恼罢了。

能够获得成功的人,无不是"小事糊涂,大事计较"的人。可是,只要我们认真观察那些计较小事的人,就会发现他们往往是"大事糊涂"的。很明显,人的精力和时间都是有限的,如果对小事计较得过多,那么对大事的注意力和处理能力必然淡化,甚至根本无暇顾及了。

通常,喜欢计较小事的人往往私心都是比较重的,他们过多地考虑个人的得失,如面子、利益、地位等,而这些东西又最容易使人动感情。因此,对小事过于认真的人往往容易冲动,一旦感情代替理智,就会不顾后果和影响,不考虑别人的接受程度。如此一来,就会影响正常的人际关系,在社会上失去他人的理解和同情。

生活的烦恼，一笑了之

1945 年 3 月，罗勒·摩尔和其他 87 位军人在贝雅 S·S318 号潜艇上。当时雷达发现有一艘驱逐舰队正往他们的方向开来，于是他们就向其中的一艘驱逐舰发射了三枚鱼雷，但都没有击中。这艘舰也没有发现。但当他们准备攻击另一艘布雷舰的时候，它突然掉头向潜艇开来，可能是一架日本飞机看见这艘 60 英尺深的潜艇，用无线电告诉这艘布雷舰。

他们立刻潜到 150 英尺地方，以免被日方探测到，同时也准备应付深水炸弹。他们在所有的船盖上多加了几层栓子。3 分钟之后，突然天崩地裂。6 枚深水炸弹在他们的四周爆炸，他们直往水底——深达 276 英尺半的地方，他们都吓坏了。

按常识，如果潜水艇在不到 500 英尺的地方受到攻击，深水炸弹在离它 17 英尺之内爆炸的话，差不多是在劫难逃。罗勒·摩尔吓得不敢呼吸，他在想："这回完蛋了。"在电扇和空调系统关闭之后，潜艇的温度升到近 40 度，但摩尔却全身发冷，牙齿打战，身冒冷汗。15 小时之后，攻击停止了，显然那艘布雷舰的炸弹用光以后就离开了。

这 15 小时的攻击，对摩尔来说，就像有 1500 年。他过去所有的生活都一一浮现在眼前，他想到了以前所干的坏事，所有他曾担心过的一些很无聊的小事。他曾经为工作时间长、薪水太少、没有多少机会升迁而发愁；他也曾经为没有办法买自己的房子，没有钱买部新车子，没有钱给妻子买好衣服而忧虑；他非常讨厌自己的老板，因为这位老板常给他制造麻烦；他还记得每晚回家的时候，自己总感到非常疲倦和难过，常常跟自己的妻子为一点小事吵架；他也为自己额头上的一块小疤发愁过。

摩尔说："多年以来，那些令人发愁的事看来都是大事，可是在深水炸弹威胁着要把他送上西天的时候，这些事情又是多么的荒唐、渺小。"就在那时候，他向自己发誓，如果他还有机会见到太阳和星星的话，就永远永远不会再忧虑。在潜艇里那可怕的 15 小时，对于生活所学到的，比他在大学读了 4 年书所学到的要多得多。

我们可以相信一句话：要解决一切困难是一个美丽的梦想，但任何困难都是可以解决的。矛盾和痛苦总是在与那些处在痛苦中的人玩游戏。转换看问题的视角，就是不能用一种方式去看所有的问题和问题的所有方面。如果那样，你肯定会钻进一条死胡同，处在混乱的矛盾中不能自拔。

/第三节/

有些伤心是可以避免的

好朋友也应该保持距离

孔子说过：晏平仲善交朋友的方式很好，越是相处得久就越是受人尊敬。

孔子对于晏子非常佩服的一点，该算是晏子交朋友的态度了。孔子认为晏子是个不轻易与别人交朋友的人，可是一旦交了一个朋友，那个朋友就会始终如一地跟随他。现在，每每总有人感叹："相识遍天下，知心能几人？"晏子交友，能够让朋友始终如一地跟随自己。那晏子让友谊"地久天长"的法宝是什么呢？"久而敬之。"也就是说，交往时间越久，交情越深。晏子对人就越恭敬有礼，对方因此也就越敬重他。

这些道理听起来似乎很简单，但做起来很困难。因为对于关系亲密的朋友来说，多数情况下，言谈举止就很随便；遇到心情不好的时候，又会直言不讳地对着密友发泄一番；有的人甚至和朋友财物不分，营造出一个有福同享、有难同当的局面。这种状况看起来像是温馨和谐的，但是你也要注意，朋友之间再熟悉、再相投，也不能过于随便，不恭不敬，否则，友谊必不会长久。

每个人都是独立的，需要自己的空间，也需要获得别人的尊敬。如果你对他不尊敬，有时或许只是一件小事或是一个小细节，也会给日后埋下破坏的种子。所以，与朋友相交，不必与之整天缠在一起，要还给朋友自己的空间。

著名寓言家克雷洛夫写过一则题为《小树林和火》的寓言。一个冬天的早晨，一团快要熄火的火苗，跟小树林攀谈。它甜言蜜语地对小树林说："跟我做个朋友吧!"火苗自吹它是太阳的兄弟,能够给小树林带来温暖,可以使小树林在冬天保持春夏季节的翠绿。小树林信以为真,上当受骗,与火苗交上了朋友,为火苗添上了燃料。火苗得到燃料,变成熊熊大火。火焰飞上了大小树枝,浓烟成团成团地冲上了天空,很快,凶暴的大火把小树林统统烧光了。

此外,与朋友相处,还要注意把握住与朋友交往的距离。孔子曾说"唯女子与小人难养也",对她太爱护、太亲近了,她就会恃宠而骄,让你无所适从;如果疏远她,又会招来怨恨。"近则不逊,远之则怨",在与朋友交往过程中要懂得保持距离。距离产生美,距离也能保证安全。我们常用"亲密无间"来形容两人之间的感情,但是很难有人能够永远的亲密无间。

撰写《百年孤独》的作家马尔克斯,就曾因为与好友来往过密,最后引发了一场误会。诺贝尔文学奖得主加夫列尔·加西亚·马尔克斯与著名作家马里奥·巴尔加斯·略萨本为知己,他们都曾住在西班牙巴塞罗那,两家人交往甚密,马尔克斯是略萨二儿子的教父。他们之间的深厚友情曾在文坛传为佳话。

1976 年,拉美一些文学家和知识分子在墨西哥城出席一部电影的首映式。首映式后,马尔克斯走过去拥抱他的好朋友略萨。马尔克斯口里正叫着"马里奥"走上前去,迎接他的却是"犀利的耳光"。略萨大喊着说:"你在巴塞罗那对帕特里夏做了那种事,还敢来见我!"帕特里夏是略萨的妻子。

两个家庭缘何闹翻,只有他们自己清楚。传言说略萨的妻子帕特里夏曾到马尔克斯家诉苦,马尔克斯建议她离婚。之后略萨与妻子和好,得知"这该死的建议",于是挥出那记耳光。之后,两人不再说话,停止了交往,而且还走上了两条截然不同的道路。

终结马尔克斯与略萨友谊的,正是来往过于频繁。他们是文坛上的知己,却不是生活中的好伙伴。人生的路途上难免中途停车或者减速,如果想要让我们的友情更加长久和健康,就请保持一个安全距离吧。

宽容对待做错了事的朋友

哲人说,没有宽容就没有友谊,没有善待就没有朋友。宽容和理解是一种力量,是朋友之间的桥梁和阳光。

有这样一个故事:

魁先生与格先生在大学读书时是同学，曾为一个女生，魁先生动手打过格先生一顿！毕业后，魁先生求职，鬼使神差地求到格先生所在的公司，而且格先生就是负责人事的部门经理！魁先生一看到格先生，扭头要走，没想到格先生笑着站起来叫住魁先生，诚恳地问魁先生是不是来应聘的？魁先生说：

"当格先生如此问我时，我似是而非地点了点头，格先生就高兴万分地拥着我，并说能与我一起共事，十分荣幸，而且，中午还主动请我吃饭。在饭桌上，我问格先生是否记得我曾打过他的事，如果记得，当着那些求职应聘者的面损我一回，且不是可以出气？格先生却说，只有在学生时代，才可能出现为一个女生而打架的事，还说，走出学校后，他就把此事给淡忘了，就算没忘干净，也没必要再提起它……在格先生的力荐下，进公司不久，我就升为总裁助理！在格先生看来，我的综合能力要在他之上，其实，我心里清楚，做人的能力，我却远在格先生之下……在一个公司工作，又得到了格先生不计前嫌的帮助，想不把他当成知心的朋友，都不可能了……"

一个人拥有宽容，生命就会多一份空间，多一份爱心。朋友难免有缺陷和过错，理解、宽容是解除痛苦和矛盾的最佳良药，能升华友谊，使之更高洁、更纯净。

也许生活中确实存在很多矛盾和困难，物价上涨，住房拥挤，人际关系紧张，还有这个"难"，那个"难"，真让人有点儿喘不过气来。诅咒、谩骂、生闷气都无济于事，倒给疲惫的身躯又增加了几分新的负担。

只要冷静观察，就会发现，人们的生活本来就是苦、辣、酸、甜、咸五味俱全。在生活中，看不惯的很多，理解不了的也很多，失望的也很多。但人的能力毕竟是有限的，愤世嫉俗不会改变事态的发展，不会使关系缓和。

所以，我们要学会让自己保持一种恬淡、安静的心态，去做自己应该做的事情。整日为一些闲言碎语、磕磕碰碰的事情郁闷、恼火、生气，总去找人诉说，与对方辩解，甚至总想变本加厉地去报复，这将会贻误自己的事业，失去更多美好的东西。

要想在这个社会中活得舒心、自在一些，就必须收敛自己的锋芒，抛开好胜和计较的狭窄心胸，对于世事和人都多一些豁达大度，笑对人生。有时一个微笑、一句幽默就能化解人与人之间的怨恨和矛盾，填平感情的沟壑。

所以说，宽容是对别人的谅解，对自己的考验。为人宽容，我们就能解人之难，补人之过，扬人之长，谅解之短，从而赢得永久的友谊。

爱情要有激情，更要有理性

爱情是一种激情，而婚姻则是一种理性，缺少爱情就没有完美的婚姻，而爱情只产生快乐，婚姻则产生人生，快乐消失了，婚姻依旧存在，真正成熟而稳定的婚姻，必须考虑到两性结合后的感情发展，而在现实生活中却出现了这样一幅匪夷所思的图景：

2秒钟可以冲好一杯速溶咖啡；2分钟可以把牙刷完；2小时可以看完一场精彩的足球比赛……在有限的时间内，想知道有人在做什么吗？闪婚一族说："2秒钟可以爱上一个人；2分钟可以谈一场恋爱；2小时可以确定终身伴侣。"在如今这个一切都讲求速度的年代，原本给人以温馨、甜蜜、幸福的婚姻，就这样搭上了特快列车。闪婚，这一新的婚姻模式已在现代都市中悄然流行，而这些"闪婚族"们由于没有经过婚前的磨合期，缺乏免疫力，就很容易被残酷的现实所击倒。

与传统社会相比，现在是一个资讯非常发达的时代，广泛的人际交往使情感火花碰撞的空间变得无限，但外在诱惑对情感的威胁也加大了。闪婚一族多为年轻人，他们追求的大多是瞬间爆发的激情，即所谓的一见钟情。但瞬间的激情往往掩盖了双方的某些缺点，婚姻是现实的，当尘埃落定后这些缺点就会暴露无遗。在外在和内在的双重压力下，磨合不好的结果就是婚姻走向解体。

对于一个人来说，情感投入是一生中最重要的投入，一个婚姻关系的缔结，不仅仅代表两个个体的结合，更连接了两个家庭及各种社会关系。婚姻所带来的影响是非常大的，即使婚姻关系解除仍有许多问题存在。闪婚不可取，闪婚不可能做到来无影去无踪，选一个人过一段与过一辈子是不一样的，投入的精力也是不一样的，所以结婚时一定要慎重。

现今社会快节奏的生活，给人带来的压力大了，让人的心灵脆弱了，很多时候会盲目地寻求感情的慰藉，像吃快餐一样，饱了就行，营养的事就顾不得了，而婚姻恰恰是需要营养的，这个营养不是一蹴而就的，而是日积月累磨合出来的，这个磨合不仅在婚后，也有婚前的磨合，那就是了解。婚姻不是男女之间的游戏，不是一般意义上的普通朋友，两人一旦缔结婚姻就要承担生育、相互扶持、相互照顾等责任。基于此，不要轻易尝试闪婚。

据专家统计，一见钟情的婚姻成功率仅10％。同时，闪婚也不符合婚姻的基本规律，爱是婚姻的基石，爱需要双方深入了解。目前随着社会的快速发展，快餐式的爱情和婚姻会将婚姻家庭卷入缺乏理性的旋涡。婚姻的成功和稳定，需要感性、理性双轨发展，爱情列车才能行驶得稳定持久。不能只凭激情和感觉开单轨的磁悬浮，否则你的婚姻列车势必会脱轨。

抱怨抓不紧对方不如给他自由

人人都渴望美满的爱情，但是现实总是那么残酷，不断地打碎人们的美梦。自以为找到了爱情，实际上却是陷入了爱的陷阱。很多人无力自拔，一生都在痛苦和心力交瘁中度过。其实，只要你勇敢一点，改变自己，就能走出这个陷阱。

人生原本如月季花一般灿烂，如流星一般闪烁；该追求时就追求，该参与时就参与，该苦恼时就苦恼，该放弃时就放弃……即便是没有开出绚丽的花朵、结出甜美的果实；即便在瞬间化成尘埃，今生今世，也决无遗憾。

是的，我们需要家庭和朋友，这样能够减少我们的孤独感，让我们感觉到安全，但有些时候，人们之间已经没有爱了，却为了逃避寂寞而紧紧地纠缠在一起，最终给自己徒增许多的烦恼。

所以，当爱人和朋友带给你的痛苦多于欢乐时，你应该勇敢地结束和他（她）的关系。一个人退出另一个人的生活，是很平常的事，只有果断地放弃，才能有时间和精力去寻求属于自己的幸福。

一对性格不合的夫妇，丈夫8次提出离婚，而妻子就是死活不离。在法院判决中，女方总是胜诉，就这样一直拖了29年。29年的岁月过去了，这位妇女的青春年华在拖延不决中消失了，乌黑的头发已成白发，红润的脸颊变黄了，刻上了一道道岁月的痕迹，身体也被折磨得浑身病痛。

由于妻子的坚持，婚姻仍然存在，然而爱情早已荡然无存。她失去了幸福的家庭，失去了自己的青春，失去了健康的身体，失去了再婚的机会，孩子也没有因此追回父爱。

结果，法院还是判离了。离婚后不到两年，这位不幸的妇女就因病情加重而离开了人世。这位妇女的一生都是悲惨和不幸的，然而她的不幸多是因为自己不肯学会放手，即便对方已经对她没有一点留恋，她还认为自己对他是有爱的，所以不会离婚。而这样，痛苦的却是两个人。

所以，有时会爱也要学会放弃。我们越是害怕抓不住对方，就越可能失去。所以与其一直在恐惧和抱怨中渴望用爱捆住对方，莫不如让他带着爱自由飞翔。要知道，爱需要自由的空间。

生活中一些事情常常是物极必反的：你越是想得到他的爱，越要他时时刻刻不与你分离，他越会远离你，越背弃爱情。你多大幅度地想拉他向左，他则多大幅度地向右荡去。

所以我们应该让爱人有自己的天地，去做他喜欢做的事，譬如集邮，或是其他正当爱好。在你看起来，他的爱好也许傻里傻气，但是你千万不可嫉妒它，也不要因为你不能领会这些事情的迷人之处就厌恶它。你应该适时地迁就他。

有些时候要让爱人独自去做他喜爱的事，使他觉得拥有真正属于自己的东西。毫无疑问，爱人时常需要从捆在他脖子上的爱的锁链里挣脱出来。如果我们能够帮助并支持他，去培养一些有趣的爱好，并且给他合理的机会享受完全的自由，那么我们就是在做一些使他快乐的事了。

我们应当自信，真正的爱是可以超越时间、空间的。因此，作为婚姻的双方，在魅力的法则上，请留给彼此一段距离，这段距离不仅包含空间的尺度，同样包含心灵的尺度：留下你自己独特的性格，不要与他如影随形；留下你自己内心的隐私，不要让他感到你是曝光后苍白的底片；留下你一份意味深长与朦胧的神秘……不要试图挽留他离去的脚步，不要幻想他的目光永远专注于你，一切都应是自然形成。在你们之间留下一段距离，让彼此能够自由呼吸。

你是否给第三者留下了婚姻的空隙

"情到浓时情转薄，平平淡淡才是真。"很多人认为爱情应该是轰轰烈烈的，所以一旦爱情被磨去棱角，不再绚烂时，他们就开始怀疑这段感情，并铤而走险，走到外遇的岔路口上。外遇是婚姻中的一道门槛，选择门里门外，生活会截然不同，一旦有外遇，和爱人的关系维系是痛苦的，分开是伤心的。所以我们要警惕外遇，不要让情敌破坏掉我们原本的幸福。

通常情况下，男人有外遇往往是基于以下几点观念：

1. 外遇是男人成功的标志。

俗话说："饱暖思淫欲。"事业发达的男人也因社会阅历较多，较老练稳重，容易获取女人的欢心，外遇事件于是层出不穷。

2. 情人是男人事业败落后的知己。

社会上不乏事业失败的男人去寻求外遇的个案。虽看似奇特，仔细分析时，其实不足为奇。事业的失败对男人是最大的打击，他的自尊心、成就感降到最低。此时若有红粉知己倾心相许，最容易让他动心。

3. 外遇是男人寻求刺激的结果。

男人重感官，女人重感觉。如果妻子是个贤惠的"俏家娘"，男人还是有了外遇，那可能是妻子太过含蓄，不懂得调情，满足不了男人的心理欲望，才促使他与一些风月场上的女人鬼混。

一旦老公有了外遇，将会给我们的心灵带来打击，给家庭成员造成伤害，还可能导致婚姻破裂，幸福尽失。所以我们要警惕外遇的发生，要防患于未然。

女人出轨也是有原因的：

1. 丈夫给的关心不够，没有安全感。

女人是需要保护的，可是很多男人却总是忽略妻子的感受，任由她们在无助的边缘挣扎而不闻不问。这个时候，如果有人乘虚而入，那么女人很可能会选择背叛婚姻。

2. 寻求刺激。

有些女人生活也不错，丈夫对她也是疼爱有加，可是她还是不能避免出轨，那就是因为不安于现状，寻求刺激的结果。

3. 虚荣心理。

从一个男人身上得不到的，希望从另一个男人身上得到。或者觉得被更多的人宠爱，才是最有魅力的女人。所以她们铤而走险。

那么怎么做才能避免对方出轨呢？

1. 平时多理解、体谅对方。

有一对夫妻，妻子当上了经理以后，每天都是早上班，晚下班，有时连星期天也不休息。自然，大部分家务活落在了丈夫头上。一次，妻子对丈夫说："你看，我这一当经理，把你累坏了，以后，我尽量早回来做饭。"丈夫说："我知道，你担任经理一职，想把工作干好，家务事我多干一些，完全可以，你不必挂心。等你工作熟悉了，再多干些家务。"妻子听了非常感动，比以前更爱丈夫。

理解、体谅可以增进夫妻感情，让婚姻更加牢固。

2. 别太束缚对方。

给对方自由的空间，别太束缚对方，这样可以让其觉得没有压力，那么也就减少了外遇的可能性。

此外，有爱维系的婚姻是有韧性的。相爱的人是不会束缚对方的，因为他们对爱情有信心，谁也不限制谁，到头来仍然是谁也离不开谁。

不束缚对方就是要抛却你的嫉妒心理，对你的爱人持一颗宽容的心。这也是维系婚姻、使家庭幸福的法宝，否则再丰厚的物质生活都不可能换来幸福。

3. 给爱人一份关怀。

给爱人以精神上的宽慰、安抚，在思想上给以关心和支持，在生活上给以悉心的照顾。人的生活，并不是一帆风顺的。任何人几乎都有顺境和逆境。夫妻间的互相关怀、照顾，首先应在对方处于逆境时，给以必要的精神上的关怀。因为，在逆境中的人，更需要别人的关怀。

4. 多变换角色，时刻保持新鲜。

演好自己的角色是家庭中每个成员的责任，如果角色错位，轻者造成家庭的不幸福，重者会使家庭破裂。但如果家庭成员能够经常变换一下角色，就会收获更多的幸福。

虽然，第三者是破坏幸福生活的重要因素，但是我们也要自我反省，是不是我们自己给婚姻造成了空隙，才让他人有机可乘。

"办公室暧昧"最容易让人受委屈

不要在工作的时间约会，否则，你将会遭遇令人心碎的痛苦。你将不会专心提高你的专业技能，你将会被上司性骚扰，你将在工作中分心，你的情感也不会得到很好的安慰，获得恰如其分的寄托。所以，你的母亲或者其他监护人、与你关系密切的朋友会常常劝告你：不要把工作中接触的对象当成是自己的恋人，因为办公室里的暧昧总是容易让一个人受到伤害。

玛利亚和皮特是一个办公室的同事，两人经常在一起讨论工作上的事情，有时还要因公一块外出与顾客接洽，时间长了，两个人之间就培养出了别人没办法达到的默契，一种近乎于爱情但是又不是爱情的情感正在一点一点地暴露出来。

俗话说，纸里包不住火。公司里关于他们两个人的谣言很快就出来了，而且越传越夸张。刚开始两人也不知道平时有说有笑的同事会在背后出这种"阴招"，直到一次玛利亚无意中在公司洗手间内听到几个同事在讨论她和皮特的事，说得有模有样，玛利亚当时肺都快气炸了。后来她无论走到哪儿，都感觉同事们看她的眼神总是阴阳怪气的，几个同事聚在一起嘀嘀咕咕的时候，她的心里就七上八下的，总怀疑她们在说自己。她想过去冲着她们大吼，但她也不知道她们是不是在说自己，就这样过去解释，反倒让人嘲笑她做贼心虚，心里有鬼。玛利亚快要崩溃了，她讨厌这种复杂诡异的环境，但是又对皮特有着一种说不清又剪不断的情感，让她不知如何是好。皮特劝慰她，希望她能看开一些，毕竟自己的事情不用顾忌别人的，可是他的这些话，让玛利亚感到心寒，因为他似乎没有用心去感受她的难堪。

而且，公司里的这些话不知怎么传到皮特女朋友那儿去了，一次下班在公司大楼外边，玛利亚被迎面而上的几个女人拦住了去路，不由分说地被人甩了一个耳光，还被人警告做人要正经点。玛利亚这回彻底崩溃了，她从小就是一个"品学兼优"的孩子，几乎没受到过什么挫折，可是现在皮特并不能给予她过多的关心，还要她承受这接二连三的侮辱和中伤。无奈之下，玛利亚第二天就向公司辞职了，并把手机上公司所有同事的电话号码全部删除。

曾经给公司创造了巨额利润的一对"黄金搭档"就这样被拆散了，玛利亚凭着自己卓越的才能还能在别处"东山再起"，但在原来的公司的那段经历，让以后的玛利亚再也不敢在办公室里寻找自己的恋人。

通过这个故事，我们可以看出，在办公室里，男人与女人不能走得太近。我们当然不反对男女同事之间交朋友，但这是需要一个度的，不能想怎么样就怎么样，否则受伤害的只有自己。

婚外恋常常以恨收场

在多元化的开放社会中，现代人可以有不同的生活方式和发展方向，婚姻大事似乎已经不像从前那么严肃。然而两性关系的亲密发展，透过婚姻制度仍然有其个人与社会上的意义。婚姻上的契约关系，使两人有机会在一份关系上经营得更持久，而使其人格更成熟，社会角色更丰富。

婚姻中的种种变化，有时使人措手不及，甚至拒绝去面对。人们总希望花常好月常圆，然而婚姻生活的本质并非如同婚纱般的浪漫，它是来自不同家庭文化的两个人，结合在一起共同生活。婚姻中双方很多时候都面临着各种诱惑。

一位白领丽人黄曼莉，在一家著名的跨国集团工作，她有个非常好的异性朋友孟俊峰。那时候他们在一起无话不谈，可是唯独没谈到彼此对对方的感情。那时候他们各自有自己的丈夫妻子。曾经觉得有个这样的异性知己真是三生有幸。为此还曾开玩笑地说："以后我们再结婚的对象不会是对方吧？"

一天晚上黄曼莉感觉很郁闷，便一个人逛街，想发消息叫她的老公来陪，可是他没空。黄曼莉愈加难过，平时因为工作的关系他们很少有机会见面。于是黄曼莉想起了孟俊峰，便发消息给他："我在淮海路，一个人，很无聊，你在哪儿，有空吗？"

孟俊峰很快就发回了消息，他说："那一会儿见吧。"

15分钟后，孟俊峰如约而至。像平时一样，大家互相嘲笑了几句。

孟俊峰说："你通宵？"

黄曼莉说："嗯。"

孟俊峰说："真的？"

黄曼莉说："嗯。"

孟俊峰说："我陪你。"

后来孟俊峰对黄曼莉说："以为你和老公吵架，心情不好才叫我出来的。所以想也没想就赶来了。"

黄曼莉也承认，她很喜欢和孟俊峰在一起的感觉。好像比爱差了点，但却肯定超过普通朋友的界限。

从KTV里出来的时候，天已亮了，他们不约而同地叹了口气，说对不起自己的另一半。

男女间真的存在真正的友谊吗？黄曼莉和孟俊峰之间是爱情还是友情？

人生难得一知己。谓她曰"红颜"，谓他曰"蓝颜"。他与她、她与他之间，就有了一种游走于亲情、爱情、友情之外的第四类情感。它比爱情少一点，比友情多一点，少了一种人为的羁绊和功利，多了一份情感的释放和挂牵。它介于情人和朋友之间，有亲密的情感和肢体交流，但不发生性关系，以不影响对方的正常生活和发展为前提。第四类情感，比友情多的是深层的相知、信赖与默契。它是升华了的精神友情，又没有爱情中的卿卿我我与徒劳牵挂。第四类情感其实是一个陷阱，陷阱的名字就是"婚外恋"。

外遇关系经常以恨收场。有些人以为外遇是为了寻求理想中的爱，为了爱可以不惜冒天下之大不韪。其实这只是一厢情愿单纯的想法。外遇者在开始阶段固然有爱的欢愉与享受，但为期甚短，很少有不以冲突或恨收场的。带给自己家庭的裂痕却要很长时间才能消除，有些甚至永远消除不掉，导致婚姻解体。

/第四节/

爱，就是无条件的接纳

爱，就是谁先为谁低头

走在一起的两个人，个性完全不同，所以婚姻中总会出现各式各样的摩擦，夫妻之间也一直矛盾不停，麻烦不断。琐碎的事情是最折磨人的，稍微处理不当，就可能引发更大的麻烦，甚至可能会影响正常的婚姻生活。

其实，夫妻之间的问题很多都是因为彼此都不愿意让步，不愿意先向对方低头，所以才将问题越积累越多，到了最后陷入了无法挽回的地步。所以，如果真正的爱对方，想要跟对方一起幸福地生活下去，就要先学会向对方低头。

夫妻关系是一个家庭的基础关系，也可以称得上是家庭关系中最微妙也最难处理的一种关系。两个原本陌生、没有任何渊源的人，只因情投意合，便共同构筑了一个家庭的城堡，心甘情愿地将自己禁锢在了围城之内。可是，两个人毕竟来自不同的环境，拥有不同的背景，要长期地共同生活在一起，自然会产生许多摩擦与碰撞，引起各种矛盾与冲突。所以，夫妻间有一段不合拍的过程是正常的，为生活琐事拌几句嘴、小打小闹是不可避免的。这时应该学会忍耐，不要互相埋怨、数落对方的不是。当双方发生冲突和摩擦时，要设身处地地为对方着想，避免自己在情绪恶劣的状态下做出伤害对方的事情来。

其实现实生活中我们很容易给爱人套上自己想象的帽子，单方面地认为他或她应该怎么样、不应该怎么样，然而我们内心的标准常常只是无端的猜测而已。所以，你应该爱你看上他的那一点，对于不喜欢的方面，要多给予宽容和理解。夫妻在家庭中的地位是平等的，无论是在经济上还是在心理情感方面，都应如此，没有谁理所当然地高出对方一头。

对于婚姻的压力要尽可能地去承受，在承受不了的时候，学会弯曲一下，这样就不会被压垮。婚姻中，不要总是去苛求对方做到完美，因为你也不是完美的，向他（她）低一下头，你们的婚姻就会别有一番风景。

在中国，大男子主义的作风成为爱情婚姻中一道不和谐的音符。很多男人都觉得自己任何做法都是无可挑剔的，所以若是和妻子发生争执，那也必须是妻子先低头，不然自己就太没面子。可是妻子也会有自己的委屈，她们也希望丈夫能够给予理解。这个时候，如果相互之间没有一个人肯低头认错，那么无疑会让僵持的氛围一直延续。时间长了，自然会影响夫妻之间的感情。

当然，在现实生活中，不理解丈夫的妻子也大有人在。他们只是一味追求家庭幸福、夫妻美满，沉醉于卿卿我我的夫妻生活中，对丈夫一心想干好事业的想法不怎么理解，对丈夫兢兢业业为事业操劳的行动不理解，埋怨丈夫回家晚，埋怨丈夫不知道买家具，甚至同丈夫吵架，不体谅丈夫，使丈夫的精力不能集中。做妻子的要知道，一些丈夫之所以那么钟爱自己的妻子，就是因为他感到妻子很理解、体谅、支持自己。有的丈夫说："最了解我的是妻子，最支持我的也是妻子。"

生活中，我们已经活得很累了，不管是男人还是女人，都不容易，当感受到对方已经身心疲惫的时候，就应该低下头去，握住对方的手，用自己的体贴温暖对方，保护对方。虽然有时候，问题的发生并不是我们故意的，或者能够导致矛盾的产生，也不完全是我们的错，但是能够在对方疲惫的时候，给予一点体贴和谅解，才能更加温润彼此脆弱的心。

爱需要我们彼此扶持

爱从一个人的心里发出，然后流到别人的心里，在人与人之间搭建起一条长长的爱心之桥。爱，往往会有意想不到的力量，它需要我们彼此宽容和彼此扶持。

一战期间，美、德两军在一处平原相遇，双方交战激烈，枪声不断响起，在他们之间的是一条无人地带。一个年轻的德军尝试爬过那个地带，结果被带钩的铁丝钩住，发出痛苦的哀号，不住地呜咽。

相距不远的美军都听得到他的惨叫声。一个美军无法再忍受，于是爬出战壕，葡匐着向那位德军爬过去。其余美军明白他的意图后，就停止开火，但德军仍炮火不辍，直到德国指挥官明白那年轻美军的意图，才命令军队停火。

此时，战场上出现了一片沉寂。年轻美军爬到受伤的德军那里，救他脱离了险境，扶起他走向德军的战壕，交给已准备迎接他的同胞。之后，他转身走回美军阵营。

忽然，一只手搭在他肩膀上，他倏地转过来，原来是一位获得铁十字勋章的德军军官，从自己的制服上扯下勋章，把它别在美军身上，才让他走回自己的阵营。当该美军安全抵达己方战壕后，双方又恢复了那毫无理智的战斗。

我们都知道，在我们生存的世上，不仅有嗜血无情的战争贩子，也有腐败堕落的政府官员；不仅有流血和死亡，也有欺诈和虚伪；不仅有纸醉金迷的享乐，也有声色犬马的诱惑。这些，不是我们能够无视其存在的，也不是我们能够荡涤殆尽的。但是，我们能在自己的心里将这些东西清扫干净，还自己一片洁净的空间。

应该相信，"我们的生活是由我们的思想造就的"，如果我们每个人都能爱护自己，爱护自己善良、朴实的天性，爱护自己懂得爱并珍视爱的心灵，让自己的内心始终保持一块纯净生动、仁爱无私的净土，永不放弃对真诚的情感、对善良的人性、对美好的人生的追求，即使我们不能使所有人的世界变得更美好，至少也可以使自己的世界变得更美好。

相信这个世界上还有爱，加入那个传播爱的队伍，你慢慢就会发现，爱是不息的火，它拥有传染的魔力，能够温暖每一个人的心灵，即使是那些所谓的坏人，在他们的灵魂深处也还保留着一块温软的园地，可以感受爱，可以感动。就像歌里唱的那样："如果人人都献出一点爱，世界将变成美好的人间。"谁不愿意生活在美好的世界里呢？所以在我们的生活中，你经常能够看到各种"献爱心，送温暖"的活动，因为在大家的心中还有爱，爱心让这个世界充满了温暖。

爱自己必先爱他人

要获得他人的喜爱，首先必须要真诚地喜欢他人。这种喜欢必须是发自内心的，而非另有所图。要做到这一点有一定的难度。某些人感到喜欢别人比较困难。但是，如果你能学着多多喜欢别人，今后对别人产生好感就越容易。光靠嘴巴上说"我要去喜欢他人"是没用的。

"喜欢别人"是一种生活方式的结果，它是一种思维模式的产物。而能使你喜欢别人的一种思维方式，便是积极思想，也就是说，你必须以一种积极的态度，而非消极的想法对待其他人。

一个人如果只关心自己，他很难成为一个被人喜欢的人。要成为令人敬重的人，必须将你的注意力从自己的身上转到别人身上去。哲学家威廉·詹姆斯说："人性中最强烈的欲望便是希望得到他人的敬慕。"这句话对于"别人"也同样适用，他人也希望得到你的敬慕。如果你只是过度地关心你自己，就没有时间及精力去关心别人。别人想获得你的关心，却无法从你这里得到，当然也不会去注意你。

一个人希望被别人喜欢、敬重，必须先学会关爱别人。要真正地去关心别人、爱别人，激励他们展现最好的一面。那样，正如不求报酬做善事终会有所回报一样，别人也会加倍地关心你、爱护你。最好的朋友是能将你内心中最好的潜质引导出来的人。你必须透过表面现象，看清一个人的真相。如果你帮助他，使他达到他内心中所期望的境界，你当然可以赢得他的敬重和信赖。如果在一个艰难的处境中，你能对一个人表现出你的理解和耐心，则不只是那个人，其他的人也同样会对你非常敬重。

你的行动和语言一样能表明思想，有时甚至比你的语言更明白、更直接。我们大都只是听人说话，而没有注意到行动也是一种语言，因此使人与人之间的沟通受到阻碍。

然而，我们大多数人甚至不知道如何倾听别人的谈话。当别人有问题来找我们时，我们常说得太多。而且我们总是试着提出太多建议，其实大多数时候最重要的也许只是沉默，同时把耐心、宽容和爱传达给对方。

受欢迎的人大多拥有一种特质：他们似乎知道如何使别人接受自己。谁能做到这一点，谁就能获得别人的喜爱。所以，过分以自我为中心的人总会令自己不快乐。

以自我为中心的人，常常不懂得接受自己。这种心境常会产生受挫感。因为一个人内心感到痛苦，其他人往往会不自觉地加剧他的紧张情绪，而且他在这样想的过程中更加造成了一种令人不满意的人际关系。

所以，如果你对他人真正有兴趣，并且认为他们很重要；如果你经常关心他们，这无疑会增加你获得成功和幸福的概率，别人也会因此而喜欢你。你必须向他们提供建设性的帮助，同时具备与人沟通的技巧。知道如何帮助别人是一门艺术，一个人如果知道该怎么做的话，他必能获得别人持久的感情。

所以，我们必须再说一遍：爱己必先爱人。

给予，让你的生命增值

一位儿童教育家说："只知索取，不知付出；只知爱己，不知爱人，是当前独生子女的通病。"学会付出是人类光辉灿烂人性的体现，同时也是一种处世智慧和快乐之道。

即使你拥有金钱、爱情、荣誉、成功和刺激，也许你还不会有快乐。快乐是人生的至高追求，只有给予和付出，你才能实现这一追求。

国外一位作家曾写过这样一篇文章：

巴勒斯坦有两个海，一个是淡水，里面有鱼，名为伽里里海。从山脉流下来的约旦河带着飞溅的浪花，成就了这个海。它在阳光下歌唱，人们在周围盖房子，鸟类在茂密的枝叶间筑巢，每种生物都因它而幸福。

约旦河向南流入另一个海。这里没有鱼的欢跃，没有树叶，没有鸟类的歌唱，也没有儿童的欢笑。除非事情紧急，旅行者总是选择别的路径。这里水面空气凝重，没有哪种动物愿意在此饮水。

这两个海彼此相邻，何以又如此不同？不是因为约旦河，它将同样的淡水注入。不是因为土壤，也不是因为周边的国家。区别在于：伽里里海接受约旦河，但绝不把持不放，每流入一滴水，就有另一滴水流出，接受与给予同在。

另一个海则精明得厉害，它吝啬地收藏每一笔收入，每一滴水它都只进不出。

伽里里海乐善好施，生气勃勃。另外那个则从不付出，它就是死海。

巴勒斯坦有两个海，世上有两种人。一种乐于索取，一种乐于付出。吝啬付出的人，他的生活也将死气沉沉，被幸福疏远。

付出的种类有很多，方式也各不相同。有一种付出是对世界的看法、对生活的态度。正是这种对人生的态度，决定了你一生是否幸福。在太多的时候，我们只是在为自己而付出。付出我们的汗水和辛劳来换取我们所应得的回报，但生活中我们也常常需要另外一种付出——为别人付出。同时，获得自己所需的财富和精神上的满足。

生活就是这样，当你为别人付出的时候，你的人生也会因你的付出而快乐、升华，你得到的是生命的延长和增值。

爱心能使人生更有意义。爱的反面不是恨，而是漠然。一个人如果失去了爱的能力，他的人生也会异常黯淡。给别人以帮助和鼓励，自己不但不会有损失，反而会有所收获。并且，通常一个人给别人的帮助和鼓励越多，从别人那儿得到的收获也越多。给别人一颗善心，就能将对方感染，回馈回来的便是两颗爱心的跳动。

人与人之间奉献的力量一直感动着我们的心灵，那一份深沉的人间真情久久地温暖着每一颗尘封已久的心。当一种心与心共鸣而发出的旋律奏响时，心灵浸润其中，不由地会习得一种温情的通透，而原本覆盖着的蒙尘也随之被荡涤得没有了影踪。长此以往，心灵会变得超脱，并找到通往精神家园的路。

用爱打破心中的"冰点"

一位建筑大师阅历丰富，一生杰作无数，但他自感最大的遗憾就是把城市空间分割得支离破碎，而楼房之间的绝对独立则加速了都市人情的冷漠。大师准备过完65 岁寿辰就封笔，而在封笔之作中，他想打破传统的设计理念，设计一条让住户交流和交往的通道，使人们不再隔离，而充满大家庭般的欢乐与温馨。

一位颇具胆识和超前意识的房地产商很赞同他的观点，出巨资请他设计。图纸出来后，果然受到业界、媒体和学术界的一致好评。

然而，等大师的杰作变为现实后，市场反应却非常冷漠，乃至创出了楼市新低。

房地产商急了，急忙进行市场调研。调研结果出来后，让人大跌眼镜：人们不肯掏钱买这种房的原因竟然是嫌这样的设计使邻里之间交往多了，不利于处理相互间的关系；在这样的环境里活动空间大，孩子们却不好看管；还有，空间一大，人员复杂，对防盗之类人人担心的事十分不利……

大师没想到自己的封笔之作会落得如此下场，心中哀痛万分。他决定从此隐居乡下，再不出山。临行前，他感慨地说："我只认识图纸不认识人，是我一生最大的败笔。"

我们可以拆除隔断空间的砖墙，谁又能拆除人与人之间厚厚的心墙呢？

心墙不除，人心会因为缺少氧气而枯萎，人会变得忧郁、孤寂。

在人与人之间的交往中，我们很多时候只是应付。比如，从上班的那一刻起我们就开始将自己关闭在一个小的空间内，懒得和别人打招呼，也懒得去和别人搞好关系。只顾忙着自己的事情，寂寞着一个人的寂寞，开心着一个人的开心。这便是冷漠，冷漠地看待世间的万物，世界上除了自己再没有了别人。

一个冷漠的人注定孤独，因为冷漠的人没有朋友，谁也不愿意和冷漠的人打交道，因为这样的人根本不在乎朋友只在乎自己。冷漠的人也注定不会幸福。

当我们身处困境难以脱身的时候，往往会希望别人能够助自己一臂之力，而我们看到的是冷漠的眼神，有时候真的不是世态炎凉，而是你平日里的冷漠造成了今天孤立无援。对于冷漠的人，别人给予他的也将是冷漠。

有这样一首歌："这是心的呼唤，这是爱的奉献，这是人间的春风，这是生命的源泉。在没有心的沙漠，在没有爱的荒原，死神也望而却步，幸福之花处处开遍。只要人人都献出一点爱，世界将变成美好的人间。"的确，人与人之间的交往不是冷漠，而是爱。付出爱，你就会发现世界是"美好人间"。

爱是医治心灵创伤的良药，爱是心灵得以健康生长的沃土。爱，以和谐为轴心，照射出温馨、甜美和幸福。爱把宽容、温暖和幸福带给了亲人、朋友、家庭、社会。无爱的社会太冰冷，无爱的荒原太寂寞。爱能打破冷漠，让尘封已久的心重新温暖起来。

在与人交往时，将你的心窗打开，不要吝啬心中的爱，因为只有爱人者才会被爱。当你陷入困境时，你会得到许多充满爱心的关怀和帮助。

让自私无处停留

有一句名言说："人活着应该让别人因为你活着而得到益处。"学会分享、给予和付出，你会感受到舍己为人，不求任何回报的快乐和满足。幸福犹如香水，你不可能泼向别人而自己却不沾几滴。的确，在生活中，超越狭隘、帮助他人、撒播美丽、善意地看待这个世界……快乐、幸福和丰收会时时与我们相伴。对此，罗曼·罗兰说得很精彩："快乐和幸福不能靠外来的物质和虚荣，而要靠自己内心的高贵和正直。"

贝尔太太是美国一位有钱的贵妇，她在亚特兰大城外修了一座花园。花园又大又美，吸引了许多游客，他们毫无顾忌地跑到贝尔太太的花园里游玩。

年轻人在绿草如茵的草坪上跳起了欢快的舞蹈；小孩子扎进花丛中捕捉蝴蝶，老人蹲在池塘边垂钓；有人甚至在花园当中支起了帐篷，打算在此过他们浪漫的盛夏之夜。贝尔太太站在窗前，看着这群快乐得忘乎所以的人们，看着他们在属于她的园子里尽情地唱歌、跳舞、欢笑。她越看越生气，就叫仆人在园门外挂了一块牌子，上面写着：私人花园，未经允许，请勿入内。可是这一点也不管用，那些人还是成群结队地走进花园游玩。贝尔太太只好让她的仆人前去阻拦，结果发生了争执，有人竟拆走了花园的篱笆墙。

后来贝尔太太想出了一个绝妙的主意，她让仆人把园门外的那块牌子取下来，换上了一块新牌子，上面写着：欢迎大家来此游玩，为了安全起见，本园的主人特别提醒大家，花园的草丛中有一种毒蛇。如果哪位不慎被蛇咬伤，请在半小时内采取紧急救治措施，否则性命难保。最后告诉大家，离此地最近的一家医院在威尔镇，驱车大约 50 分钟即到。

这真是一个绝妙的主意，那些贪玩的游客看了这块牌子后，对这座美丽的花园望而却步了。可是几年后，有人再往贝尔太太的花园去，却发现那里因为园子太大，走动的人太少而真的杂草丛生，毒蛇横行，几乎荒芜了。孤独、寂寞的贝尔太太守着她的大花园，她非常怀念那些曾经来她的园子里玩的快乐的游客。

贝尔太太用一块牌子为自己筑了一道特别的"篱笆墙"，随时防范别人靠近。这道看不见的篱笆墙就是自我封闭。

自我封闭就是把自我局限在一个狭小的圈子里，隔绝与外界的交流与接触。自我封闭的人就像契诃夫笔下的装在套子中的人一样，把自己严严实实地包裹起来，因此很容易陷入孤独与寂寞之中。自我封闭的后果是什么呢？在封闭自己的同时，也把快乐和幸福封闭在外面。

自私是人的本性，但是我们要知道，我们就是社会性动物，没有谁能够独立生活。人与人之间少不了交往，我们也总有需要别人帮忙的时候。所以，不要吝啬分享你的东西，有时只是一杯小小的可乐，都可以让你拥有一个朋友。

我们每个人心中都有一座美丽的大花园。如果我们愿意让别人在此种植快乐，同时也让这份快乐滋润自己，那么我们心灵的花园就永远不会荒芜。

微笑着面对犯过错误的父母

晚饭过后，母亲忙着似乎永远也忙不完的家务。刚上五年级的女儿大声嚷嚷道："妈妈，问您一个问题，您的心愿是什么？"

母亲先是一愣，接着不耐烦地回答："心愿很多，跟你说也没用。"

女儿执拗地要求："您就说说看，这对我很重要。"

母亲看见女儿坚持的样子，就回答说："好吧，就说给你听听。第一，希望你努力学习，保持好成绩；第二，希望你听话，不让大人操心；第三，希望你将来考上名牌大学；第四……"

女儿打断母亲的回答："哎，妈妈，您不要总是说对我的期望，说说您自己的心愿吧？"母亲有滋有味地历数着，沉浸在对美好未来的种种设想之中："我嘛——

一是希望身体健康，青春长驻；二是希望工作顺心，事业有成；三是希望家庭和睦，美满幸福；四是……"女儿再次打断母亲的回答："妈妈，您说的这些又大又空，说点实际的吧，比如您想要……"

母亲好像猛然发现了什么似的，有些恼火地打断女儿的话："我就知道你跟我玩心眼儿，一定是老师留了关于心愿的作文题目，你写不出来就想到我这里挖材料对不对？实话告诉你吧，我的心愿多着呢！我想要别墅，我想要小轿车，我想要高档时装，看，我的手袋坏了，还想要一只真皮手袋，你看这些实际不实际？这些你都能满足我吗？跟你说顶什么用？好了，心愿说完了，你去写作业吧。"

女儿回到自己的房间，母亲觉得还意犹未尽，又站起身推开女儿的房门。女儿正在写作业，串串泪珠滚落，不停地用手背擦着。母亲的无名火又上来了，比刚才的声音还要高出几个分贝，吼道："你还觉得挺委屈是不是？你想偷懒是不是？你故意气我是不是？"

女儿解释："妈妈，我不是……"

"还敢顶嘴！告诉你，9点钟之前写不完这篇作文有你好瞧的！"母亲很权威地命令着，一扭身"砰"地把门关上。

第二天晚上吃完饭，女儿照例进屋写作业，母亲照例重复着每日必做的家务。

蓦然间，她发现茶几上多出一束鲜花，鲜花旁放了一个包装袋，包装袋上放了一张小纸条，纸条上面写着：

"妈妈：

今天是您的生日，我用平时攒的零花钱和这两年的压岁钱给您买了一只真皮手袋。让您高兴，这是我最大的心愿。

想给您一份惊喜却不小心惹您生气的孩子"

母亲的手颤抖了，呆呆地坐在沙发上说不出一句话。

人们常常会说：天下无不是之父母。其实这话是不对的，圣贤都会犯错，何况是身为普通人的父母呢？

孔子曾经讲过为人子女者如何对待父母的缺点问题，首先是委婉地劝说，发现父母的缺点不劝说是不对的，但应注意劝说的态度要温和。更重要的是，如果发现父母的错误不进行规劝，则不能称为孝子。

但是，当子女的规劝父母，而父母不听怎么办？孔子接下来说，在这种情况下，仍要对父母表示恭顺，虽然为父母不能改正错误和缺点而内心担忧，但不能心怀怨恨。

说到自己的父母，也有可能是君子或者小人，如何能够让他们远离小人的习气而靠近君子的行为呢？这就要劝谏他们放弃不良习惯，委婉说服。即使是说服不了，那么要对他们恭敬行孝，任劳任怨。因为他们毕竟是自己的父母，绝不能因为他们有过失就不孝顺。否则，自己连孝都做不到，又怎么去要求父母行义和道呢？也许在自己的孝心感召和耐心劝说下，父母会真正认识到自己的错误而加以改进的。

远离吝啬的魔鬼

罗素说过，吝啬，比其他事更能阻止人们过自由而高尚的生活。这是告诉我们一定要摒弃吝啬的不良习惯。

凡吝啬的人一般都是自私的、贪婪的。这类人只是嫌自己发财速度太慢，总嫌发财"效率"太低，总想不劳而获或者少劳多获，因而挖空心思、不择手段地算计他人、算计集体、算计社会。

这种过于吝啬的习性的一种表现是与人交往只索取不奉献。

有个勤劳的男孩叫汤姆，他一个人住在一间小屋子里，并且拥有一座村庄里最美丽的花园。小汤姆有很多朋友，其中有一个是磨坊主汤恩。汤恩是个很富有的人，他总自称是小汤姆最忠厚的朋友，因此他每次到小汤姆的花园来时，都以最好的朋友的身份拎走一大篮子各种美丽的鲜花，在水果成熟的季节还拿走许多水果。

汤恩经常说："真正的朋友就该分享一切。"而他却从来没有给过小汤姆什么。

冬天的时候，小汤姆的花园枯萎了。"忠实的"磨坊主朋友再也没去看望孤独、寒冷、饥饿的小汤姆。

汤恩在家里对他的家人说："冬天去看小汤姆是不恰当的，人们经受困难的时候心情烦躁，这时候必须让他们拥有一份宁静，去打扰他们是不好的。而春天来的时候就不一样了，小汤姆花园里的花都开放了，我去他那采回一大篮子鲜花，我会让他多么高兴啊。"

磨坊主天真无邪的儿子问他："爸爸，为什么不让小汤姆到咱们家来呢？我会把我的好吃的、好玩的都分给他一半。"

谁想到磨坊主却被儿子的话气坏了，他怒斥这个白白上了学、仍然什么都不懂的孩子。他说："如果小汤姆来到我们家，看到了我们烧得暖烘烘的火炉、我们丰盛的晚饭，以及我们甜美的红葡萄酒，他就会心生妒意，而嫉妒则是友谊的大敌。"

磨坊主汤恩的高论让我们看到了吝啬的人在面对生活时的丑恶嘴脸。吝啬者衣食无忧，然而其灵魂、精神却日趋贫穷。

吝啬果真能给吝啬者带来愉快吗？不能。其实吝啬者的生活是最不安宁的，他们整天忙着的是挣钱，最担心的是丢钱，唯恐盗贼将他的金钱全部偷走，唯恐一场大火将其财产全部吞噬，唯恐自己的亲人将它全部挥霍，因而整天提心吊胆，坐立不安，永远不会快乐。

所以，我们要远离吝啬的魔鬼，走出吝啬的灰暗，寻找生命中那一块与人分享的蓝天。施予的追求没有资格的限制，再吝啬、再坏的人，只要决心想给予，就可以透过训练开启布施之心。在生活中，让我们学会"布施"吧，因为，只有如此，才能让我们得到更多，学会给予，才能收获幸福，懂得付出，才能有更多收获。

/第五节/

杜绝抱怨，才能做到有效沟通

你对待别人的态度，决定了他人对你的态度

人与人的关系常常是微妙的。有时候，你对一个人不满，或者存在一种厌烦的心理，但是你并不希望他能够感受到你对他的不满或者厌烦，还希望他能够在不发现的前提下能够把你当成朋友。事实上，这种情况几乎都是不存在的。我们常说，人与人之间的关系是相互的，你不喜欢别人，往往他也正烦着你呢。你很希望与一个人成为朋友，也许他同样受着你的吸引。

这样说来，在处理人际关系中，我们就没有权利去抱怨那些对待自己不友善的人了。在舞会上，如果我们受到了别人的冷落，就应该想一想，自己是不是也同样没有将目光投放在别人的身上，却还过多地希望得到别人的关注？在生病的时候，身边没有人对自己表示关怀，是不是我们也在别人生病的时候表现出了冷漠，伤害了别人渴望友情的心……

一位老人，每天都要坐在路边的椅子上，向开车经过镇上的人打招呼。有一天，他的孙女在他身旁，陪他聊天。这时有一位游客模样的陌生人在路边四处打听，看样子想找个地方住下来。

陌生人从老人身边走过，问道："请问，住在这座城镇还不错吧？"

老人慢慢转过来回答："你原来住的城镇怎么样？"

游客说："在我原来住的地方，人人都很喜欢批评别人。邻居之间常说闲话，总之那地方很不好住。我真高兴能够离开，那不是个令人愉快的地方。"

摇椅上的老人对陌生人说："其实这里也差不多。"

过了一会儿，一辆载着一家人的大车在老人旁边的加油站停下来。车子慢慢开进加油站，停在老先生和他孙女坐的地方。

这时，父亲从车上走下来，向老人说道："住在这市镇不错吧？"老人没有回答，问道："你原来住的地方怎样？"父亲看着老人说："我原来住的城镇每个人都很亲切，人人都愿帮助邻居。无论去哪里，总会有人跟你打招呼，说谢谢。我真舍不得离开。"老人看着这位父亲，脸上露出和蔼的微笑："其实这里也差不多。"

车子开动了。那位父亲向老人说了声谢谢，驱车离开。等到那一家人走远，孙女抬头问老人："爷爷，为什么你告诉第一个人这里很可怕，却告诉第二个人这里很好呢？"老人慈祥地看着孙女说："不管你搬到哪里，你都会带着自己的态度。任何地方可怕或可爱，全在于你自己！"

我们之中总有那么一些人，常常以自我为中心，只看到别人是怎么对待他的，却从来不去想自己是怎么对待别人的。有什么事情求朋友，从来都不会想别人是否有空，是否有更重要的事情去做，或者朋友已经很累了，拖延了他的请求，他也觉得自己受到了伤害，是朋友们没有为自己着想。

我们每个人都有自己的生活圈子，朋友也有自己的生活。没有人是单单为了某一个人而存在的。当我们感受到了朋友的冷落的时候，不要总是想着责怪，而是要从自身开始检讨，看看自己是否做了过分的事情。因为你如何对待别人，别人也往往怎样对待你。

维护友情，需要的是相互理解、相互体谅的心。如果一直都从私利出发去要求别人，那么无疑你会招致别人的反感。在生活中，我们也常常会听说"什么样的人会教什么样的朋友""不是一家人不进一家门"之类的话，其实就是人以群分，这告诉我们，你怎样经营你对别人的感情，别人也会以同样的方式来对待你。

用命令的口吻说话，只会加深别人的反感

有个当中学老师的人，她离职后，转任人寿保险公司业务员。由于她当过老师，所以她在与同仁、客户说话时，常不自觉地说："我这样讲，你懂不懂？"或"听明白了吗？"有时，也会脱口告诉朋友："哎呀，你衣服不能这么穿！"

后来，有个男同事对她说："我们是你的同事，不是你的学生，拜托你讲话时，不要一直问我们'懂不懂'好不好？好像我们都很笨的样子！"

的确，在我们周围，有些人在沟通时，习惯用指导性语言去教导、指正别人。不管自己懂不懂，也不管自己做得好不好，就习惯"指导别人"该怎么做。

虽然，有时"善意的指导"确实对别人有益，但对不熟悉、刚认识的人，或在公开的场合，动不动就要以"自己很棒、很厉害""我来指导你"的态度来指正对方，则常会引来别人的反感与讨厌。

因此，"指导性语言"若用得不恰当或用得太多，就会变成"批评"，甚至是"找碴"，因为指导性语言通常带有"上对下"的教训口吻，对方听起来就会不高兴，这有违平等交流的原则。因为不管是名流显贵还是平民百姓，作为交谈的双方，他们都应该是平等的。

向初次见面的人推销自己时，决定成败的关键何在呢？首先当然是要有热忱，人们绝不会被缺乏热忱的人所感动，而这一点并不限于初次见面。所以，当你尚未决定把一件工作交给哪一个人完成时，想要争取这份工作的人，都会竞相表现他们的热忱。

而相比起"让我做"这句话，我们大概更喜欢听到"请给我一个机会"。同事之间，因彼此都不了解，就有必要保持一种节制。再者，"让我做"听起来有些盛气凌人的意思，这是我们所不喜欢的。而"请给我一个机会"就比较婉转，既保持热忱又使别人感到很舒服。

此外你还应该学会添加一些亲切的话题。比如："早上好！今天真热啊！""辛苦你了！今天很忙吧？"

这样的话题，可以说也属于问候语的范畴，所以，如果添上这样一两句的话，无疑会有更佳的效果。

对你的同事多一些关心的问候，他一定会先感到惊讶，然后喜形于色吧！说不定这一问候语就是你俩友谊的开端，让你们成为无话不谈的好朋友，这可比令人生厌的指导命令性话语好得多。

影片《维多利亚女王》中有这样一组镜头：

维多利亚女王很晚才结束工作，当她走回卧房门前时，发现房门紧闭，于是她抬手敲门。卧房内，她的丈夫阿尔伯特公爵问："是谁？"

"快开门吧，除了维多利亚女王还能是谁？"

她没好气地回答。

没有反应。她接着又敲，阿尔伯特公爵又问："是谁？"

"维多利亚！"她依然高傲地回答。

还是没动静。

她停了片刻，再次轻轻敲门。

"谁呀?"

这回维多利亚轻声应答:"我是你的妻子,给我开门好吗?阿尔伯特。"

门开了。

从这段影片情节中,我们也可以看出,亲切所达到的效果。

平时多花点时间注意一下你的说话形象,它是整体形象的一个重要组成部分。想想你通常说些什么、是怎样说的。人们注意听你说话吗?你是否总是自觉或不自觉地用一些命令式的语言?有没有人曾叫你说话声音放小点?骂人的话、下流话、讽刺挖苦和怪话是市井语言,在其他地方说出口会让别人觉得有压迫感,从而疏远你。

友善比强硬更有力量

我们常常可以看到这样的场景:地铁里,人们为了争座位而争吵;公交车上,人们因为过于拥挤而发生扭打;走在路上,我们会因为被别人踩了一脚而揪住对方的领子不放;家长会因为孩子不服从自己的安排而给他一顿暴打;上司会因为下属不能完全听从自己的意愿而将他开除……当我们对暴力产生了盲目崇拜时,我们的心也开始变得僵硬了;当我们喜欢上了以强硬的手段去解决问题的时候,我们也就失去了理智,失去了爱。

所以,当与别人发生冲突的时候,我们不妨给予别人一个宽恕的微笑,一个温暖的笑容往往要胜过强硬的拳头。有时候,一个不经意的拥抱,就会融化误会的冰雪,也会拯救一颗受伤的心灵。

在《人生与伴侣》杂志中看到过这样一篇文章:

有一个在电视台工作的记者,台里准备在世界艾滋病日策划一个节目,他自告奋勇扮演艾滋病患者。去年12月1日上午,他来到胜利路步行街,选了一个最显眼的位置站住,这里是南昌市最繁华的商业街,人气旺盛。他在胸前挂了一块牌子,上面写着几个大字:"我是艾滋病患者,你可以拥抱我吗?"摄像机远远地隐蔽在一个角落里。他当街一站,立刻吸引了不少行人围观,当那些好奇的目光触及"艾滋病"三个字时,哗的一下四散而逃,有人甚至捂着嘴巴一路小跑。朋友早有心理准备,依然表情自然,不卑不亢。

不断有人从他身边走过,好奇地看看他胸前的牌子,立即掉头就走。两个小时过去,竟没有一个人敢上去拥抱他,渐渐地,他挺不住了,开始主动劝说行人:"抱抱我吧，与艾滋病人正常交往是没有危险的。"人们却逃得更快了。

阳光灿烂，街上人潮汹涌，他孤零零地站在大街上，仿佛被这个世界彻底遗弃了。那一双双冷漠的眼神，令他不寒而栗，他甚至忘了自己其实是个"演员"。

终于，一个穿风衣的中年男人走到他跟前，看了看牌子，没有说话，张开双臂深深地拥抱了他，然后又拍拍他的肩。"谢谢！"朋友满怀感激地道谢，莫名其妙地，汹涌的泪水忽然决堤而出，仅仅是一个无声的拥抱，竟让这个七尺男儿当街大哭。过了一会儿，一对年轻的情侣走过来，分别上来拥抱了他，然后手拉着手走了。拥抱，一个，又一个……

那天，朋友最终是带着笑容离开的。

事后谈起这次经历，那位记者仍有些不好意思："说来惭愧，起初我只是觉得有趣才去的，根本没想到自己会哭。打我记事起从没流过一滴眼泪，但是那天，当我获得第一个陌生人的拥抱时，泪水实在无法控制。那种感觉，你没有亲身体验过，是无法想象的。"

灾难固然难以承受，但比灾难本身更可怕的，是旁观者的冷漠。所以，在别人需要的时候，我们主动伸出双手，给对方一个拥抱，你的温暖就有可能将一个在苦难中挣扎的人带出悬崖。

在生活中，难免会发生自己的利益与别人的利益相冲突的时候。虽然社会的现实常常伤害到我们，让我们"不得已"变得冷漠，变得强硬，但不是所有人都希望以伤害对方为手段而获利，这其中也包含了很多苦衷和误解。所以，不要总是用冷漠来武装自己，也不要总是以强硬的手段来证明自己的强悍，适时对别人表示你的友善，相信人们的心中就会常存温暖。

唠叨是好人缘的致命伤

在现实生活中，很多人都是人群中的活跃者，他们喜欢以自我为中心，在喋喋不休之中让自己占尽了"风头"，而忽视了别人也有谈吐的欲望，别人也渴望交流。最终，在有意无意间，令人感到压抑和被忽视。他们伤害了别人，自己不会得到好人缘。

还有一些人，总是将自己的生活泡在"苦水"里。生活中，无论大事还是小事，都能给他们带来很多痛苦，他们将这些痛苦不断地向别人倾诉，向别人抱怨。

柔弱无助的人总是会引起别人的同情及保护欲望，但凡事都应有个限度。反复重复自己的不幸，这样做就不像一个年轻人应有的柔韧，反而如同一个自怨自艾的老人。或者，更形象一点地说，像"祥林嫂"，不停诉说自己的不幸遭遇，得到的只是看客悲剧心理的满足和饭后的谈资以及别人对你的厌烦。

开始时，王艳向别人推销时总是赖在别人面前不走，直到把对方累垮，但是业绩却毫无起色。久而久之，她对自己的推销能力产生了怀疑。后来在别人的帮助指点下，她决定："并不一定要向每一个我拜访的人推销保险。如果推销的时间超过预订的长度，我就要转移目标。为了不使别人讨厌，我会很快离开，即使我知道如果再磨下去他很可能会买我的保险。"

谁知这样做竟然产生了奇妙的效果："我每天的成交量开始大增。还有，有些人本来以为我会磨下去的，但当我愉快地离开他们之后，他们反而会到另一间办公室来找我，并且说：'你不能这样对待我，居然不再跟我说话就走了。你回来让我填一份保险单。'"

俗话说："话多不如话少，话少不如话好。"不要一上来就开始你的"牢骚"，唠叨往往是好人缘的致命伤，也会给别人的心情带来很不好的影响。如果有什么不满的地方，尽量先创造一个尽可能和谐的气氛。做错事的一方，一般都会本能地有种害怕被批评的情绪。如果很快地进入正题，被批评者很可能会产生不自主的抵触情绪。即使他表面上接受，却未必表明你已经达到了目的。所以，先让他放松下来，然后再开始你的"慷慨陈词"。

沟通不是一件容易的事情。人是复杂多样的，各有各的癖好，各有各的脾性，跟自己气味相投的人在一起就舒服惬意，话很多；一遇见气味不投的人，就感觉别扭，不想开口。所谓"酒逢知己千杯少，话不投机半句多"就是这种情形的写照，但是，真正投机的人又有多少呢？所以，一般人就有"知己难得"的感叹。

但是，善于跟别人交谈的人是很善于适应别人的。只有把话说到对方的心坎上，才能给交际架起绚丽的彩桥。

他人失意时莫谈你的得意

生活中，确实有些人总认为自己比别人技高一筹，事事比人强。这样，他们就总喜欢把得意挂在嘴上，逢人便夸耀自己如何如何能干、如何如何富有，完全不顾及别人的感受，甚至没有顾及当时的听者是不是一个正处于人生低谷的人。他们夸夸其谈后总以为能够得到别人的敬佩与欣赏，而事实上，别人并不愿意听你的得意之事，自我炫耀的结果往往会适得其反。

　　王昭的母亲就是一个喜欢炫耀的人，不论谁到她家去，椅子还没有坐热，他母亲就把自己家值得炫耀的事情一件一件地告诉人家，说话的表情还是一副十分得意的样子。王昭一个同学的父亲下岗了，经济上有点紧张，他母亲知道了，非但没有安慰人家，反而对这位同学的父亲说："我爱人每月工资3000元，我们家花也花不完。"王昭给她买了一件漂亮的衣服，她就跑到人家那里去炫耀："这是我女儿在上海给我买的衣服，猜一猜多少钱？1800元。"说完，脸上露出得意的表情，意思是：怎么样，买不起吧？就因为她这个毛病，到她家里去的客人越来越少，因为没有人愿意听她的长篇大论，充当她炫耀自己的陪衬。

　　在别人面前一定要多一点谦虚，少一点炫耀，尤其不能在失意者面前炫耀你的得意，因为你的得意往往会衬托出别人的失意，甚至会让对方认为你炫耀自己的得意之事便是嘲笑他的无能，让他产生一种被比下去的感觉，从而让失意的人更加恼火，讨厌你。

　　胸怀大格局的聪明人会将自己的得意放在心里，而不是放在嘴上，更不会把它当作炫耀的资本。

　　当你和朋友交谈时，最好多谈他关心和得意的事，这样可以赢得对方的好感和认同，从而加深你们之间的感情。

　　有一个人刚调到市人事局的那段日子里，几乎在同事中连一个朋友也没有，他自己也搞不清是什么原因。

　　原来，这个人认为自己正春风得意，对自己的机遇和才能满意得不得了，几乎每天都使劲向同事们炫耀他在工作中的成绩，炫耀每天有多少人请他帮忙，哪个几乎说不出名字的人昨天又硬是给他送了礼等"得意事"。但同事们听了之后不仅没有人分享他的"得意"，心中还很不高兴。

　　后来，还是他当了多年领导的老父亲一语点破，他才意识到自己的症结到底在哪里。以后，每当他与同事闲聊的时候，他总是让对方把自己的得意事说出来，与其分享，久而久之，他的同事们都成了他的好朋友。

　　生活中，与人相处，一定要谨记：不要在失意者面前谈论你的得意。

　　诚然，人在得意之时难免有张扬的欲望，但是谈论你的得意时，要注意场合和对象。你可以在演说的公开场合谈，享受他们投给你的钦羡目光，也可以对你的家人谈，让他们以你为荣，但是千万不要对失意的人谈，因为失意的人最脆弱，也最敏感，你的话语在他听来都充满了嘲讽的味道，让失意的人感受到你"看不起"他。

　　所以，设身处地地为他人想一想，拥有这种胸怀和度量，你才有可能真正被人接纳。

你是否还在喋喋不休

小张曾与一位公关公司的女总经理洽谈业务。这位女总经理长得蛮漂亮，业务亦是做得响当当的，经常在海峡两岸跑，可是当她话匣子一打开，就滔滔不绝，如黄河决堤，一发不可收拾。小张虽亦是业务口才高手，但想插几句话，却始终苦无机会。这位女总经理兴致高昂地叙述她两岸的公关事业是如何蓬勃，小张则两手在餐桌上玩弄着吸管，心中觉得十分无趣。30分钟后，小张终于鼓起勇气对这女总经理说："对不起，待会儿我还有事，我先走了！"

你瞧，喋喋不休肯定会把人给说跑了。

生活中，你不能喋喋不休，说个没完没了。如果你是一位女性，尤其应该对此引起重视，因为你更易犯下这一错误，而且这一弱点危害甚重，直接影响或危及你的说服效果。历史上很多人之所以不善说服与其喜欢喋喋不休不无相关。所以，如果你想让自己获得成功，也让他人得到尊重，那就从现在开始——不再唠叨！

拿破仑·彭纳派德是拿破仑的侄子，他与美女尤金妮相爱并成婚。他的顾问们认为，她不过是一位不重要的西班牙伯爵的女儿。但拿破仑反驳说："那又怎么样？"她的青春，她的优雅，她的美貌，她的诱惑，使他沉浸在神仙般的幸福中。"我已经喜欢了一位我所敬爱的女人，"他说道，"她不是一位我不了解的女人。"

拿破仑和他的新婚妻子拥有健康、财富、势力、美貌、名誉、爱情与信仰——一切幸福的条件。但是，他们婚姻的圣火从未发过耀眼的光辉，而且没过多久，那炽热的爱火就熄灭了。拿破仑可以使尤金妮成为皇后，他可以献出他爱情的全部力量，但他无法做到一点：使她停止喋喋不休。

由于嫉妒和多疑，尤金妮不听他的命令。正当他处理国政的时候，她闯入他的办公室，打断他最重要的讨论。她常常到她姐姐家抱怨她的丈夫。她拒绝他独处，永远怕他与别的妇人交往。她抱怨、哭泣、喋喋不休，甚至恫吓，并强行进入他的书房，向他发火。拿破仑，这个法国的皇帝，纵然有许多富丽堂皇的宫殿，却不能找到一个小橱，让自己在那里安静一下。

"后来拿破仑常在夜里从一侧门偷偷地出去，戴一软帽，将眼睛遮起，带一亲信随从，真的前往等待他的美女那里去，或像古时人似的漫游于这大城市中，见些平时见不到的东西。"

这一切都是喋喋不休的尤金妮所造成的。她坐在法国的皇后位上，又是世界上最美丽的妇人，但在不良的气氛之中，她都不能再使拿破仑折服，不能保持他对她的爱情。

有人说林肯一生最大的悲剧不是被刺，而是他的婚姻。

林肯传记的作者这样写道："林肯夫人那尖锐刺耳的声音，就是隔一条街都可以听见。附近邻居常常听到她不断地咆哮怒喊，她的愤怒常常是以这种方法表现，而要形容她那副愤怒的神情，真是很不容易呢！"

所有的吵闹、责骂和喋喋不休，改变林肯了吗？在某方面来说，是的。那就是使林肯改变了对她的态度，他懊悔自己不幸的婚姻，同时尽量躲避她。

话说多了，会显得夸夸其谈，油嘴滑舌。言多必失，祸从口出，这时最好的办法是学会静心倾听。注意听，给人的印象是谦虚好学，专心稳重，诚实可靠；认真听，能减少不成熟的评论，避免不必要的误解；善于听，让你拥有丰富的人脉资源。

所以西方人说："与人交谈，犹如弹弦一般，当别人感到乏味时，便要把弦按住，使它停止振动、发声。"当你忍不住要喋喋不休时，请多想想这样所带来的恶果吧。

不想抱怨，就沉默

如果你很想说话，就先问自己：你为什么想说话——是为了自己的利益；还是为了别人的利益？如果是为了自己，那就努力保持沉默。

对失去理智的人最好的回答就是沉默。回答他的每一个词都会反过来落到你头上。以怨报怨——就等于火上浇油。

在特定的环境中，缄默常常比论理更有说服力。我们说服人时，最头痛的是对方什么也不说。反过来，如果劝者什么也不说，对方的错误意见就找不到市场了。

不同的缄默方式有不同的作用，运用时必须恰到好处。

咄咄逼人的缄默能使人不攻自破。

有一个小学生，一天他拿了同学一件好玩具，晚饭前回来，装出一副若无其事的样子，同往常一样笑吟吟地说："妈，我回来了！"

缄默。

"姐，我饿了。"

缄默。

"怎么了？"

缄默。

"我没做错事啊！"

还是缄默。

妈妈眼睛瞪着他，姐姐背对着他，全家都冷冰冰地对待他。他终于认识到自己的错误："妈、姐，我错了……"

平平淡淡的缄默能发人深思。有些人态度很积极，但发表意见时不免有些偏颇，直截了当地驳回，又易挫伤其积极性，循循诱导又费时，精力也不允许，最好的办法便是平平淡淡地缄默。他说什么，你尽管听，"嗯""啊"或什么也不说，等他说够了，告辞了，再用适当的不带任何观点的中性词和他告别："好吧！"或"你再想想。"别的什么也不说。

如此，他回去后定然要竭思尽虑："今天谈得对不对？对方为什么不表态？错在哪里？"也许他会向别人请教，或许自己悟出道理。

转移话题的缄默能使人乐而忘求：对要回答的问题保持缄默，而选准时机谈大家的热门话题并引人入胜，使对方无法插入自己的话题，且从谈话中悟出道理，检讨自己。

义无反顾的缄默能使人就范：某领导有一次交代属下办一件较困难的任务，当然，他能胜任。交代之后，对方讲起了"价钱"。于是该领导义无反顾地保持缄默，连哼也不哼。

困难如何大，条件如何差，时间如何紧，说着说着他就不说了，最后说了一句："好，我一定完成。"

林肯是一位勤勉好学的人，他通过自学，取得了律师营业执照。他在法庭诉讼中的能言善辩、机智灵活，赢得了人们普遍的赞誉。有一次，他竟一言不发而击败了原告律师，在诉讼中获胜。

在法庭上，原告律师滔滔不绝，把一两个简单的论据反反复复地讲了两个小时，法官和听众都显得十分不耐烦，一片议论声。有的人竟打起瞌睡来。最后，原告律师终于说完了。

林肯作为被告律师登上讲台，但他却一言不发。台下一片肃静，人们都感到很奇怪。

过了一会儿，林肯把外衣脱下，放在桌上，然后拿起水杯喝口水，再把水放下，重新穿上外衣，然后又脱外衣又喝水。如此循环了五六次，法官和听众被林肯的哑剧逗得哈哈大笑，而林肯却始终未发一言，在笑声中走下讲台，他的对手最终被"笑"输了。

沉默是金，有时沉默不语能够出奇制胜，如果滔滔不绝，反而有理说不清。

谅解是通往幸福的门

站在对方的立场上才能传递温暖

在美国的一次经济大萧条中，90% 的中小企业都倒闭了，一个名叫丹娜的女人开的齿轮厂的订单也是一落千丈。丹娜为人宽厚善良，慷慨体贴，交了许多朋友，并与客户都保持着良好的关系。在这举步维艰的时刻，丹娜想要找那些老朋友、老客户出出主意、帮帮忙，于是就写了很多信。可是，等信写好后才发现：自己连买邮票的钱都没有了！

这同时也提醒了丹娜：自己没钱买邮票，别人的日子也好不到哪里去，怎么会舍得花钱买邮票给自己回信呢？可如果没有回信，谁又能帮助自己呢？

于是，丹娜把家里能卖的东西都卖了，用一部分钱买了一大堆邮票，开始向外寄信，还在每封信里附上 2 美元，作为回信的邮票钱，希望大家给予指导。她的朋友和客户收到信后，都大吃一惊，因为 2 美元远远超过了一张邮票的价钱。每个人都被感动了，他们回想了丹娜平日的种种好处和善举。

不久，丹娜就收到了订单，还有朋友来信说想要给她投资，一起做点什么。丹娜的生意很快有了起色。在这次经济萧条中，她是为数不多站住脚而且有所成的企业家。

时常有些人抱怨自己不被他人理解，其实，换个角度可能别人也有同样的感受。当我们希望获得他人的理解，想到"他怎么就不能站在我的角度想一想呢"时，我们也可以尝试自己先主动站在对方的角度思考，也许会得到意想不到的答案，许多矛盾误会也会迎刃而解。

一位女孩刚开始上网的时候，个性十足，上论坛最喜欢砸人，当然也挨砸。挨砸了，心里不好过，吃饭都吃不下去。好友知道后对女孩说了一句话："上网是为了快乐。"

这句话如同醍醐灌顶，让女孩一下子释怀。

想想看，大家来自不同的城市甚至不同的国家，有不同的看法，操着不同的口音，如果没有网络，大家如何能彼此交谈？如何能够彼此分享快乐，分担忧伤？相识，本来就是缘分。珍惜缘分，珍惜彼此。伤人不快乐，被伤更不快乐。

后来再上网，女孩再也没有和人吵过架，没有恶意抨击过别人——不为别的，只为大家都要寻求快乐。

沟通大师吉拉德说："当你认为别人的感受和你自己的一样重要时，才会出现融洽的气氛。"我们需要多从他人的角度考虑问题，如果对方觉得自己受到重视和赞赏，就会报以合作的态度。如果我们只强调自己的感受，别人就会和你对抗。

换个角度替对方多思考一下，关系立刻就会变得缓和。生活中，请让我们相信，每一个有坏处的人都有他值得同情和原谅的地方。一个人的过错，常常不是他一个人所造成的，对这些人多一些体谅吧，从对方的角度出发，你的宽容就可以温暖一颗失落的心，他们也会把温暖传递给他人。

多给对方一些谅解

成功学大师卡耐基认为，谅解在中和酸性的狂暴感情上，有很大的价值。你所遇见的人中，有 3/4 都渴望得到谅解，那么给他们谅解吧，他们将会爱你。

你想不想拥有一个神奇的句子，可以阻止争执，除去不良的感觉，创造良好的氛围，并能使他人注意倾听？那么就以这样开始："我一点也不怪你有这种感觉。如果我是你，毫无疑问，我的想法也会跟你的一样。"

像这样的一段话，会使脾气最坏的老顽固软化下来，而且你说这话时，可以有100% 的诚意，因为如果你真的是那个人，当然你的感觉就会完全和他一样。

例如，你并不是响尾蛇的唯一原因，是你的父母并不是响尾蛇。你不去亲吻一只牛，也不认为蛇是神圣的唯一原因，是因为你并不出生在恒河河岸的印度家庭里。

你目前的一切，原因并不全在你。记住，那个令你觉得厌烦、心地狭窄、不可理喻的人，他那副样子，原因并不全在于他。为那个可怜的家伙难过吧，可怜他、同情他，但是也要谅解他。你自己不妨默诵约翰·戈福看见一个喝醉的乞丐蹒跚地走在街道上时所说的这句话："若非上帝的恩典，我自己也会是那样子。"

佳衣·满古是俄克拉何马州吐萨市一家电梯公司的业务代表。这家公司同吐萨市一家最好的旅馆签有合约，负责维修这家旅馆的电梯。旅馆经理为了不愿给旅客带来太多的不便，每次维修的时候，顶多只准许电梯停开2个小时。但是电梯修理至少要8个小时，而且在旅馆方便停下电梯的时候，他的公司都不一定能够派出技工。

在满古先生能够为修理工作安排一位最好的技工的时候，他打电话给这家旅馆的经理。

他不去和这位经理争辩，他只说："瑞克，我知道你们旅馆的客人很多，你要尽量减少电梯停开的时间。我了解你很重视这一点，我们要尽量配合你的要求。不过，我们检查你们的电梯之后，显示如果我们现在不把电梯修理好，电梯损坏的情形可能会更加严重，到时候停开时间可能会更长。我知道你不愿意给客人带来好几天的不方便。"

经理不得不同意电梯停开8个小时总比停开几天要好。由于满古表示谅解这位经理要使客人愉快的愿望，他很容易地说服了经理。

可见，在与人交往中，多一点对别人的谅解，更容易引起与他人的共鸣。

很多时候，我们会对自己不能理解的事情表示愤怒，可是，当我们开始尝试从对方的角度着想，或者开始对对方表示谅解的时候，我们就发现，那些曾经让我们为之愤怒的事情，也变得可以理解和接受了。

理解是座舒心桥

著名京剧表演艺术家梅兰芳先生是一位通情达理、善解人意的人，因此他受到许多人的尊敬，得到了白玉无瑕的美名。

抗战胜利后，在上海一家小报的广告中，出现了一条"艺人梅兰芳卖画"的字样，显然，是有人在冒梅兰芳之名赚钱。对这种恶劣行为，梅兰芳的朋友们都十分气愤，纷纷准备去那家小报兴师问罪，并准备找出那个冒名者，狠狠教训他一通。

梅兰芳却劝阻了他们，他对朋友们说，这个冒名者想赚钱不假，但通过卖画来赚钱，想必也是有点本事的，估计也是个读书人，只不过命运不济罢了。

朋友们从侧面了解了一下冒名者的来历，果然同梅兰芳所预料的一样。

无独有偶，西班牙著名画家毕加索也有这样的宽大胸怀。

毕加索对冒充他作品的假画毫不在乎，从不追究，最多只是把伪造的签名除掉。

有人不解地问他为什么这样，毕加索说："作假画的人不是穷画家就是老朋友，我是西班牙人，不能和老朋友为难，穷画家朋友们的日子也不好过。再说，那些鉴定真迹的专家们也要吃饭，那些假画使许多人有饭吃，而我也没有吃亏，为什么要追究呢？"

梅兰芳和毕加索都是伟大的，都是聪明的，正是他们的理解，才使许多人得以生存。他们没有因为理解、宽容别人而失去什么，反而让人更加敬重他们，而他们自己也落得一个好心情，何乐而不为呢？

汤姆怀着十分悲痛的心情，把妻子病逝的消息写信告诉了杰克。过了两天，他收到了杰克的回信。信中的开头写道："关于玛丽的噩耗使我感到意外，也极为震惊。"接着，笔锋一转，就说自己陷于怎样的困境。往后，也没有什么安慰的话。

"太不像话了！这么冷冰冰的态度，哪像20年的老朋友！"汤姆看完信，越想越生气。过了几天，他给杰克去了一封信，发了一通火，最后干脆写上："那就请便吧！"

20年的友谊发生裂痕！看了汤姆的信，杰克的心里像压了一块大石头那样沉重。他感到自己写那封信是个大错，而现在又不是马上能解释得清楚的时候。过了10天，他想老朋友"冷静"一些了，就写信认了错，解释了情况，表白了自己的心情。

退让、坦率和真诚，使友谊的裂痕弥合了，疙瘩解开了。汤姆在接到杰克的来信后，以欢快的心情立即回了信，他在信中说："你最近的这封信已经把前一封信所留下的印象清除了，而且我感到高兴的是，我没有在失去玛丽的同时再失去自己最老和最好的朋友。"

人与人之间最可贵的是站在对方的角度换位思考。生活中，请让我们相信，每一个有坏处的人都有他值得同情和原谅的地方。一个人的过错，常常不是他一个人所造成的，对这些人多一些体谅吧。从对方的角度出发，你的宽容就可以温暖一颗失落的心，他们也会把温暖传递给他人。

理解是伟大的，它拉近了心与心之间的距离，增进了人与人之间的感情，增进了友谊，避免了无意义的争端。理解是一座舒心桥，只有理解别人，才能得到别人的理解。理解既给别人带来快乐，也让自己免受烦恼之苦，可谓既利人又利己。

没有必要去追究

女模特事业有成，朋友们为她举行宴会。可在宴会上，这位春风得意的小姐突然听到一个朋友正大声宣布一个她曾发誓永远不会告诉别人的秘密："她现在多苗条啊！要是你们两年前看到她是什么样子，那可就妙了。"他对那些屏息静听的人们说：

"她现在的身材是花了整整一个夏天进行减肥才得到的。"几个人吃吃地笑了，女模特羞愧得无地自容。

生活中时常还有这样的情形发生：离开饭桌之前，丈夫为了在他们夫妇俩请的客人面前显示一下慷慨大方的气度，在桌上留下了20美元的小费，可是他的妻子一把夺过钱，大声嚷道："这饭店的服务并不怎么好！"丈夫只好赶紧溜之大吉。

还有一些喜欢和别人捣蛋的人——这些人可能是你的朋友、同事或者是爱人——在公共场合，他们会把你突然搂住，然后提起一件你讳莫如深的往事，有恃无恐地出你的丑，或是公开你的隐私，或是阔谈你干过的傻事和闹出的笑话。如果这时你生了气，他就会说："只是开开玩笑，你太神经过敏，太缺乏幽默感了。"所以，很多事情过去了就过去了，完全没有必要一定要追究谁对谁错。

文静一直深深记得一件尴尬的事，前年3月31日，她接到无话不说的好朋友邹敏的电话，说晚上一些朋友在毛家饭店聚餐，请她务必赏光。

没说的，好朋友之约，下刀子也得出席。当天傍晚，精心打扮的文静按时赴约了。十多个朋友在包房里边吃边侃，极其开心。几个小时就这样不知不觉地过去了。

"文静，文静，你说我该怎么办？我……我爱上了黄炜，你把他让给我好不好，好不好嘛？"突然，邹敏举着酒杯，摇摇晃晃地向文静走来。

"你说什么？"听到有人公然宣称要自己让出男朋友，文静有些目瞪口呆。

"我说文静，好东西要和好朋友分享，你别那么小气嘛。我可是有什么好东西都没忘了你呀！再说啦，黄炜也不反对呀！"邹敏扔下了一颗重磅炸弹。

"你不要脸！你还是不是人啊，觊觎人家的男朋友，我瞎了眼，才会把你当朋友！"文静一急，就有些口不择言了。

"更正，我不是觊觎你的男朋友，而是我们两情相悦。他已经有两个星期没有找你了吧？他骗你出差了，实际上啊，是和我在一起！"邹敏不停地火上浇油。

"我撕了你的嘴！"文静再也忍不住了，张牙舞爪地冲向邹敏。

邹敏灵活地在众人之间穿来穿去。一帮朋友要么袖手旁观，要么不知所措。文静气得号啕大哭。

"停！游戏到此结束。现在是4月1日凌晨，文静，愚人节快乐！"一位朋友见此情景，忍不住揭穿了谜底。

"你们……"文静终于明白了这是愚人节的玩笑。想到自己不顾形象，追打"死党"，涕泪交流的模样，文静尴尬得僵在原地，不知如何是好，只觉得脸火辣辣的。

相信这样被人捉弄的经历，大多数人都有过，面对这样的事情的确我们会很尴尬。可是文静却选择了微微一笑，说："我的演技不错吧，你们都被骗了吗？"继而转移了话题，化解了尴尬。

尽管文静也觉得难堪，可是她完全不想去追究谁的责任，因为她知道，很多事情并不需要去探究最后的结果。正如佛罗里达大学的心理学家巴里·舒兰克所说："完全没有必要去追究一个人的所作所为是否别有用心。"可能的情况是他压根没有意识到你会受到伤害。当你向他指出失礼的言行后，这位呆头呆脑的冒犯者通常会向你致歉。

别花太多的时间为你受到的伤害而烦恼，不要苦思冥想"为什么这人要这样对我"这类问题。也许有些人是故意使你感到窘迫的，因为他们觉得你对他已造成了威胁，或者是想惩罚你曾经做过对不起他的事；而另一些人是习惯于开这类玩笑，他们忘记了考虑别人是否受到伤害，对于这些人，没有必要去计较他是否是故意的。

谁是谁非不重要

人生就像在考试，在不断地做题。学生常做的作业是选择题、是非题和填充题。

选择题胜在可以选择，即使不知道答案，也可以胡乱选一个碰碰运气。是非题随便答是或非，也有一半机会答对。填充题最难，根本无法蒙混过关。其实，是非题也不再容易，分清是非对错，并不代表你我成功了一半。

在这世上是非对错到底有什么评判标准呢？是与非的对比或是划分，应该怎么看呢？很多小时候觉得对的东西长大后却让人十分怀疑，现在的社会好像也和小时候不一样了，小的时候看东西，对就是对，错就是错，很容易分辨，现在却不明白了。

很多时候，一件事情本身的是是非非其实并不重要，重要的是我们所要达到的目的。顾客和售货员为谁应负责任争得脸红脖子粗，走了冤枉路的乘客和司机为谁没说清楚而大动干戈，事情越闹越大，该退的货没退成，该节约的时间没节约，双方都憋了一肚子的气，何苦呢？有人说："我就要争这个理儿！"是，争了一个"理"，的确有一种胜利的感觉，但你想没想到过这个理的代价呢？

很多时候，我们就为了跟别人争这个"理"，常常要吵个半天。如果脾气比较不好的，也可能跟人大打出手，甚至伤了人。所以面对这样的事情，最好是不争辩，能忍就忍了，放弃无谓的辩解，有时却能带给你意想不到的结果。下面这个故事便是个很好的例子。

"您好，"小李对老总说，"昨天我交给您的文件签了吗？"老板想了想，然后翻箱倒柜地在办公室里折腾了一番，最后他耸了耸肩，摊开两手无奈地说："对不起，我从未见过你的文件。"如果是刚从学校毕业时的小李，他会义正词严地说："我看到您的秘书将文件摆在桌子上，您可能将它卷进废纸篓了！"可他现在不会这样说，他要的是老总的签字。于是他平静地说："那好吧，我回去找找那份文件。"于是，小李下楼回到自己办公室，把电脑中的文件重新调出再次打印，当他再把文件放到老总面前时，老总连看都没看就签了字。这就是小李在与上司发生冲突时的解决方式。

聪明的人会装傻，谁是谁非不重要。好汉不吃眼前亏，针尖对麦芒在某些场合是一种耿直与正义的表现，可是生活本身就是很复杂的，谁是谁非并不容易辨认。

有时候在路上遇到两个人争吵，你凑上前去看热闹，可是听来听去，也听不出个头绪来，各说各的理，你也弄不清楚哪个是真哪个是假。所以，不去判断对错是非，糊涂一下，忍耐一下往往是我们处世的一剂良方。

做一个善解人意的人

一个人也许做错了，但他本人并不一定能意识到这一点。那就不要去责备他，而应该试着去理解别人，这样的人才是聪明、宽容的人。

试试看，真诚地使自己置身于别人的处境里。如果你总能对自己说："我要是处在他的情况下，会有什么感觉？会有什么反应？"那你就能免去许多苦恼。因为"若对原因感兴趣，我们就不太会讨厌结果"。而除此以外，你还将大大增加为人处世的技巧。"暂停一分钟，"肯尼斯·库第在他的著作《如何使人们变得高贵》中说："暂停一分钟，把你对自己事情的高度兴趣，跟你对其他事情的漠不关心互相作个比较。那么，你就会明白，世界上其他人也正是抱着这种态度！这就是：要想与人相处，成功与否全在于你能不能以同理心，理解别人的观点。"

为此，社交大师卡耐基曾讲过这样一个故事：

多年来，我经常在我家附近的一处公园内散步和骑马，作为消遣和休息。我跟古代高卢人的督伊德教徒一样"只崇拜一棵橡树"。因此，当我一季又一季地看到那些嫩树和灌木被一些不必要的大火烧毁时，觉得十分伤心。那些火灾并不是吸烟者的疏忽引起的，而几乎全是由那些在公园野餐、在树下煮蛋和做"热狗"的小孩子们引起的。有时火势太猛，甚至要惊动消防队来扑灭。

在公园的一个角落里，立着一块告示牌：禁止在公园进行任何使公园内起火的行为。但告示牌立在一个偏僻的角落里，很少有人看到。所以，我总是想去保护那个公园。

刚开始，我并不去试着了解孩子们的想法，一看到树下有火，心里就很不痛快。

我总是骑马来到这些孩子面前，警告说：如果他们使公园发生火灾，就要被送进监牢去。我以权威的口气，命令他们把火扑灭。如果他们拒绝，我就威胁说要叫人把他们抓起来。我只是尽情发泄我的怒气，根本没有顾及他们的看法。

结果呢？那些孩子服从了——不是心甘情愿而是愤恨地服从了。但等我骑马跑过山丘之后，他们又把火点燃了，而且恨不得把整个公园烧光。

随着年岁的增长，我对为人处世有了更多一点的知识，变得通情达理了一点，更懂得从别人的观点来看事情。于是，我不再下命令了，我会骑着马来到那个火堆前，说出这样一番话：

"玩得愉快吗？孩子们。你们晚餐想煮点什么？我小时候也很喜欢烧火堆，而且现在还是很喜欢。但你们应该知道，烧火在这个公园里是十分危险的，我知道你们几位会很小心，但其他人可就不这么小心了。他们来了，看到你们生起了一堆火，因此他们也生起了火，而后来回家时却又不把火弄熄，结果火烧到枯叶，蔓延开来，把树木都烧死了。如果我们不多加小心，以后我们这儿会连一棵树都没有了。但我不想太啰唆扫了你的兴，我很高兴看到你们玩得十分痛快，可是，能不能请你们现在立刻把火堆旁边的枯叶全部拨开。另外，在你们离开之前，用泥土，很多的泥土，把火堆掩盖起来。你们愿不愿意呢？下一次，如果你们还想生火，能不能麻烦你们改到山丘的那一头，就在沙坑里起火。在那儿起火，就不会造成任何损害……真的谢谢你们，孩子们！祝你们玩得愉快 。"

这种说法产生了极大的效果，使得那些孩子们愿意合作了，不勉强、不憎恨。他们并没有被强迫接受命令，他们保住了面子，觉得舒服了一点。我也会觉得舒服一点，因为我事先考虑到了他们的看法，再来处理事情。

从这个故事中，我们可以看出，善解人意，能够站在他人的角度为对方考虑，那么就不会将自己的意志强加于人，也会让对方乐于接受你的想法。

/第七节/

欣赏比指责更让人神往

用欣赏的眼光发现每个人身上的优点

每个人的人生都是不同的。上帝给了人不同的肤色、不同的个性，是为了让我们的生活多姿多彩。可是，很多人就是喜欢拿来作比较，谁的工资高，谁的个性好，谁的老公帅，谁的女朋友漂亮……其实，生活中每一个细节都有它自己的闪光点，只要我们肯发现，肯将欣赏的目光投向他人，那么在每个人的身上，我们都能够找到优点。

李扬是中国著名的配音演员，被戏称为"天生爱叫的唐老鸭"。

李扬在初中毕业后参了军，在部队当一名工程兵，他的工作内容是挖土、扫坑道、运灰浆、建房屋。可是李扬明白，自己身上潜在的宝藏还没有开发出来：那就是自己一直钟爱的影视艺术和文学艺术。

在一般人看来，这两种工作简直是风马牛不相及，但李扬却坚信自己在这方面有潜力，应该努力把它们发掘出来。于是他抓紧时间，认真读书看报，博览众多的名著剧本，并且尝试着自己搞些创作。

退伍后，李扬成了一名普通工人，但是他仍然坚持不懈地追求自己的目标，没有多久，大学恢复招生考试，李扬考上了北京工业大学机械系，变成了一名大学生。从此，他用来发掘自己身上宝藏的机会和工具一下子多了起来。

经几个朋友介绍，李扬在短短的五年中参加了数部外国影片的译制录音工作，这个业余爱好者凭借着生动的、富有想象力的声音风格，参加了《西游记》中的美猴王的配音工作。1986 年初，他迎来了自己事业中的辉煌时刻，风靡世界的动画片《米老鼠和唐老鸭》招聘汉语配音演员，风格独特的李扬一下子被迪斯尼公司相中，为可爱滑稽的唐老鸭配音，从此一举成名。

如果说成名前的李扬是一只平凡的丑小鸭，那么这只丑小鸭就是在自己的努力之下蜕变成了美丽的天鹅。既然生活是可以凭借自己的努力改变的，我们还有什么理由将一个人一眼定位呢？学会去发现别人的长处，用心去欣赏他们，你就在意识里给每一个灰姑娘穿上了水晶鞋。

现在的孩子，在成长的过程中受到了父母以及长辈的高度宠爱，变得思维不独立，依赖性很强。在处理社会问题的时候，表现得比较单纯，也比较自私。他们始终觉得自己才是社会的轴心，所有的事情都应该以满足自己为出发点，所以他们的眼光是向上的，看不到别人的优点，也不懂得欣赏别人。

这样的做法是不对的。欣赏，是一种理解和沟通，也包含了信任和肯定。欣赏，也是一种激励和引导，可以使人扬长避短，让孩子们健康地成长和进步。其实，社会上每一个人都渴望别人的欣赏，同样，每一个人也应该学会去欣赏别人。

欣赏，给失败者送去贴心的问候

有这样一个关于鼓励的故事：

一个驯兽师在训练鲸鱼跳高，在开始的时候，他先把绳子放在水面下，使鲸鱼不得不从绳子上方通过，鲸鱼每次经过绳子上方就会得到奖励。它们会得到鱼吃，会有人拍拍它并和它玩，训练师以此对这只鲸鱼表示鼓励。当鲸鱼从绳子上方通过的次数逐渐多于从下方经过的次数时，训练师就会把绳子提高，只不过提高的速度会很慢，不至于让鲸鱼因为过多的失败而沮丧。训练师慢慢地把绳子提高，一次一次地鼓励，鲸鱼也一步一步地跳得比前一次高。最后鲸鱼打破了世界纪录。

无疑是鼓励的力量让这只鲸鱼跃过了这一载入吉尼斯世界纪录的高度。对一只鲸鱼如此，对于聪明的人类来说更是这样，鼓励、赞赏和肯定，会使一个人的潜能得到最大限度的发挥。可事实上更多的人却是与训练师相反，起初就定出相当的高度，一旦达不到目标，就大声批评。

观众的掌声对赛场上的球员有没有好处？答案是肯定的。每个球员都知道，赛场上天时、地利、人和都是非常重要的。观众鼓励球员的热情是支持球员打胜仗最重要的力量之一。每个球员都承认，球迷的打气使他们感觉自己受到了鼓舞，情绪激动，斗志昂扬。

同样的道理，在日常生活中，鼓励也是很重要的一个因素，而且也是很有用的。在家庭里，夫妻应该彼此鼓励，父母与子女应该彼此鼓励；在工作上，老板对员工更是应该经常鼓励；在生活中，朋友之间也应彼此鼓励。

亨利·汉克是印第安纳州洛威市一家卡车经销商的服务经理，他公司有一个工人，工作越来越差。但亨利·汉克没有对他吼叫，而是把他叫到办公室里来，跟他进行了坦诚的交谈。

他说："希尔，你是个很棒的技工。你在这里工作也有好几年了，你修的车子也很令顾客满意，有很多人都称赞你的技术好。可是最近，你完成一件工作所需的时间却加长了，而且你的工作质量也比不上你从前。也许我们可以一起来想个办法解决这个问题。"

希尔回答说他并不知道他没有尽他的职责，但他向他的上司保证，他以后一定改进。最后他也确实那样做了。

不要吝啬自己的鼓励！有的时候，你的一句鼓励可能会让对方终身受益。给别人一点鼓励，每个人都有可能遇到生活上的不同考验，在别人经历风雨的时候，及时地给予一些安慰和鼓励。在同学考试没考好的时候，送上一句"下次努力，你的成绩肯定会很好的"；在朋友遇到困难时，送上一句"你平时那么棒，这些困难算什么"。一句鼓励的话，相信会给失意的人很大帮助。

每一个角落都在等待阳光的照耀，每一个人都在等待美好时光的到来，每一颗心都在等待心灵的碰撞。为别人鼓掌喝彩，就是尊重别人的价值，让别人在无情的竞争中获得一份温情。也许他是一只煅烧失败、一经出世就遭冷落的瓷器，没有凝脂般的釉色，没有精致的花纹，无法被人藏于香阁，但是，你对他的安慰和鼓励，就可能给他一片灿烂的艳阳天。

不要在别人身上吹毛求疵

斯蒂夫不是个引人注目的人。他本可以悠闲自在、安安静静，然而，他偏要一刻不停地向人"介绍"自己。

当斯蒂夫说约翰长得太高时，同事情不自禁地看了看斯蒂夫。虽然他们是"抬头不见低头见"的老相识，同事却发现，斯蒂夫实在太矮，好像在发育时期，父母亏待了他似的。

当斯蒂夫讲丹妮的眼睛看着让人恶心，同事才注意了斯蒂夫的眼睛，并拿他的眼睛和丹妮的眼睛作了对比。这才吃惊地发现，相比之下，原来丹妮的眼睛是那么清澈，那么明亮。

斯蒂夫说史密斯有个难看的塌鼻子，却没有注意到他自己脸上的肉团也不怎么样。

斯蒂夫讲丹弗尔是"龅牙啃西瓜"，却忘了他自己的门牙间那条有气魄、开阔的"巴拿马运河"。

生活中这样的人很多，爱丽斯讲兰迪风骚，裙子太短，衣服太露。同事了解到，那是因为爱丽斯没有兰迪那种风韵。爱丽斯曾在镜子前研究了自己的体形，不得已换上了一条尽可能把自己遮盖严实的连衣裙。

鲍波说鲁道夫命苦，整天忙碌，却不知道他活得多么幸福。他有爱、有妻子、有儿女、有工作，他怎能不忙碌？但他不怕忙碌，而且乐于忙碌。

马力说海伦……

噢，生活中有多少人在用挑剔的眼光批评别人哪！

是的，他"五音不全"，可他哼的小调，却带着快乐的神情。

是的，她长得不算好看，可真挚的微笑，却使她显得动人。

是的，她已年近半百，可她童心未泯。

是的，他思维不够敏捷，可他从不算计别人。

你能说，他们不美吗？

你看见小草绿了、杨柳树吐芽了吗？你注意到涓涓小溪的悠悠流动了吗？

你会因为秋天的萧条、冬日的寒冷而说这两个季节不好吗？

夕阳射出一抹金光，留在茸茸的草坪上；海风抚摸着大海；蓝天亲吻着大地；太阳依旧东升西落；星星依然闪烁在夜空。

啊，宇宙依然这么壮丽。你为什么看不到这一切，只在别人身上吹毛求疵，寻找缺陷呢！

"吹毛求疵"的意思是你在仔细观察寻找哪里有需要固定和修理的地方，也就是找到生活的破损和缺陷，然后心怀不善向别人指出来。这一癖好不但会使别人疏远你，它也会使你感觉很糟糕。它鼓励你去考虑每件事和某个人的不当之处——你不喜欢的地方。所以，"吹毛求疵"不是使我们欣赏我们的生活，而是鼓动我们认为生活并不尽如人意，没有什么是尽善尽美的。

在我们的人际关系中，"吹毛求疵"的典型表现是这样的：你遇到某人，他一切都好，你被他或她的外表、个性、智慧、幽默感或这些品质的某种结合所吸引。开始时，你不但赞同此人与你的不同之处，你实际上是欣赏他们，你甚至会被这个人所吸引，部分是因为你们是多么地不同。他或她有与你不同的观念、喜好、品味和优势。

然而，过了一段时间，你开始注意到你的新搭档有些小缺陷，你认为应该能够有所改善。你使他们注意到这一点，这时你也许会说："你知道，你确实有迟到的倾向。"或是"我已注意到你不大看书。"关键是，你已开始不可避免地转入一种生活方式——寻找和考虑某人身上你不喜欢的地方，或不十分正确的方面。

当然，一个偶然的言论、建设性的批评或有助益的引导并不会招致反感。

当你要去"挑剔"另一个人时，这表明不了别的，它确实只表示你才是那个需要被批评的人。

无论你是否对你的人际关系或生活的某些方面吹毛求疵，还是两者都有，你所需要去做的只是将"吹毛求疵"作为一个坏习惯而注销掉。不要让这个习惯偷偷侵入你的思想，及时管住并封上你的嘴，你越不常去挑剔你的伙伴或朋友，你就越能注意到你的生活确实十分美好。

用欣赏的眼光看待同事和朋友，尽量找找他们身上的优点吧！

爱情需要欣赏，而非塑造

《圣经》中神对男人和女人说："你们要共进早餐，但不要在同一碗中分享；你们要共享欢乐，但不要在同一杯中啜饮。像一把琴上的两根弦，你们是分开的也是分不开的；像一座神殿的两根柱子，你们是独立的也是不能独立的。"

这段话形象地说明了婚姻关系中的两个人的韧性关系，拉得开，但又扯不断。谁也不能过度地束缚对方，也不能彼此互不关心。有爱，但是都在适度的范围之内，这才是和谐的婚姻。可是很多人似乎并不能体会到婚姻的真谛，在他们眼里，对方身上有很多缺点，他们常常试图通过各种途径让对方改掉坏习惯。可是习惯的产生是日积月累，在自己身上已经存在了几十或者十几年，当然不会轻易改掉，于是夫妻之间的矛盾就产生了。

夫妻之间产生争执的主要原因，是他们把婚姻当成一把雕刻刀，时时刻刻都想用这把刀按照自己的要求去塑造对方。为了达到这个理想，在婚姻生活中，当然就希望甚至迫使对方摒除以往的习惯和言行，以符合自己心中的理想形象。但是有谁愿意被塑造成一个失去自我的人呢？于是"个性不合""志向不同"就成了雕刻刀下的"残次品"，离婚就成了唯一的一条路。

每个人本身都是"艺术品"而不是"半成品"，人人都企望被欣赏而不愿意被塑造。所以不要把婚姻当成一把雕刻刀，妄想把对方雕塑成什么模样。婚姻需要的是一种艺术的眼光，要懂得从什么角度欣赏对方，而不是去束缚对方。彼此之间的空间太小了，谁都会感到不安。

在生活中，我们常常会注意到，在深夜观看足球比赛的丈夫们，身边会陪着对足球并不是十分感兴趣的妻子；虽然不喜欢厨房的油烟，可是妻子还是每天都准备好了可口的饭菜，等着丈夫和孩子一起分享……

婚姻，不是一个人的付出，只有两个人同心协力，才能维护好一个温暖的家。可是并不是所有的人都能注意到对方的付出，甚至有的人会把对方的付出看作是想当然的。如果对方稍微有什么地方做得不好，就加以指责，这样的做法无疑会伤对方的心，会让他觉得一切的努力都付之东流了。

爱一个人，就应该让他感觉到幸福，而不是要给他原本疲惫的心灵增加新的创伤。所以，在夫妻生活中，一定要相互扶持，相互欣赏，相互鼓励。虽然因为个性的不同，两个人没有办法完全融为一体，但是一定要让对方感受到你的存在，让他体会到你对他的欣赏和爱护。在他犯错的时候，给予善意的提醒，而非指责，有时候一个善意的眼神也会让对方觉得很温暖。在他犯傻的时候，给予适当的爱抚，告诉他"你真可爱"，一句看似不经意的话语，却可以激起爱的涟漪，让对方感受到你的体贴。

每个人都会有缺点，但是相爱的人，却能在对方的缺点中找寻到对方的闪光点，却能在对方的不足中寻找到内心的满足。欣赏的眼光，总是能让爱情变得更甜，让婚姻变得更美。

将对手看成风景

竞争，对你来说是生活中不可缺少的内容。竞争就有对手，因此你不断地、彻底地欣赏对手，就能够让你做出最好的成绩。倘若你在学习或工作中能观察一下对手，看看他的优势，学习他的做法，你会进步得更快。

欣赏对手，对手也会欣赏你，从而将这种对立的关系转变为一种和谐友好的关系，所以你得到的不仅仅是一种经历和教训，还有一位"千金难买"的朋友，你的人生将会充实很多。有的人认为应该打败或消灭敌人，可是美国总统林肯却不这么认为，他说："如果我们能把所有的敌人都变成朋友，这难道不是说我们消灭了所有的敌人吗？"

敌人和对手当然有一定的区别，但如果说要把对手变成朋友，普通人差不多都能做到。如果要把敌人变成朋友，那就要有很强的沟通能力和攻心技巧，并且必须要有很高的智慧。所以，如果你能把敌人转化成朋友，那么你必定是一位成功者。

在日常生活中，人们往往视对手为"敌人"，还常常提醒自己：他是我的竞争对手，也就是我的敌人！只要他成功了，我就会被打败！因此，千万要提高警惕，不要对他有半点儿好心。如同下面这个故事。

林芳和张萍都是同时进入这一家公司，虽然两人不是同一个部门，但是公司新员工培训，多多少少都对对方有印象。

林芳人长得很漂亮，身边总不乏男同事们献殷勤，加上林芳工作上又很努力，因此，同事对林芳的印象非常好。天长日久，张萍觉得林芳处处在与自己较劲。

张萍心里很气不过，于是找到机会就和同事讲林芳的坏话，说她的作风有问题……林芳听到同事跟她说这些，她只是思考了一会儿也就不说什么，仍旧很努力地工作。

张萍以为抓到了什么把柄，于是变本加厉地诋毁林芳，有时连工作也不做了，直接跑到领导面前打林芳的小报告。但让张萍奇怪的是，林芳工作更加出色了，业绩也非常突出，而自己除了搬弄是非外，业绩平平。有一天，她终于忍不住跑到一个昔日好友那里大吐苦水，好友听后说："其实，你又何必呢？人家并没有把你当对手，你应该把比你强的人看成风景才对啊。"

在你的一生中，什么人都可能有所接触，对手又怎么了！对手也一样能和你坦诚相处，真心地交流。只要你能放下那种狭隘的看法，不妨用一种欣赏的目光去看待他，你就会发现，对手其实并非想象中的那样处处与你做对，他有许多东西值得你去学习和借鉴。排斥对手于事无补，甚至两败俱伤，相反，只有欣赏对手才更能征服人心。彼此用真心交流，就会开出友谊之花。使他变成你的朋友，拿对手当成动力，不是更有利于你的成功吗？

关于做人做事，一位成功者说："为人处世，要坦诚宽容，不要耿耿于怀，小肚鸡肠。当然，尤其是对你的对手。"

而我们在这里要说的是，与人共事，要善于运用欣赏对手的原则。因为这个世界本来就没有所谓真正的敌人，有的只是竞争对手。你之所以生机勃勃，斗志昂扬，是由于有竞争对手的存在。竞争对手不是永恒不变的，今天是竞争对手，或许明天就是你的合作伙伴。在与对手的竞争中，使对方心悦诚服，才是最彻底、最高尚、最伟大的胜利，而善于欣赏对手的优点就是取得这种胜利的必要条件之一。

所以，请不要把竞争对手当作"敌人"对待，你应该看到他的优势，并且用来弥补自己的不足。用赞扬的心态去接受他、欣赏他，放下你"敌视"的心态吧！

用刀剑去攻打，不如用微笑去征服

卡耐基训练班的一个学员说："我已经结婚18年了，在这段时间里，从我早上起来，到要上班的时候，我很少对太太微笑，或对她说上几句话。我是最闷闷不乐的人。

"既然你要我对微笑也发表一段谈话，我就决定试一个礼拜看看。因此，第二天早上梳头的时候，我就看着镜子对自己说：'威尔森，你今天要把脸上的愁容一扫而空。你要微笑起来。现在就开始微笑。'当我坐下来吃早餐的时候，我以'早安，亲爱的'跟太太打招呼，同时对她微笑。

"现在，我要去上班的时候，就会对大楼的电梯管理员微笑着说一声'早安'。我以微笑跟大楼门口的警卫打招呼。当我跟她换零钱的时候，我对地铁的出纳小姐微笑。当我到达公司，我对那些以前从没见过我微笑的人微笑。

"我很快就发现，每一个人也对我报以微笑。我以一种愉悦的态度来对待那些满肚子牢骚的人。我一面听着他们的牢骚，一面微笑着，于是问题就变得容易解决了。我发现微笑带给我更多的收入，每天都带来更多的钞票。"

微笑是人的宝贵财富，微笑是自信的标志，也是礼貌的象征。人们往往依据你的微笑来形成对你的印象，从而决定对你所要办的事的态度。只要人人都献出一个微笑，办事将不再感到为难，人与人之间的沟通将变得十分容易。

现实的工作、生活中，一个人对你满面冰霜、横眉冷对，另一个人对你面带笑容、温暖如春，他们同时向你请教一个工作上的问题，你更欢迎哪一个？显然是后者，你会毫不犹豫地对他知无不言，言无不尽；而对前者，恐怕就恰恰相反了。

一个人面带微笑，远比他穿着一套高档、华丽的衣服更吸引人注意，也更容易受人欢迎。因为微笑是一种宽容、一种接纳，它缩短了彼此的距离，使人与人之间心心相通。喜欢微笑着面对他人的人，往往更容易走入对方的天地。难怪学者们强调："微笑是成功者的先锋。"的确，如果说行动比语言更具有力量，那么微笑就是无声的行动，它所表示的是："你使我快乐，我很高兴见到你。"笑容是结束说话的最佳"句号"，这话真是不假。

有微笑面孔的人，就会有希望。因为一个人的笑容就是他传递好意的信使，他的笑容可以照亮所有看到它的人。没有人喜欢帮助那些整天愁容满面的人，更不会信任他们；很多人在社会上站住脚是从微笑开始的，还有很多人在社会上获得了极好的人缘也是从微笑开始的。

任何一个人都希望自己能给别人留下好感，这种好感可以创造出一种轻松愉快的气氛，可以使彼此结成友善的联系。一个人在社会上就是要靠这种关系才可立足，而微笑正是打开愉快之门的金钥匙。

有人做了一个有趣的实验，以证明微笑的魅力。

他给两个人分别戴上一模一样的面具，上面没有任何表情，然后，他问观众最喜欢哪一个人，答案几乎一样：一个也不喜欢，因为那两个人都没有表情，他们无从选择。

然后，他要求两个模特儿把面具拿开，现在舞台上有两张不同的脸，他要其中一个人把手盘在胸前，愁眉不展并且一句话也不说，另一个人则面带微笑。

他再问每一位观众："现在，你们对哪一个人最有兴趣？"答案也是一样的，他们选择了那个面带微笑的人。

如果微笑能够真正地伴随着你生命的整个过程，这会使你超越很多自身的局限，使你的生命自始至终生机勃发。

用你的笑脸去欢迎每一个人，那么你会成为最受欢迎的人。

让赞美成为一种习惯

有个客人在一家餐厅吃饭，他觉得菜做得很好，吃得津津有味，赞不绝口。

抬起头来，正好看见厨师经过，就顺口对厨师说："你这菜做得真好吃！"本来愁眉苦脸的厨师，听了这些话，顿时变得容光焕发、神采飞扬。

他说："哦！先生，听你这么说，我真的太高兴了！已经很久没有人称赞我的菜做得好，谢谢您！"从此，那厨师就比以前更卖力。

卡耐基发现，赞美和鼓励是引发一个人体内潜能的最佳方法。肯·布兰查德是《一分钟管理》的作者，他推荐大家使用"一分钟赞美"，"抓住人们恰好做对了事的一刹那"。你经常这么做，他们会觉得自己称职、工作有效率，以后他们很可能不断重复这些来博得赞美。

有个故事是这么说的：

社区内新开设的店都装上自动门，可是附近有一家超级市场却没有装设。

在每天早晨和下午太太们纷纷去买东西的时候，有个小男孩常站在超级市场玻璃门外，看到手里大包小包拿了好多东西的太太，就替她们拉开大门，让她们从容地走出来。

有一次，有位太太问小男孩："你看门看了这么多日子，一定得到了许多小费，你拿来做什么用？"

小孩有点诧异地回答："什么？她们都没有给我钱，可是她们都对我说：'谢谢你！'"

"你也能在自己的能力之内，轻易地增加这个世界里的快乐。怎么做呢？就是对寂寞失意的人说几句真诚赞赏的话。或许，你明天就忘了今天所说的好话，但是听者却可能一生都珍惜着。"

卡耐基说："让我们不再去想自己的成就和自己的需求，让我们试着去想别人的优点，然后忘却恭维，发出诚实、真心的赞赏。称许要真诚，赞美要慷慨，这样人们就会珍惜你的话，把它们视为珍宝，并且一辈子都重复它们——即使你已经遗忘以后，人们还重复着它们。"

爱、称赞、感谢都应该说出来，让对方知道，如果你以为只放在心里就行了，那就大错特错了。

有对夫妻，先生每天早晨有边吃早餐边看报的习惯。有一天，当他叉起食物往口中放的时候，觉得不像往常，赶紧吐出来，拿开手中正看着的报纸仔细一瞧：竟然是一段菜梗！他立刻叫妻子过来问。

妻子说："原来你也知道火腿蛋与菜梗不同啊！我为你做了20年的火腿蛋，从不曾听你吭过一声，我还以为你食不知味，吃菜梗也一样呢。"

没有表达出来的赞美，是没有人知道的。

珍惜别人是一回事，赞美他们又是另一回事。我们都需要别人的承认与鼓励，没有一件事比得上别人所给的赞美更重要。赞美能使他们愉悦，也能赢得他们对你的尊重。

今天你以朋友相待的送报生，说不定哪天就成了一名医师，当你生病，由他来诊治时，你就会发现：肯定别人，也就扶持了自己，结果每一个人都是赢家。

你是否察觉到，我们通常只在别人背后称赞他们？为什么要在背后？为什么不当面告诉他们？人过世后，他的每一个亲朋好友似乎才能觉得他有某些优点。人们在生前，大多听到的是责难多于赞美，为什么一定要在人逝去听不见时，才醒悟到他们是应该称赞的呢？

赞美就像浇在玫瑰上的水；赞美的话并不费力，却能成就大事。我们要下定决心对你的亲人、朋友甚至每一个人加以赞美，并把它变成一种习惯。

说句好话轻而易举，只要几秒钟，便能满足人们内心的强烈需求，注意看看我们所遇见的每个人，寻觅他们值得赞美的地方，然后加以赞美吧。

用赞扬代替批评

在《孩子，我并不完美，我只是真实的我》这本书里，著名的心理学家杰丝·雷耳评论说："称赞对温暖人类的灵魂而言，就像阳光一样，没有它，我们就无法成长开花。但是我们大多数的人，只是忙于躲避别人的冷言冷语，而我们自己却吝于把赞许的温暖阳光给予别人。"

回顾你的生命，并找出那些改变了你的前途的嘉许之言，你就会发现：人生都是由这些夸赞的真正魅力，来做令人心动的注脚。当批评减少而多多鼓励和夸奖时，人所做的好事会增加，而比较不好的事会因受忽视而萎缩。

北卡罗来纳州洛杉矶的约翰·林杰波夫就拿这种态度对待他的孩子。如同许多家庭一样，从前父母与孩子关系的形式是吼叫。许多家庭的例子显示，照上述做法做一段时期之后，孩子与父母的关系变好了。

林杰波夫先生决定用在卡耐基课堂上学的一些方法来解决这个问题。他报告说："我们决定以称赞别人来代替挑剔别人的过失。当我们看到他们做的都是负面的事情时，这非常不容易做到，要找些事情来称赞，真的是很难。我们想办法去找他们值得赞美的事情，而他们以前所做的那些令人不高兴的事，真的就不再发生了。接着，他们的一些别的错处也消失了，他们开始照着我们的赞许去做，竟出乎常规，他们变得连我们也不敢相信。当然，他们并没有一直持续下去，但总是比以前要好得多了，现在我们不必再像以前那样纠正他们。孩子们做对的事要比做错的事多得多。这些全都是赞美的功劳，即使赞美他最细微的进步，也比斥责他的过失要好得多。"

对工作来说也是一样。

凯斯·罗伯，在加州木林山的公司也运用了这一原则。他的印刷厂接的东西，有些是品质很精细的，但印刷员是位新人，他不太能适应他的工作。他的主管很不高兴，想解雇他。

当罗伯先生知道了这个情形以后，亲自到印刷厂，跟这位年轻人谈了一谈。他告诉他，对他刚接手的工作，他非常满意，并告诉他，这是他在公司所看到最好成品之一。他还指出好在哪里，及那位年轻人对公司的重要性。

这能不影响年轻人对工作的态度吗？几天以后，情况大大改观，年轻人告诉他的同僚，罗伯先生非常欣赏他的成品。从那天开始，他就成为一位忠诚细心的工人了。

我们都渴望被赏识和认同，而且会不计一切去得到它，但没有人会要阿谀奉承这种不诚恳的东西。

谈到改变人，卡耐基说："假如你我愿意激励一个人来了解他所拥有的内在宝藏，那我们所能做的就不只是改变人了，我们能彻底地改造他。"

夸张吗？听听威廉·詹姆斯睿智的话语吧！他是美国有史以来最有名、最杰出的心理学家。他说："若与我们的潜能相比，我们只是半醒状态。我们只利用了我们的肉体和心智能源的极小一部分而已。往大处讲，每一个人离他的极限还远得很。他拥有各种能力，但往往习惯性地未能运用它。"

卡耐基认为，在这些习惯性的、未能运用的能力之中，有一种你肯定没有发挥出来，那就是赞美别人、鼓励别人、激励人们发挥潜能的能力。

能力会在批评下萎缩，而在鼓励下绽放花朵。要成为人类有效的领导者，就采用以下的原则：赞美最细小的进步，而且要诚恳地认同和慷慨地赞美。

第五章

不抱怨的自己

/ 第一节 /

你就是问题的根源

抱怨生活之前，先认清你自己

我们会抱怨生活，因为它没有把我们的一切都安排得很好，没能让我们在不经过努力就获得自己想要的东西；我们抱怨工作，因为它总是不能给我们带来财富，尽管我们已经尽力了，可是薪水还是那么一点点；我们抱怨家长，因为他们没能给我们很好的生活环境，没能让我们像富家子弟那样生活；我们抱怨朋友，因为他们总是只想着自己，完全不顾及我们的感受；我们抱怨……这样一直抱怨下去，我们突然发现，身边的一切事情都让我们看不顺眼，一切都不能尽如我们的意愿。可是，怎么办呢？问题到底出在哪里？

一个女孩对父亲抱怨她的生活，抱怨事事都那么艰难，她不知该如何应付生活，想要自暴自弃了。她已厌倦抗争和奋斗，好像一个问题刚解决，新的问题就又出现了。

女孩的父亲是位厨师，他把她带进厨房。他先往三口锅里倒入一些水，然后把它们放在旺火上烧。不久锅里的水烧开了。他往第一口锅里放些胡萝卜，第二口锅里放入鸡蛋，最后一口锅里放入磨碎的咖啡豆。他将它们浸入开水中煮，一句话也没说。

女孩咂咂嘴，不耐烦地等待着，纳闷父亲在做什么。大约20分钟后，他把火闭了，把胡萝卜捞出来放入一个碗内，把鸡蛋捞出来放入另一个碗内，然后又把咖啡舀到一个杯子里。做完这些后，他才转过身问女儿："亲爱的，你看见什么了？"

"胡萝卜、鸡蛋、咖啡。"她回答。

他让她靠近些，并让她用手摸摸胡萝卜。她摸了摸，注意到它们变软了。

父亲又让女儿拿一只鸡蛋并打破它。将壳剥掉后，她看到了是只煮熟的鸡蛋。

最后，父亲让她啜饮咖啡。品尝到香浓的咖啡，女儿笑了。她问道："父亲，这意味着什么？"

父亲解释说，这三样东西面临同样的逆境——煮沸的开水，但其反应各不相同。

胡萝卜入锅之前是强壮的、结实的，但进入开水后，它变软了，变弱了。

鸡蛋原来是易碎的。它薄薄的外壳保护着它呈液体的内脏，但是经开水一煮，它的内脏变硬了。而粉状咖啡豆则很独特，进入沸水后，它们改变了水。

父亲的教导方法是高明的。他把生活比作了一杯水，而拿不同的物体比喻成我们。如果我们如胡萝卜一般，只能任由环境的改变，那么我们就是被动的；而当我们是粉状咖啡豆的时候，尽管在杯子里已经找不到了我们的影子，却能因为我们的变化而改变了人生的大环境。

所以说，当你开始抱怨生活的时候，先要认清楚自己，看你是容易被生活改变，还是你可以去改变生活。如果你被生活改变了，那么就不要责怪生活，而要怪你自己的不坚定，容易随波逐流。而当你确定你能够改变生活的时候，就应该放下抱怨，拿出勇气，因为生活的味道完全是你可以设计和改变的。

问题的 98% 是自己造成的

人类有着一个共同的特点，就是总将问题归结到别人的身上，认为别人是问题的制造者，而自己只是一个无辜的受害者。殊不知，问题的 98% 都是自己造成的，如果自己身上没有问题或在自己的环节将问题彻底解决，便不会出现一发不可收拾的局面了。

一本杂志曾刊登过这样一个故事：

当巴西海顺远洋运输公司派出的救援船到达出事地点时，"环大西洋"号海轮已经消失了，21 名船员不见了，海面上只有一个救生电台有节奏地发着求救的信号。救援人员看着平静的大海发呆，谁也想不明白在这个海况极好的地方到底发生了什么，从而导致这条最先进的船沉没。这时有人发现电台下面绑着一个密封的瓶子，打开瓶子，里面有一张纸条，21 种笔迹，上面这样写着：

一水汤姆："3月21日，我在奥克兰港私自买了一个台灯，想给妻子写信时照明用。"

二副瑟曼："我看见汤姆拿着台灯回船，说了句'这小台灯底座轻，船晃时别让它倒下来'，但没有干涉。"

三副帕蒂："3月21日下午船离港，我发现救生筏施放器有问题，就将救生筏绑在架子上。"

二水戴维斯："离岗检查时，发现水手区的闭门器损坏，用铁丝将门绑牢。"

二管轮安特尔："我检查消防设施时，发现水手区的消火栓锈蚀，心想还有几天就到码头了，到时候再换。"

船长麦特："起航时，工作繁忙，没有看甲板部和轮机部的安全检查报告。"

机匠丹尼尔："3月23日上午理查德和苏勒的房间消防探头连续报警。我和瓦尔特进去后，未发现火苗，判定探头误报警，拆掉交给惠特曼，要求换新的。"

机匠瓦尔特："我就是瓦尔特。"

大管轮惠特曼："我说正忙着，等一会儿拿给你们。"

服务生斯科尼："3月23日13点到理查德房间找他，他不在，坐了一会儿，随手开了他的台灯。"

大副克姆普："3月23日13点半，带苏勒和罗伯特进行安全巡视，没有进理查德和苏勒的房间，说了句'你们的房间自己进去看看'。"

一水苏勒："我笑了笑，也没有进房间，跟在克姆普后面。"

一水罗伯特："我也没有进房间，跟在苏勒后面。"

机电长科恩："3月23日14点，我发现跳闸了，因为这是以前也出现过的现象，没多想，就将闸合上，没有查明原因。"

三管轮马辛："感到空气不好，先打电话到厨房，证明没有问题后，又让机舱打开通风阀。"

大厨史若："我接马辛电话时，开玩笑说，我们在这里有什么问题？你还不来帮我们做饭？然后问乌苏拉：'我们这里都安全吗？'"

二厨乌苏拉："我也感觉空气不好，但觉得我们这里很安全，就继续做饭。"

机匠努波："我接到马辛电话后，打开通风阀。"

管事戴思蒙："14点半，我召集所有不在岗位的人到厨房帮忙做饭，晚上会餐。"

医生英里斯："我没有巡诊。"

电工荷尔因："晚上我值班时跑进了餐厅。"

最后是船长麦特写的话："19点半发现火灾时，汤姆和苏勒房间已经烧穿，一切糟糕透了，我们没有办法控制火情，而且火越烧越大，直到整条船上都是火。我们每个人都犯了一点错误，最终酿成了人毁船亡的大错。"

看完这张绝笔纸条，救援人员谁也没说话，海面上死一样的寂静，大家仿佛清晰地看到了整个事故的过程。

船长麦特的最后一句话是最值得我们深思的："我们每个人都犯了一点错误，最终酿成了人毁船亡的大错。"问题出现时，不要再找借口了，因为你自己才是问题的真正根源，问题的98%都是自己造成的，"环大西洋"号的覆灭不正说明了这一点吗？

失败者的借口通常是"我没有机会"。他们将失败的理由归结为不被人垂青，好职位总是让他人捷足先登，殊不知，其失败的真正原因恰恰在于自己不够勤奋，没有好好把握得之不易的机会。而那些意志坚强的人则绝不会找这样的借口，他们不等待机会，也不向亲友们哀求，而是靠自己的勤奋努力去创造机会，因为他们深知，很多困境其实是自己造成的，唯有自己才能拯救自己。

天堂是由自己搭建的

杰克拥有一座美丽的莲花池。那其实是他在乡下住宅附近的一片天然洼地，他坚称他在乡间的宅邸为他的农场，水从远处山丘上的蓄水池中流入这片洼地，其间还要通过一个可调节水流大小的阀门开关。一切是那么地和谐美满，到了夏天澄澈的水面上就会铺满怒放的莲花，鸟儿们在池中自由嬉戏，从早到晚都能听到它们的奏鸣音。蜜蜂则在花园中的野花上忙碌不辍。极目远眺，池塘的后面是一片更加美丽的丛林，野生的浆果、灌木、蕨类植物争相盛开热闹极了。

杰克是一个平凡的人，但他拥有着一颗博爱的心。在他的领土上，你看不到"私人所有，不得擅入"或"擅入必究"的字样。取而代之的是原野尽头那让人备感亲切的标语，"这里的莲花欢迎你"。他得到了所有人的由衷爱戴，原因很简单，他真诚地爱着所有人，并愿意与他们分享他的一切。

在这里人们常能碰到正在玩耍的天真孩子和风尘仆仆、步履蹒跚的游人，不止一次看到他们离去时脸上那与来时全然不同的神情，仿佛卸下了身上的重负，直到现在人们的耳边似乎还能听到他们离去时的低声呢喃和祝福。有些人甚至把这里称为世外桃源。闲暇时作为主人的他也会在此静坐享受夜晚的寂静。当外人离去后，他趁着皎洁的月光在园中往来踱步或坐在老式的木质长椅上伴着芬馥的野花香喝点什么。他是一个具有一切美好品质的人。用他自己的话说，这里是他一生中最伟大最成功之处，经常带给他莫名的感动。

　　毗邻的一切生物仿佛也能感受到这里散发出的亲善、友好、宁谧、欢欣的气氛。牛羊们会漫步到树林边古老的石栏下，张望着里面美好的景致，我想它们真的是在跟我们一起共享这份温馨。动物们面带微笑昭示着它们的心满意足和欢欣愉悦，或许这就是他的心中所求吧，因为每当此际他也会露出会心的微笑，表示他能理解它们的心满意足和欢欣愉悦。

　　水源的供给原本丰沛，水池的进水阀又总是开到最大，这让水流婉转而下，不仅在栏边驻足的牛羊能饮到甘甜的山泉，邻家的田园亦可受惠。

　　不久前杰克因事不得不离开大约一年的光景，这段时间里他把房子租给了另外一个男人，新租客是位非常"实际"的人，他决不作任何无法给他带来直接利益的事。连接莲花池与蓄水池之间的阀门被关闭了，土地再也得不到泉水的滋润和灌溉；朋友立起的"这里的莲花欢迎你"的标语也被移走；池边再也见不到嬉戏的顽童和欣喜的游人。

　　总之这里发生了天翻地覆的变化，再不复往昔林木欣欣向荣，泉水涓涓而流的样子。池里的花朵因失去了赖以生存的水源而日渐凋零，只有伏在池底烂泥上枯萎的花茎还在向人们诉说着往日的热闹。原本在清澈的池水中悠然而动的鱼早已化为枯骨，走近池边便能闻到它们发出的腥臭。岸边没有了绽放的鲜花，鸟儿不再停留于此，蜜蜂们已移居它处，园中亦不见蜿蜒的流水，栏外成群的牛羊再也饮不到甘甜的清泉。

　　如我们所见，今天的莲花池与杰克悉心照料的莲花池有天壤之别。而细究之下，造成这一切差别的原因却十分微不足道，仅仅是因为后者关闭了引水的阀门，阻止了来自山腰的水流。这个貌似简单的举动，掐断了一切生物的生命之源。它不仅毁掉了生机盎然的莲花池，还间接破坏了周遭的环境，剥夺了周遭邻居们与动物们的幸福。

　　看了上面的故事，你是否对生命的真谛有了新的感悟？在这个莲花池的故事中，杰克那种博爱的胸怀就是宇宙间最真、最美的东西。

　　其实，故事里的莲花池跟你我的生命是无法相提并论的，因为它的生命完全掌握在他人之手，只有依赖别人替它打开阀门才能生存下去。相对于莲花池的无助，我们的生命则强势许多，至少我们可以自由决定从外界汲取的能量及信息，能够掌握人生的只有我们自己的思想。

问题面前最需要改变的是自己

我们也许都曾有过类似的困惑，费尽一切力气要改变别人，甚至要改变世界，让世界来顺应自己的喜好，然而，这是不现实且是最徒劳的。

我们常常意识不到自身的问题，总想着"换个环境吧，换个环境就会好了"，可是，这并不是问题的关键。

一只乌鸦打算飞往南方，途中遇到一只鸽子，一起停在树上休息。鸽子问乌鸦："你这么辛苦，要飞到哪里去？为什么要离开呢？"乌鸦愤愤不平地说："其实，我也不想离开，可是那里的人都不喜欢我的叫声。所以，我想飞到别的地方去。"鸽子好心地说："别白费力气了。如果你不改变自己的声音，飞到哪儿都不会受欢迎的。"

环境的变化，虽然对一个人的命运有一定的影响，但是，任何一个环境都有可供发展的机遇，紧紧抓住这些机遇，好好利用这些机遇，不断随环境的变化调整自己的观念，就有可能在社会竞争的舞台上开辟出一片新天地，站稳脚跟，这就需要我们自己作出妥协，进行改变。有时，你会发现，你发生了变化，一切都变得美好起来。

推销员戴尔做了一年半的业务，看到许多比他后进公司的人都晋升了职位，而且薪水也比他高许多，他百思不得其解。想想自己来了这么长时间了，客户也没少联系，可就是没有大的订单让他在业务上有所起色。

有一天，戴尔像往常一样下班就打开电视若无其事地看起来，突然有一个名为"如何使生命增值"的专家访谈引起了他的关注。

心理学专家回答记者说："我们无法控制生命的长度，但我们完全可以把握生命的深度！其实每个人都拥有超出自己想象十倍以上的力量。要使生命增值，唯一的方法就是在职业领域中努力地追求卓越！"

戴尔听完这段话后，决定从此刻作出改变。他立即关掉电视，拿出纸和笔，详细地制订了半年内的工作计划，并落实到每一天的工作中……

两个月后，戴尔的业绩明显大增，9个月后，他已为公司赚取了2500万美元的利润，年底他自然当上了公司的销售总监。

如今戴尔已拥有了自己的公司。他每次培训员工时，都不忘说："我相信你们会一天比一天更优秀，只要你决心作出改变！"于是员工信心倍增，公司的利润也飞速增长。

"我们这一代最伟大的发现是，人类可以由改变自己而改变命运。"戴尔用自己的行动印证了这句话，那就是：有些时候，面对一些棘手的问题，应该迫切改变的或许不是环境，而是我们自己。换句话说：有些时候，我们不是找不到方法去解决问题，而是在问题面前，我们没有真正地作出努力。在完善自己的同时，我们也就找到了解决问题的方法。

环境的变化虽然对一个人的命运有直接影响，但是，任何一个环境，都有可供发展的机会，紧紧抓住这些机会，好好利用这些机会，不断随环境的变化调整自己的观念，就有可能在社会竞争的舞台上开辟出一片新天地，站稳脚跟。所以，每个人在经营的过程中，必须有中途应变的准备，这是市场环境下的生存之本，也是强者的生存之本。

问题面前最需要改变的是我们自己，面对环境的发展变化，我们要及时改变自己的观点和思路，及时改变自己的生存方式，只有这样，才有可能最终走向成功。

心里不是堆"垃圾"的地方

现实生活中，有些人好像从来就没有过顺心的事或顺利的时候，任何时候你与他在一起，都会听到他不停地抱怨。他们把每一件不顺心的小事都堆积在心里、挂在嘴上，搞得自己的心态和情绪都很糟。在这样一种状态下，自己很烦躁，别人也很厌烦。

"万事如意"不过是人们对生活的良好祝愿，真正现实的生活中，人们所面对的总是一些不尽完美的事情。我们虽不可能保证事事顺遂，但应该做到坦然面对，该放则放，不要把一些"垃圾"堆积在心里，把乌云挂在脸上，把牢骚挂在嘴上，否则你就会变成周围的人都不欢迎的人。

英特尔的一个分公司要进行人事调动，主管杰克对年轻的约翰说："你把手头的工作安排一下，到销售部去报到，我觉得那里更适合你，你有什么意见吗？"约翰嘴巴动了动，心想："我有意见有什么用，你是主管，还不是你说了算？"不过他并没有将这样的话说出来，而是默默地离开了。

当时销售部的工作也不太好做，约翰背地里想："这一次把我调到最糟的销售部，一定是杰克在搞鬼，见我这边工作出色嫉妒我，怕我抢他的位置。哼，我们以后走着瞧！"到了销售部后，约翰整天板着脸，对所有新同事都是爱理不理，工作也不热心。

慢慢地，同事们逐渐疏远他了。

有一次，一个重要的客户打电话来，让他转告杰克，让杰克第二天到客户那里参加一个洽谈会，因为关系到一大笔业务，所以要求杰克第二天必须按时赶到。约翰听后，认为这是一个绝好的报复机遇，于是装作不知道这件事，也没告诉杰克。

第二天，杰克将约翰叫到自己的办公室，非常严肃地告诉他："约翰，客户那么重要的事情你为什么不告诉我？如果不是客户今天早晨又打电话催我，我们几乎失去了一笔上千万的生意。我本来以为你平时工作表现好，只是为人欠历练，所以把你调到销售部，考察磨炼你一下，看你是否能在以后担当重任。可你却对此心生怨恨，还故意报复，我们整个部门的前途差点就毁在你的手上。对于你的这种表现，我非常失望。我不得不告诉你，你被解雇了。"

约翰因为没有和自己的主管及时沟通，将自己对主管的怨恨情绪积攒在心里，终于做出了不理智的举动，结果使自己的前途尽毁。整天抱怨的人总是受累于情绪，似乎烦恼、压抑、失落甚至痛苦总是接二连三地袭来，于是频频抱怨生活对自己不公平，自己因而一直生活在抱怨的世界中。

心里不是堆积"垃圾"的地方，必须及时清空自己的坏情绪。情绪的控制完全在于自己，完全把握自己的情绪，积极主动，使得自己的情绪不会被别人所左右。很多乐观的人都善于控制自己的情绪，让自己活在快乐之中。人生在世，总会遇到很多悲伤与痛苦，如果不能掌控自己的情绪，就会成为情绪的奴隶。斯摩尔曾经说过："做情绪的主人，驾驭和把握自己的方向。"

你对了，整个世界都对了

对于某一件事情的失败，或者是某一次挫折，绝大部分人都有充分的理由相信，那不是自己的问题。当然，有的人也相信自己确实存在不足，但那是次要的，重要的是，没有人给自己提供足以成功的条件、没有足够好的环境、没有足够多的支持……

一般人在生活不如意时，常常不知追根究底，找出自己真正的问题所在，而是期待环境或者他人能根据自己的意愿而改变——即让外在的因素改变到对自己有利的方面上来。一旦对外界或对别人的期望值落空，失望与无助便涌上心头，自己的情绪就会变得十分低落，进而产生抱怨，而这种抱怨显然是一种无益于生活中的个人宣泄。其实，他们没有认识到问题的本质：他们自己才是问题的根源。

休斯·查姆斯在担任销售经理期间，曾遇到过这样的情况：在外头负责推销的销售人员销售量开始急剧下跌。

首先，他请手下最佳的几位销售员站起来，要他们说明销售量为何会下跌。每个人都开始抱怨商业不景气，资金缺少，人们的购买力下降，等等。听到他们描述的种种困难情况时，查姆斯先生说道："停止，我命令大会暂停十分钟，让人把我的皮鞋擦亮。"

然后，他命令坐在附近的一名小工友把他的擦鞋工具箱拿来，并要求这名工友把他的皮鞋擦亮。在场的销售员都惊呆了。那位小工友先擦亮他的第一只鞋子，然后又擦另一只鞋子，表现出第一流的擦鞋技巧。

皮鞋擦亮之后，查姆斯先生给了小工友一毛钱，然后说道：

"我希望你们每个人好好看看这个小工友。他拥有在我们整个工厂及办公室内擦鞋的特权。他的前任男孩，年纪比他大得多，尽管公司每周补贴他五元的薪水，而且工厂里有数千名员工，但他仍然无法从这个公司赚取足以维持他的生活的费用。

"这位小男孩不仅可以赚到维持生活的费用，每周还可以存下一点钱来，而他和他的前任的工作环境完全相同，也在同一家工厂内，工作的对象也完全相同。

"现在我问你们一个问题，那个前任男孩拉不到更多的生意，是谁的错？是他的错还是他顾客的错？"

那些推销员回答说："当然了，是那个男孩的错。"

"正是如此。"查姆斯说，"现在我要告诉你们，你们现在推销收银机和一年前的情况完全相同：同样的地区、同样的对象以及同样的商业条件。但是，你们的销售成绩却比不上一年前。这是谁的错？是你们的错，还是顾客的错？"

推销员们异口同声地回答：

"是我们的错！"

结果，可想而知：他们成功了。

你要明白，所有问题，其根源都在于你自己。想要成功，先评估自己的能力，然后分析一下为什么自己的能力无法施展，是没有恰当的机遇还是环境的限制？

不要抱怨问题，不要回避困难。任何一件事情，无论它有多么的艰难，只要你认真地全力以赴去做，就能化难为易。与其抱怨外界的环境，不如冷静下来看看是否问题出在自己身上。

是改变你的世界，还是世界改变你？年轻人经常谈到这个问题。如果你想改变你的世界，首先就应该改变你自己。

要学会清扫自己的心灵

印度一位公主的波斯猫走丢了，于是国王下令：谁要是能把猫找到，重重有赏，并叫宫廷画师画了数千幅猫像张贴在全国各地。

送猫者络绎不绝，但都不是公主丢失的。

公主于是就想：可能是捡到猫的人嫌钱少，那可是一只纯正的波斯猫。

公主把这一想法告诉国王，国王马上把奖金提高到50块金币。一个流浪儿在宫廷花园外面的墙角捡到了那只猫。

流浪儿看到了告示，第二天早上就抱着猫去领50块金币。

当他经过一家货铺时，看到墙上贴的告示已变成100块金币。

流浪儿又回到他的破茅屋，把猫重新藏好，他又跑去看告示时，奖金已涨到150块金币。接下来的几天里，流浪儿没有离开过贴告示的墙壁。

当奖金涨到使全国人民都感到惊讶时，流浪儿返回他的茅屋，准备带上猫去领奖，可是猫已经死了。

因为这只猫在公主身边吃的都是鲜鱼和鲜肉，对流浪儿从垃圾桶里捡来的东西根本消化不了。

贪心使人永远没有满足之时，因此，不能将贪心作为人生的包袱，压得太重到时候反而是什么也得不到，只有卸掉包袱才能轻装上阵。

古人曾说，二鸟在林不如一鸟在手，我们为什么不好好地珍惜已在手中的那只鸟，偏偏整日去贪图那两只遥不可及的家伙？好高骛远，不满现实，正是现代人想出来的烦恼。自己的汽车还好好的，一见邻居买了一辆新车，就想尽办法也要换辆新的；自家的房子够大也够住，但别人有了新屋，于是一定要与人家比，左思右想要买栋更漂亮的房子！人比人，气死人，这样比来比去，你永远不会满足。问题就出在"过分"二字，过分即不按理性做事，心理失去平衡，因此会增添许多不必要的压力。

人生又何尝不是如此！在人生路上，每个人都是在不断地累积东西，这些东西包括你的名誉、地位、财富、亲情、人际、健康、知识，等等，当然也包括了烦恼、忧闷、挫折、沮丧、压力。这些东西，有的早该丢弃而未丢弃，有的则是早该储存而未储存。因此，对那些会拖累你的东西，必须立刻放弃，卸掉包袱，进行心灵扫除。

心灵扫除的意义，就好像是生意人的"盘点库存"。你总要了解仓库里还有什么，某些货物如果不能限期销售出去，最后很可能会因积压过多拖垮你的生意。

不过，有时候某些因素也阻碍我们放手进行扫除。譬如，太忙、太累，或者担心扫完之后，必须面对一个未知的开始，而你又不确定哪些是你想要的。

的确，心灵清扫原本就是一种挣扎与奋斗的过程。不过，你可以告诉自己：每一次的清扫，并不表示这就是最后一次。而且，没有人规定你必须一次全部扫干净。你可以每次扫一点，但你至少必须立刻丢弃那些会拖累你的东西。

生命的过程就如同参加一次旅行。你可以列出清单，决定背包里该装些什么才能让你到达目的地。但是需要记住一点，在每一次生命停泊时都要学会清理自己的背包：什么该丢，什么该留。只有卸掉一些不必要的东西，才能轻装上阵，活得更轻松、更自在。

/第二节/

接纳不完美的自己

你很重要，所以你没有理由不爱自己

多年以来，在我们的教育中，个人总是次要的那一个："面对集体，我不重要，为了集体的利益，我应该把自己个人的利益放在一边；面对他人，我不重要，为了他人能开心，只能牺牲我自己的开心；面对我自己，我也不重要，这个世界上，少了我就如同少了一只蚂蚁，没有分量的我，又有什么重要？"但是，作为独一无二的"我"，真的不重要吗？不，绝不是这样，"我"很重要。

当我们对自己说出"我很重要"这句话的时候，"我"的心灵一下子充盈了。是的，"我"很重要。

"我"是由无数星辰日月草木山川的精华汇聚而成的。只要计算一下我们一生吃进去多少谷物，饮下了多少清水，才凝聚成这么一具美轮美奂的躯体，我们一定会为那数字的庞大而惊讶。世界付出了这么多才塑造了这样一个"我"，难道"我"不重要吗？

你所做的事，别人不一定做得来；而且，你之所以为你，必定是有一些特殊的地方——我们姑且称之为特质吧！而这些特质又是别人无法模仿的。

既然别人无法完全模仿你，也不一定做得来你能做得了的事，试想，他们怎么可能给你更好的意见？他们又怎能取代你的位置，来替你做些什么呢？所以，这时你不相信自己，又有谁可以相信？

况且，每个来到这个世上的人，都是上帝赐给人类的恩宠，上帝造人时即已赋

予了每个人与众不同的特质，所以每个人都会以独特的方式与他人互动，进而感动别人。要是你不相信的话，不妨想想：有谁的基因会和你完全相同？有谁的个性会和你一毫不差？

由此，我们相信：你有权活在这世上，而你存在于这世上的目的，是别人无法取代的。

不过，有时候别人（或者是整个大环境）会怀疑我们的价值，时间一长，连我们都会对自己的重要性感到怀疑。请你千万千万不要让这类事情发生在你身上，否则你会一辈子都无法抬起头来。

记住！你有权利去相信自己很重要。

"我很重要。没有人能替代我，就像我不能替代别人。"

生活就是这样的，无论是有意还是无意，我们都要发挥出对自己的信心。不要总是拿自己的短处去对比人家的长处，却忽视了自己也有人所不及的地方。自卑是心灵的腐蚀剂，自信却是心灵的发电机。所以我们无论身处何境，都不要让自卑的冰雪侵占心灵，而应燃烧自信的火炬，始终相信自己是最优秀的，这样才能调动生命的潜能，去创造无限美好的生活。

也许我们的地位卑微，也许我们的身份渺小，但这丝毫不意味着我们不重要。重要并不是伟大的同义词，它是心灵对生命的允诺。人们常常从成就事业的角度，断定自己是否重要。但这并不应该成为标准，只要我们在时刻努力着，为光明在奋斗着，我们就是无比重要地存在着，不可替代地存在着。

让我们昂起头，对着我们这颗美丽的星球上无数的生灵，响亮地宣布：我很重要。

面对这么重要的自己，我们有什么理由不去爱自己呢！

你不可能让所有人满意

哲人们常把人生比作路，是路，就注定有崎岖不平。

1929 年，美国芝加哥发生了一件震动全国教育界的大事。

几年前，罗勃·郝金斯，一个年轻人，半工半读地从耶鲁大学毕业，做过作家、伐木工人、家庭教师和卖成衣的售货员。现在，只经过了 8 年，他就被任命为全美国第四大名校——芝加哥大学的校长。他只有 30 岁！真叫人难以置信。

人们对他的批评就像山崩落石一样一齐打在这位"神童"的头上，说他太年轻了，经验不够，说他的教育观念很不成熟，甚至各大报纸也参加了攻击。

在罗勃·郝金斯就任的那一天，有一个朋友对他的父亲说："今天早上，我看见报上的社论攻击你的儿子，真把我吓坏了。"

"不错，"郝金斯的父亲回答说，"话说得很凶。可是请记住，从来没有人会踢一只死狗。"

确实如此，越勇猛的狗，人们踢起来下脚越重。

曾有一个美国人，被人骂作"伪君子""骗子""比谋杀犯好不了多少"……一幅刊在报纸上的漫画把他画成伏在断头台上，一把大刀正要切下他的脑袋，街上的人群都在嘘他。他是谁？他是乔治·华盛顿。

耶鲁大学的前校长德怀特曾说："如果此人当选美国总统，我们的国家将会合法卖淫，行为可鄙，是非不分，不再敬天爱人。"听起来这似乎是在骂希特勒吧？可是他谩骂的对象竟是杰弗逊总统。

可见，没有谁的路永远是一马平川的。为他人所左右而失去自己方向的人，他将无法抵达属于自己的幸福终点。

真正成功的人生，不在于成就的大小，而在于是否努力地去实现自我，喊出属于自己的声音，走出属于自己的道路。

一名中文系的学生苦心撰写了一篇小说，请作家批评。因为作家正患眼疾，学生便将作品读给作家。读到最后一个字，学生停顿下来。作家问道："结束了吗？"听语气似乎意犹未尽，渴望下文。这一追问，煽起学生的激情，立刻灵感喷发，马上接续道："没有啊，下部分更精彩。"他以自己都难以置信的构思叙述下去。

到达一个段落，作家又似乎难以割舍地问："结束了吗？"

小说一定摄魂勾魄，叫人欲罢不能！学生更兴奋，更激昂，更富于创作激情。他不可遏止地一而再再而三地接续、接续……最后，电话铃声骤然响起，打断了学生的思绪。

有急事，作家匆匆准备出门。"那么，没读完的小说呢？""其实你的小说早该收笔，在我第一次询问你是否结束的时候，就应该结束。何必画蛇添足呢？该停则止，看来，你还没把握情节脉络，尤其是缺少决断。决断是当作家的根本，否则绵延逶迤，拖泥带水，如何打动读者？"

学生追悔莫及，自认性格过于受外界左右，作品难以把握，恐不是当作家的料。

很久以后，这名年轻人遇到另一位作家，羞愧地谈及往事，谁知作家惊呼："你的反应如此迅捷、思维如此敏锐、编造故事的能力如此之强，这些正是成为作家的天赋呀！假如正确运用，作品一定脱颖而出。"

"横看成岭侧成峰，远近高低各不同。"凡事绝难有统一定论，我们不可能让所有的人都对我们满意，所以可以拿他们的"意见"做参考，却不可以代替自己的"主见"，不要被他人的论断束缚了自己前进的步伐。追随你的热情、你的心灵，它们将带你实现梦想。

全世界都和你一样不完美

有户人家有两个儿子。当两兄弟都成年以后，他们的父亲把他们叫到面前说："在群山深处有绝世美玉，你们都成年了，应该做探险家，去寻求那绝世之宝，找不到就不要回来。"两兄弟次日就离家出发去了山中。

大哥是一个注重实际、不好高骛远的人。有时候，发现的是一块有残缺的玉，或者是一块成色一般的玉甚至是奇异的石头，他都统统装进行囊。过了几年，到了他和弟弟约定的会合回家的时间。此时他的行囊已经满满的了，尽管没有父亲所说的绝世完美之玉，但造型各异、成色不等的众多玉石，在他看来也可以令父亲满意了。

后来弟弟来了，两手空空一无所得。弟弟说："你这些东西都不过是一般的珍宝，不是父亲要我们找的绝世珍品，拿回去父亲也不会满意的。

"我不回去，父亲说过，找不到绝世珍宝就不能回家，我要继续去更远更险的山中探寻，我一定要找到绝世美玉。"

哥哥带着他的那些东西回到了家中。父亲说："你可以开一个玉石馆或一个奇石馆，那些玉石稍一加工，都是稀世之品，那些奇石也是一笔巨大的财富。"

短短几年，哥哥的玉石馆已经享誉八方，他寻找的玉石中，有一块经过加工成为不可多得的美玉，被国王御用作了传国玉玺，哥哥因此也成了倾城之富。

在哥哥回来的时候，父亲听了他介绍弟弟探宝的经历后说："你弟弟不会回来了，他是一个不合格的探险家，他如果幸运，能中途所悟，明白"至美是不存在的"这个道理，是他的福气。如果他不能早悟，便只能以付出一生为代价了。"

很多年以后，父亲已经奄奄一息。哥哥对父亲说要派人去寻找弟弟。

父亲说，不要去找，如果经过了这么长的时间都不能顿悟，这样的人即便回来又能做成什么事情呢？世间没有纯美的玉，没有完美的人，没有绝对的事物，为追求这种东西而耗费生命的人，何其愚蠢啊！

追求完美，是人类自身在渐渐成长过程中的一种心理特点或者说一种天性。应该说，这没有什么不好。人类正是在这种追求中，不断完善着自己，使得自身脱去了以树叶遮羞的衣服，变得越来越漂亮，成为这个世界万物之精灵。如果人只满足于现状，而失去了这种追求，那么人大概现在还只能在森林中爬行。我们对事物总要求尽善尽美，愿意付出很大的精力去把它做到天衣无缝的地步。

但是，世界上根本就不存在任何完美的事物。为了心中的一个梦而偏执地去追求，却全然不顾你的梦是否现实，是否可行，从而浪费掉许许多多的时间和精力，最终只能在光阴蹉跎中悔恨。世界并不完美，人生当有不足。对于每个人来讲，不完美的生活是客观存在的，无需怨天尤人。

不要再继续偏执了，给自己的心留一条退路，不要因为自己的一时之错而埋怨自己，不要因为不完美而恨自己，不要因为不完美而觉得不幸福。看看那些活得幸福快乐的人，他们没有一个是十全十美的。

完美往往只会成为人生的负担，人绷紧了完美的弦，它却可能发不出声来。那些懂得爱自己、宽容别人的人，才是生活的智者，才更容易活得幸福。

别太在意别人的眼光，那会抹杀你的光彩

在这世上，没有任何一个人可以赢得所有人的满意。跟着他人眼光来去的人，会逐渐暗淡自己的光彩。

西莉亚自幼学习艺术体操，身段匀称灵活。可是很不幸，一次意外事故导致她下肢严重受伤，一条腿留下后遗症——走路有一点瘸。为此，她十分懊丧，甚至不敢走上街去，因为害怕看见别人注视残腿的目光。作为一种逃避，西莉亚搬到了约克郡乡下。

一天，小镇上的雷诺兹老师领着一个女孩来向她学跳苏格兰舞。在他们诚恳的请求下，西莉亚勉为其难地答应了他们。为了不让他们察觉到自己残疾的腿，西莉亚特意提早坐在一把藤椅上。可那个女孩偏偏天生笨拙，连起码的乐感和节奏感都没有。

当那个女孩再一次跳错时，西莉亚不由自主地站起来给对方示范那个要领——一个带旋转的交叉滑步动作。西莉亚一转身，便敏感地看见那个学生的目光正盯着自己的腿，一副惊讶的神情。她忽然意识到，自己一直刻意掩盖的残疾在刚才的瞬间已暴露无遗。这时，一种自卑让她无端地恼怒起来。西莉亚的行为伤害了女孩的自尊心，她难过地跑开了。

事后，西莉亚满心歉疚。过了两天，西莉亚亲自来到学校，和雷诺兹老师一起等候那个女孩。西莉亚说："把你训练成一名专业舞者恐怕不容易，但我保证，你

一定会成为一个不错的非职业领舞者。"

这一次，他们就在学校操场上跳，有不少学生好奇地围观。那个女孩笨手笨脚的舞姿不时招来同学的嘲笑，她满脸通红，不断犯错，每跳一步，都如芒刺在背。西莉亚看在眼里，深深理解那种无奈的自卑感。她走过去，轻声对那个女孩说："假如一个舞者只盯着自己的脚，就无法享受跳舞的快乐，而且别人也会跟着注意你的脚，发现你的错误。现在你仰起脸，面带微笑地跳完这支舞曲，别管步伐是不是错的。"

说完，西莉亚和那个女孩面对面站好，朝雷诺兹老师示意了一下。悠扬的手风琴音乐响起，她们踏着拍子，愉快起舞。其实那个女孩的步伐还有些错误，而且动作不是很和谐。但意外的效果出现了——那些旁观的学生被她们脸上的微笑所感染，也不再去关注舞蹈细节上的错误。渐渐地，有越来越多的学生情不自禁地加入到舞蹈中。大家尽情地跳啊跳啊，直到太阳下山。

生活在别人的眼光里，总也找不到自己的路。

其实，同一个事物，每个人的眼光都有不同。面对不同的几何图形，有人看出了圆的光滑无棱，有人看出了三角形的直线组成，有人看出了半圆的方圆兼济，有人看出了不对称图形独到的美……

同是一个甜麦圈，悲观者看见一个空洞，而乐观者却品味到它的香甜味道。

同是交战赤壁，苏轼高歌"雄姿英发，羽扇纶巾，谈笑间樯橹灰飞烟灭"；杜牧却低吟"东风不与周郎便，铜雀春深锁二乔"。

同是"谁解其中味"的《红楼梦》，有人听到了封建制度的丧钟，有人看见了宝黛的深情，有人悟到了曹雪芹的用心良苦，也有人只津津乐道于故事本身……

苏轼曾说："横看成岭侧成峰，远近高低各不同。"人生是一个多棱镜，总是以它变幻莫测的每一面反照生活中的每一个人。不必介意别人的流言蜚语，不必担心自我思维的偏差，坚信自己的眼睛，坚信自己的判断，执着于自我的感悟。用敏锐的视线去审视这个世界，用心去聆听、抚摸这个多彩的人生，给自己一个富有个性的回答。

自卑是对自己的抱怨

自卑就是对自己的抱怨，是在心里对自己能力的一种怀疑。自卑是人生最大的跨栏，每个人都必须成功跨越才能到达人生的巅峰。

自卑的人，情绪低沉，郁郁寡欢，常因害怕别人看不起自己而不愿与人来往，只想与人疏远，缺少朋友，顾影自怜，甚至内疚、自责；自卑的人，缺乏自信，优柔寡断，毫无竞争意识，抓不住稍纵即逝的各种机会，享受不到成功的乐趣；自卑的人，常感疲劳，心灰意懒，注意力不集中，工作没有效率，缺少生活情趣。

如果一个人总是沉迷在自卑的阴影中，那无异于给自己套上了无形的枷锁。但是如果能够认清了自己，懂得换个角度看待周围的世界和自己的困境，那么许多问题就会迎刃而解了。

一位父亲带着儿子去参观梵高故居，在看过那张小木床及裂了口的皮鞋之后，儿子问父亲："梵高不是位百万富翁吗？"父亲答："梵高是位连妻子都没娶上的穷人。"

第二年，这位父亲带儿子去丹麦，在安徒生的故居前，儿子又困惑地问："爸爸，安徒生不是生活在皇宫里吗？"父亲答："安徒生是位鞋匠的儿子，他就生活在这栋阁楼里。"

这位父亲是一个水手，他每年往来于大西洋各个港口；这位儿子叫伊东布拉格，是美国历史上第一位获普利策奖的黑人记者。20 年后，在回忆童年时，他说："那时我们家很穷，父母都靠卖苦力为生。有很长一段时间，我一直认为像我们这样地位卑微的黑人是不可能有什么出息的。好在父亲让我认识了梵高和安徒生，这两个人告诉我，上帝没有轻看卑微。"

富有者并不一定伟大，贫穷者也并不一定卑微。上帝是公平的，他把机会放到了每个人面前。自卑的人也有相同的机会。

自卑常常在不经意间闯进我们的内心世界，控制着我们的生活，在我们有所决定、有所取舍的时候，向我们勒索着勇气与胆略；当我们碰到困难的时候，自卑会站在我们的背后大声地吓唬我们；当我们要大踏步向前迈进的时候，自卑会拉住我们的衣袖，叫我们小心地雷。一次偶然的挫败就会令你垂头丧气，一蹶不振，将自己的一切否定，你会觉得自己一无是处，窝囊至极，你会掉进自责自罪的旋涡。

自卑就像蛀虫一样啃噬着你的人格，它是你走向成功的绊脚石，它是快乐生活的拦路虎。一个人如果自卑，他不仅不敢有远大的目标，同时他将永远不会出类拔萃；一个民族和国家，如果自卑，只能当别国的殖民地，站不起来，也不敢站起来，只能跟在别国后边当附庸。

自卑是一种压抑，一种自我内心潜能的人为压抑，更是一种恐惧，一种损害自尊和荣誉的恐惧，所以生活中，我们只有比别人更相信并且珍爱自己，我们才能发挥自己最大的潜力，创造出属于自己的天地。当我们遭到冷遇时，当我们受到侮辱时，一定要自尊自爱，把羞辱作为奋发的动力，激励自己去战胜一个个难关。

相信自己才能成功

有一天，著名的成功学专家安东尼·罗宾在自己的办公室里接待了一个走投无路、风尘仆仆的流浪者。

那人进门打招呼说："我来这儿，是想见见这本书的作者。"说着，他从口袋中拿出一本名为《自信心》的书，那是安东尼许多年前写的。

安东尼微笑着示意流浪者坐下。流浪者激动地说："一定是命运之神在昨天下午把这本书放入我口袋中的，因为我当时决定跳到密歇根湖，了此残生。我已经看破一切，认为一切已经绝望，我什么事情都做不成，没有人能够接纳我。但还好，我看到了这本书，使我产生新的看法，为我带来了勇气及希望，并支持我度过昨天晚上。我已下定决心，只要我能见到这本书的作者，他一定能帮助我再度站起来。现在，我来了，我想知道你能替我这样的人做些什么。"

在他说话的时候，安东尼从头到脚打量了流浪者许久，发现他眼神茫然、满脸皱纹、神态紧张，一切都在向安东尼显示，他已经无可救药了。但安东尼不忍心对他这样说。

听完流浪者的话，安东尼想了想，说："虽然我没有办法帮助你，但如果你愿意的话，我可以介绍你去见本大楼的一个人，他可以帮助你东山再起，重新赢回原本属于你的一切。"安东尼刚说完，流浪者立刻跳了起来，抓住他的手，说道："看在上帝的份上，请带我去见这个人！"

他会为了"上帝的分上"而做此要求，显示他心中仍然存在着一丝希望。所以，安东尼拉着他的手，引导他来到从事个性分析的心理试验室里，和他一起站在一块布前。安东尼把布拉开，露出一面高大的镜子，流浪者可以从镜子里看到自己的全身。安东尼指着镜子说："就是这个人。在这个世界上，只有一个人能够使你东山再起，除非你学会信任他，并且觉得他能够做成任何事情。否则，你只能跳进密歇根湖里，因为如果连你自己都不能相信自己，那么这个世界上将不会再有人相信你，你也就不能再做成任何事情。这样一来，无论是对于你自己还是这个世界，你都将是一个没有任何价值的废物。"

流浪者朝着镜子走了几步，用手摸摸他长满胡须的脸孔，对着镜子里的人从头到脚打量了几分钟，然后后退几步，低下头，开始哭泣起来。过了一会儿，安东尼领他走出来，送他离去。

几天后，安东尼在街上碰到了这个人，而他已不再是一个流浪汉形象。他西装革履，步伐轻快有力，头抬得高高的，原来那种不安、紧张的神态已经消失不见。他说他非常感谢安东尼先生，是安东尼让他找回了自信，让他有勇气面对生活中的一切，并且很快找到了工作。

后来，他果然东山再起，成为芝加哥的一个大富翁。由此可见，自信对于一个人的成功是起着至关重要的作用的。

自信是成功的第一信念。《成功心理》的作者丹尼斯·华特利在书中写道："成功者都具有实现自我价值的坚定信念。他们的自信表现不会像其他人一样被失败的心理摧垮。"没错的，世界上伟大的创造性天才们都充满了自信。这种自信是一个成功者必须具备的基本条件。因为一个人如果连自己都不相信，就没办法取得别人的信任。

自信的态度，不仅会影响自己的生活，还会对周围的人产生影响。美国形象设计大师鲍尔说："成功男人的风格反映在外表，而优雅来自内在，它是你的自信及对自己的满意，它通过你的外表、举止、微笑展示。"如果在生活中认真观察，你就会发现自信是具有极大的感染力的。因为自信，你的神态、语气、仪态，等等，都在无声无息地、由里向外地散发着魅力。而这种魅力的力量，就会让你更具吸引力，结交更多的朋友，获得更多同事的追随，得到上司的青睐，并最终问鼎成功。

/第三节/

抱怨别人，不如修正自己

修正自己在于管理自己

很早的时候我国古代圣贤就说过"克己"，也就是自制的意思。我们的祖先虽然早就提出了"克己"，但是我们在"克己"方面做得还远远不够。相比较而言，一些外国人在"自制"方面比我们在"克己"方面更有成就。

南京大学有一个美国留学生叫唐·娜。寒假里，唐·娜随她的女同学张菁到张的老家河南农村过年。大年初一，张家准备了一桌丰盛的酒席招待唐·娜。席上，张父特意以当地名酒款待嘉宾。张父给唐·娜斟了满满一杯酒，可是唐·娜只是礼貌地举杯，却滴酒不沾。

张家问其故。唐·娜说，她的家乡在美国西雅图州，当地的法律规定，公民年满 21 岁才能饮酒，她今年才 19 岁，还未到饮酒的年龄。

张家人劝她，这里是中国，不是美国，入乡随俗是可以的。再说，没有一个美国人会知道你在中国饮过酒。唐·娜却说，虽然自己身在国外，也应该遵守美国法律。名酒的味道很香，但自己会克制自己，不到法定年龄，决不饮酒。

唐·娜始终没有饮酒，张家人对这个 19 岁的美国姑娘十分敬佩。

寒假结束，唐·娜要回南京的时候，当地政府有关部门特意设宴款待唐·娜，唐·娜却婉言谢绝了。问其故，唐·娜说，美国的法律规定，凡属官方的宴请，只能由政府官员出席。她是一个普通的美国人，不是政府官员，因此不能接受官方的宴请。当地政府一再做工作，唐·娜还是没有出席。

　　还有一个故事讲的是：一个美国商人，他经常到中国做生意。有一次，一笔生意成交以后，中方宴请他。中方听说这个美国商人十分喜欢吃虹鳟鱼，席上，主人特意请著名厨师做了一道名菜：清炖虹鳟鱼。

　　这道菜上来以后，美国商人眼睛一亮，看得出，商人真的很喜爱这道菜。奇怪的是，商人夹了一块鱼肉以后，还没有送到嘴里就又送了回去，放下筷子不吃了。

　　主人忙问其故，美国商人说，这是一条有籽的虹鳟鱼，美国法律规定，要保护生态环境，不能吃有籽的母鱼。主人连忙说，这是在中国，不是美国，中国并没有这样的法律。美国商人说，自己是美国人，走到哪儿，都要遵守美国的法律。

　　主人很尴尬，再次劝美国商人说，即使是这样，这条虹鳟鱼已经烧熟了，不吃浪费了岂不可惜！美国商人却说，即使浪费了，他也不能吃，美国商人自始至终都没有碰这条虹鳟鱼。

　　美酒的味道很香，唐·娜却不为之心动；虹鳟鱼的味道很美，美国商人却不为之下箸。他们是在没有任何外界压力下的一种自我限制行为，是在自觉地履行道德上的某种义务。有较强自制能力的人，一定能够战胜自我。如果不幸遇到祸害，他一定能够泰然处之，化祸为福，让自己快乐。可见，自制对快乐的人生是极其重要的。

修正自己才能提高能力

　　上帝问人，世界上什么事最难。人说挣钱最难，上帝摇头。人说哥德巴赫猜想，上帝又摇头。人又说我放弃，你告诉我吧。上帝神秘地说是认识自己并且修正自己的弱点。的确，那些富于思想的哲学家也都这么说。

　　发现自己的弱点并克服它确实很难。理由繁多，因人而异，但是所有理由都源于两点：害怕发现弱点，害怕修正自己。

　　就像一个不规则的木桶一样，任何一个区域都有"最短的木板"，它有可能是某个人，或是某个行业，或是某件事情。聪明的人应该把它迅速找出来，并抓紧做长补齐，否则它带给你的损失可能是毁灭性的。很多时候，往往就是因为一个环节出了问题而毁了所有的努力。

　　对于个人来说，下面的弱点是人们最有可能出现的短板。

　　1. 恶习

　　毫无疑问，不良的习惯可以说是每个人最大的缺陷之一，因为习惯会透过一再的重复，由细线变成粗线，再变成绳索，再经过强化重复的动作，绳索又变成链子，最后，定型成了不可迁移的不良个性。

人们在分分秒秒中无意识地培养习惯，这是人的天性。因此，让我们仔细回顾一下，我们平时都培养了什么习惯？因为有可能这些习惯使我们臣服，拖我们的后腿。

诸如懒散、看连续剧、嗜酒如命以及其他各式各样的习惯，有时要浪费我们大量的时间，而这些无聊的习惯占用的时间越多，留给我们自己可利用的时间就越少。这时的不良习惯就像寄生在我们身上的病毒，慢慢地吞噬着我们的精力与生命，这时的习惯就成了一个人最大的缺陷，成了阻碍个人成功的主要因素。

所以，习惯有时是很可怕的，习惯对人类的影响，远远超过大多数人的理解，人类的行为 95% 是透过习惯作出的。事实上，成功者与失败者之间唯一的差别在于他们拥有不一样的习惯。一个人的坏习惯越多，离成功就越远。

2. 犯错

通常人们都不把犯错误看成是一种缺陷，甚至把"失败是成功之母"当成自己的至理名言。

如果一个人在同一个问题上接连不断地犯错误，比如健忘，这是任何一个成功人士都不能容忍的。一个不会在失败中吸取教训的人是不配把"失败是成功之母"挂在嘴边的。不管是否具备吸取教训的意识还是能力，它都是一个人获取成功道路上的致命缺陷。

有一些人不管是在学习还是在工作中，犯错误的频率总是比一般人高。他们做事情总是马虎大意、毛毛躁躁。对他们而言，把一件事做错比把一件事做对容易得多，而且每当出现错误时，他们通常的反应都只是："真是的，又错了，真是倒霉啊！"

把犯错归结为坏运气是他们一向的态度，或许他们没有责任心，做事不够仔细认真，或许他们没有找到做事的正确方式，但无论出于哪一点，如果他们没有改正错误，这都将给他们的成功带来巨大的障碍。

3. 马虎

一位伟人曾经说过："轻率和疏忽所造成的祸患将超乎人们的想象。"许多人之所以失败，往往因为他们马虎大意、鲁莽轻率。

在宾夕法尼亚州的一个小镇上，曾经因为筑堤工程质量要求不严格，石基建设和设计不符，结果导致许多居民死于非命——堤岸溃决，全镇都被淹没。建筑时小小的误差，可以使整幢建筑物倒塌；不经意抛在地上的烟蒂，可以使整幢房屋甚至整个村庄化为灰烬。

鉴于我们这些可知的和未可知的缺点，我们一定要学会修正自己，这本身就是一种能力。

4. 不谨言慎行

自己的言行对做事成功是必要的，虽然人们不用匕首，但人们的语言有时比匕首还厉害。一则法国谚语说，语言的伤害比刺刀的伤害更可怕。那些溜到嘴边的刺人的反驳，如果说出来，可能会使对方伤心痛肺。

孔子认为，君子欲讷于言而敏于行。即君子做人，总是行动在人之前，语言在人之后。克制自己，懂言会行是做事最基本的功夫。

法国哲学家罗西法古说，如果你要得到仇人，就表现得比你的朋友优越；如果你要得到朋友，就要让你的朋友表现得比你优越。

而在这个世界上，那些谦虚豁达能够克制自己的人总能赢得更多的知己，那些妄自尊大、小看别人、高看自己的人总是令别人反感，最终在交往中使自己到处碰壁。

所以无论在什么情况下我们都要学会克制自己、修正自己。只有这样，我们才能够提高自己的能力，才能修复我们生活中的一切"短板"，才会受到别人的欢迎，才能做好我们要做的事。

愉悦自己，才是真正地爱自己

在遭遇困苦时，乐观的人总会努力想办法让自己快乐起来，让精神的伤痛远离自己。愉悦自己，才是真正地爱自己。

由于破产和从小落下的残疾，人生对基尔来说已索然无味了。

在一个晴朗的日子，基尔找到了牧师。牧师耐心听完了基尔的倾诉，对基尔说："我给你看样东西。"他向窗外指去。那是一排高大的枫树，在枫树间悬吊着一些陈旧的粗绳索。他说："60年以前，这儿的庄园主种下这些树，他在树间牵拉了许多粗绳索。对于嫩弱的幼树，这太残酷了，因为创伤是终生的。有些树面对残忍的现实，能与命运抗争，而另一些树消极地诅咒命运，结果就完全不同了。眼前这棵粗壮的枫树看不出什么疤痕，所看到的是绳索穿过树干——几乎像钻了一个洞似的，真是一个奇迹。"

"关于这些树，我想过许多。"他说，"只有体内强大的生命力才可能战胜像绳索带来的那样终生的创伤，而不是自己毁掉这宝贵的生命。对于人，有很多解忧的方法。在痛苦的时候，找个朋友倾诉，找些活干。对待不幸，要有一个清醒而客观全面的认识，尽量抛掉那些怨恨、妒忌等情感负担。有一点也许是最重要的，也是最困难的：

你应尽一切努力愉悦自己，真正地爱自己。"

能否越过障碍、突破挫折困苦，乐观的人总有他自己的方法。

1. 转移不良的情绪。碰到不顺心的事情或在家中与亲属发生争吵，不妨暂时离开一下现场，换个环境，或者同别人去侃大山，或者参加一些文体活动，娱乐娱乐。总之，把注意力转移到别的方面去。只有把原来的不良情绪冲淡以至赶走，而重新恢复心情的平静和稳定。

2. 憧憬美好未来。只有经常憧憬美好的未来，才能始终保持奋发进取的精神状态。不管命运把自己抛向何方，都应该泰然处之。不管现实如何残酷，都应该始终相信困难即将克服，曙光就在前头，相信未来会更加美好。

3. 忆苦思甜。在人生的旅途中，有时荆棘丛生，有时铺满鲜花，有时忧心如焚，有时其乐融融。对此应进行精心筛选，不能让那些悲哀、凄凉、恐惧、忧虑、彷徨的心境困扰着我们。对那些幸福、美好、快乐的往事要常常回忆，以便在心中泛起层层涟漪，激发人们去开拓未来，而对那些不愉快的事情，诸多的烦恼则尽量要从头脑中抹掉，切不可让阴影笼罩心头，而失去前进的动力。

4. 积极的自我暗示。例如对着镜子对自己说："我是最棒的！""我一定会成功！"看喜剧电影，听欢快的歌，做自己喜欢的事等。

5. 宽待自己。学会宽待自己是一件非常重要的事情。学会宽待自己就要允许自己犯错误，"金无足赤，人无完人"，谁能一辈子不犯错误？在总结教训之余，要安慰自己，即使是由于自身的原因导致的错误不要对自己责备太严，要学会宽待自己，经常对自己说：过去的就让它过去吧，一切从头开始。只有这样才能形成正确的心态，才能够乐观地生活下去。

反击别人不如充实自己

有时候，白眼、冷遇、嘲讽会让弱者低头走开，但对强者而言，这也是另一种幸运和动力。所以美国人常开玩笑说，正是因为刺激，才"造就"出了杜鲁门总统。

故事是这样的：在读高中毕业班时，查理·罗斯是最受老师宠爱的学生。他的英文老师布朗小姐，年轻漂亮，富有吸引力，是校园里最受学生欢迎的老师。同学们都知道查理深得布朗小姐的青睐，他们在背后笑他说，查理将来若不成为一个人物，布朗小姐是不会原谅他的。

在毕业典礼上，当查理走上台去领取毕业证书时，受人爱戴的布朗小姐站起身来，当众吻了一下查理，向他来了个出人意料的祝贺。当时，人们本以为会发生哄笑、骚动，结果却是一片静默和沮丧。

许多毕业生，尤其是男孩子们，对布朗小姐这样不怕难为情地公开表示自己的偏爱感到愤恨。不错，查理作为学生代表在毕业典礼上致告别辞，也曾担任过学生年刊的主编，还曾是"老师的宝贝"，但这就足以使他获得如此之高的荣耀吗？典礼过后，有几个男生包围了布朗小姐，为首的一个质问她为什么如此明显地冷落别的学生。

"查理是靠自己的努力赢得了我特别的赏识，如果你们有出色的表现，我也会吻你们的。"布朗小姐微笑着说。男孩们得到了些安慰，查理却感到了更大的压力。他已经引起了别人的嫉妒，并成为少数学生攻击的目标。他决心毕业后一定要用自己的行动证明自己值得布朗小姐报之一吻。毕业之后的几年内，他异常勤奋，先进入了报界，后来终于大有作为，被杜鲁门总统亲自任命为白宫负责出版事务的首席秘书。

当然，查理被挑选担任这一职务也并非偶然。原来，在毕业典礼后带领男生包围布朗小姐，并告诉她自己感到受冷落的那个男孩子正是杜鲁门本人。

查理就职后的第一件事，就是接通布朗小姐的电话，向她转述美国总统的问话："您还记得我未曾获得的那个吻吗？我现在所做的能够得到您的奖赏吗？"

生活中，当我们遭到冷遇时，不必沮丧，不必愤恨，唯有尽全力赢得成功，才是最好的答复与反击。当有人刺激了我们的自尊心，伤害到我们的心灵时，强烈批驳别人不如思考自己什么地方还需要完善。

有个喜欢与人争辩的学者，在研究过辩论术，听过无数次的辩论，并关注它们的影响之后，得出了一个结论：世上只有一个方法能从争辩中得到最大的利益——那就是停止争辩。你最好避免争辩，就像避免战争或毒蛇那样。

这个结论告诉我们：反击别人不如自我休战。争辩中的赢不是真赢，它带来的只是暂时的胜利和口头的快感，它会导致他人的不满，影响你与他人之间的关系，更重要的是，在争辩中失利的人不会发自内心地承认自己的失败，所以你的说服和辩论统统徒劳无功，无助于事情的解决。

有一种人，反应快，口才好，心思灵敏，在生活或工作中和别人有利益或意见的冲突时，往往能充分发挥辩才，把对方辩得哑口无言。可是，我们为什么一定要与对方辩论到底，以证明是他错了？这么做除了能得到一时的快意之外还有什么呢？这样能使他喜欢我们或是能让我们签订合同吗？事实并非如此，要想拥有良好的人际关系，要想使自己在事业上游刃有余，在朋友中广受欢迎，在家庭中和睦相处，我们最好永远不要试图通过争辩去赢得口头上的胜利。

反击别人，除了互相伤害以外，我们都不会得到任何好处。这是因为，就算我们将对方驳得体无完肤、一无是处，那又怎样？我们只是使他觉得自惭形秽、低人一等，我们伤了他的自尊，他不会心悦诚服地承认我们的胜利。即使表面上不得不承认我们胜了，但心里会从此埋下怨恨的种子，所以还不如用那些时间来做有意义的事情。

莫因害怕"出丑"而禁锢生活

很多时候，我们都会用这样一句话来鼓励自己：天才是1%的灵感加上99%的汗水。于是，一些人就开始拼命工作，希望能用100%的汗水换来那1%的天分。其实，如果能用汗水弥补的天分，就不是真正的天分了。这个世界上，毕竟只有少数人才能成为天才。所以，我们的成长总是要伴随着一些无谓的辛苦和无趣的笑话的。

人们都想使自己聪明，都怕在众人面前出丑。这似乎是截然对立的两件事，聪明人绝不会出丑，出丑的人必然是笨蛋。然而，实际生活并非如此。聪明的人有时简直如一个大傻瓜，他们当众出丑，却若无其事，他们被人嗤笑却自得其乐。然而，他们就这样走向了成功。

罗茜读书时网球打得不好，所以老是害怕打输，不敢与人对垒，至今她的网球技术仍然很蹩脚。罗茜有一个同班同学，她的网球比罗茜打得还差，但她不怕被人打下场，越是输越打，后来成了令人羡慕的网球手，成了大学网球代表队队员。

聪明是令人羡慕的，出丑总使人感到难堪。但是，聪明是在无数次出丑中练就的，不敢出丑，就很难聪明起来。

那些勇敢地去干他们想干的事的人是值得赞赏的，即使有时在众人面前出了丑，他们还是洒脱地说："哦，这没什么！"就是这么一类人，他们还没学会反手球和正手球，就勇敢地走上网球场；他们还没学会基本舞步，就走下舞池寻找舞伴；他们甚至没有学会屈膝或控制滑板，就站上了滑道。

艾米只会说几句法语，她却毅然飞往法国去做一次生意旅行。虽然人们曾告诫她：巴黎人是看不起不会讲法语的人，但她坚持在展览馆、在咖啡店、在爱丽舍宫用法语与每个人交谈。难道她不怕结结巴巴，不怕语塞傻笑、出丑吗？一点也不。因为艾米发现，当法国人对她使用的虚拟语气大为震惊之后，许多人都热情地向她伸出手来，为她的"生活之乐"所感染，从她对生活的努力态度中得到极大的乐趣。他们为艾米喝彩，为所有有勇气做一切事情而不怕出丑的人欢呼。

生活中有些人由于不愿成为初学者，就总是拒绝学习新东西。他们因为害怕"出丑"，宁愿闭塞自己的机会，限制自己的乐趣，禁锢自己的生活。

若要改变自己的生活位置，总要冒出丑的风险。除非你决心在一个地方、一个水平上"钉死"了。不要担心出丑，否则你就会无所作为，而且更重要的是你同样不会心绪平静、生活舒畅。你会受到囿于静止的生活而又时时渴望变化的愿望的痛苦煎熬。我们也许应该记住这一点，由于我们害怕出丑也许会失去许多生活机会而感到后悔。我们应该记住一句法国谚语："一个从不出丑的人并不是一个他自己想象的聪明人。"

改变态度改变你

改变态度，你就可能成为强者

有这样一个故事：

一天，一只老虎躺在树下睡大觉。一只小老鼠从树洞里爬出来时，不小心碰到了老虎的爪子，把它惊醒了。老虎非常生气，张开大嘴就要吃它，小老鼠吓得瑟瑟发抖，哀求道："求求你，老虎先生，别吃我，请放过我这一次吧！日后我一定会报答你的。"

老虎不屑地说："你一只小小的老鼠怎么可能帮得了我呢？"但它最后还是把老鼠放走了，因为它觉得一只小小的老鼠还不够塞自己的牙缝。

不久，这只老虎出去觅食时被猎人设置的网罩住了。它用力挣扎，使出浑身力气，但网太结实了，越挣扎绑得越紧。于是它大声吼叫，小老鼠听到了它的吼声，就赶紧跑了过去。

"别动，尊敬的老虎，让我来帮你，我会帮你把网咬开的。"

小老鼠用它尖锐的牙齿咬断了网上的绳结，老虎终于从网里逃脱出来。

"上次你还嘲笑我呢，"老鼠说，"你觉得我太弱小了，没法报答你。你看，现在不正是一只弱小的小老鼠救了大老虎的性命吗？"

读完这个故事，我们不难想到，在这个世界上，从来就没有谁注定就是强者，也没有谁注定就是弱者。强大如老虎，在猎人的陷阱里，它就变成了弱者；弱小如老鼠，在结实的网绳前，拥有锋利牙齿的它就变成了强者。

你或许自以为是弱者：貌不惊艳，技不如人，出身贫寒，资质平平，在人才辈出的社会里就像"多一个不多，少一个不少"的那个人。如果你这么想，你就错了，甚至连上文中那个自信满怀的老鼠都不如。

在这个世界上，每个人都是身怀绝技的强者，这种绝技就像金矿一样埋藏在我们看似平淡无奇的生命中。

诺贝尔化学奖的获得者奥托·瓦拉赫曾是一个被认为是成才无望的"笨学生"。瓦拉赫在读中学时，父母为他选择了主修文学。不料一个学年结束以后，老师为他写下了这样的鉴定："瓦拉赫很用功，但过分拘泥，这样的人即使有着完美的品德，也很难在文学上有所作为。"无奈之下，父母只好尊重儿子的意见，让他改学油画，可瓦拉赫既不善于构图，又不长于润色，对艺术的理解力也不够敏锐，成绩在班上是倒数第一，得到的评语更是令人难堪："非常遗憾：你在绘画艺术方面所表现的素质令人失望，将来恐怕难有造诣。"

面对如此"笨拙"的学生，绝大部分老师认为他将难有作为。只有化学老师认为他做事一丝不苟、耐性专一，具备做好化学实验应有的品格，建议他试学化学，瓦拉赫接受了化学老师的建议。从此，瓦拉赫的潜能被激活了，智慧的火花迸发出耀眼的光芒，昔日同学眼中的"丑小鸭"终于变成了日后的"白天鹅"。

和奥托·瓦拉赫一样，我们每个人身上都蕴含着一份特殊的才能，只要我们能够找准自己各自内心里的"宝藏"，努力去挖掘，勇敢去尝试，那么，我们就能够取得令人称赞的成绩。每个人出生的时候，上帝都在他的心中放了一块无价之宝。宝贝若是放错了地方便是废物，所以请一定要找到你的长处，经营你的优势，靠自己去搜寻人生的宝藏。

我们每一个人，特别是妄自菲薄的人，切不可把强者的标准定得太高，而对自身的长处视而不见。你不要死盯着自己学习不好、没钱、不漂亮等不足的一面，你还应看到自己身体健康、会唱歌、文章写得好等不被外人和自己留意或发现的强项。

事实上，你不是个天生的弱者，每个人都有自己的长处和短处，你为什么只看到自己不足，而没有看到自己的闪光之处呢？

纤细屏弱的小草，自然无法与伟岸挺拔的劲松相提并论。然而，春寒料峭中，是小草那片淡淡的嫩绿，让大地展现出勃勃的生机。

潺潺而流的溪水，当然不能与奔腾浩渺的江河同日而语。然而，深山河谷中，是小溪那份执着的奔流，让大地充满了无限的活力。

小草不因其柔弱而萎缩，小草自有一种信念；小溪不因其涓细而却步，小溪自有一种自信……你，同样不是弱者，只要你认识自己的力量，爆发自己的热能，你就是生活的强者。

只要在认识自己中不断创造自己，不断完善自己，又何必要那么多的惆怅、自卑和叹息。仰起你自信的脸庞，即使你现在还是小草、小溪、小鸟、小舟，甚至阴暗角落里那粒不为人所知的尘埃，总有一天，你可以成为万众瞩目的强者。

你比你认为的更伟大

进入一个不了解的环境之中时，我们会习惯性地怀疑自己的能力，陌生会带给我们恐惧。再加上不了解的人对我们的不客观的评价，常常会让我们感受到很多莫名的压力。所以，我们总是在自我否定里畅游，以为自己很糟糕。但是我们可以看到，以前并不被看好的人最终站在成功的舞台上的时候，我们不得不说，是人们看低了他们，是他们自己低估了自己的实力。

由此可见，有时候我们并不了解自己到底有多大实力，当我们还在为自己的糟糕而难过的时候，说不定你已经开始创造奇迹的旅程了。

在《野草只是没被发现用处的植物》一文中曾经写道：

他生于美国一个靠海的小村庄。5岁那年，他们全家搬迁到纽约布鲁克林区，父亲在那儿做木工，承建房座，他在那儿也开始上小学。由于生活穷困，他只读了5年小学，便辍学在印刷厂做学徒了。工作虽然辛苦，却没有阻止他爱上浪漫的诗歌，他像发疯一样，没日没夜地写。

1855年7月4日，他自费出版了第一本诗集，初版印了1000册。薄薄的小书只有95页，包括十二首诗和一篇序。绿色的封面，封底上画了几株嫩草、几朵小花。他兴奋地拿了几本样书回家，弟弟乔治只是翻了一下，认为不值得一读，就弃之一旁。他的母亲也是一样，根本没有读过它。一个星期之后，他的父亲因风瘫病去世，也没有看过儿子的作品。

他把书拿出去卖，很可惜，一本都没卖掉。他只好把这些诗集全都送了人，但也没有得到什么好结果。著名诗人朗费罗、赫姆士、罗成尔等人对此不予理睬，大诗人惠蒂埃把他收到的一本干脆投进火里，林肯看后也险些烧掉。

社会上的批评更是铺天盖地，对他大肆辱骂。伦敦《评论》报认为"作者的诗作违背了传统诗歌的艺术。他不懂艺术，正像畜生不懂数学一样"。波士顿《通讯员》则把这本诗集称为"浮夸、自大、庸俗和无种的杂凑"，甚至写他是个"疯子"，"除了给他一顿鞭子,我们想不出更好的办法"。连他的服装、相貌都成为嘲笑的对象,"看他那副模样,就能断定他写不出好诗来"。

铺天盖地的嘲笑和谩骂声,像冰冷的河水,浇灭了他所有的激情。他失望了,开始怀疑自己:我是不是根本就不是写诗的料?就在他几近绝望时,远在马萨诸塞州康科德的一位大诗人被他那创新的写法、不押韵的格式、新颖的思想内容打动了。大诗人随即写了一封信,给这些诗以极高的评价:

"亲爱的先生,对于才华横溢的诗集,我认为它是美国至今所能贡献的最了不起的聪明才智的精华。我在读它的时候,感到十分愉快。它是奇妙的,有着无法形容的魔力,有可怕的眼睛和水牛的精神,我为您的自由和勇敢的思想而高兴……"

这真诚的夸奖和赞誉,一下子点燃了他心中那将要熄灭的火焰。他从此坚定了自己写诗的信念,一发而不可收拾。

他成为具有世界声誉和世界意义的伟大诗人,他唯一的诗集也成了美国乃至人类诗歌史上的经典。他就是现代美国诗歌之父——瓦尔特·惠特曼,那部诗集的名字叫《草叶集》。而当年那位写信对他予以赞美和鼓励的诗人,叫爱默生。

爱默生说:"在我的眼里,没有野草,野草只是还没有被发现用处的植物。"所以,当惠特曼沉浸在对自己的失望的痛苦中时,他根本就没有意识到自己正在创造人类的奇迹,而他自己也已经成为全世界最伟大的诗人之一。

很多时候,我们并不能完全了解自己。所以,在灾难发生时,我们才会有惊人的爆发力;在处于险境时,我们才能挖掘出以前没有意识到的潜能。

我们总是比自己想象中的更伟大,所以不要低估自己,认为自己很糟糕,而应该多给自己一份信心,多给自己准备一个发展的平台。相信在自信的动力驱使之下,我们一定会有更好的成绩,有更多的机会接近成功。

人生并非由上帝定局,你也能改写

常常会听到这样的抱怨:我很想做一番事业,可是没有贵人相助;如果我出生在显赫的家庭,我一定不会像现在这样生活了……面对生活的不如意,我们总是抱怨环境,抱怨命运,可是我们忘了,真正决定我们生活的,并不是命运,而是我们自己。

虽然我们无法选择自己的出身、父母和家庭,也就是说无法选择决定我们前半生命运的平台。但是,我们绝对有办法选择自己后半生的路、生活环境或者生活方式。

命运不是一成不变的，所以即使我们曾经承受了过多的苦痛，现在也可能正在经受着生活的折磨，但是只要你敢于向命运挑战，敢于寻找命运的突破口，你就一定能改写自己的命运。

在《中国教师报》上曾经登载了这样一篇文章：

他出生在马里兰州。因为家境不好的缘故，父母很早就打算让他弃学，但遭到了两个姐姐的强烈反对。在他的记忆中，那次两个姐姐和父亲吵得很厉害，大姐甚至一度提出让自己来资助弟弟读书，这一方案最终没有得到父亲的首肯。

虽然吃得没有什么大鱼大肉，但是他的身体却在猛速增长，这让他感到很烦恼。细心的姐姐发现了这一变化，认为他将是罕见的游泳天才。于是她想方设法地弄了一些游泳方面的杂志给他看，并利用一切闲暇给他灌输相关的知识。在姐姐的影响下，他对游泳变得近乎痴迷起来。

然而当他把要做一名游泳队员的想法告诉父亲时，却遭到父亲强烈的反对："你这个傻瓜，你知道白痴是怎么出来的吗？就是像你这样想出来的！游泳？你以为人人都是天才，别做梦了！"

然而他并不甘心做一个碌碌无为的人。在姐姐的指导下，他总能轻松学会别的少年所不能掌握的技巧……经过坚持不懈的努力，他终于将自己的理想一一变成了现实。2001年，他打破了200米蝶泳世界纪录，成为最年轻的世界纪录保持者，并赢得了"神童"的美誉。2003年，他接连5次打破世界纪录，当之无愧地被评为年度世界最佳男子游泳运动员。2007年，在墨尔本世锦赛上，他更是独揽7金，被人称为世界泳坛上的"一哥"。

2008年8月10日，在北京奥运会的首次比赛中，他轻松获得男子400米混合泳的冠军，并再次打破这个比赛的世界纪录。

是的，他就是被人称为游泳运动历史上最伟大的全能运动员，美国游泳队男头号明星的"金童"菲尔普斯。2008年，他带着一家人开始了环球旅行，最后一站就是长城。想起童年的往事，他感慨万千。他站在城墙上对父亲说："亲爱的爸爸，还记得小时候你经常嘲笑我不要痴人做梦，但你的儿子很争气，不但成为世界冠军，也实现了当时立下环球旅行的誓言。"父亲紧紧地拥抱着他，热泪盈眶。

2008年，菲尔普斯用传奇的8项新纪录告诉了我们：许多时候，上天安排的厄运并非故事的结局，以你的信念作笔，你完全可以改写！

我们无法抹杀菲尔普斯在北京奥运会上呈现在我们面前的精彩，但是我们同样不能忘记，在之后的残奥会上，那些为了梦想而努力拼搏的身影。对于残奥会的健儿来说，他们没有受到命运的宠爱，上帝在书写他们的人生的时候，为他们安排了厄运。但是他们通过自己的努力，通过超乎常人的付出，呈现在我们面前的，同样是一种震撼人心的精彩。

与他们相比，我们所面临的那一点困难又能算什么呢？生活中，我们遇到的无非就是工作压力、求职压力、生活压力。也许我们对生活有美好的构想，但是现实总是粉碎了我们的愿望。这个时候，与其选择悲观失望，莫不如鼓起勇气，向生活挑战，向命运挑战。当我们展露出勇往直前的姿态的时候，那些曾经阻隔我们向美好生活迈进的困难与挫折，就会在我们面前丢盔卸甲，变得不堪一击。

依赖别人，不如依靠自己

在我们的生活中，随着孩子的越来越少，爷爷奶奶、爸爸妈妈、姥姥姥爷……一大家子人把一个孩子当成宝贝一样宠着，很容易就形成了孩子的依赖性。于是，在我们身边，很多人都存在极强的依赖心理，习惯依靠"拐杖"走路，在别人的关照之下生活。

这些人经常持有的一个最大谬见，就是以为他们永远会从别人不断的帮助中获益，而且他们相信，不管遇到什么事情，总会有人出来帮助他们，即使是雨天，也一定会有那么一个人会出来替他们打伞遮雨。但并不是所有的事情都是别人能替我们完成的。坐在健身房里让别人替我们练习，是无法增强自己肌肉的力量的。

没有什么比依靠他人更能破坏独立自主的精神了。如果你依靠他人，你将永远坚强不起来，也不会有独创力。生活中最大的危险，就是依赖他人来保障自己。"让你依赖，让你靠"，就如同伊甸园的蛇，总在引诱你。它会对你说："不用了，你根本不需要。看看，这么多的金钱，这么多好玩、好吃的东西，你享受都来不及呢……"这些话，足以抹杀一个人意欲前进的雄心和勇气，阻止一个人利用自身的资本去换取成功的快乐，让你日复一日原地踏步，止水一般停滞不前，以至于你到了垂暮之年，终日为一生碌碌无为悔恨不已。而且，这种错误的心理，还会剥夺一个人本身具有的独立的权利，使其依赖成性，靠拐杖而不想自己一个人走。有依赖，就不会想独立，其结果是给自己的未来挖下失败的陷阱。

美国总统约翰·肯尼迪的父亲从小就注意对儿子独立性格和凡事靠自己的精神的培养。有一次他赶着马车带儿子出去游玩。在一个拐弯处，因为马车速度很快，猛地把小肯尼迪甩了出去。当马车停住时，儿子以为父亲会下来把他扶起来，但父亲却坐在车上悠闲地掏出烟。

儿子叫道:"爸爸,快来扶我。"

"你摔疼了吗?"

"是的,我感觉站不起来了。"儿子带着哭腔说。

"那也要坚持站起来,重新爬上马车。"

儿子挣扎着自己站了起来,摇摇晃晃地走近马车,艰难地爬了上来。

父亲摇动着鞭子问:"你知道我为什么让你这么做吗?"

儿子摇了摇头。

父亲接着说:"人生就是这样,跌倒、爬起来、奔跑,再跌倒、再爬起来、再奔跑。在任何时候都要靠自己,没人会永远扶着你的。"

肯尼迪听了父亲的话,若有所思地点点头。从那以后,他不再去依赖别人,即使他当上了总统,也依然保持着凡事靠自己的做事风格。

雨果曾经写道:"我宁愿靠自己的力量打开我的前途,也不愿乞求有力者的垂青。"一个人只要活着,他的前途就永远取决于自己,成功与失败,都只系于他自己身上。依赖是对生命的一种束缚,是一种寄生状态。英国历史学家弗劳德说:"一棵树如果要结出果实,必须先在土壤里扎下根。同样,一个人首先需要学会依靠自己、尊重自己,不接受他人的施舍,不等待命运的馈赠。只有在这样的基础上,才可能做出成就。"将希望寄托于他人的帮助,便会形成惰性,失去独立思考和行动的能力。将希望寄托于某种强大的外力上,意志力就会被无情地吞噬掉。

但是在我们的生活中,还有很多人靠在别人的肩膀上,享受着对别人的依赖:很多刚毕业或者即将毕业的大学生,不想自己去找工作,却想依赖父母的关系,想花一点钱走个后门直接进某某单位。可是,我们想过没有,父母能把我们送去一个工作岗位,却不能替我们完成所有的工作。那些工作上的苦痛,还是需要我们自己去承受的。

人生的风风雨雨,只有靠自己去体会、去感受,任何人都不能为你提供永远的荫庇。你应该掌握前进的方向,把握住目标,让目标似灯塔般在高远处闪光。你应该独立思考,有自己的主见,懂得自己解决问题。你不应相信有什么救世主,不该信奉什么神仙或皇帝,你的品格、你的作为,你所有的一切都是你自己行为的产物,并不能依靠其他什么东西来改变。你就是主宰一切的神灵,一个人,即使驾着的是一匹羸弱的老马,但只要马缰握在你的手中,你就不会陷入人生的泥潭。人只有依靠自己,才能经得起风雨。

在压力中寻求动力

许多人视对手为心腹大患，视异己为眼中钉、肉中刺，恨不得除之而后快。其实，能有一个强劲的对手，反而是一种福分、一种造化，因为一个强劲的对手会让你时刻都有危机感，会激发你更加旺盛的精神和斗志。

加拿大有一位享有盛名的长跑教练，由于在很短的时间内培养出好几名长跑冠军，所以很多人都向他探询训练秘密。谁也没有想到，他成功的秘密仅在于一个神奇的陪练，而这个陪练不是一个人，是几匹凶猛的狼。

这位教练一直要求队员们从家里出发时一定不要借助任何交通工具，必须自己一路跑来，以此作为每天训练的第一课。有一个队员每天都是最后一个到，而他的家并不是最远的。教练甚至想告诉他改行去干别的，不要在这里浪费时间了。

但是突然有一天，这个队员竟然比其他人早到了 20 分钟，教练惊奇地发现，这个队员今天的速度几乎可以打破世界纪录。

原来，在离家不久，他在野地里遇到了一只野狼。那匹野狼在后面拼命地追他，他在前面拼命地跑，最后，那只野狼竟被他甩掉了。

教练明白了，今天这个队员超常发挥是因为一匹野狼，他有了一个可怕的敌人，这个敌人令他把自己所有的潜能都发挥了出来。

从此，教练聘请了一个驯兽师，并找来几匹狼，每当训练的时候，便把狼放开。没过多长时间，队员的成绩都有了大幅度的提高。

日本的游泳运动一直处于世界领先地位，有人说，他们的训练方法也有着很神奇的秘密：日本人在游泳馆里养着很多鳄鱼。

队员每次跳下水之后，教练都会把几只鳄鱼放到游泳池里。几天没有吃东西的鳄鱼见到活生生的人，立即兽性大发，拼命追赶运动员。运动员尽管知道鳄鱼的大嘴已经被紧紧地缠住了，但看到鳄鱼的凶相时，还是会拼命往前游。

无论是加拿大人还是日本人，他们无疑都掌握了这样一个道理，敌人的力量会让一个人发挥出巨大的潜能，创造出惊人的成绩，尤其是当敌人强大到足以威胁你的生命时。敌人就在你的身后，一刻不努力，生命就会有万分的惊险和危难。

就像谁都知道机器设备都会按一定年限折旧，可很少有人想到自己赖以生存的知识、能力，也会随着岁月的流逝而不断折旧。

我们很多人在本科毕业、硕士毕业、博士毕业以后就以为自己的知识储备已经完成，足够去应付新时代的风风雨雨，但是我们往往发现：在现实社会中，只有那些不断更新自己知识，不断改进自身知识结构的人，才能真正在市场上站住脚。

人与机器的区别就在于人有自我更新的能力。如果你不能睁大双眼，以积极的心态去关注、学习新的知识与技能，那么你很快就会发现，你的价值被打了八折、七折、六折甚至一文不值。这一切也许在你茫然不觉的时刻突然来临，因为不可能有一位会计时刻为你做"折旧"财务报表以提醒你，只有靠你自己主动给自己"折旧"，时刻提醒自己。在这个知识与科技发展一日千里的时代，必须不断地学习，不断地充实自己，不断地追求成长，才能使自己在职场上始终立于不败之地。

成功的人有千万，但成功的道路却只有一条——学习，勤奋地学习。如果一个人停止了学习，那么很快就会"没电"，就会被社会所抛弃。养成不忘学习的习惯，你离成功就不远了。

在日新月异的时代，你必须时时刻刻具有危机意识，在压力中寻找动力，天天学习，经常充电，这样才不至于落伍；同时也会充实自己，为自己奠定雄厚的基础，以保证自己在激烈的竞争环境中生存下去。

反方向游的鱼也能成功

人生不会一帆风顺，常常"行至水穷处"。所以，能够一直向前走，是智慧。若看到前方是绝路，主动转身给自己找到更好的出路，便是大智慧。2009年春节联欢晚会上，青年魔术师刘谦显得引人注目，但是同样以魔术著称的大卫·科波菲尔，却如同一条反方向游的鱼，在成功的路上走出了一条属于他自己的路。

某杂志里有过这样一篇文章，其中写道：

从小他是个腼腆内向的孩子，和他一样大的孩子都不喜欢和他在一起，因为他什么也不会。每次考试，他都是倒数几名。老师不想让他回答问题，因为他总是羞涩地说不知道。大家认为他是笨蛋，是个白痴。伙伴们嘲笑他，说他永远和失败在一起，是失败的难兄难弟。邻居们说，这个孩子将来注定一事无成。父母听到这样的话，暗暗为他担心。

他努力过，可是收效甚微，自己在学业方面取得的进步近乎为零。但是，他还是在不断加班加点苦读。每天，他醒来后都害怕上学，害怕被嘲笑。周末，他坐在自家的门前，看着草地上喜笑颜开的男孩们，感到自己的未来一片渺茫。

时间在一天天地流逝，学校也在考虑劝其退学。

一次，他看到一个老人为了一张被老鼠咬坏的一美元钞票而痛哭不已。为了不让老人伤心，他悄悄回家将自己平时积攒的硬币换成一张一美元的钞票，交给了老人，说，这是他用魔法变回来的。老人激动不已，说他是个善良聪明的孩子。

父亲知道这件事后，认为自己的孩子还不是个笨到家的人。接下来的这天，是他永远不会忘记的。

父亲要带他出门，目的地是波士顿。他说，我们分头走，你先走，我们半个小时后会和。他听后，向前走去。途中几次回头却始终没有看到父亲的身影。可是等他到达目的地的时候，父亲已经先在那里了。他十分惊讶父亲是如何到达的。

父亲说："我是从反方向来的。"

父亲又说："只要我们能到达目的地，管它用什么方式呢！孩子，就像你学业不成功，并不代表你在其他方面都不能成功。换一个方向，向相反的路走，也许会成功的！"此时，他猛然醒悟。

随后，他看到很多人为了自己的理想不能实现而痛苦不已，就想假如自己用魔法帮助他们实现，即使是假的，但起码从精神上减轻了他们的痛苦。

从此，他对魔术表现出浓厚的兴趣，并跟随一些魔术师学习魔术。

他克服心中的怯懦，为自己的梦想开始奋斗。他为了实现自己的梦想而进行的努力受到了父母的鼓励。教他魔术的老师发现他在这方面具有很高的悟性，学东西很快，而且每次在原有的基础上都能创新。很快老师的技巧便被他学光了，他不得不换老师。就这样，短短的两年时间里，他换了四个魔术老师。

他就是大名鼎鼎的魔术师大卫·科波菲尔，一个匪夷所思的成功人士。

有人问他是怎么成功的，大卫·科波菲尔说："父亲告诉我，相反的方向也能成功。当人们都在向前的道路上拥挤时，我选择了悄悄撤退。"

人生很漫长，前方没有出路的时候，我们可以选择转身，因为在后方，我们同样可以续写更多更好更完美的篇章。但是，说起来容易，做起来却是很困难的。因为在生活中，人们一旦形成了某种认知，就会习惯性地顺着这种定式思维去思考问题，习惯性地按老办法想当然地处理问题，不愿也不会转个方向解决问题，这是很多人都有的一种愚顽的"难治之症"。这种人的共同特点是习惯于守旧、迷信盲从，所思所行都是唯上、唯书、唯经验，不敢越雷池一步。而要使问题真正得以解决，往往要废除这种认知，将大脑"反转"过来。

当今社会，大多数企业都喊出了"换个方向就是第一""做一条反方向游的鱼"的口号，因为人们已经发现了，随着社会竞争越来越激烈，单靠传统的思想与做法是不可能有多少成功的胜算的。所以，调转方向，开辟一条全新的道路，不失为一种求发展的良策。所以，当人们开始为了找不到工作而发愁的时候，完全可以尝试着自己创业。

不要以为机会总在前方等我们，有时候，恰恰是我们最固执的时候，它跑到了我们的身后，轻轻地拍了拍我们的肩膀。

/第五节/

为小事抓狂是在跟自己过不去

心小难成大器

人常常被困在有名和无名的忧烦之中，它一旦出现，人生的欢乐便不翼而飞，生活中仿佛再没有了晴朗的天，真是吃饭不香，喝酒没味，工作没劲，事业无心，连游戏也失去意思。这一切，只因为我们陷入了细小的忧烦之中。

平锐克里斯在 2400 年前说过："来吧，各位！我们在小事情上耽搁得太久了。"一点也不错，我们的确是这样的。

哈瑞·爱默生·傅斯狄克博士曾说过这样一个故事，讲述了森林里的一个"巨人"在战争中怎样得胜、怎样失败的过程。

在科罗拉多州长山的山坡上，躺着一棵大树的残躯。自然学家告诉我们，它曾经有 400 多年的历史。初发芽的时候，哥伦布刚在美洲登陆；第一批移民到美国来的时候，它才长了一半大。在它漫长的生命里，曾经被闪电击过 14 次；400 年多来，无数的狂风暴雨侵袭过它，它都能战胜它们。但是在最后，一小队甲虫攻击这棵树，使它倒在地上。那些甲虫从根部往里面咬，渐渐伤了树的元气。虽然它们很小，但能持续不断地攻击。这样一个森林里的巨人，岁月不曾使它枯萎，闪电不曾将它击倒，狂风暴雨没有伤着它，却因一小队可以用大拇指跟食指就能捏死的小甲虫而终于倒了下来。

我们岂不都像森林中的那棵身经百战的大树吗？我们也经历过生命中无数狂风暴雨和闪电的打击，但都撑过来了。可是却会让我们的心被微小的小甲虫咬噬——那些用大拇指跟食指就可以捏死的小甲虫。

几年以前，有人有机会去怀俄明州的提顿国家公园游玩。和他一起去的，是怀俄明州公路局局长查尔斯·西费德，还有其他的朋友。他们本来要一起参观洛克菲勒坐落的那公园的一栋房子的，可是他坐的那部车子转错了一个弯，迷了路。等到达到那座房子的时候，已经比其他车子晚了一个小时。西费德先生没有开那座大门的钥匙，所以他们又在那个又热又有好多蚊子的森林里等了一个小时，等这位迷了路的朋友到达。那里的蚊子多得可以让一个圣人都发疯。可是它们没有办法赢过查尔斯·西费德。在等待迷了路的朋友的时候，他拆下一段白杨树枝，做成一根小笛子，当迷路者到达的时候，他不是忙着赶蚊子，而是正在吹笛，当作一个纪念品，纪念一个知道如何不理会那些小事的人。

解除忧虑与烦恼，记住规则："不要让自己因为一些应该丢开和忘记的小事烦心。"

没错的，生活中小事不断，如果事事烦心，那么我们将没有快乐可言，更不会有时间和经历去做其他的事情，那么到最后，我们可能就因为那些小事而一事无成。

冷静从容地应对危难

也许，就在此刻，你的人生遇到了难以形容的危机，它将决定今生的成就到底有多大，或者预示着你以后幸福与否。在这样的时刻，保持一颗冷静的心，比任何办法都更有效。唯有冷静，你的头脑才能保持清醒，你的生命潜能才能得到自由发挥。

这是一个在印度广为流传的故事，故事的发生地就在印度。一对英国殖民地官员夫妇在家中举办一次丰盛的宴会。地点设在他们宽敞的餐厅里，那儿铺着明亮的大理石地板，房顶吊着不加任何修饰的椽子，出口处是一扇通向走廊的玻璃门。客人中有当地的陆军军官、政府官员及其夫人，另外还有一名美国自然学家。

午餐中，一位年轻女士同一位上校进行了激烈的辩论。这位女士的观点是如今的妇女已经有所进步，不再像以前那样，一见到老鼠就从椅子上跳起来。可上校却认为妇女们没有什么改变，他说："不论碰到任何危险，妇女们总是一声尖叫，然后惊慌失措。而男士们碰到相同情形时，虽也有类似的感觉，但他们却多了一点勇气，能够适时地控制自己，冷静对待。可见，男士的这点勇气是最重要的。"

那位美国学者没有加入这次辩论，他默默地坐在一旁，仔细观察着在座的每一位。这时，他发现女主人露出奇怪的表情，两眼直视前方，显得十分紧张。很快，她招手叫来身后的一位男仆，对其一番耳语。仆人的双眼露出惊恐之色，他很快离开了房间。

除了美国学者，没有其他客人发现这一细节，当然也就没有其他人看到那位仆人把一碗牛奶放在门外的走廊上。

美国学者突然一惊。在印度，地上放一碗牛奶只代表一个意思，即引诱一条蛇。也就是说，这间房子里肯定有一条毒蛇。他首先抬头看屋顶，那里是毒蛇经常出没的地方，可现在那儿光秃秃的，什么也没有；再看饭厅的四个角，前三个角落都空空如也，第四个角落也站满了仆人，正忙着上菜下菜。现在只剩下最后一个地方他还没看了，那就是坐满客人的餐桌下面。

美国学者的第一反应便是向后跳出去，同时警告其他人。但他转念一想，这样肯定就会惊动桌下的毒蛇，而受惊的毒蛇很容易咬人。于是他一动不动，迅速地向大家说了一段话，语气十分严肃，以至于大家都安静了下来。

"我想试一试在座诸位的控制力有多大。我从一数到三百，这会花去五分钟，这段时间里，谁都不能动一下，否则就罚他50个卢比。预备，开始！"

美国学者不急不缓地数着数，餐桌上的20个人，全都像雕像一样一动不动。当数到288时，学者终于看见一条眼镜蛇向门外的牛奶爬去。他飞快地跑过去，把通向走廊的门一下子关上。蛇被关在了外面，室内立即发出一片尖叫。

"上校，事实证实了你的观点。"男主人这时叹道，"正是一个男人，刚才给我们做出了从容镇定的榜样。"

"且慢！"美国学者说，然后转身朝向女主人："温兹女士，你是怎么发现屋里有条蛇的呢？"

女主人脸上露出一抹浅浅的微笑："因为它从我的脚背上爬了过去。"

俗话说：天有不测风云。在那样的危急时刻，女主人和美国学者所表现出来的冷静和勇气值得我们尊敬。在生活中，每个人都可能遇到许多意外的事情。这时，能保持一颗冷静镇定的心去应付一切，该是多么难能可贵。

冷静处事，是一个人素质的体现，也是情感睿智的反映。冷静是知识、智慧的独到涵养，更是理性、大度的深刻感悟。面对着一个高速发展的物质世界，我们必须具备人性的成熟美。否则，就是成功送到我们面前，还是难免会遭遇失败。

不要让小事情牵着鼻子走

在非洲草原上，有一种不起眼的动物叫吸血蝙蝠，它的身体极小，却是野马的天敌。这种蝙蝠靠吸动物的血生存。在攻击野马时，它常附在野马腿上，用锋利的牙齿迅速、敏捷地刺入野马腿，然后用尖尖的嘴吸食血液。无论野马怎么狂奔、暴跳，都无法赶走这种蝙蝠，蝙蝠可以从容地吸附在野马身上，直到吸饱才满意而去。野马往往是在暴怒、狂奔、流血中无奈地死去。

动物学家们百思不得其解，小小的吸血蝙蝠怎么会让庞大的野马毙命呢？于是，他们进行了一次实验，观察野马死亡的整个过程。结果发现，吸血蝙蝠所吸的血量是微不足道的，远远不会使野马毙命。动物学家们在分析这一问题时，一致认为野马的死亡是它暴躁的习性和狂奔所致，而不是因为蝙蝠吸血致死。

一个理智的人，必定能控制住自己的情绪与行为，不会像野马那样为一点小事抓狂。当你在镜子前仔细地审视自己时，你会发现自己既是你最好的朋友，也是你最大的敌人。

上班时堵车堵得厉害，交通指挥灯仍然亮着红灯，而时间很紧，你烦躁地看着手表的秒针。终于亮起了绿灯，可是你前面的车子迟迟不启动，因为开车的人思想不集中，你愤怒地按响了喇叭，那个似乎在打瞌睡的人终于惊醒了，仓促地挂上了一挡，而你却在几秒钟里把自己置于紧张而不愉快的情绪之中。

美国研究应激反应的专家理查德·卡尔森说："我们的恼怒有80%是自己造成的。"这位加利福尼亚人在讨论会上教人们如何不生气。卡尔森把防止激动的方法归结为这样的话："请冷静下来！要承认生活是不公正的。任何人都不是完美的，任何事情都不会按计划进行。""应激反应"这个词从20世纪50年代起才被医务人员用来说明身体和精神对极端刺激（噪声、时间压力和冲突）的防卫反应。

现在研究人员知道，应激反应是在头脑中产生的。在即使是非常轻微的恼怒情绪中，大脑也会命令分泌出更多的应激激素。这时呼吸道扩张，使大脑、心脏和肌肉系统吸入更多的氧气，血管扩大，心脏加快跳动，血糖水平升高。

埃森医学心理学研究所所长曼弗雷德·舍德洛夫斯基说："短时间的应激反应是无害的。"他说："使人受到压力是长时间的应激反应。"他的研究所的调查结果表明：61%的德国人感到在工作中不能胜任；有30%的人因为觉得不能处理好工作和家庭的关系而有压力；20%的人抱怨同上级关系紧张；16%的人说在路途中精神紧张。

理查德·卡尔森的一条黄金规则是："不要让小事情牵着鼻子走。"他说："要冷静，要理解别人。"他的建议是：表现出感激之情，别人会感觉到高兴，你的自我感觉会更好。

学会倾听别人的意见，这样不仅会使你的生活更加有意思，而且别人也会更喜欢你。每天至少对一个人说，你为什么赏识他，不要试图把一切都弄得滴水不漏。不要顽固地坚持自己的权利，这会花费许多不必要的精力。不要老是纠正别人，常给陌生人一个微笑，不要打断别人的讲话，不要让别人为你的不顺利负责。要接受不成功的事实，天不会因此而塌下来；请忘记事事都必须完美的想法，你自己也不是完美的。这样生活会突然变得轻松许多。当你抑制不住自己的情绪时，你要学会问自己：一年前抓狂时的事情在现在看来还是那么重要吗？不为小事抓狂，你就可以对许多事情得出正确的看法。

现在，把你曾经为一些小事抓狂的经历写在这里，然后把你现在对这些事的看法也写下来，对比之下，相信你会有更深的认识，这也正是我们这一节内容所要传递的精神所在。

在琐事之中获得生活的满足

有人说，生活如麻，总有解不开的疙瘩。也有人说，生活如虹，总有看不尽的风景。为什么同是生活，论说不同？这是因为有些人懂得变通，能在琐事之中获得生活的满足，而不懂变通的人，生活永远像麻绳拧成的疙瘩。究竟怎样在琐事中享受快乐，让我们一起来看看本尼特的生活。

一辆汽车在宾夕法尼亚州瑞克托镇本尼特家的老房子门前停下。驾车的男人下车就问："乔治在吗？"

"舅舅在屋后车库修车。"本尼特回答。舅舅乔治走出来，跟这位从195公里外赶来的芝加哥来客握手，客人把一些草图摊在引擎罩上。他们认真地讨论，一直谈到深夜，然后那人不停地向乔治道谢，开车走了。

似乎人人都要向乔治·麦唐纳请教。乔治舅舅是一家之主。本尼特的生父在他出世前就离开了母亲，哥哥理查以及本尼特和罗杰这对孪生兄弟都由母亲抚养，乔治就一直舅代父职。本尼特自小就常听到别人说："这件事我们去找乔治商量。"或者"看看乔治有什么意见。"经济大萧条期间，他的舅舅上夜校，成了工程绘图员。

本尼特的舅舅有一张和善的宽脸，笑容可掬。他对事物的内部构造有浓厚的兴趣，也很能引起别人的兴趣。他有时会指着一架机器，一件工具，或者纸夹之类最普通的东西说："试想想发明这件东西要花多少心思。"他也会教人一些常识，而绝不令人觉得枯燥。

本尼特的舅舅似乎总能从最细微的事物得到快乐与满足。比如，刚从菜圃摘下的番茄的味道；透过溪畔悬铃木的晨曦；驾车上石南山喝泉水，等等。他欣赏别人拥有的东西，例如他自知永远没希望拥有的华贵大轿车，但只是赞赏那些东西而已，并没有丝毫妒忌之意。舅舅对别人的工作和兴趣总是兴致勃勃，因此朋友有什么梦想、遇到什么困难，都会讲给他听。

本尼特的舅舅那一代人，凡是本尼特认识的，都偶尔会说起在经济大萧条时期所受的煎熬。他的舅舅也有过同样的遭遇，但从来不提。舅舅在烟雾笼罩的钢铁城北布勒道克长大，童年时外公就去世了，从此他挑起养家的责任，尝尽了艰苦。他很少提起童年，提起的都是最快乐的事。直到本尼特被大学录取，舅舅为他高兴时，本尼特才发觉，舅舅其实很渴望自己当年也有这么一个机会。

可以说，舅舅从来没有赚过很多钱，也从没得过任何荣誉，但他是个真正快乐的人。夏日周末的晚上，他和街坊在自家的厨房里一面听收音机播出的田园民歌，一面煮蚝汤。打烊时分，他坐在蒙莱杂货店柜台前，吃着乳酪和饼干，跟蒙莱聊天。深夜，他坐在卧室的油灯旁读《圣经》。

有一次，舅舅向人借了一个大望远镜，选了个无云的夏夜，在后院架起来，和孩子们一起仰望火星、金星和一弯新月，听着蟋蟀叽叽叫。黑暗中一道手电筒光向他们照射过来，原来是邻居甘博正赶来参加他们的聚会。他们举头望着浩瀚的银河，舅舅说："本尼特，你知道吗，这真合算，我们都有个永恒不朽的机会。"言语中充满了乐观。

本尼特刚毕业时，舅舅突然逝世。

第二天，本尼特走进舅舅的卧室。他的办公桌上放着他的怀表、罗盘、丁字尺和工程人员手册，在他那书页折了角、用铅笔画出重要字句的书里，有用来做书签的纸片，他在纸上写了这样的话："……我无论在什么境况下都可以满足，这我已经学会了。"就在这一刻，本尼特恍然大悟，舅舅的秘密——令他这么快乐的秘密。

在生活的琐事中也可以感到满足，在平凡的生活中也可以享受快乐，生活本是一连串的小事组成，幸福也并非是大起大落、大富大贵这类让人心跳加快的突降之福。琐事本是生活的折射，懂得从琐事中享受生活的人，懂得从平淡之中安闲乐适的人，才是有好心态的人。这样的人，任何困难都不会阻挡他前进的步伐。

抱怨只会让事情更糟

在生活中，经常会有这样一些人，他们总是抱怨自己人生的不如意，生不逢时，并由此而产生了一系列的矛盾与烦恼。

比如说，有的人对自己目前的工作不满意，认为职位低，赚钱少，比不上别人。于是就不断地抱怨，工作常常出错，上司也不喜欢他，同事也觉得他没出息。这样，他就越来越孤独，越来越被排挤，越来越远离快乐和成功。

怨恨是使自己觉得自己重要的一种方法。很多人以"别人对不起我"的感觉来达到异常的满足。从道德上来说，不公正的受害者和那些受到不公正待遇的人，似乎比那些造成不公正的人要高明。

心怀怨恨的人，是想在人生的法庭上证明他的案子，如果他有怨恨之感就证明生活对他不公平，而有一些神奇的力量将会澄清那些使他产生怨恨的事情，使他得到补偿。从这个意义上来说，怨恨是对已发生之事的一种心理反抗或排斥。

怨恨的结果是塑造劣等的自我意象。就算怨恨的是真正的不公正与错误，它也不是解决问题的好方法，因为它很快就会转变成一种习惯情绪的。一个人习惯于觉得自己是不公平的受害者时，就会定位于受害者的角色上，并可能随时寻找外在的借口，即使对最无心的话在最不确定的情况中，他也能很轻易地看到不公平的证据。

抱怨会使自己的情绪恶化，看什么都不顺眼，使自己陷入一种自己制造出来的消极情境之中。

经常抱怨也会变成一种习惯，遇到压力或不如意之事，便先抱怨一番，这是最可怕的事。一位伟人曾说："有所作为是生活中的最高境界。而抱怨则是无所作为，是逃避责任，是放弃义务，是自甘沉沦。"不论我们遭遇到的是什么境况，光是喋喋不休地抱怨不已，都注定于事无补，还会把事情弄得更糟。而这绝不是我们的初衷。

倘若我们的抱怨毫无理由，就应从根本上改变自己的心态，由消极变为积极，由推诿变为主动，由事不关己变为责任在我。即使我们的抱怨拥有充足的理由，那也还是不要抱怨吧！在逆境中拼搏能够产生巨大的力量，这是人生永恒不变的法则。当你遇到某一个难题时，也许一个珍贵的机会正在悄悄地等待着你。抱怨并不能解决实际问题，尽快地停止抱怨吧，只有去行动才有解决问题的可能。

因此，我们要从现在开始记住，不要抱怨父母，不要抱怨环境。无法改变环境，就改变自己；改变不了过去，就努力改变未来。

那么怎样才能克服抱怨的毛病呢？认真完成下面的行动计划，就能帮你克服抱怨的弱点：

行动1：写下发生在你身上的5件事，写下其中你的抱怨：对照自己写的内容，抱怨能真正帮你解决问题吗？显而易见，抱怨满腹不能解决任何事情，相反会阻碍我们成功。

行动2：找出一直困扰住你的1件事，你要像看电影一样回忆其中的每一个细节，然后把这段过程转化为滑稽的形式。

你找一把高高的椅子坐在上面，然后满脸堆笑，气定神闲地进行这一过程。如果有个人对你说了什么坏话，你就像录像带倒带一样，让那个人说话的速度变快很多，如果不过瘾，你还可以给那个人安上米老鼠的鼻子和唐老鸭的耳朵，再配上一些古怪的音乐。这样来来回回10遍，再看这个困扰你的过程，你会发现变得非常滑稽了，你会觉得失去了抱怨的意义。

行动3：找一个支持和值得信赖你的真挚友人作为倾诉的伙伴，把所有的抱怨、牢骚、不满都发泄出来。

行动4：在一这张纸上尽快地写出你所有的感觉，把你的每一个意见、思想和感觉尽情发泄在纸上，当你全部发泄完之后，把纸撕掉，最好把纸撕得粉碎，重复地写出来，再撕掉，直到你感觉不到激烈的情绪为止。

当你克服了抱怨的弱点后，你就真正成了一个阳光的人，一个时刻感受到快乐和幸福的人。

瞻前顾后只能使你停滞不前

人处于困境之中，更应该专注，一心一意地去做改变现状的工作，如果你还是瞻前顾后，左顾右盼，那你永远也不能改变不利的现状。

成就一番事业，实现人生价值，是一切有志者的追求。然而，通向成功的道路往往并不平坦，影响成功的因素复杂多样。现实生活中常常会看到这样的情形：有的人对学业、工作、事业专心致志、不懈努力，不受外界诱惑的干扰，扎扎实实地向着既定目标迈进，最终获得了成功；而有的人却耐不住寂寞，经不起诱惑，好高骛远、见异思迁，对学业、工作、事业缺乏一种执着精神，结果是一事无成。无数事实说明，专注是走向成功的一个重要因素。

有些成功，不需要太强的实力，需要的往往是专注；有些失败，并非缺乏良好的时机，缺乏的往往是坚持。有一则寓言故事，也许更能说明这个道理：

从前，有一对仙人夫妻，喜欢下围棋，他们常常到山上下棋。一只猴子，经年累月地躲在树上，看这对仙人下棋，终于练就了高超的棋艺。

不久，这只猴子下山来，到处找人挑战，结果，没有人是它的对手。最后，只要是下棋的人，一看对手是这只猴子，就甘拜下风，不战而逃。

国王终于看不下去了，全国这么多围棋高手竟然连一只猴子也敌不过，实在是太丢脸了。于是国王下诏：一定要找到人来战胜这只猴子。

然而，猴子的棋艺卓绝，举国上下，根本没有人是它的对手。那该怎么办呢？

这时，有一个大臣自告奋勇地说要与猴子下一盘。国王问："你有把握吗？"他说绝对有把握。但是，在比赛的桌上一定要放一盘水蜜桃。

比赛开始了，猴子与大臣面对面坐着，在比赛的桌子旁边放着一盘鲜嫩的水蜜桃。在棋赛过程中，猴子的眼睛总是盯着这盘水蜜桃，结果，猴子输了。

所谓"专注"，就是集中精力、全神贯注、专心致志。可以说，人们熟悉这个词就像熟悉自己的名字一样。然而，熟悉并不等于理解。从更深刻的含义上讲，专注乃是一种精神、一种境界。"把每一件事做到最好"，就是这种精神和境界的反映。一个专注的人，往往能够把自己的时间、精力和智慧凝聚到所要干的事情上，从而最大限度地发挥积极性、主动性和创造性，努力实现自己的目标。特别是在遇到诱惑、遭受挫折的时候，他们能够不为所动、勇往直前，直到最后取得成功。与此相反，一个人如果心浮气躁、朝三暮四，就不可能集中自己的时间、精力和智慧，干什么事情都只能是虎头蛇尾、半途而废。缺乏专注的精神，即使立下凌云壮志，也绝不会有所收获，因为"欲多则心散，心散则志衰，志衰则思不达也"。

专注源于强烈的责任感。只有讲责任、负责任，才能凝聚忠诚和热情，激发干劲和斗志。韩愈说："业精于勤荒于嬉，行成于思毁于随。"古往今来，那些真正能干大事、能干成大事者，莫不具有敢担大任的胸怀和勇气。强烈的责任感，是专注的原动力。

专注来自淡泊和宁静。一个人在为工作和事业奋斗的过程中，困难和挫折在所难免，孤独和寂寞也在所难免。面对这些情况时，要能做到不受干扰、专注如一，关键是保持淡泊和宁静。经验表明，对一件事情，专注一时者众，而始终专注者寡。这其中的一个重要原因就在于，一般人很难长期耐得住寂寞、经得起考验。任何一个成功者的背后，都有着坚持不懈的执着追求和艰苦劳动。诸葛亮说："淡泊以明志，宁静而致远。"唯有保持淡泊和宁静，才能坚定信念和追求，做到专注和执着。

一个人生活在社会中，面对纷繁复杂的世界，要想成就一番事业，就必须努力克服各种消极因素的影响。一个人如果总是瞻前顾后，左思右想，就永远不可能取得成功。

告诉自己：我可以坚持

坚强，唤起坚不可摧的希望

面对生活之中的磨难，你或许会有所动摇，开始被困难吓到。这个时候，你可以想想他，一个饱受生活折磨的人：他刚出生时只有可乐罐子那么大，躺在观察室里奄奄一息。他的腿是畸形，没有肛门（医生只好给他割了道深口，让他能排便），而且他的膀胱和肠也不正常。医生断言，孩子几乎不可能活过24小时！然而，他挣扎着，活过了一周，又是一周……他顽强地活了下来。

男孩实在太弱太小了，胆怯的他对任何比他大的东西都充满恐惧，甚至家里的狗也经常欺负他。父亲经常对他说："孩子，你必须自己面对一切恐惧，勇敢起来！"

当他进入学校时，他压根也没有想到迎接自己的却是噩梦。个头矮小的他成了学校调皮学生的玩偶：他们掀翻他的轮椅，弄坏他轮椅上的刹车，让他从走廊直接"飞"进老师办公室；最可怕的一次是几个同学用绳子绑住他的手，用胶纸封住他的嘴，把他扔进垃圾箱里，接着在垃圾箱外点起了火，滚滚浓烟令他窒息，他万分惊恐，直到一位老师将他解救出来……男孩终于无法忍受了，回到家，想着自己一次次被折磨、被侮辱的遭遇，他放声大哭。他想到了自杀，但，他还是舍不得疼爱他的双亲……

高中毕业后，他决定给自己找份工作。每天早上，他爬在滑板上，敲开一家又一家的店门，问店主是否愿意雇用他。可等人家打开门时，根本就没有发现几乎趴在地上的他，就又把门关上了。

在经过无数次应聘失败后，他终于找到自己的第一份工作。他每天凌晨四点半起床，赶火车到镇上，然后爬上他的滑板，从车站赶到几公里外的工厂。尽管生活艰辛，但是能够自食其力，他勇敢而快乐地活着。

从 12 岁起，他就开始打室内板球，后来还喜欢上了举重与轮椅橄榄球。他对运动的执着热爱，使他取得了一系列好成绩，相继获得了 1994 年澳大利亚残疾人网球赛的冠军以及 2000 年全国健康举重比赛第二名。他就是约翰·库缇斯。

是坚强，让约翰·库缇斯看到了生活的希望，也是坚强，让他成为人们心目当中的英雄。在生活中，我们也会遇到各种各样的困难，但是我们能否拿出约翰·库缇斯那样的勇气，坚强地面对自己的人生呢？

2008 年，韩国明星自杀事件一度成为热门话题，很多曾经给我们留下了美好的幻想的年轻偶像们，以一种非常极端的方式结束了自己的生命。虽然每个人都给出了他们离世的理由：舆论压力、事业危机、炒股破产，但是不管是怎样的理由，选择死亡本身就是对生活最懦弱的表现。

这个世界上，没有什么门槛是迈不过去的，没有什么难关是攻克不了的。所以不要遇到一点困难就觉得生活已经没有希望了，也不要因为一点压力就觉得自己挺不过去了。其实很多时候，困难并没有我们想象中那么可怕，只要你勇敢一点，坚强一点，再撑一撑，痛苦的一页很快就会翻过去了。

我们的生活里，逆境多于顺境，这是一种人生规律。就像航行的帆船，需要接受惊涛骇浪的考验，有波折的生活才富有创造的魅力。经历挫折的时候，鼓足勇气，去面对生活，而不是逃避。困难就像是弹簧，你变得强大了，它就会缩小，你不敢去面对了，它就会变得越来越难以战胜，直到遮盖了你心中所有的希望。

所以，面对挫折与磨难，我们要学会坚强，给自己一个精神的支点，把自己的眼光投给希望。因为生命的严冬终究会过去，等到下一年，雁，依然会从南方飞回；花，依然会在夏天盛开；叶，依然会在春天走向青绿，我们的生活，也依然会镀上一层灿烂的阳光。

失败了也要昂首挺胸

面对失败，我们是退缩不前，还是鼓起勇气？有这样一则故事，给了我们答案：

乔治的父亲辛曾经是个拳击冠军，如今年老力衰，病卧在床。

有一天，父亲的精神状况不错，对他说了某次赛事的经过。

在一次拳击冠军对抗赛中，他遇到了一位人高马大的对手。因为他的个子相当矮小，一直无法反击，反而被对方击倒，连牙齿也被打出血了。

休息时，教练鼓励他说："辛，别怕，你一定能挺到第12局！"

听了教练的鼓励，他也说："我不怕，我应付得过去！"

于是，在场上他跌倒了又爬起来，爬起来后又被打倒，虽然一直没有反攻的机会，但他却咬紧牙关支持到第12局。

第12局眼看要结束了，对方打得手都发颤了，他发现这是最好的反攻时机。于是，他倾全力给对手一个反击，只见对手应声倒下，而他则挺过来了，那也是他拳击生涯中的第一枚金牌。

说话间，父亲额上全是汗珠，他紧握着乔治的手，吃力地笑着："不要紧，有一点点痛，我应付得了。"

失败并不可怕，可怕的是失败了之后你会消沉下去，一蹶不振。要学会摆脱失败的阴影，在失败面前昂首挺胸。

人生的成功道路上难免会有失败的乌云笼罩。面对失败，想要获得成功的人需与暴雨相随，与狂风对抗，方能攀上自我实现的高峰。那么，为什么一遇到行动上的阻力你便会退缩呢？为什么你的意志力会如此脆弱呢？因为你缺少成功的信念，成功的信念将会使你坚定向前，而无惧于沿途所遭逢的困难，想要获得成功，需与暴雨相随，与狂风对抗——昂首面对失败的挑战。

世界上有无数强者，即使丧失了他们所拥有的一切东西，也还不能把他们叫作失败者，因为他们仍然有不可屈服的意志，有着一种坚忍不拔的精神，而这些足以使他们从失败中崛起，走向更伟大的成功。

第二次世界大战刚刚结束的时候，德国到处是一片废墟。有两个美国士兵访问了一家住在地下室的德国居民。离开那里之后，两个人在路上谈起感受。

甲问道："你看他们能重建家园吗？"

乙说："一定能。"

甲就问："为什么回答得这么肯定呢？"

乙反问道："你看到他们在黑暗的地下室的桌子上放着什么吗？"

甲说："一瓶鲜花。"

乙接着说："任何一个民族，如果处于这样困苦的境地，还没有忘记鲜花，那他们就一定能够在这片废墟上重建家园。"

面对苦难和失败，依然摆放鲜花，昂首面对，这样的民族必然会重新崛起。

世间真正伟大的强者，对于所谓的是非成败并不介意，他们能够做到"不以成败论英雄"。这种人无论面对多么大的失败，绝不失去镇静，这样的人终能获得最后的胜利。在狂风暴雨的袭击下，心灵脆弱的人们唯有束手待毙，但这些人的自信、镇静，却依然存在，这种精神使得他们能够克服外在的一切困难，而得以成功。

要想真正战胜失败，关键是要学会昂首挺胸，正视失败，从中吸取教训，下次不再犯同样的错误。只有愚蠢到不可救药的人才会在同一个地方被同一块石头绊倒两次，这样的人也不会从失败中把握未来，实现命运的转折。

生命在，希望就在

有一个富翁，在一次生意中亏光了所有的钱，并且欠下了债，他卖掉房子、汽车，还清了债务。

此刻，他孤独一人，无儿无女，穷困潦倒，唯有一只心爱的猎狗和一本书与他相依为命、相依相随。在一个大雪纷飞的夜晚，他来到一座荒僻的村庄，找到一个避风的茅棚。他看到里面有一盏油灯，于是用身上仅存的一根火柴点燃了油灯，拿出书来准备读书。但是一阵风忽然把灯吹灭了，四周立刻漆黑一片。这位孤独的老人陷入黑暗之中，对人生感到痛彻的绝望，他甚至想到了结束自己的生命。但是，身边的猎狗给了他一丝慰藉，他无奈地叹了一口气沉沉睡去。

第二天醒来，他忽然发现心爱的猎狗被人杀死在门外。抚摸着这只相依为命的猎狗，他突然决定要结束自己的生命，世间再没有什么值得留恋的了。于是，他最后扫视了一眼周围的一切。这时。他不由发现整个村庄都沉寂在一片可怕的寂静之中。他不由急步向前，啊，太可怕了，尸体，到处是尸体，一片狼藉。显然，这个村庄昨夜遭到了匪徒的洗劫，连一个活口也没留下来。

看到这可怕的场面，老人不由心念急转："啊！我是这里唯一幸存的人，我一定要坚强地活下去。"此时，一轮红日冉冉升起，照得四周一片光亮，老人欣慰地想："我是幸运的人，我没有理由不珍惜自己。虽然我失去了心爱的猎狗，但是，我得到了生命，这才是人生最宝贵的。"

老人怀着坚定的信念，迎着灿烂的太阳出发了。

故事中的老人，在失意甚至绝望时，重新找回了希望，赶走了悲伤。这不能不说是他人生中的一大转折。

联想到我们日常的生活和学习，如果遇到失意或悲伤的事情时，我们一样要学会调整自己的心态。

如果你的演讲、你的考试和你的愿望没有获得成功，如果你曾经尴尬，如果你曾经失足，如果你被训斥和谩骂，请不要耿耿于怀。对这些事念念不忘，不但于事无补，还会占据你的快乐时光。抛弃它吧！把它们彻底赶出你的心灵。

让那担忧和焦虑、沉重和自私远离你，更要避免与愚蠢、虚假、错误、虚荣和肤浅为伍，还要勇敢地抵制使你失败的恶习和使你堕落的念头，你会惊奇地发现，你的人生旅途是多么的轻松、自由，你是多么自信！

走出阴影，沐浴在明媚的阳光中。不管过去的一切多么痛苦、多么顽固，把它们抛到九霄云外。不要让担忧、恐惧、焦虑和遗憾消耗你的精力。把你的精力投入到未来的创造中去吧，要主宰自己，做自己的主人。请记住：生命在，希望就在！

成功属于那些坚忍不拔的人

生活陷入困顿，人生陷入低谷，这个时候你在想些什么？就打算这样过一辈子吗？当然不能。面对生活的不幸，我们只有依靠坚韧的态度来承担风雨，才有机会重见阳光。

世界上最容易、最有可能取得成功的人，就是那些坚忍不拔的人。无论你现在的境况如何，都要坚定不移、百折不挠。

莎莉·拉斐尔是美国著名的电视节目主持人，曾经两度获奖，在美国、加拿大和英国每天有800万观众收看她的节目。可是她在30年的职业生涯中，却曾被辞退18次。

刚开始，美国大陆的无线电台都认定女性主持不能吸引观众，因此没有一家愿意雇用她。她便迁到波多黎各，苦练西班牙语。有一次，多米尼亚共和国发生暴乱事件，她想去采访，可通讯社拒绝她的申请，于是她自己凑够旅费飞到那里，采访后将报道卖给电台。

1981年她被一家纽约电台辞退，无事可做的时候，她有了一个节目构想。虽然很多国家广播公司觉得她的构想不错，但碍于她是女性，所以最终还是放弃了。最后她终于说服了一家公司，受到了雇用，但她只能在政治台主持节目。尽管她对政治不熟，但还是勇敢尝试。1982年夏，她的节目终于开播。她充分发挥自己的长处，畅谈7月4日美国国庆对自己的意义，还请观众打来电话互动交流。令人想不到的是，节目很成功，观众非常喜欢她的主持方式，所以她很快成名了。

当别人问她成功的经验时，她发自内心地说："我被人辞退了18次，本来大有可能被这些遭遇所吓退，做不成我想做的事情。但结果恰恰相反，我让它们鞭策我前进。"

正是这种不屈不挠的性格使莎莉在逆境中避免了一蹶不振、默默无闻的一生，走向了成功。

任何成功的人在到达成功之前，没有不遭遇失败的。爱迪生在经历了 1 万多次失败后才发明了灯泡，沙克也是在试用了无数介质之后，才培养出小儿麻痹疫苗。

"你应把挫折当作是使你发现你思想的特质，以及你的思想和你明确目标之间关系的测试机会。"如果你真能理解这句话，它就能调整你对逆境的反应，并且能使你继续为目标努力，挫折绝对不等于失败，除非你自己这么认为。

爱默生说过："我们的力量来自我们的软弱，直到我们被戳、被刺，甚至被伤害到疼痛的程度时，才会唤醒包藏着神秘力量的愤怒。伟大的人物总是愿意被当成小人物看待，当他坐在占有优势的椅子中时会昏昏睡去，当他被摇醒、被折磨、被击败时，便有机会可以学习一些东西了；此时他必须运用自己的智慧，发挥他的刚毅精神，他会了解事实真相，从他的无知中学习经验，治疗好他的自负精神病。最后，他会调整自己并且学到真正的技巧。"

因此，无论经历怎样的失败和挫折，你都要从精神上去战胜它，别把它当一回事，甩甩手从头再来，成功终究会来临。

不放弃万分之一的成功机会

生活中我们缺少的就是这种坚持，当希望的事情没有实现之后，就放弃了，伤心，失落，甚至抱怨，觉得命运的不公平。可是，只有懂得坚持的人，才能赢得事业上的成功。

我们当中的很多人，不仅自己不去为看似不可能实现的事情努力，反而去嘲笑那些为了梦想而努力的人们，觉得他们的愚蠢。或许有一天，当你再次见到那个曾经被你嘲笑过的人时，会突然间发现他已经成为一个非常成功的人。就像《士兵突击》中的许三多，他是一个别人眼中的"三呆子"，他很重视每一次机会，即使在别人眼中他永远是一个笨手笨脚的人，一个在起初连正步都走不好的人，他认为自己不是马而是骡子，所以他加倍努力，做什么就和抓住了救命的稻草一样珍惜，最终他超越了当初嘲笑他的许多人。

生活中有无数的挑战，也有无数次与你擦肩而过的机会，有些人视而不见，而另外一些人却牢牢地抓住了它。有时候一次机会就会造就一个人的命运，很多人空有一身本领，却不懂得如何抓住机会，所以一生"怀才不遇"，而一些人虽然不是"学富五车"，但却总走得比别人远，也并非投机取巧，而是他善于抓住不远处的机会，每一次都不错过，所以我们常常会看到这样的现象，一些人并不是很出色但却能走到高处，做出成绩，而那些"才高八斗"的人却总是失意，就是因为不懂得运用机会。

不过，机会或时机又是难以察觉和捕捉的，它不会自己跑来敲你的门，也不会大喊大叫把你惊醒。它像不经意间掠过你面前的一阵风，又像一条水中的游鱼，似乎抓住了却又从你手中溜走。机会的确是成功的催化剂，成功人士凭借机会可以更快地达到目标。有一句格言说得好："幸运之神会光顾世界上的每一个人，但如果她发现这个人并没有准备好要迎接她时，她就会从大门里走进来，然后从窗子里飞出去。"台塑董事长王永庆就算得上是一个善于抓住机遇的人。

1980年，美国经济陷入低潮，石化工业普遍不景气，关闭、停产的化工厂比比皆是。经济萧条期间，许多企业家抱着观望的态度，不敢贸然行动，那些濒临倒闭的石化厂虽然亏本出售，却仍无人问津。但是王永庆却发动攻势，以出人意料的低价，买下得克萨斯州休斯敦的一个石化厂。得克萨斯州是美国石油蕴藏量最丰富的一个州，而且油质非常好。王永庆在那儿筹建全世界规模最大的PVC塑胶工厂，年产量48万吨。

王永庆在第二年又以迅雷不及掩耳的速度在美国的路易斯安那州和特拉华州各买下了一个石化厂。1982年，王永庆更以1950万美元买下了美国JM塑胶管公司的八个PVC下游厂。王永庆的这些大胆举动令同行大为不解，他们用疑惑的目光注视着他，议论纷纷。

可王永庆认为：在经济不景气的时候进行投资，收购或建厂的成本比较低，可增加产品的竞争能力；而且，经济景气大都遵循一定的周期规律，有落必有涨，兴建一座现代化工厂需要一年半到两年时间，在经济不景气时建厂，等到建设结束时，市场又在复苏之中，正好赶上销售良机。

不过经济复苏却花了很长的一段时间，加上收购的工厂出现了一系列的问题，例如：石化厂机器老化、设备残旧等，让他一年时间亏损了800万美元。不过，这时的王永庆并没有灰心，他通过改制，让工厂的面貌有了彻底改观，生产很快走上了正轨。

经过台塑全体员工的辛勤奋斗，到1983年底，王永庆在美国的PVC厂每年的产量共计达39万吨，加上台塑原有的55万吨生产能力，合计年产量达到94万吨，台塑企业成了世界上产量最大的PVC制造商。

机会对于我们每一个人来说，都是来之不易的，哪怕它是多么的微小，都值得一试。只有尝试才会有希望，放弃机会就等于放弃了成功的可能。

屡败屡战，绝不放弃

当塞洛斯·W.菲尔德从商界引退的时候，他已经积累了大量的财富。而这时他却对在大西洋中铺设海底电缆这一构想发生了极大的兴趣，这样一来欧洲和美洲就能建立电报联系。菲尔德倾其所有来完成这一事业。前期的准备工作包括建造一条从纽约到纽芬兰的圣约翰的电话线路，全长1000多英里。这其中有400多英里需要穿过一片原始森林，为此他们不得不在铺设电话线的同时修建一条穿越纽芬兰的道路。这条线路中还有140多英里要通过法国的布列塔尼，建设者们在那儿也投入了大量的人力，与此相同的还要铺设通过圣劳伦斯的电缆。

通过艰苦的努力，菲尔德得到了英国政府对他的公司的援助。但是在国会里，他曾经遭到了一个很有影响力的团体的强烈反对，在参议院表决时，菲尔德的方案仅以一票的优势获得通过。英国海军派出了驻塞瓦斯托波尔舰队的旗舰阿伽门农号来铺设电缆，而美国则由新建的护卫舰尼亚加拉号来承担这一工作。但是由于一次意外，已铺设了5英里长的电缆卡在了机器里，被折断了。在第二次实验中，船只驶出200英里时，电流突然消失了，人们在甲板上焦急沮丧地来回走动，似乎死期就要来临。正当菲尔德先生要下令切断电缆的时候，电流就像它消失时那样，突然又神奇地恢复了。接下来的一个晚上，船只以每小时4英里的速度移动，而电缆以每小时6英里的速度延伸，但由于刹车过于突然，船只猛烈地倾斜了一下，电缆又被卡断了。

菲尔德不是一个轻言放弃的人。他重新购买了700多英里长的电缆，委托一位精通此行的专家设计一套更好的铺设电缆的机器设备。美国和英国的发明家齐心协力地工作，最后决定从大西洋中央开始铺设两段电缆。于是两艘船开始分头工作，一艘往爱尔兰方向，另一艘驶往纽芬兰，每艘船都各自承担一头的铺设工作。大家希望这样能够把两个大陆连接起来。就在两艘船相距3英里时，电缆断了。人们重新连上了电缆，但是当两艘船相距80英里时，电流又消失了。电缆再次连上了，大约又铺设了200英里之后，在距阿伽门农号20英尺处，不幸电缆又断了，阿伽门农号随即返回了爱尔兰海岸。

项目负责人都感到非常沮丧，公众开始怀疑，投资商开始退却。如果不是菲尔德先生不屈不挠、夜以继日、废寝忘食地工作，说服众人，整个工程项目早就被放弃了。终于开始了第三次尝试，这一次成功了，整条电缆线顺利地铺设完成。几个信号在大西洋上传送了700多里之后，突然电流中断了。

大家都失去了信心，只有菲尔德先生和他的一两个朋友仍然对此抱有希望。他们继续坚持工作，并且说服了人们继续投资进行试验。一条崭新的更为高级的电缆由大东部号负责铺设。大东部号慢慢地驶向大西洋，一边前进一边铺设。一切都进行得很顺利，直到距离纽芬兰600英里处，电缆突然折断沉入海底。几次捞起电缆的尝试都失败了，这一项目也因此停顿了将近一年。

但是菲尔德先生并没有被这些困难吓倒，他继续为自己的目标努力。他组建了新公司，并制造了一条当时最为先进的电缆。1866年7月13日，试验开始了，这一次成功地向纽约传送了信息，全文如下：

无比满足，7月27日。

我们于早上9点到达，一切顺利。感谢上帝！电缆铺设成功，运行良好。

塞洛斯·W.菲尔德

那条旧的电缆也找到了，重新连接起来，通往纽芬兰。这两条线路现在仍在使用，而且将来也会有用。

人生在世，不可能事事如愿。遇见了什么失望的事情，你也不必灰心丧气。你应当下个决心，想办法争回这口气才对。

唯独不能缺少激情

没有激情，做什么事情都是一种折磨

在希腊语中，"激情"被理解为"神在其中"，它很早就被赋予了神秘的色彩，而它的力量也确实如同它的解释一样，可以将"不可能"变为"可能"，让梦想成为现实，甚至能化腐朽为神奇！因此，对于任何一个人而言，激情都是迈向成功的不竭的动力之源，我们正是因为有了激情，才得以拥有了让梦想能够实现的巨大力量。相反的，如果没有了激情，那么我们就失去了向上的动力，不愿意做事，也不愿意进取。如果在这个时候有人强迫我们做事，尽管我们可能迫于情面将事情做完，但是在这个过程中，我们将感受不到任何的乐趣，只会觉得是一种折磨。

汉克斯是位生意人，赚了相当多的钱。他在事业上虽然十分成功，但是他越来越感觉到自己没有了激情，生活和工作中的一切事物都不再能勾起他的兴趣，所以他很烦恼。

汉克斯刚下班，回到家里，踏入餐厅。餐厅中的家具十分华丽，但他根本没去注意它们。汉克斯在餐桌前坐下来，但心情十分烦躁不安，于是他又站了起来，在房间里走来走去。他心不在焉地敲敲桌面，差点被椅子绊倒。

汉克斯的妻子这时候走了进来，在餐桌前坐下。他与妻子打声招呼，用手敲着桌面，直到一名仆人把晚餐端上来为止。他很快地把东西一一吞下。

吃完晚餐后，汉克斯立刻起身走进起居室。起居室装饰得十分美丽，有一张长而漂亮的沙发、一张华丽的真皮椅子，地板铺着高级地毯，墙上挂着名画。他把自已塞进一张椅子中，几乎在同一时刻拿起一份报纸。他匆忙地翻了几页，急急瞄了一瞄大字标题，然后，把报纸丢到地上，拿起一根雪茄，引燃后吸了两口，便把它放到烟灰缸里了。

汉克斯不知道该做什么。他突然跳了起来，走到电视机前，扭开电视机。等到影像出现时，又很不耐烦地把它关掉。他大步走到客厅的衣架前，抓起他的帽子和外衣，走到屋外散步去了。

汉克斯这样子已有好几百次了。他没有经济上的问题，他的家是室内装潢师的梦想，他拥有好几部汽车，事事都有仆人服侍他——但他就是无法让自己快乐起来。不仅如此，他甚至每天都不知道自己应该做什么，感觉身边的任何事物都是对自己的一种折磨。

他的妻子看到这种情况，对他说："你为什么不去把原来创业的激情找回来呢？即使现在成功了，但是也不能丢掉对待生活的激情啊。"汉克斯听了，心里猛然一震："对啊，我之所以这么痛苦，就是因为没有了激情，所以生活里的任何事情都勾不起我的兴趣。"

认识到这些以后，汉克斯像换了一个人一样，每天都想办法给自己制定一个目标，让自己充满了对生活的渴望和对生命的热忱，渐渐地他又找回了自己的快乐。

很多人以为，只有奋斗的过程中才需要激情，而当你已经达到了一定的生活水准之后，就不再需要激情了。因为生活的富足已经满足了你的需求。可是，激情是我们生活的原动力，是能够让我们快乐的重要因素。如果没有它，做什么事情都将了无生趣，生活也将失去了原有的快意。所以，时刻要让自己充满激情，保持对生活的热忱，这样我们才能感受到生活的快乐。

决定成功的因素不在于能力，而在于激情

对于一个有能力的人而言，倘若他没有工作的激情，那么，即使他有再强大的能力也发挥不出来；而对于一个充满激情而能力上却有所欠缺的人而言，只要他对工作一直充满了激情，那么他的能力一定会在他激情的促使下不断地增强。

拿破仑发动一场战役只需要两周的准备时间，换成别人也许会需要一年。这中间之所以会有这样的差别，正是因为他那无与伦比的热情。战败的奥地利人目瞪口呆之余，也不得不称赞这些跨越了阿尔卑斯山的对手："他们不是人，是会飞行的动物。"拿破仑在第一次远征意大利的行动中，只用了15天时间就打了6场胜仗，

缴获了 21 面军旗、55 门大炮，俘虏了 1.5 万人，并占领了皮德蒙特。

在拿破仑这场辉煌的胜利之后，敌军中的一位奥地利将领愤愤地说："这个年轻的指挥官对战争艺术简直一窍不通，用兵完全不合兵法，他什么都做得出来。"但拿破仑的士兵也正是以这么一种根本不知道失败为何物的热忱跟随着他们的长官，从一个胜利走向另一个胜利。

笑到最后的人，才笑得最好。一个人把精力高度集中在所做的事情上，根本没有工夫去考虑别人的评价，而世人终究会承认他的价值。

激情能提升能力，因此，不管我们今天的能力是否足够，我们都必须首先充满激情。

鲍洛奇曾经是美国一家企业的行政部经理。他一直都是一个工作能力很强的人，但由于长期都从事行政工作，他便开始倦怠了，对工作失去了激情与热情，自 2002年 5 月份以来，他所在部门的工作便出现了一大堆问题，但因为鲍洛奇已经对工作失去了往日的激情，因此，他不愿用行动去做一些改变，但又由于他善于言辞，因此他非常成功地把问题隐瞒了，即使老板发现一点蛛丝马迹，他也推得一干二净。当然，他能够隐瞒，还有一个重要的因素，行政工作不直接与市场营销打交道，问题并不容易扩散到企业外。

作为部门经理，鲍洛奇理应改善部门的工作，但他却认为自己可以一直隐瞒下去，不用采取任何改进措施。他也相信自己的薪水和福利不会受到影响。然而，2003年 2 月的一天，在没有任何征兆的情形下，一份降薪通知放了鲍洛奇的办公桌上。

事实上，管理层已经了解了行政部存在的全部问题，降薪只不过是提醒，鲍洛奇该采取措施了。遗憾的是，鲍洛奇并没有理解管理层的良苦用心，反倒认为自己的隐瞒功夫不到家，于是，他采取了更多的手段加以隐瞒，却不采取任何改善工作的措施。无法隐瞒的问题终于出现了，2004 年 1 月，行政部内部一个安保人员在被辞退时，心中不满，将公司的防暴枪支偷出去卖了。

一份解雇通知书送到了鲍洛奇的手中，而当时，他正认为自己可以通过处理枪支被盗事件向管理层表现自己的办事能力！更坏的消息接踵而至，公司的律师给他送来函件，宣称准备对他的玩忽职守提起诉讼。

激情有助于能力的发挥，而同时，激情更是一种能力，有了激情这种能力，我们便能在我们的工作中永不言败、永不满足，百折不挠地不断进取，有了激情，就有了对事业坚定的信念、对工作执着的追求，才能最终获得成功。

让抱怨止于激情

一个对生活、对工作、对事业、对他人充满抱怨的人一定是对任何事物都缺乏激情的人。他们总是对任何事情都提不起兴趣，也总是觉得什么事情对于他们而言都没有意思。由于没有激情，他们也就失去了对工作的热情，于是，他们便开始抱怨上司、抱怨同事、抱怨工作、抱怨环境，有的甚至是牢骚满腹，喋喋不休，好像这个世界上谁都对不住他。

如果一个人对他的工作充满了抱怨，带着一种抵触、强迫的情绪去工作是无法做好工作的，更会在关键时刻给公司造成很大的麻烦，甚至带来巨大的损失。而这样的员工也将必然会是老板下个月解雇名单中的一个。

罗杰斯大学毕业后进入了一家著名公司，他的同学和朋友都很羡慕他，他扬扬得意地说："你们就等着看吧，公司将会因我而改变，总有一天公司将会以我为荣。"他以为公司将会将他安排在管理岗位上，却没想到他被安排到车间做维修工。维修工作很脏、很累、很不体面，干了几天罗杰斯就开始抱怨："让我干这种工作，真是大材小用！"于是开始偷奸耍滑，懈怠工作。

3 个月后，跟罗杰斯一同进入公司的同事被提拔到了管理岗位，罗杰斯得知后大惑不解，又开始抱怨："老板为什么不重视我？我什么时候才能脱掉这身油乎乎的工作服？"后来他工作起来更加消极，以前偷懒还躲着主管，现在竟然当着主管的面开起了小差。

公司接到了一份很大的订单，只有开足马力生产才能完成。为此公司要求维修工对设备进行全面检修，并严阵以待，保证设备正常运转。罗杰斯敷衍了事，留下了隐患，导致在生产最忙碌的时候设备出了故障。经过全体维修工抢修，还是耽误了生产，延误了交货日期，公司为此遭受了损失。罗杰斯却抱怨说："设备老化，谁也无能为力。"

年底公司裁员，罗杰斯被裁掉了。罗杰斯还在抱怨："为什么是我？"却没人再搭理他了。

任何一家公司和企业都无法容忍一个整天只知道抱怨而不将心思放在工作上的员工。一个员工一旦开始抱怨，自然会分散精力，甚至对工作产生排斥、敌对的心理，并随意对待工作来宣泄内心对工作的不满。

抱怨还是一种极易传染的毒素。当一个人喋喋不休地抱怨时，就会引起周围人的注意，一旦出现有同感的话题，就会瓦解别人的控制力，让别人也情不自禁地加入抱怨中去。这样，抱怨就像流行性感冒一样在公司里肆虐，正常的工作氛围就会被搅得乌烟瘴气，大大影响组织的执行力。老板必然大力整顿，一旦找到抱怨的导火索，就会毫不留情地清除它。

是的，抱怨不仅对于事情本身无济于事，还能够让一个人染上消极怠慢的坏习惯，并且你的报怨还会影响到他人，对他人造成不良的影响。事情不会因为你的抱怨而有所改变，甚至有时候只会将事情变得更糟。

如果你今天还在抱怨你的工作，那么，不如先停下手中的工作，冷静下来，想一想自己在抱怨什么？抱怨的原因又是什么？我们的抱怨多一天便离成功又远了一步，因此，一定不要让抱怨成为我们成功途中的拦路虎。

第二次世界大战时的盟军将领麦克阿瑟，23岁时以优异的成绩毕业于西点军校。他先是被安排到一个偏远的矿井做管理工作，但他却认为这项工作索然无味……因而他情绪低落，牢骚满腹，总是抱怨离家太远。由此他便获得上司的如下鉴定："麦克阿瑟中尉在执行任务时，没有表现出推荐之中所列出的优点，他除了相貌英俊、仪表堂堂以外，所履行的职责均无法令人满意。"闻听此事后，麦克阿瑟很是不满，并当即加以反驳。

那么，后来麦克阿瑟又是如何成为叱咤风云的英雄人物的呢？原来是他以后彻底认识并改变了爱抱怨的缺点。假设他一直我行我素，继续没完没了地抱怨，肯定不会有什么显赫的功绩、辉煌的事业，我们恐怕连麦克阿瑟是谁也不会知晓了。

其实，转变对生活的抱怨的态度并非一件难事，只要我们常怀着一颗感恩的心去对待我们的生活，我们便一定能从抱怨的阴影中走出来，重新燃烧起生活的激情。

进取的脚步不该止于抱怨

我们经常抱怨，抱怨自己被忽视，抱怨赚的钱太少，抱怨生活的艰辛……抱怨过后，我们开始得过且过，随波逐流，最终变得碌碌无为。其实，整天抱怨的人是最该进行深刻反思的，我们应该仔细地思考一下，在短暂的人生中，自己究竟都做了些什么？为什么只有自己整天都在不满和抱怨之中饱受痛苦，而其他人却过得很快乐？

把不满和抱怨当成阻碍进步的借口的人，每天只能被一些琐碎的事情牵绊住前进的脚步，而不会看到未来的希望。其实，在生活中，只要你放下不满和抱怨的情绪，积极努力，那么就算你从事着平凡琐碎的职业，过最默默无闻的生活，你都有可能实现自己的梦想，得到自己想要的荣誉。即使没有实现梦想和获得荣誉，你也不会因为自己的碌碌无为而遗恨终生。

《我希望能看见》一书的作者彼纪儿·戴尔是一个几乎瞎了50年之久的女人，她写道："我只有一只眼睛，而眼睛上还满是疤痕，只能透过眼睛左边的一个小洞去看。看书的时候必须把书本拿得很近，而且不得不把我那一只眼睛尽量往左边斜过去。"

按理说，众多的不幸应该让她有很多对生活不满的情绪，她应该是整天都在跟别人发牢骚，诉说命运对她的不公平的。可是她并没有这样做，她拒绝接受别人的怜悯，不愿意别人认为她"异于常人"。

小时候，她想和其他的小孩子一起玩跳房子，可是她看不见地上画的线，所以在其他的孩子都回家以后，她就趴在地上，把眼睛贴在线上瞄过去瞄过来。她把她的朋友所玩的那块地方的每一点都牢记在心，不久就成为玩游戏的好手了。她在家里看书，把印着大字的书靠近她的脸，近到眼睫毛都碰到书本上。她得到两个学位：先在明尼苏达州立大学得到学士学位，再在哥伦比亚大学得到硕士学位。

她开始教书的时候，是在明尼苏达州的一个小村里，然后渐渐升到南达科他州奥格塔那学院的新闻学和文学教授。她在那里教了13年，也在很多妇女俱乐部发表演说，还在电台主持读书节目。她写道："在我的脑海深处，常常怀着一种怕完全失明的恐惧，为了克服这种恐惧，我对生活采取了一种很快活而近乎戏谑的态度。"

然而在她52岁的时候，一个奇迹发生了。她在著名的梅育诊所施行了一次手术，使她的视力提高了40倍。一个全新的、令人兴奋的、可爱的世界展现在她的眼前。

她发现，即使是在厨房水槽前洗碟子，也让她觉得非常开心。她写道："我开始玩着洗碗盆里的肥皂泡沫，我把手伸进去，抓起一大把肥皂泡沫，我把它们迎着光举起来。在每一个肥皂泡沫里，我都能看到一道小小彩虹闪出来的明亮色彩。"

当我们去审视和扪问自己的心灵，能否也像彼纪儿·戴尔那样在生活的不如意中看到彩虹？生活中的阴云和不测，不知会使多少人活在自怨自艾的边缘，许多人早已习惯了用抱怨和悲伤去迎接生命的各种遭遇，由于自身内心世界的阴晦，使得原本明朗的生活变得泥泞而毫无希望。

我们每个人都希望过上理想的生活，可是理想和现实总是有一定的距离。再加上人是社会性的动物，彼此之间总是存在着一定的联系。这种联系有时候不仅仅是相互满足，也有一种相互伤害，所以没有人能够完全抛开不满和抱怨的情绪。适当倾诉你的不满，也是一种情绪发泄的出口。可是，我们不能因为那些不合自己心意的事情就停止了进步的脚步，更不能因为没有过上理想的生活就放弃了对美好生活的追求。

信念能够让你在一瞬间迸发出激情

什么是信念？信念不是去相信那些看得见的东西，而是去相信那些看不见的东西，并且通过自己的努力将其变为现实。一个心中有信念的人，信念便在他的心中扎下了根，有一天它会在现实中结出丰硕的果实。

一个信念坚定的人往往也是一个对生活充满无限激情的人，正是因为他心中有坚定的信念，有一个对未来美好的远景，因此，他会不知不觉地体现在他的满腔热情之中，倘若说激情是一团燃烧的火焰，那么，信念必定是那点燃它的火源。

有这样一个故事：

一个夏日的午后，甲、乙两只青蛙在池塘边觅食时不小心掉进了一只牛奶罐里，那只牛奶罐还残留着一些牛奶。

青蛙甲一发现自己面临的处境就感到绝望了："完了，完了，这么高的一只牛奶罐，我是永远也出不去了。"它一边这样想着一边发出了几声绝望的叫声，叫声之后，它就再也没有发出任何声音。

青蛙乙听到了同伴悲惨的叫声，而且还眼睁睁地看着它沉没于牛奶之中，但是它却无能为力，不过它并没有放弃活下去的渴望，它不断告诫自己："我多么渴望获得解放。上帝给了我坚强的意志和发达的肌肉，我坚信自己一定能够跳出去。"

它鼓起勇气，鼓足力量，一次又一次奋力跳跃，坚定的信念和求生的意志给予了它巨大的力量。

不知过了多久，青蛙乙突然发现，脚下黏稠的牛奶变得坚实起来。原来，它的反复践踏和活动，已经把液态的牛奶变成了一块奶酪。

不懈的奋斗和挣扎终于换来了重获新生的那一刻，它从牛奶罐里轻盈地跳了出来，重新回到绿色的池塘里；而另一只青蛙却永远地留在了牛奶罐中，它做梦都不会想到，自己居然可以有机会逃出险境。

信念和热情是超越困难和开创道路的最佳武器。当你认为某个难关绝对无法克服时，那么你就已经失败了。

为了超越障碍，我们必须去探索所有的可能性，即使只是一点小小的希望，也非得紧紧抓牢不可。这是一种冒险，也是向未知的挑战。热情和信念，正是活泼有朝气的人生象征。

信念的价值就在于它能推动一个人不断地为了信念而努力、而前进，并最终取得成功。成功者创造奇迹总是始于某一个坚定的信念，而如果一个人对他所从事的工作、所从事的事业有坚定的信念，那么，它会让一个人在瞬间迸发出无限的激情，并且最终取得成功。

要改变命运，先改变自己

有自知之明的人才接近完美

看清你自己是你成功的必然，你不能因为境况的不如意而迷迷糊糊、浑浑噩噩地度日。只有正确地认识自己，评价自己，找到不足和差距，你才能不断取得进步，走出困境，走向成功。

多年前的一个傍晚，一位叫亨利的青年移民，站在河边发呆。那天是他30岁生日，可他不知道自己是否还有活下去的必要。因为亨利从小在福利院长大，身材矮小，长相也不漂亮，讲话又带着浓重的法国乡下口音。所以他一直很瞧不起自己，认为自己是一个既丑又笨的乡巴佬，连最普通的工作都不敢去应聘，没有工作，也没有家。

就在亨利徘徊于生死之间的时候，与他一起在福利院长大的好朋友约翰兴冲冲地跑过来对他说："亨利，告诉你一个好消息！"

"好消息从来不属于我。"亨利一脸悲戚。

"不，我刚刚从收音机里听到一则消息。拿破仑曾经丢失了一个孙子，播音员描述的相貌特征，与你丝毫不差！"

"真的吗，我竟然是拿破仑的孙子？"亨利一下子精神大振。联想到爷爷曾经以矮小的身材指挥着千军万马，用带着泥土芳香的法语发出威严的命令，他顿时感到自己矮小的身材同样充满力量，讲话时的法国口音也带着几分高贵和威严。

第二天一大早，亨利便满怀自信地来到一家大公司应聘，他竟然应聘成功了。

20年后，已成为这家公司总裁的亨利，查证自己并非拿破仑的孙子，但这早已不重要了。

　　人贵有自知之明，难得真正了解自己，战胜自己，驾驭自己。自以为自知同真正自知不同，自以为了解自己是大多数人容易犯的毛病，真正了解自己是少数人的明智。人生如秤：对自己的评价秤轻了容易自卑；秤重了又容易自大；只有秤准了，才能实事求是、恰如其分地感知自我，完善自我，对自己了然于心，知道自己能吃几碗干饭，有几许价值，才能做到有自知之明。可现实中人们常常秤重自己，过于自信和自重，总觉得高人一等，办事忽左忽右，不知轻重，而造成不必要的失败。当然也有秤轻自己的人，其表现为往往自轻和自贱，多萎靡少进取，总以为自己不如人，而经常处于无限的悲苦之中。

　　古人云："吾日三省吾身。"就是说，自知之明来源于自我修养和慎独。因为自省才能自制自律，自律才能自尊自重，自重才能自信自立。自尊为气节，自知为智慧，自制为修养。人具备了自知之明的胸臆和襟怀，其人格顶天立地，其行为不卑不亢，其品德上下称道，其事业左右逢源。在人生道路上，就能经常解剖自己，自勉自励，改正缺点，量知而思，量力而行，及时把握机遇，不断创造人生的辉煌。

　　自知之明与自知不明一字之差，两种结果。自知不明的人往往昏昏然，飘飘然，忘乎所以，看不到问题，摆不正位置，找不准人生的支点，驾驭不好人生命运之舟。自知之明关键在"明"字，对自己明察秋毫，了如指掌，因而遇事能审时度势，善于趋利避害，很少有挫折感，其预期值就会更高，

　　在遭遇挫折的时候，不要妄自菲薄，也不要自视过高，正确地衡量自己，读懂自己，发现不足，弥补缺陷，你就能改变现状，获得成功。

不要太看重生活中的得失

　　很多人因为生活中的得失而备受折磨，其实有得必有失，一时的得失不会影响人生的进程，如果你总是把一时的得失挂在心头，不能自释，生命的水流可能就会在那一刻徘徊不前。

　　有一位金代禅师非常喜爱兰花，在平日讲经之余，花费了许多的时间栽种兰花。有一天，他要外出云游一段时间，临行前交代弟子要好好照顾寺里的兰花。在这段时间里，弟子们总是细心照顾兰花，但有一天在浇水时却不小心将兰花架碰倒了，所有的兰花盆都打碎了，兰花撒了满地。因此弟子们都非常恐慌，打算等师父回来

后，向师父赔罪领罚。金代禅师回来了，闻知此事，便召集弟子，不但没有责怪他们，反而说道："我种兰花，一来是希望用来供佛，二来也是为了美化寺庙环境，不是为了生气而种兰花的。"

金代禅师说得好："不是为了生气而种兰花的。"禅师之所以能如此，是因为他虽然喜欢兰花，但心中却无兰花这个障碍。因此，兰花的得失，并不影响他心中的喜怒。

养兰花是为了娱情，如果因失去兰花而失去心理的平衡，那就不如不种兰花。

在日常生活中，因为我们牵挂得太多，我们太在意得失，所以我们的情绪起伏不定，我们不快乐。在生气之际，我们如能多想想："我不是为了生气而学习的"、"我不是为了生气而工作的""我不是为了生气而交朋友的""我不是为了生气而恋爱的""我不是为了生气而打球的"，那么我们会为我们的心情开辟出另一番天地。

坦然面对生活的不幸

在人生路途上，谁不会遇到不顺心的事呢？生活不顺心，可能使你心情烦躁，情绪低落，细细想一想，你把自己的心情搞得很糟，对事情的处理又能起到什么作用吗？与其这样，还不如心怀坦然，然后再想办法解决问题，走出不顺。

张伟被董事长任命为销售经理，这个消息大出同事们的意料。谁都知道，公司目前的境况不佳，这个销售经理的职务更显得重要了。公司迫切需要拓展业务以求生存，也正因为这个原因，这个位置一直没有找到合适的人选。与其他几个较有资历的同事相比，言不出众、貌不惊人的张伟并无多少优势可言。

很快有好事者传说，张伟的提升，得益于前些日大厦电梯的突然停电。那天晚上公司里加班，近9点时总算结束了，张伟走得最迟，在电梯口遇到了董事长等人，当电梯运行时因停电卡住了，一片漆黑在寒夜里更显得凄冷，时间一分钟一分钟过去，大家开始抱怨，两个不知名的小女生更显得不安起来。这时闪出了一小串火苗，是从打火机发出的，人们立刻安静下来。在近一个多钟头的时间里，只有张伟的打火机忽亮忽灭，而他什么也没说。

对张伟的提升有些人不服。不久后，董事长在公司员工的一次会议上对此解释道："因为点燃手中仅有的火种，而不像有些人那样在抱怨诅咒这不愉快的事件和黑暗，我们公司要走出低谷，而不被一时的困境压倒，需要张伟这样的人。"

故事中的董事长很有知人之明。

在我们陷入困境时，一味地埋怨和诅咒是无济于事的，那只会让我们变得更加沮丧而觉得无望。与其苦苦等待，不如点燃自己手中仅有的"火种"和希望，去战胜黑暗，摆脱困境，为自己创造一个光明的前程。

坦然面对生活的不幸，当你面对困境时，这是你首先要做的事。

要改变命运，先改变自己

生活不如意的人，总会认为自己的命不好。其实，命运就掌握在你自己手中，你的命运只有你自己才能改变。要想改变你的命运，必须先改变你自己。

是改变你的世界，还是让世界改变你？

年轻人经常谈到这个问题，如果你想改变你的世界，首先就应该改变你自己。如果你是正确的，你的世界也会是正确的。这就是积极态度所谈及和强调的主要问题。

绿草如茵的草地上，住着一群羊，还住着一群狼。对这群羊来说，狼吃羊是天经地义的事，每隔几天总有些羊被吃掉。日子就这样过下去。

直到有一天，一只叫奥托的羊想：为什么羊要被狼吃掉？羊可不可以不被狼吃？于是它去问其他羊。

第一只羊说："自古以来就是这样。"

第二只羊说："因为狼比我们聪明。"

第三只羊说："因为狼比我们跑得快，也比我们合群。"

第四只羊说："狼比我们学得快，也学得好，我们永远不可能超过它们。"

经过不断地询问、收集资料以及深入思索研究，奥托终于明白，只要羊学得比狼快、比狼好，羊就不会被吃掉，而且这是经过努力可以做得到的。于是，它召开羊群大会，告诉所有的羊它的梦想。

后来，它们共同行动，努力学习，尽可能快跑，还根据每到雨季狼不来吃羊的现象，找出狼不会游水的特性，又在居住地周围挖出一条护城河，筑起堤坝，现在，在绿草如茵的家园，这群羊过着幸福快乐的日子。

人生中不如意者十之八九，这时很多人都会慨叹命运不公，同时又感叹那些有车有房者命真好。其实，命运何尝厚此薄彼，每个人的命运都掌握在自己手中。你只要充分发挥自己的主观能动性，主动改变自己，那么你的命运也会随之改变。

人生没有借口

不要总给自己找借口，借口让人活得心安理得，也让人活得虚无缥缈。不要总给自己找借口，借口不是生活的必需品，坦诚直率的人不需要它。也许某日，我们为搪塞什么事，为了不失面子被它击溃。可是，你想过吗？我们由此失去了良心一角。

一个漆黑、凉爽的夜晚，坦桑尼亚的奥运马拉松选手艾克瓦里吃力地跑进了墨西哥市奥运体育场，他是最后一名抵达终点的选手。

这场比赛的优胜者早就领取了奖杯，庆祝胜利的典礼也早已结束，因此，艾克瓦里一个人孤零零地抵达体育场时，整个体育场已经空荡荡的。艾克瓦里的双腿沾满血污，绑着绷带，他努力地绕完体育场一圈，跑到终点。在体育场的一个角落，著名的纪录片制作人格林斯潘远远看着这一切。接着，在好奇心的驱使下，格林斯潘走了过去，问艾克瓦里，为什么这么吃力地跑至终点？这位来自坦桑尼亚的年轻人轻声地回答说："我的国家从两万多公里之外送我来这里，不是仅仅叫我在这场比赛中起跑的，而是派我来完成这场比赛的。"

没有任何借口，没有任何抱怨，职责就是他一切行动的准则。

不找任何借口看似冷漠，缺乏人情味，但它可以激发一个人最大的潜能。无论你是谁，在人生中，无须找任何借口，失败了也罢，做错了也罢，再妙的借口对于事情本身也没有用处。

要成功，就不要给自己寻找借口，不要抱怨外在的一些条件，当我们抱怨的时候，实际上是在为自己找借口。而找借口的唯一好处就是安慰自己：我做不到是可以原谅的。但这种安慰是有害的，它暗示自己：我克服不了这个客观条件造成的困难。在这种心理暗示的引导下，就不再去思考克服困难、完成任务的方法，哪怕是只要改变一下角度就可以轻易达到目的。

不寻找借口，就是永不放弃；不寻找借口，就是锐意进取……要成功，就要保持一颗积极、绝不轻易放弃的心，尽量发掘出周围人或事物最好的一面，从中寻求正面的看法，让自己能有向前走的力量。即使最终失败了，也能汲取教训，把失败视为向目标前进的垫脚石，而不要让借口成为我们成功路上的绊脚石。所以，千万不要找借口，把寻找借口的时间和精力用到努力学习中，成功属于那些不寻找借口的人！

从现在起，就做出改变

如果一个人满足于现状，满足于给别人打江山，那么，他就永远只能是一个优秀的打工仔。要想改变自己受人"折磨"的现状，必须改变你自己。

年轻时的李嘉诚在一家塑胶公司业绩优秀、步步高升，前途一片光明，如果是一般人，也应该心满意足了。然而，此时的李嘉诚，虽然年纪很轻，但通过自己不懈的努力，在他所经历的各行各业中，都有一种如鱼得水之感。他的信心一点一点地开始膨胀起来，他觉得这个世界在他面前已小了许多，他渴望到更广阔的世界里去闯荡一番，渴望能够拥有自己的企业，闯出自己的天下。

于是，李嘉诚不再满足于现状，也不愿意享受安逸。正干得顺利的他准备再一次跳槽，重新投入竞争的洪流，以自己的聪明才智开始新的人生搏击。

他的老板自然舍不得放他离去，再三挽留不止。但李嘉诚去意已决，老板见挽留不住李嘉诚，并未指责他"不记栽培器重之恩"，反而约李嘉诚到酒楼，设宴为他饯行，令李嘉诚十分感动。

席间，李嘉诚不好意思再加隐瞒，老老实实地向老板坦白了自己的计划："我离开你的塑胶公司，是打算自己也办一家塑胶厂，我难免会使用在你手下学到的技术，大概也会开发一些同样的产品。现在塑胶厂遍地开花，我不这样做，别人也会这样做。不过我绝不会把客户带走，不会向你的客户销售我的产品，我会另外开辟销售渠道。"

李嘉诚怀着愧疚之情离开塑胶公司——他不得不走这一步，要赚大钱，只有靠自己创业。这是他人生中的一次重大转折，他从此就一去不回头，迈上了充满艰辛与希望的创业之路。

正是要求改变现状的欲望改变了李嘉诚的一生。你是否有改变自己的强烈欲望？你是否有做富人的雄心壮志？

人都有一种思想和生活的习惯，就是害怕自己的环境改变和思想变化，人们喜欢做大家经常做的事情，不喜欢做需要自己变化的事情。所以，很多时候，我们没有抓住机会，并不是因为我们没有能力，也不是因为我们不愿意抓住机会，而是因为我们恐惧改变。人一旦形成了习惯的思维定式，就会习惯地顺着定式的思维思考问题，不愿也不会转个方向、换个角度想问题，这是很多人的一种愚顽的"难治之症"。比如说看魔术表演，不是魔术师有什么特别高明之处，而是我们大伙儿思维过于因循守旧，想不开，想不通，所以上当了。让一个工人辞职去开一个餐厅，让一位教师去下海，他不愿意的几率大于70%，因为他害怕改变原来的生活和工作的状态。

能够勇敢地主动变化，很大程度上是超越了自己，也比较容易获得成功。比尔·盖茨就是一个活生生的例子，比尔·盖茨还是一名学生的时候，在学校过着非常舒适的大学生活，如果走出校园去创业，就是一个很大的变化，但是比尔·盖茨毅然决定改变现状，他凭着自己的才华和毅力终于成为世界上首屈一指的富翁。

在生活的旅途中，我们总是经年累月地按照一种既定的模式运行，从未尝试走别的路，这就容易衍生出消极厌世、疲沓乏味之感。所以，不换思路，不思改变，生活也就很乏味。很多人走不出思维定式，所以他们走不出宿命般的贫穷结局；而一旦走出了思维定式，也许可以看到许多别样的人生风景，甚至可以创造新的奇迹。因此，从舞剑可以悟到书法之道，从飞鸟可以造出飞机，从蝙蝠可以联想到电波，从苹果落地可悟出万有引力……常爬山的应该去跋山涉水，常跳高的应该去打打球，常划船的应该去驾驾车。换个位置，换个角度，换个思路，寻求改变，也许你的命运就会在一瞬间得到改变。

从现在起，就做出改变吧！

一定要从"小钱"起步

现在社会上的一些年轻人，心态往往都很浮躁，他们看不起"小钱"，他们都认为那种指点江山、激扬文字的大手笔才是一个成功者的形象。

其实，很多成功者和富翁都是从"小钱"开始的，小钱才能累积出大钱来。

美国佛罗里达州的一名13岁学生萨科特，曾经替人照看婴儿以赚取零用钱。留意到家务繁重的婴儿母亲经常要紧急上街购买纸尿片，于是他灵机一动，决定创办打电话送尿片公司，只收取15%的服务费，便会送上纸尿片、婴儿药物或小件的玩具等东西。他最初给附近的家庭服务，很快便受到左邻右舍的欢迎，于是印了一些卡片四处分发。结果业务迅速发展，生意奇佳，而他又只能在课余时间用单车送货，于是他用每小时6美元的薪金雇用了一些大学生帮助他。现在他已拥有多家规模庞大的公司。

2006年被美国《财富》杂志评为美国第二大富豪的巴菲特，被公认为股票投资之神。他也是以"小钱"起家的典型。巴菲特在11岁就开始投资第一张股票，把他自己和姐姐的一点小钱都投入股市。刚开始一直赔钱，他的姐姐一直骂他，而他坚持认为持有三四年才会赚钱。结果，姐姐把股票卖掉，而他则继续持有，最后事实证明了他的想法是正确的。

巴菲特20岁时，在哥伦比亚大学就读。在那一段日子里，跟他年纪相仿的年轻人都只会游玩，或是阅读一些休闲的书籍，但他却大啃金融学的书籍，并跑去翻阅各种保险业的统计资料。当时他的本钱不够又不喜欢借钱，但是他的钱还是越赚越多。

1954年他如愿以偿到葛莱姆教授的顾问公司任职，两年后他向亲戚朋友集资10万美元，成立自己的顾问公司。该公司的资产增值30倍以后，1969年他解散公司，退还合伙人的钱，把精力集中在自己的投资上。

巴菲特从11岁就开始投资股市，历经几十年坚持不懈。因此，他认为，他今天之所以能靠投资理财创造出巨大财富，完全是靠近60年的岁月，慢慢地创造出来的。

比尔·盖茨强调，千万别自大地认为你是个"做大事，赚大钱"的人，而不屑去做小事、赚小钱。要知道，连小事也做不好、连小钱也不愿意赚或赚不来的人，别人是不会相信你能做大事、赚大钱的！如果你抱着这种只想"做大事，赚大钱"的心态去投资做生意，那么失败的可能性很高！

一个人一生的时间其实很短，如果你把这很短的时间都用在等待那所谓的"大钱"身上，时间很快就会过去，只能在老之将至时徒留后悔。

恐怕现在的年轻人都不愿听"先做小事赚小钱"这句话，因为他们大都雄心万丈，一踏入社会就想做大事，赚大钱。

当然，"做大事，赚大钱"的志向并没什么错，有了这个志向，你就可以不断向前奋进。但说老实话，社会上真能"做大事，赚大钱"的人并不多，更别说一踏入社会就想"做大事，赚大钱"了。

事实上，很多成大事、赚大钱者并不是一走上社会就取得如此业绩，很多大企业家就是从伙计当起，很多政治家是从小职员当起，很多将军是从小兵当起，人们很少见到一走上社会就真正"做大事，赚大钱"的！所以，当你的条件普通，又没有良好的家庭背景时，那么"先做小事，先赚小钱"绝对没错！你绝不能拿机遇赌，因为"机遇"是看不着抓不到，难以预测的！

"先做小事，先赚小钱"可以使你在低风险的情况之下积累工作经验，同时也可以借此了解自己的能力。当你做小事得心应手时，就可以做大一点的事。赚小钱既然没问题，那么赚大钱就不会太难！何况小钱赚久了，也可累积成"大钱"！

此外，"先做小事，先赚小钱"还可培养自己踏实的做事态度和金钱观念，这对日后"做大事，赚大钱"以及一生都有莫大的助益！

第六章

不抱怨的身体

/第一节/

不抱怨的身体来自健康的生活理念

健康比金钱更重要

如果问一个人什么最重要,他可能会说财富、名誉、知识、机遇……但是细想来,健康往往比财富和名誉更重要。如果人没有了健康,就失去了享受财富与名誉的资本。

年轻人总是以为自己正是身强体壮的好时候,就不用注意健康了,殊不知很多疾病都是年轻时不注意导致的。所以,我们一定要对自己的健康进行投资。虽然年轻的时候正是为了事业打拼的时候,但是工作之余也一定要注意休息,不然就会事倍功半。

数年前,美国IMG公司聘用了一位精力充沛的女业务员,负责在高尔夫球场及网球场上的新人当中发掘明日之星。美国西岸有位网球选手特别受她赏识,她决定招揽对方加盟IMG公司。从此,纵使每天在纽约的办公室忙上12小时,她依然不忘时时打电话到加州,关心这个选手受训的情形。他到欧洲比赛时,她也会趁着出差之际抽空去探望,为他打理打理。有好几次,她居然连续三天都未合眼,忙着飞来飞去,追踪这个选手的进步状况,虽然手边还有一大堆积压已久的报告。可悲的事终于在法国公开赛上发生了。照原订日程,这位女业务代表不必出席这项比赛,但是她说服主管,为了维持与那位年轻选手的关系,她要求到场。主管勉强应允,但要求她得在出发前把一些紧急公务处理完毕,结果她又几个晚上没合眼。

最后,她终于登上了飞往巴黎的飞机,但时差及重大赛事产生的压力感随之而来，这位非常积极能干的女士到最后已是大脑空空。抵达巴黎当天，在一个为选手、新闻界与特别来宾举行的宴会上，她依旧盯着那位美国选手，并且时时为他引见一些要人。当时是瑞典名将柏格独领风骚的年代，他刚好又是 IMG 公司的客户，也是那位年轻选手的偶像，自然她就介绍了他俩认识，然而，令人难堪的事却发生了。柏格正在房间与一些欧洲体育记者闲聊，她与年轻选手迎上前去。

对方望向这边时，她说："柏格，容我介绍这位……"天哪！她居然忘了自己最得意的这位球员的姓名！她实在是精疲力竭，过度疲劳使她大脑刹那间一片空白。好在柏格有风度，尽力设法打圆场，解决了尴尬场面，可是这位年轻选手却面红耳赤，张口结舌，心中更是难过得不得了，从此他再也不相信 IMG 的业务代表是真心对他了。

可悲的是，她一片苦心，却由于疲劳过度这单纯的因素而造成无可挽回的失误。她发掘的这位选手后来果真打入世界排名前十名，却从此再也不是 IMG 公司的客户了。

休息是工作的一部分，休息就是修补。只有保证了身体的健康，才能保证工作的效率与质量。充沛的体力和精力是成就伟大事业的先决条件，这是一条铁的法则。虚弱、没精打采、无力、犹豫不决、优柔寡断的年轻人，虽有可能过上一种令人尊敬和令人羡慕的高雅生活，但是他很难再往上爬，很难成为一个领导者，也几乎不可能在任何重大事件中走在前列。

身体和精神是息息相关的。一个有八分天才的身强体壮者所取得的成就，可以超过一个有十分天才的体弱者所取得的成就。所以说，生命中最重要的奖赏是健康、坚强和健壮。人并不是必须要有很大的块头和威武的外表，但一定要具有旺盛的生命力和巨大的精神力量。这种力量体现在布瑞汉姆领主连续工作 176 个小时的狂热中，体现在拿破仑 24 小时不离马鞍的精神中，体现在富兰克林 70 岁高龄还露营野外的执着中，体现在格莱斯顿以 84 岁的高龄还能紧握船舵，每天行走数公里，到了 85 岁时还能砍倒大树的状态中。

可是现在，由于都市生活的高压与紧张，很多人的身体都处于亚健康状态。这其中的很多人有一种错误的观念，就是认为等有了病再去医院治疗。其实很多的疾病在早期是很难被发现的，有些疾病一旦发病医院也无法治愈。比如，脑血栓、肾脏疾病、肝脏疾病、糖尿病、肿瘤、癌症等。

当人的生命受到威胁时，花钱就不会心痛。因为这时候我们才会发现：我们已经没有资格与自己的健康讨价还价了。很多人终其一生都是在给医院打工，透支自己的健康来换取金钱、权位，前半生拿命换钱，后半生拿钱换命。这样看来，我们莫不如在年轻的时候就注意休息，有一个健康的身体。只有健康的身体，才是我们享受幸福的最基本保障。

失去健康你就失去一切

很少有人能够彻底明白体力与事业的关系是怎样密切。人们的每一种能力、每一种精神机能的充分发挥，与人们的整个生命效率的增加，都有赖于体力的充沛。

体力的充沛与否，可以决定一个人的勇气与自信心的有无；而勇气与自信心，是成就大事业的必需的条件。体力衰弱的人，多是胆小、寡断、无勇气的。

要想在人生的战斗中得到胜利，第一个条件，就是每天都能以一副体强力健的身体、精神饱满的状态去对付一切。

对于整个生命所系的大事业，你必须付出你的全部力量才能成功。只发挥出你的一小部分能力从事工作，工作一定是干不好的。你应该以一个精干、健壮、完全的"人"去从事工作，工作对于你，是乐趣而不是痛苦；你对于工作，是主动而不是被动。假如你因为生活不谨慎而以一个精疲力竭的身体去从事工作，你的工作效率自然要大减。在这种情形之下，你所做的一切，将都带着"弱"的记号，这样，成功是难以得到的。

许多人，就失败在这点上——工作、创业时，不能发挥出其全部的力量——生活力低微、精神衰弱、心理动摇、步骤不定、情绪波动的人，自然永远不能开创出什么了不起的事业。

聪明的将军，不肯在军士疲乏、士气不振时，统率他们去应付大敌。他一定要秣马厉兵，然后才肯去参加大战。在人生的战斗中，能否得到胜利，就在于你能否保重身体，能否保持你的身体处于良好的状态。假如在你的血液中没有火焰的燃烧，在你的身体中没有精神的储存，则你在人生战斗中一经打击，就会失败。

一个人有大志，有绝对的自信，而同时又具有足以应付任何境遇，适应任何事变的旺盛的体力，则他一定能够从那些烦闷、忧虑、疑惧等种种精神束缚中解脱出来。

旺盛的体力可以增强人们各部分机能的力量，而使其效率、成就较之体力衰弱的时候大大增加。强健的体魄，可以使人们在事业上处处得到便利，得到帮助。

凡是有志成功、有志上进的人，都应该爱惜、保护体力，而不能稍许浪费在不必要的地方，因为体力的浪费，都将减少我们成功的可能性。世间有不少有志于成大事的人，因没有充沛的体力为后盾，而致壮志未酬身先死。然而世间又另有大批的人，有着充沛的体力却不知珍重，任意浪费在无意义、无益处的地方，而摧毁了珍贵的身体资本。

美国的罗斯福总统曾说："我是一个软弱多病的孩子。但我后来决意恢复我的健康，我立志要变得强健无病，并竭尽全力以做到这点。"

身心不断地活动，是祛病健身的最好处方。要保持健康，必要的活动是绝对前提。所以，经常活动有助于增进你的健康。

良好的生活习惯带来健康

毋庸置疑，健康和富足可以给我们带来快乐，这种快乐是单纯而美好的。但健康和富足通常来源于你个人的努力和习惯，就如同拿破仑·希尔所说："健康和富足都是习惯的产物。所以我们只有远离不良生活习惯，自己获得身心健康，才会轻轻松松地获得这种再简单不过的快乐。"

有两个人，一个是体弱的富翁，一个是健康的穷汉。两人相互羡慕着对方。富翁为了得到健康，乐意出让他的财富；穷汉为了成为富翁，随时愿意舍弃健康。

一位闻名世界的外科医生发现了人脑的交换方法。富翁赶紧提出要和穷汉交换脑袋。其结果，富翁会变穷，但能得到健康的身体；穷汉会富有，但将病魔缠身。

手术成功了。穷汉成为富翁，富翁变成了穷汉。

但不久，成了穷汉的富翁由于有了强健的体魄，又有着成功的意识，渐渐地又积起了财富。同时，他总是担忧着自己的健康，一感到些微的不舒服便大惊小怪。由于他总是那样担惊受怕，久而久之，他那极好的身体又回到原来那多病的状态里，或者说，他又回到了以前那种富有而体弱的状况中。

那么，另一位新富翁又怎么样呢？

他总算有了钱，但身体孱弱。然而，他不想用换脑得来的钱建立一种新生活，而不断地把钱浪费在无用的投资里，应了"老鼠不留隔夜食"这句老话。

钱不久便挥霍殆尽，他又变成原来的穷汉。然而，由于他无忧无虑，换脑时带来的疾病也不知不觉地消失了。他又像以前那样有了一副健康的身子骨。

最后，两人都回到了原来的模样。

由此，希尔指出："健康和富足都是习惯的产物。"所以，为了有一个健康的身体，我们应该做到：

1. 要戒烟。

吸烟者应自觉遵守公共场所"禁止吸烟"的规定，即使是在家里也应坚持不吸烟，这样，不仅有助于增进"烟民"的健康，同时也有助于增进亲人的健康。

2.注意劳逸结合。

缓解工作中的压力，调好工作节奏，做到有张有弛。可以通过自己的业余爱好，如集邮、收藏、钓鱼、跳舞、旅游等方法，缓解紧张情绪。

3.良好饮食习惯。

食物的功能在于供给我们活动所需要的能源，你的饮食习惯应该以此为唯一目标。如果把消化系统想象成一座工厂，则为了使它能正常运转，必须供给它不同的原料。如果配料不当，则工厂很可能无法完成制造任务，或是制造出一些有瑕疵的产品，甚至有些原料会积存在各个角落，以致工厂的中的各种原料开始腐烂，最后墙崩屋垮。

随着科学家对人体越来越了解，关于食物营养方面的资讯也越来越丰富。你应该随时注意有关饮食的信息。以下是几点可帮助你达到饮食平衡的方法：

（1）新鲜水果和蔬菜应该占所吃食物中的最大比例，它们含有相当丰富的维生素和高效物质，而人体最容易吸收这些物质。

（2）你应多吃的第二种食物就是碳水化合物，诸如面包、谷物和马铃薯等。

（3）蛋白质（诸如瘦肉、鱼和乳酪）是非常重要的食品，但不宜吃得太多，每天食用少量即可。

（4）避免油性食物，限制牛油和食用油的食用量，并且拒绝吃油炸食物，同时也应少吃糖，像糖果和可乐之类。

此外你还应摄取不同的食物，以满足身体不同的需要，不要偏食，但应该拒绝不当的饮食方法。

切勿在生气、受到惊吓或担心时吃东西，因为当你在备战状态时，你的身体便无法充分吸收所吃食物的营养，尤其不可养成一紧张就想吃东西的习惯，因为这样只会使你变胖。

4.运动。

最理想的情况是把运动当作放松自己和娱乐的一种方式。放松和娱乐对你的思想能力有很大的影响，而运动除了能保持身体健康之外，对思想同样也会有所帮助。

你应每周至少做三次体操，每次20分钟。运动是身体和心理最好的刺激物，它对于清除负面影响因素有很大的助益。体育训练已成为了解人类潜力的重要方法，并且可以培养出一些有助于你追求成功的技巧。

不要靠酒精消愁

李长顺24岁丧妻，膝下无子，不知什么原因，他一直没有再娶。有人曾好奇地问过他，他什么都不说；人们再问他，他扭头就走。人们都说他是个怪人。

李长顺喝酒有个习惯。他自己可以在值班期间狂喝海饮，但他绝不让他手下的7个小电工沾一滴酒。只要看到他们谁偷偷喝酒，他不仅严厉呵斥，而且还责令其写检查。手下的人为此深感不解。

一天晚上，正值电工小路值班，当他路过李长顺的办公室的时候，看到喝着酒嘴里还在不停地念叨着什么的班长。好奇心驱使小路走进了他的办公室。

小路真诚地劝说班长不要喝那么多酒，酒多伤身，并且让他多注意身体。听到这里，平时挺严肃的李长顺，突然放下手中的酒杯抱头大哭。一会儿，李长顺抬起头说："你知道我为什么爱喝酒吗？有谁知道我心里的苦啊……"

原来，李长顺的妻子当年很漂亮，追求她的人很多，李长顺是通过朋友介绍认识她的。在那么多的追求者当中，李长顺靠的就是人老实、不喝酒赢得了妻子的欢心。

其实，当时李长顺很爱喝酒，只不过认识妻子的那段时间，母亲有病，李长顺那点微薄的工资全部用在给母亲买药上，没有多余的钱买酒。

结婚后，随着生活的好转，李长顺的酒瘾犯了，为此妻子经常和他吵架。

一次，李长顺因酒后工作出了事故，被调到离县城很远的一个山区乡镇。那段时间，李长顺很消沉。听邻居说丈夫消瘦了很多，平时极力反对丈夫喝酒的妻子特意备了两瓶酒去看望李长顺。从此每个月的第一个星期天，妻子都会带酒去看望李长顺。

又盼到了妻子送酒的星期天，李长顺一直等到下午4点多，连妻子人影也没有看到。傍晚听一位同事说，上午县城来的一辆班车出了车祸，车上人全部遇难。李长顺来不及听同事细讲，就朝出事地点奔去。还没找到妻子人影，就闻到一股扑鼻的酒味……

从此，酒成了李长顺生命里的唯一依靠，也只有在喝醉的时候，才能看到妻子微笑着向他走来。

李长顺的遭遇只是酒精给人们带来伤害的九牛之一毛，长期大量饮酒还会导致慢性酒精中毒，对人体造成多方面的损害。比如会引起视力减退。如前所述，酒中甲醇继续分解出来的甲醛对人的视网膜有特殊毒性，长期痛饮，视网膜会持久受到伤害，就会使视力迅速减退，甚至失明，还会引起营养缺乏。酒精过多会抑制食欲，好酒的人常常多饮（酒）少吃（菜）就是例证。

同时，酒类所含有的热量是没有营养成分的，酒后发热，还会消耗体内原有的大量热能；大多数饮酒成瘾的人还同时会产生一些心理问题。很多人把喝酒作为一种逃避现实的方法，但是这通常是以牺牲了健康为代价的。所以我们必须要解决酒依赖的问题，必须重视心理健康。

李白诗曰："抽刀断水水更流，举杯消愁愁更愁。"古人都知道，酒只起到一时的麻痹作用，为什么还有那么多人依赖酒呢？当断则断，告别酒杯，过一个清醒的人生吧！

酗酒对个体和社会的危害极大，因此对滥喝酒者和依赖酒者必须进行治疗和戒酒指导。常用的方法有：

1.认知疗法。通过影视、电台、图片、实物、讨论等多种方式，让嗜酒者端正对酒的态度，认识到适量饮酒有益，过量饮酒有害，逐步控制饮酒量。

2.厌恶疗法。对嗜酒成瘾的患者的饮酒行为附加一个恶性刺激，使之对酒产生厌恶反应，以消除饮酒欲望。

3.家庭治疗。酗酒往往给家庭带来不幸，但对其进行制约的最好环境也是家庭。因此家庭成员应帮助患者，让其了解酒精中毒的危害，为其树立起戒酒的决心和信心，并与患者签好协约，定时限量给其酒喝，循序渐进地戒除酒瘾。同时创造良好的家庭气氛，用亲情温情去解除患者的心理症结，使之感受到家庭的温暖。

4.集体疗法。患者可参加各种戒酒者协会，进行自我教育及互相约束与帮助，达到戒酒目的。国外有各种各样的嗜酒者互诫协会，譬如日本有民间的断酒会。这些组织每周聚会 1 ~ 2 次，讨论戒酒方法，介绍戒酒经验，并互相勉励。

学会忙里偷闲，张弛有度

这是一个令人难以置信的事实：日常的工作并不会让人感到疲倦。大多数疲劳现象源于精神或情绪的状态。

英国著名的精神病理学家哈德菲尔德在其《权力心理学》一书中写道："大部分疲劳的原因源于精神因素，真正因生理消耗而产生的疲劳是很少的。"

著名精神病理学家布利尔更加肯定地宣称："健康状况良好而常坐着工作的人，他们的疲劳 100% 是由于心理的因素，或是我们所谓的情绪因素。"

那长期工作者存在的情绪因素是什么？喜悦？满足？当然不是！而是厌烦、不满、觉得自己无用、奔波、焦虑、忧烦等。这些情绪因素会消耗掉这些人的精力，使他们容易患感冒、精力衰退，每天带着头痛回家。不错，是我们的情绪在体内制造出紧张而使我们觉得疲倦。

为什么你在工作时会感到疲劳呢？丹尼尔·乔塞林说道："我发现症结在哪里了——几乎全世界的人都相信，工作认不认真，在于你是否有一种努力、辛劳的感觉，否则就不算做得好。"于是，当我们聚精会神的时候，总是皱着眉头，微耸肩膀，我们要肌肉做出紧绷的动作，其实那与大脑的工作一点也没有关系。

大多数人不会随便地浪费自己的金钱，但是他们却在鲁莽地浪费自己的精力，这是一个令人难以置信却必须承认的事实！那么，什么才是解除精神疲劳的方法？放松！放松！再放松！要学会在工作的时候让自己放松！

古人云："一张一弛，乃文武之道。"人生也应该有张有弛，也应该忙里偷闲。人生就像一条弦，太松了，弹不出优美的乐曲，太紧了，容易断，只有松紧合适，才能奏出舒缓优雅的乐章。

悠闲与工作并不矛盾。处理好二者的关系，最重要的是能拿得起放得下。俗话说得好，磨刀不误砍柴工。该工作的时候就好好工作，该休息放松的时候就玩个痛快。这样才能更好地工作，更好地生活。

工作休闲应该搭配得当，不能忙时累个半死，闲时又闲得让人受不了。可以隔三差五地安排一个小节目，比如雨中散步、周末郊游、烛光晚餐等。适时的忙里偷闲，可以让人从烦躁、疲惫中及时摆脱，从而获得内心的平静和安详。

要养成一种松弛有道的习惯，以最佳的精神状态应对工作，当你进行每天的工作时，就会获得一种放松的状态，更加理性而激情。每天都要练习一会儿，并"详细地记得"放松的感觉。回想你的手臂、你的腿、背、颈、脸、各处的感觉。想象自己躺在床上，或坐在摇椅上，这样会帮你仔细回想。默默对自己说几次："我觉得越来越放松。"这样也有帮助。每天练习几次，你会很惊奇地发现这样不仅能大大减少你的疲乏，还会增加你的办事能力，更由于经常放松，你就可以清除这些干扰，清除紧张和焦虑了。

要学会放松，你可以试试下面的方法：

1.随时保持轻松，让身体像只猫一样松弛。它全身软绵绵的，就像泡湿的报纸。懂得一点瑜伽的人都知道，要想精通"松弛术"，就要学学懒猫，以优雅、轻松的心态面对人生。

2.工作的环境要尽量舒适轻松。记住，身体的紧张会导致肩痛和精神疲劳。

3.每天对着镜子看自己，并且自问："我做事有没有讲求效率？有没有让肌肉做那不必要的劳作？"这样会使你养成一种自我放松的习惯。

4. 晚上的时候，回想自己的一天是否有意义，想想看："我感觉有多累？如果我觉得累了，那不是因为劳心的缘故，而是我工作的方法不对。"丹尼尔·乔塞林说过："我不以自己疲累的程度去衡量工作效率，而用不累的程度去衡量。"他说，"一到晚上觉得特别累或者容易发脾气，我就知道当天工作的质量不佳。"如果全世界的工作者都懂得这个道理，那么，因过度紧张所引起的高血压死亡率就会在一夜间下降，我们的精神病院和疗养院也不会人满为患了。

其实，不只是工作，做任何事情都一样，学会忙里偷闲，松弛有道。让自己不要劳累，保持一个平和的心态，才能有更好的心情和干劲去做事情。

休息为你赢得好状态

泰戈尔曾说过："休息与工作的关系，正如眼睑与眼睛的关系。"很多人因为想要获得事业上的成功，总是强迫自己无休止地工作。他们拒绝休假，公文包里塞满了要办的公文。如果要让他们停下来休息片刻，他们也会认为纯粹是浪费时间。这些人都成功了吗？没有，他们中很多人不但没有成功，还使自己身心疲惫，有的甚至疏远了亲人，造成家庭的破裂。休息和运动一样重要。如果缺乏休息，身体会积劳成疾。因此，我们把休息称为是对身体的充电。

每当电池快没电时，我们就要及时充电，如此才能确保它继续正常运作。人也一样，经过一天的持续工作之后，我们需要补充能量，否则很难在第二天保持旺盛的精力。

我们要学会休息，以确保自己能有充足的精力去工作。当有人感到心力交瘁之时，可能会使自己的健康状态和工作能力停滞，作出言行不合时宜的举动来。此时你的身体就像一只耗掉大部分电量的蓄电池，无法再如平时一般正常工作。

什么是正确的休息方法呢？一般人可能会认为，最有效的休息方法就是睡眠。许多人因为工作过度繁忙而长期失眠，因此对于自己的疲倦感到无能为力。但事实证明，睡眠并不是唯一的休息方式。

当一个人工作太久了，疲惫和压力就会产生，这时如果不改变一下工作的步调，很可能会造成情绪不稳定、慢性神经衰弱以及其他的毛病，这时需要调节一下。调节不一定需要休息，从脑力劳动转换去做几分钟体力劳动，从坐姿变为立姿，绕着办公室走一两圈，都可以迅速恢复精力。

另外，人类的心灵需要安静、独处与平和的时间，以利于忘记竞争的压力。因此，不妨在自己繁忙的时间表上，安排几分钟或十几分钟静坐默想的时间，以获得内心的平静，让自己摆脱竞争的忙碌和工作的压力，退一步看看自己究竟在做什么。

当然，小睡也是一种有效的休息和恢复精力的方法。小睡与正常睡眠不矛盾，它因人而异，有时打个盹儿就能起作用。通常正常的睡眠以能恢复体力即可，不可贪睡；而白天的小睡则是一种既不多占时间又能有效地恢复体力的休息方法。

深呼吸是最简单、最方便的休息。它只需持续两分钟，你所要做的就是深吸——把空气直接送入腹部，让自己切实感到胃部随着吸入的空气而膨胀起来，然后再慢慢呼出来。

我们虽然一直在呼吸，但是由于匆忙，由于不断增强的压力，呼吸变得很浅，因此根本无法获得足够的氧气。

要想克服这种缺氧带来的副作用，你只需要如上所说，慢慢地深呼吸两分钟，每天重复 3 ~ 5 次。

掌握了有效休息的方法，你的工作效率也将大大提高。聪明的人，会挣钱，爱工作，更要会休息。人就像机器，无休止地运行只会死机。

平衡的生活才是幸福的生活

生活平衡一直是我们社会中的一个大问题。即使现在，当大多数人都更容易想到什么才是生活中最重要的东西的时候，我们所说的最重要的东西，同我们为之实际付出的时间和金钱之间仍然存在着差距，有时这种差距还相当巨大。

认真审视一下你的时间的货币价值，回顾一下你是如何花费时间的，这也许能显示出你的生活是否缺少平衡性。按一个星期计算，你的工作时间是多少？用于陪伴家人和朋友的时间是多少？用于自己的休闲、运动、健身的时间有多少？用于精神层面享受的时间又是多少？你是否忙得不可开交，以至于一旦面临危机时就只能手足无措地仓促祈祷，或失魂落魄地苦思冥想？如果你想知道在你自己的生活中这种差距有多大，可以用一个简单的方法快速计算出来。拿出你的计划或日程表，再拿出你的支票簿或信用卡对账单，看一看过去几周内你的时间和金钱都用在了哪些方面，这些是否真的就是对你最重要的东西。

　　遗憾的是，许多人对这个问题的回答都是否定的，而且后果也清楚地体现在他们的生活中。大多数人能在人生的几个重要的组成部分获取平衡并受益匪浅，这几个重要的组成部分为：朋友和家人、健康运动、家园、个人自我发展、职业或事业、精神领域的享受。

　　显而易见，职业或事业在大多数人的生活中占有最大的比重。但是在生活有规律的基础上，留出时间与朋友和家人相聚、参加健身运动、精神领域的享受、安居家园、自我发展也是同样重要的。记录时间日记，能让你看清楚你的时间是如何失衡地分配的，也能让你明白你的生活究竟在哪里失去了平衡。如果你过去对自己的生活状态不清楚，那你永远也无法掌握或调整生活的天平。

　　不同的人对生活重心的认识不同，总体来说有以下几种观念：

　　1. 工作重要。

　　工作远不只是从事某项职业。工作是高质量生活的根本要素，关系到我们如何维持自己和家人的生活，如何表达自己的爱，如何发挥自己的作用，以及如何塑造内心崇高而有创造力的自我。

　　2. 家庭重要。

　　家庭是个人幸福的根本要素，也是社会不断发展的根本要素。最重要的"成功"，是在家庭中取得的成功。一代更比一代强是我们为整个社会作贡献的最佳方式。

　　3. 时间重要。

　　时间是价值的体现，是生活平衡的反映。我们可以随心所欲地高谈阔论，可以梦想，但最终决定我们是否与众不同的，是我们在每天的生活中做了什么事情以及没有做什么事情。我们使用时间的方式，反映了我们能否持之以恒地关注和实现我们的首要目标，能否将最重要的东西体现在日常生活的决策之中。

　　4. 金钱重要。

　　金钱也是价值的一种体现，同时几乎还与每一个涉及工作、家庭和时间之间关系的问题存在必然的联系。金钱是别人认为我们的时间和精力所具有的价值的具体体现，也是我们认为可以购买的"东西"所具有的价值的具体体现。花钱就是用过去努力的成果或预支将来的时间作为交换，以改善我们自己和他人现在和将来的生活质量。个人理财可能是我们制定生活纪律、形成生活特质最有用的工具之一。

　　一些学者在研究这些严峻而深刻的生活平衡问题时发现，有一个特点已经越来越明显：工作、家庭、金钱和时间绝不是相互孤立的领域，人们不能仅凭在其中一个领域不断努力就能获得巨大的成功。这些领域都是一个互相关联、高度复杂的系统的必要组成部分。虽然经济滑坡和战争威胁等事件可能会影响人们关注的重心，使人们的注意力从一个方面转移到另一个方面，但是较长时期内的总体形势和我们自身的经验都证明：工作、家庭、金钱和时间都是非常重要的方面。如果不能在以上每一个重要方面都取得一定的成功，就不可能长期保持较高的生活质量。

所以，一个人要想学会生活，就要学会平衡自己的生活。只有把生活的各个方面都平衡好了，你才会幸福，你才会拥有更多。

/第二节/

抱怨疾病，是在消灭健康的能量

你的身体跟思想是统一的

"我每天过得越来越好。"有些人每天在醒来和就寝前都要把这句话默念好几次。对他们来说，这句话并不是华而不实的语言表达，而是说明健康来自积极的心态。对于健康，很多人的体验是，积极的心态会给人体健康带来好处，消极的心态则可能引发疾病。一个人心存消极思想，这是一件危险的事。现实生活中，到处都有人因为他们内心的仇恨、恐惧或罪恶感而给自己的健康造成伤害的例子。因此，要保持身体健康的秘诀是，首先要摆脱所有不健康的思想。我们必须洁净自己的心灵，为了身体的健康，先除去心中的消极念头。愤恨不满的情绪常常会引发疾病，如果一个人在他的工作岗位上屡屡失意，他的心理就会向身体发出"生病"的心理暗示，借此来逃避现实。

记得有人曾说过："有两件事对心脏不好：一是跑步上楼，二是诽谤别人。"这两件事不仅对心脏不好，而且对人的身体也有很大的影响。所以，学会宽容很重要，你会发现，体谅别人会起到奇妙的治疗效果。

许多家报纸曾报道过这样一则新闻：有一名男子在过马路时不幸被车子撞倒而丧命。验尸报告说，这个人有肺病、溃疡、肾病和心脏衰弱。可是，他竟然活到了84岁。给他验尸的医生说："这个人全身是病，一般情况，30年以前早该去世了。"有人问他的遗孀，他怎么能活这么久？她说："我的丈夫一直确信，明天他一定会过得比今天更好。"

还有人认为，在运用积极心态方面，多使用积极的表述，也有利于身体健康。语言文字是有影响力的。如果你经常运用积极的话语来描述你的健康状况，便可能激发对你身体有好处的积极力量。你习惯性使用的一些字眼，能反映出你内在的某些思想。而你的思想是积极还是消极，会影响你内在的各种器官的健康状况。

曾任美国精神治疗协会会长的卡特博士在谈到一个人所持的肯定态度对健康的影响时，甚至反对人们使用像"我今天不会生病"这样的说法。他认为那只是半积极的态度，应该改为"我觉得今天比昨天好"，这才是非常积极的陈述，因而是一种引导健康的想法。卡特博士说："肯定的态度是以科学的事实为基础的，这些事实来自生物学、化学、医学等学科知识。正确地运用肯定态度将有助于改善你的健康，延长你的寿命，使你精力充沛，备感幸福，从而在各方面取得成功，并且还能替你保持一件最主要的东西——那就是心里的平静。"

你的身体和思想是合一的，实际上是一个"身心"，你的"身心"和自然是合一的。你的身体和思想的健康是不可分割的，任何影响你健全思想的因素，同样会影响你的身体；反之亦然。

同时，你的身心健康也会受到自然法则的规范，它对于你身心的规范和对于树木、山脉、鸟和动物的规范并没有什么不同。因此，想要了解保持身心健康的方法必须先了解自然界的法则，你必须和自然和谐相处而不是和它对抗。人的心智是伴随着身体才能存在的，由于你的身体受到大脑的控制，所以，想要得到健康的身体就必须具备积极的心态、健全的意识。务必在工作、娱乐、休息、饮食和研究方面，都能培养出良好而平衡的健康习惯。

心理健康，身体才会健康

健康包括身体健康和心理健康两大方面，而这两方面又是相互影响的，身体会影响到心理，心理也会影响到身体。从科学的角度来说，不仅我们的心理上不允许我们流露出脆弱来，我们的身体也不允许。如果你放任自己的不良情绪，身体就会乱套。这是身体因你不够坚强而在"惩罚"你。

其实，早在 20 世纪就有学者对情绪波动对人体脑运动的影响做过研究。研究显示，当患者情绪忧郁、恐惧或易怒时，可显著影响脑的正常功能，脑活动也明显受到抑制。据统计，功能性的脑功能障碍患者中符合抑郁症诊断标准的占 30% 以上，脑功能紊乱患者中 50% 以上伴有抑郁。

由于人们对心理、精神障碍会引起诸多的躯体症状认识不足，所以很难想到这些消化不良、胃痛、腹泻等症状会是由心理、精神障碍引起的，其实如果能及时到医院就诊，经医生鉴别，如果消化道症状是由于抑郁引起的而非躯体器质性疾病所致，这些症状的消除就需要抗抑郁的治疗。抗抑郁治疗一般常用心理治疗与药物治疗相结合的方法。患者可以从医生那里得到劝告、建议和纠正一些不正确的认识。当心理治疗效果不理想时，经医生诊断后可遵医嘱服用抗抑郁药物，一般都会取得较好的疗效。随着情感障碍的纠正，因它引起的身体的各种不适症状也会随之好转。

目前医学上关于人的性格对一些心理疾病有很大的影响是十分肯定的。而且现在公认的有以下 4 种性格与身体疾病关系密切：

1. 急躁好胜型。

这种类型的人通常都在快节奏、竞争性强的环境中生活，易怒，容易对别人产生敌意。这类性格的人容易得冠心病、中风、高血压、甲亢。

2. 知足常乐型。

这种人的生活节奏慢、安静、顺从、知足、缺少抱负、不喜竞争、中庸、缺乏主见、多疑。这类性格的人容易得失眠、抑郁、强迫症。

3. 忍气吞声型。

过度克制压抑情绪、生闷气、有泪往肚里流。这类性格的人容易得肿瘤，且会加快肿瘤转移，内分泌紊乱。

4. 孤僻型。

这种人的性格特征是冷漠、消极、悲观、独处、没有安全感。这类性格的人容易得心脏病、肿瘤、精神疾病。

所以要想有一个好的身体，就一定要保证心理上的健康。只有心理健康了，少了浮躁和阴郁，少了情绪上的大起大落，才能让身体接受到积极的暗示，引导身体向健康的方向发展。所以，要想身体健康，必须首先要做到心理上的健康。

消极的自我暗示为疾病打开了门

有一位朋友，怀疑自己得了癌症，吓得要死，怕得要命，整天愁眉苦脸，焦躁不安，吃不下饭，睡不好觉，一举一动都像个典型的"癌症"患者，不到 10 天工夫，体重减了 10 多斤，后来经多家医院检查，完全排除了患癌症的可能，他才慢慢恢复了健康。

相反，有一位老同志被医院确诊为结肠癌。他并没有把这太当回事，觉得人活百岁总有一死，能多活一天就算胜利，他把癌症视为敌人，坚信"两军相遇勇者胜"，于是不断地进行积极的自我暗示："只要自己精神不垮，就能战胜癌症这个敌人，一天天好起来。"吃药时他念叨："这药很好，吃了一定有效果。"走路时想着："生命在于运动。"这样长期坚持自我心理暗示，渐渐地这种暗示对他身心产生了良好的作用，10多年来不但病情稳定，而且症状消失，自己对身体的康复越来越充满信心。

不同的心理暗示给人以不同的结果。所谓"自我暗示"，从心理学角度讲，就是个人通过语言、形象、想象等方式，对自身施加影响的心理过程。这种自我暗示，常常会在不知不觉之中对自己的意志、生理状态产生影响。特别是对于那些病人来说，积极的自我暗示，会使人有战胜疾病的信心，建立良好的心境，从而有益于病情的稳定和症状的消除。但是，消极的自我暗示，会破坏和干扰人的正常的心理和生理状态，以致体内各种器官功能紊乱，抵抗力降低，为各种疾病大开方便之门。

自我暗示"疗法"是由法国医师库埃于1920年首创的，他有一句名言："我每天在各方面都变得越来越好。"他让病人每天不断重复这句话，许多病人得到康复。其实，暗示疗法实际上就是让病人有一个好的心情，有乐观的情绪，有战胜疾病的信心，这样就能调动人的内在因素，发挥主观能动性。古人常说"情极百病增，情舒百病除"，说的就是这个道理。

美国新奥尔良的奥施德纳诊所做过统计，发现在连续求诊而入院的病人中，因情绪不好而致病者占76%。这就告诉我们：情主健康沉浮，凡事往好的方面想，自然能战胜疾病。但是，好的心理暗示也来自于健康的心理、合理的膳食以及对自己生理周期的正确认识，经常注意这些方面也能让自己保持良好的自我暗示。

1. 最科学的食谱能保证营养均衡。

日常生活中，每天的膳食必须保证糖、蛋白质、脂类、矿物质、维生素等人体所需的营养物质一样也不少。同时，还应当注意克服两种不良的膳食倾向：一是食物营养和热量过剩；二是为了某种目的而节食，以致食物中某些营养素和热量不足。这两种错误都足以导致身体出现"亚健康"状态。具体地说，一个健康的成年人每天需要1500卡路里的能量，工作量大者则需要2000卡路里的热量。不断补充营养是保持精力充沛的前提。

2. 认识自己的生理周期。

除此之外，每个人的心理状态和精力充沛程度在一天中是不断变化的，有高有低。大多数人在午后达到精力的高峰，但也不乏个人差异。每个人应找出自己的精力变化曲线，然后合理安排每日的活动。

3. 注意休息。

目前，国外一些公司规定职员必须午睡，以保证工作效率，午睡时间宜在半小时左右，关键是质量。睡时最好能平躺在床上或沙发上，使身体伸展开来。不要趴在桌上睡，这种睡姿容易使空气受限，颈部和腰部的肌肉紧张，醒后很不舒服，易发生慢性颈肩病。

脾气来了，健康就没了

世间万事，危害健康最甚者，莫过于生气。诸如咆哮如雷的"怒气"，暗自忧伤的"闷气"，牢骚满腹的"怨气"，有口难辩的"冤枉气"等。"气"乃一生之主宰，与人体健康关系甚密。若"心不爽，气不顺"，必将破坏机体平衡，导致各部分器官功能紊乱，从而诱发各种疾病和灾难。所以《内经》就明确指出："百病生于气矣。"

美国生理学家爱尔玛为了研究心理状态对人体健康的影响，设计了一个很简单的实验：把一支玻璃试管插在装有冰水混合物的容器里，然后收集人们在不同情绪状态下的"气水"。研究发现，当一个人心平气和时，他呼吸时水是澄清透明无杂的；悲痛时水中有白色沉淀；悔恨时有蛋白蛋沉淀；生气时有紫色沉淀。爱尔玛把人在生气时呼出的"生气水"注射到小白鼠身上，12分钟后，小白鼠竟死了。由此爱尔玛马分析认为："人生气时的生理反应十分强烈，分泌物比任何情绪时都复杂，都更具有毒性。因此动辄生气的人很难健康，更难长寿。"

愤怒是一种情绪，生活中我们常会因为一些事情陷入愤怒之中，我们觉得是对方做得不对不好，自己没有什么错误，所以我们生气。然而转念想想，生气给我们带来什么益处没有？愤怒能杀伤我们的健康，使我们的理解力和判断力都降低，还可能使我们做出无法挽回的事情，这些都是愤怒的恶果，百恶无一用。

既然如此，为什么没做错什么事情的我们要用别人犯的错误惩罚自己？所以要有克制自己的情绪的能力，在愤怒来到的时候试试以下方法：

1. 深呼吸。

从生理上看，愤怒需要消耗大量的能量，你的头脑此时处于一种极度兴奋的状态，心跳加快，血液流动加速，这一切都要求有大量的氧气补充。深呼吸后，氧气的补充会使你的躯体处于一种平衡的状态，情绪会得到一定程度的控制。虽然你仍然处于兴奋状态，但你已有了一定的自控能力，数次深呼吸可使你逐渐平静下来。

2. 理智分析。

你将要发怒时，心里快速想一下：对方的目的何在？他也许是无意中说错了话，也许是存心想激怒别人。无论哪种情况，你都不能发怒。如果是前者，发怒会使你失去一位好朋友；如果是后者，发怒正是对方所希望的，他就是要故意毁坏你的形象，你偏不能让他得逞！这样稍加分析，你就会很快控制住自己。

3. 寻找共同点。

虽然对方在这个问题上与你意见不同，但在别的方面你们是有共同点的。你们可搁置争议，先就共同点进行合作。

4. 回想美好时光。

想一想你们过去亲密合作时的愉快时光，也可回忆自己的得意之事，使自己心情放松下来。如果你仅仅是因为一个信仰上的差异而想动怒，你不妨把思绪带到一个令人快意的天地里：美丽的海滩、柔和的阳光、广阔的大海……你会觉得，人生是如此地美好，大自然是如此的包罗万象，人也应该有它那样的博大胸怀，不能执着于蝇头小利……想到这些，你就容易控制自己的怒气了。

怒气控制住了，健康自然不会受到威胁。

疾病从"自我怀疑"开始

很多时候，只是我们心里以为有问题会发生，或者有疾病会发生，如果真的因此打破正常生活，那么疾病真的就会找上门来。

哲人说得好，不要完全相信你听到的一切，也不要因他人的议论而鄙视自己，否则就会陷入自卑的"心理牢笼"。我们常常发现有些人身上的自卑，除了喜欢拿别人的优点、长处与自己的缺点和短处比较外，另一个原因就是喜欢听信那些不该听信的话，认不清自己身上蕴藏着无穷无尽的潜力，久而久之，丧失自信，便不知不觉地为自己营造了自卑的"心理牢笼"。

人的"心理牢笼"千奇百怪，五花八门，但有一点是相同的，那就是所有的"心理牢笼"其实都是人自己给自己营造的。就拿自寻烦恼来说吧，有人老是责备自己的过失，有人总是唠叨自己坎坷的往事和不平的待遇，有人念念不忘生活和疾病带来的苦恼……时间一长，就不知不觉地把自己囚禁在"心狱"里。

自寻烦恼有很多种，其中还有一种是喜欢用自己不懂的事情塞满自己的脑袋，使自己陷入紧张、痛苦之中。苏联著名作家别洛夫斯基讲过一个故事：

一位公司职员，一天觉得不舒服，感觉自己好像生病了，就去图书馆借了本医学手册，看该怎样治自己的病。他一口气读完了该读的内容，又继续读下去。当他读完介绍霍乱的内容时，方才感到自己患霍乱已经几个月了。他被吓住了，痴痴呆呆地坐了好几分钟。

后来，他很想知道自己还患有什么病，就依次读完了整本医学手册。这下可明白了，除了膝盖积水症外，自己一身什么病都有！

他非常紧张，在屋子里来回踱步。他认为："医学院的学生们，用不着去医院实习了，我这个人就是一个各种病例都齐备的医院，他们只要对我进行诊断治疗，然后就可以得到毕业证书了。"

他迫不及待地想弄清楚自己到底还能活多久！于是，就搞了一次自我诊断：先动手找脉搏，起先连脉搏也没有了！后来才突然发现，一分钟跳一百四十次！接着，又去找自己的心脏，但无论如何也找不到！他感到万分恐惧，最后他认为，心脏总会在它应在的地方，只不过自己没找到罢了……

他往图书馆走时，觉得自己是个幸福的人，而当他走出图书馆时，却被自己营造的"心理牢笼"所囚禁，完全变成了一个全身都有病的老头。

他决心去找自己的医生，一见到医生，他就说："亲爱的朋友，我不给你讲我有哪些病，只说一下没有什么病，我的命不会长了！我只是没有害膝盖积水症。"

医生听他说完看书的事，然后给他作了诊断，坐在桌边，在纸上写了些什么就递给了他。他顾不上看处方，就塞进口袋，立刻去取药。赶到药店，他匆匆把处方递给药剂师，药剂师看了一眼，就退给他说：

"这是药店，不是食品店，也不是饭店。"

他很惊奇地望了药剂师一眼，拿回处方一看，原来上面写的是：

"煎牛排一份，啤酒一瓶，六小时一次。十英里路程，每天早上一次。"

他看过之后，哈哈大笑。他照这样做了，一直健康地活到今天。

这位职员幸亏醒悟及时，否则一定会被自己营造的"心理牢笼"所囚禁。

人的一生充满许多坎坷，许多愧疚，许多迷惘，许多无奈，稍不留神，就会被自己营造的"心狱"监禁。营造"心理牢笼"，既不花钱，也不费力，一瞬间就能制造出来，这对人的健康危害极大。人的病患，大多都与"心狱"有关，严重者则会造成精神失常，甚至自杀。

有人说，"心理牢笼"是很难攻破的。这话只说对了一半，我们还应该明白，人的"心理牢笼"既然是自己营造的，人自己就有冲出"心理牢笼"的本能。这种本能就是精神意志的力量，有了这种力量，什么样的"心理牢笼"都可以攻破。

抱怨是种传染病

抱怨就好像是一种可以迅速传开的疾病，能够在最短的时间里在人群中扩散开来。所以向下面这样的事情，你也许也会经常看到：

张敏是某个公司的员工，已经在这个公司干了两年了，但是公司一直没有给她涨工资。老板总是说，公司的发展还没有上轨道，所以一些不必要的开销能省就省，所以很多时候连员工的饭补也省了。公司主管还经常在快要下班的时候开会，一开就是很长时间，占用了员工很多私人时间。

这个月，张敏一直在领导的强制下加班，可是到了月末，公司并没有给加班费，这让张敏越想越气，公司之前的种种不合理的做法，她也都一一回想起来了。

她越想越气，恰好赶上同事李佳走进了办公室，她就把所有的不满和牢骚都根李佳说了。李佳一听，也觉得公司太过分了，明显的克扣工资，还总是占用他们那么多私人时间，实际上就是变相的加班，也觉得很生气，所以越说情绪越激动。

渐渐地，办公室里的人多了起来。大家都加入了张敏和李佳的行列，开始为张敏抱不平，也数落公司的种种不是。你一言我一语的，说个没完。

看到这样的情形，你也许会很奇怪，刚开始的一个人的不满情绪，怎么会那么快就传染给了每一个人？下面我们来分析一下：

我们都知道，人类具有很强的模仿天性，而且具备很强的情绪传染共性。通常情况下，看到身边的人在做什么，很容易就跟着他去做。这样的行为是没有加入任何的思考因素的，而是下意识的模仿。所以看到别人在抱怨，就不自觉的跟着抱怨，是模仿的作用。而另一方面，人跟人之间是很容易彼此感染的，比如你看见一个人哭得很伤心，那么你的心情是很难快乐起来的，有时候甚至会跟着哭；工作中，你的同事觉得有些疲倦，他把这样的信息传达给你的时候，你也会逐渐意识到自己有些累了……这就是相互感染。所以，当那些同事看到张敏和李佳很生气的时候，心里也会跟着产生不满和气愤的共鸣，所以导致大家都在跟着抱怨。

在生活中，我们说抱怨的话，是不可能同与我们无关的人说的。那些倾听我们怨言的人，往往都是跟我们比较亲近的人，或者在某种利益上能够达成共识的人。所以，你的问题很可能也是他的问题，你说出来的话，尽管他当时没想到，可能在你说出来以后，他就会觉得："对，事情就是这个样子的。"一旦这样在精神上达成了共识，那么你就成功地把抱怨的情绪传给他了。

所以说，抱怨就好像是一场传染病，一场瘟疫，能够在最短的时间内在人群中传播。可是，如果我们能够摆正心态，将抱怨从自己的身上剔除，那么我们等于是给抱怨消灭了一个传播源头。如果生活中的每一个人都不再去做这个传染源，那么在我们的身边也就不存在抱怨了。

不要把怨气传染给别人

良好的情绪会让人有一种健康向上的心态，因此也就会形成一种轻松愉悦的气氛，感染身边的每一个人，使之也都有一个愉快的心情。而抱怨的消极情绪则会造就紧张、烦恼甚至是充满敌意的气氛。这样的坏情绪又会直接影响和波及你的家人、朋友和同事，也极有可能造成一系列的连锁反应，就像扔进平静湖面的小石头，涟漪一波一波地扩散，也就将情绪污染传播给了社会。

林肯正在办公室整理文件，陆军部长斯坦顿气呼呼地走了进来，一屁股坐到椅子上，一句话也不说。

"怎么了？发生了什么事？给我说说，说不定我能给你出出主意。"林肯笑着对斯坦顿说。

斯坦顿像是找到了发泄的对象，对林肯一阵咆哮："你知道吗？今天有位少将竟然用非常无礼的口气和我说话，那简直是侮辱。"

满以为林肯会安慰他几句，痛骂那名少将几句，但林肯并没有这样做，而是建议斯坦顿写一封信回敬那位少将的无礼。

"你可以在信中狠狠地骂他一顿，让他也尝尝被指责的滋味。"

"还是你想得周到，我非得大骂他一顿不可，他有什么权利指责我呢？"斯坦顿立刻写了一封措辞激烈的信，然后拿给林肯看。

林肯看完以后，对斯坦顿说："你写得太好了，要的就是这种效果，好好教训他一顿。"林肯把看完的信顺手扔进了炉子里。

斯坦顿看到自己写的信进了炉子，责问林肯道："是你让我写这封信的，那你为什么把它扔进了炉子里呢？"

林肯回答说："难道你不觉得写这封信的时候你已经消了气吗？如果还没有完全消气，就接着写第二封吧。"

带有怒气的抱怨是一种极具毁灭力量的情绪，它不仅能够摧毁你的健康，而且可以扰乱你的思考，给你的工作和事业带来不良的影响，林肯的处事方法又告诉我们，反击回去或发泄给别人也不是什么上策，所以，我们只能自己想办法消除心中的不满，或是把它转化成一种力量。

那么，我们应该怎么来克制自己的愤怒，使自己的抱怨情绪不向身边的人传递呢？我们还是先来看一个故事：

从前，有一个脾气很坏的男孩，他经常和伙伴们吵架。有一天，他的父亲给了他一袋钉子，并且告诉他，每次发脾气或者跟人吵架的时候，就在院子的篱笆上钉一根钉子。一周以后，男孩在篱笆上共钉了36根钉子。后面的几天他学会了控制自己的脾气，尽量避免发脾气和别人吵架，每天钉的钉子也逐渐减少了。他发现，控制自己的脾气，实际上比钉钉子容易得多。终于有一天，他一根钉子都没有钉，他高兴地把这件事告诉了父亲。

父亲并没有表扬他，而是说："从今以后，如果你一天都没有发脾气，就可以拔掉一根钉子。"男孩按父亲的话去做了，终于有一天，钉子全部被拔光了，他忙去告诉父亲。

爸爸带他来到篱笆边上，对他说："儿子，干得不错！但是，篱笆上的这些钉子洞，永远也不可能消失的。就像你和一个人吵架，说了些难听的话，就在他心里留下一个伤口，像这个钉子洞一样。"

插一把刀子在一个人的身体里，再拔出来，伤口就难以愈合了。无论你怎么道歉，伤口总是在那儿。

在现代社会竞争日趋激烈的生存与发展环境下，到处是诱惑和压力，如何才能做到：对己，在压力下能保持从容的心态，面对突发事件较好地控制情绪；对人，能做到与人为善——真诚，宽容，大度，不斤斤计较，不迁怒于人。有一位哲人曾经说过："心若改变，你的态度跟着改变；态度改变，你的习惯跟着改变；习惯改变，你的性格跟着改变；性格改变，你的人生跟着改变。"抱怨的情绪于己于人都不是什么好事，所以我们就要想办法控制自己的情绪。

当人遇到不幸时，都会身不由己地向别人抱怨、诉苦，这无疑是一种发泄的手段，但是这种方法实在是不可取的。正确的做法是找到一种不会妨碍别人的发泄途径，排遣掉心中的痛苦，然后再改变观念，积极地去创造自己的生活，唯有这样你才能走出阴影。记住，千万不要把自己的怨气传染给别人。

第三节

远离抱怨，维护身心的健康

亚健康，最爱欺负抱怨的人

亚健康是当今社会最让人头疼的问题之一，越来越多的人进入了亚健康状态，他们经常感到疲乏、胃口不好、失眠，主观上觉得身体很不舒服，到了医院却查不出什么毛病，找不到原因。

很多人认为亚健康无关紧要，他们认为这种状态尽管有些不好，但还不至于到影响正常生活的地步。这样的想法是错误的。在亚健康状态中，有两种情况特别要引起重视，一种是"潜病态"，另一种是"前病态"。潜病态是指人体内已有潜在的病理信息，但尚未出现临床症状，也查不出器质性病变。长期以来，人们对"潜病态"的病理信息一直不易或未能识别，现在已经可以借助多种手段识别，然后，采取必要措施将疾病消灭在萌芽状态；前病态即存在于人体内的病理信息已有所表露，但临床上尚不能明确诊断，任其发展便成为疾病。

所以说，亚健康是一种动态的，它有可能引发更重大的身体问题。所以我们必须要给予重视。

既然亚健康的危害这么严重，那么我们应该做出哪些预防呢？什么人最容易进入亚健康的状态呢？答案是爱抱怨的人。

这里所说的抱怨，不是简单的埋怨别人，而是包括了批评和指责等一切让心里觉得不舒服的言辞。爱抱怨的人有一个习惯，那就是总能从生活中找到不如意的事情，然后经过心理的酝酿使自己形成气愤、委屈、不满等情绪，所以他们的心情总是不好，心态总是悲观消极的。他们所看到的人生是苦闷的，不具备任何的快乐和幸福。在这种精神的引导下，他们会觉得生活中没有任何的乐趣，所以在心理上就会出现疲乏、懈怠、无助、失望等状况，这些不良心理反应到了身体上的时候，就形成了主观上的疾病，也就是亚健康的一种。

我们在前面已经提到了，亚健康呈现一种动态，它不会永远停留在原有的状态中，或者向疾病状态转化，这是自发的；或者向健康状态转化，这是需要自觉的，即需要付出代价与努力。如果我们在心里一直抱怨生活的，以悲观、失望的态度来面对人生，那么无疑在心理的导向上，我们已经出现了失误。消极的人生态度，只会将我们推向疾病。

所以，为了防止亚健康继续影响我们的生活，为了将已经存在的亚健康状态引向健康，我们必须放下抱怨的心态，放弃对生活的不满和指责，用乐观的、积极的态度来对待生活。这样，我们就能够从生活中发现很多美好的事物，使这些事物激发我们的斗志，让我们产生对生活的激情，这样心理上的问题消失了，主观上的不舒服也就会减少，导致亚健康的主要原因也就不见了。

压力是个隐形杀手

1993 年 3 月 9 日上午，上海大众汽车公司前总经理方宏，一个在外人看来近乎完美的人物，一个事业兴旺的成功人士，从自己 5 楼的办公室凌空一跃，选择了死亡。方宏的死在相当长的时间里使人迷惑不解，有人追踪了解，从其当医生的妻子口中，证实：方宏死于抑郁症。因为一些干扰自己的事情无法向人诉说，渐渐积累，终于到了不能抑制的一天。

英国心理学家查理斯顿认为，抑郁症这种病往往袭击那些最有抱负、最有创意、工作最认真的人。

类似的例子有很多。宏基董事长施振荣，经常在打球后感到眩晕，需要平躺休息才能恢复，但在很长的时间里，他竟然从未想到自己可能得了心脏病，直到被迫去做了身体检查，才恍然大悟。2004 年 7 月，曾被誉为"胆大包天"第一人、集团拥有航空、乳业和置业投资三大板块、总资产 35 亿元的均瑶集团董事长王均瑶，因患肠癌医治无效，在上海逝世，年仅 38 岁。这则消息迅速传遍了全国各地。在自己事业一帆风顺的时候却因过度劳累而失去生命，究其原因，就是没有正确对待压力，而使自己长期处于"亚健康"状态。

现代社会是一个到处充满压力的社会，有求学的压力，有家庭的压力，有工作的压力。美国精神健康研究所菲利浦·戈尔德说，世界上不存在任何没有压力的环境。要求生活中没有压力，就好比幻想在没有摩擦力的地面上行走一样是不可能的，关键在于怎样对待压力。从事压迫感研究 30 多年的塞利说："现代人要么学会控制压迫感，要么走向事业的失败、疾病和死亡。"

其实，人们一直生活在两种压力中，一是作用于身体的物理压力，如大气压、地心吸引力、心脏压力等，这些压力维持生命形式。二是内在的精神压力，如生存竞争的压力、对危险与死亡的恐惧、人际压力、情绪与情感的压力等，这些压力保持人的警觉（清醒状态）和合适的行为模式。

可见，压力并不都是无益的。研究压力对于人类身心影响的加拿大医学教授赛勒博士曾说："压力是人生的香料。"他提醒我们，不要认为压力只有不良影响，而应转换认知和情绪，多去开发压力的有利影响，本来人类在其一生中，就无法摆脱压力。

既然无法逃避压力，就要学会正确对待压力，若无法与压力共存，甚至克服压力来获得回馈，隐藏在男人身上的这一隐形杀手将使你患上各种身体与精神疾病。天天受到压力的折磨，不仅对工作人员及其家庭生活造成伤害，同时也将导致企业生产力和竞争力下降，甚至造成无法弥补的损失。

抑郁，心灵上的一次"流感"

抑郁是禁锢人心灵的枷锁，困扰着人们，使人不能在现实的世界中调适自我，只能渐渐地退缩到自己的小天地里，以逃避抑郁。

佳佳是家中的独生女，父母都是知识分子，对她抱有极高的期望。因此，佳佳从小受到的教育要比别人多些，智力开发也比别人早些，学习成绩一直很好，每次考试都是优秀。

但是，期中考试时，佳佳患了重感冒。由于身体不适，精神不振，再加上心情紧张，有一科没考好，受此影响，后面的其他科考试成绩也不好。尽管佳佳没有考好，但是爸爸妈妈没有责怪她，反而鼓励她，但佳佳仍然不开心。从那之后，她开始变得沉默寡言、闷闷不乐，有时候明显的精神不振，一副没睡醒的样子，在家学习时也打不起精神。妈妈还发现，自那之后，佳佳的饭量明显地比以前减少了。

这几天，佳佳总说自己不舒服，不想去上学，妈妈要带她去医院，她也显得很不耐烦，不肯去。妈妈没办法，只好帮她跟老师请了假。在家里，佳佳也只是待在自己的小房间里，只有吃饭的时候才出来。

妈妈看到佳佳这个样子很心疼，于是给班主任老师打了个电话，询问近期佳佳的情况。老师告诉妈妈，自从期中考试之后，佳佳就像是变了个人似的，整天沉默寡言、闷闷不乐的，下课也不和同学们一起玩耍，上课的时候还经常走神，学习成绩也开始下降。

事实上，佳佳是陷入了抑郁情绪。在日常生活中，我们难免有不开心的时候，比如考试没考好、失去了亲人、做错了事情、遭到了老师的批评，甚至是同学之间的小矛盾，这时我们往往会感到失落和无助、自责或内疚，因而情绪低落、沮丧，这就是抑郁。

与一般的悲伤反应不同，抑郁比悲伤，也比痛苦、羞愧、自责等任何一种单一的负面情绪更为强烈和持久，给人带来的影响更深重。

抑郁是一种很普遍的情绪，可以说人的一生总有某段或长或短的时间生活在抑郁之中。处于抑郁状态的人，如果能进行调节，积极面对所遭遇的现实，接受丧失与悲伤的现实，就有可能克服抑郁情绪，重新适应环境，恢复正常的生活。

遗憾的是，许多人并没有意识到抑郁的危害，不能积极调整心态，长期（一般在 3 个月以上）笼罩在抑郁的阴影下无法自拔，影响到正常生活的能力，这时他们就是患上了抑郁症。因此，哈佛教授常常告诫自己的学生：要及时地调节自己的不良情绪。

近年的医学研究发现，抑郁症是最常见的心理疾病，在全世界的发病率约为 11%，所以有人把它称为"心灵的感冒"。从其高发病率和发生的不可预测性来说，这个比喻还算贴切，但是从它的危害来看，它比感冒却要严重得多，需要引起人们更多的重视。研究发现，大约有 12% 的人在一生中会经历比较严重的抑郁症。在总统竞选失败以后，老布什曾经得了两个月的抑郁症；在与莱温斯基桃色新闻沸扬的日子里，克林顿靠服用药物度过精神危机……由此我们可以看出，不管你是平民百姓，还是成功人士，世界上没有一个人对抑郁症有免疫力。所以，对于抑郁症，我们要打足了十二分的精神对待它。那么怎样才能调节抑郁的心理呢？以下有几种方法：

1. 转移思路。

当扫兴、生气、苦闷和悲哀的事情发生时，可暂时回避一下，努力把不快的思路转移到高兴的思路上去。例如，换一个房间、换一个聊天对象、去会一个朋友或有意上街去购物等。

2. 向人倾诉。

把心中的苦处能和盘托出给知心人并能得到安慰，心胸自然会像打开了一扇门。

即使面对不很知心的人，学会把心中的委屈不多不少地倾诉给他，也常能得到心境立即阴转晴之效。

3. 亲近宠物。

遇到不如意的事时，主动与小动物亲近，小动物凭与主人感情的基础，会逗主人欢乐，与小动物交流几句便可使不平静的心很快平静。

4. 多舍少求。

俗话说："知足者常乐。"老是抱怨自己吃亏的人，的确很难愉快起来。多奉献少索取的人，总是心胸坦荡，笑口常开。

别让焦虑啃噬你的健康

焦虑已成为现代人的通病。随着社会节奏的加快，人们越来越担心未来的工作、生活，他们整天在焦虑中度过，从而无暇顾及享受眼前的美好生活。

人们为什么会面临如此多的焦虑，从自然界、社会、人的心理和认识活动以及人体的特征来分析，这些因素可以概括为：

1. 在工作、生活等方面追求完美。

生活稍不如意，就遗憾万分，心烦意乱，长吁短叹，老担心出问题，惶惶不可终日。须知，世间只有相对完美，绝无绝对完美；世界及个体就是在不断纠正不足、追求真善美的过程中前进的。应该"知足常乐"、"随遇而安"，绝不做追名逐利的奴隶，为自己设置太多精神枷锁，让自己太累，把生命之弦拉得太紧。

2. 没有迎接人生苦难的思想准备，总希望一帆风顺。

人一降临人间，就会面临各种各样的磨难。没有迎接苦难思想准备的人，一遇到困难，就会惊惶失措，怨天尤人，大有活不下去之感。其实，"吃得苦中苦，才能甜上甜"，要学会解决矛盾并善于适应困境。

3. 意外的天灾人祸。

破产或死亡等会引起紧张、焦虑、失落感或绝望，假如碰到意外或不幸时，建议你正视现实，不低头，不信邪，昂起头前进，灾难是会有尽头的，忍耐下去，一定会走出困境。

4. 神经质人格。

这类人的心理素质差，对任何刺激均敏感，一触即发，会对刺激做出不相应的过强反应。他们承受挫折的能力低，自我防御本能过强，甚至无病呻吟、杞人忧天。他们眼中的世界，无处不是陷阱，无处不充满危险。如此心态，怎能不焦虑呢？

了解了焦虑形成的原因，我们就可以克服焦虑。通常情况下，可以这样排除焦虑：

1.可以向自己信任的亲朋好友倾诉内心的痛苦，也可以用写日记、写信的方式宣泄，或选择适当的场合痛哭或大声喊出来。

2.焦虑是人在应激状态下的一种正常反应，要以平常心对待，顺应自然，接纳自己、接受现实，在烦恼和痛苦中寻求战胜自我的理念。

3.无论是学习还是工作，没有目标就会茫然不知所措。要根据人生不同发展阶段确立目标，而且要适度。

4.回忆或讲述自己最成功的事，从而引起愉快情绪，忘掉不愉快的事，消除紧张、压抑的情绪。

5.积极参加文体活动。研究表明，音乐能影响人的情绪、行为和生理功能；不同节奏的音乐能使人放松，具有镇静、镇痛作用。

6.多参加集体活动。在集体活动中发挥自己的优势，增强人际交往的能力。和谐的人际关系会使人获得更多的心理支持，从而缓解紧张、焦虑的情绪。

远离忧虑，你必须从心灵上放松自己。只有这样，你才能缓解生活的压力，从内心深处释放自己。

做自己的心理健康导师

有一个心理治疗师曾经说过，现代社会，每个人都会有一点心理问题。有的人比较严重，就可能出现心理抑郁、失眠等症状，重者则会出现抑郁症。有的人相对来说比较轻，表现的不是很明显，但是也会出现情绪上的波动，或者喜怒无常等状况。

也许是压力促成了人们的心理疾病，也许是性格的悲观导致了人们的抑郁，但是心理问题的出现总是有一定的原因的，也是可以预防的。所以我们一定要在疾病还不严重的时候，做好心理的疏导，让自己健康快乐起来。

众所周知，身体的生长发育需要充足的营养，其实心理的成长也一样，"心理营养"也非常重要。那么，对于人，重要的心理健康"营养素"有哪些呢？

1.最为重要的精神"营养素"是爱。

爱永远伴随在人的生活左右。童年时代主要是父母之爱，童年是培养人心理健康的关键时期，在这个阶段若得不到充足和正确的父母之爱，就将影响其一生的心理健康发育。少年时代增加了伙伴和师长之爱，青年时代情侣和夫妻之爱尤为重要。中年人社会责任重大，同事、亲朋和子女之爱十分重要，它们会使中年人在事业家庭上倍添信心和动力，使你的生活充满欢乐和温暖。至于老年人，晚年子女的爱是幸福的关键。

2. 重要的精神"营养素"是宣泄和疏导。

适度的宣泄具有治本的作用，当然这种宣泄应当是良性的，以不损害他人、不危害社会为原则。心理的负担长期得不到宣泄或疏导，会加重心理矛盾，进而成为心理障碍。

3. 善意和讲究策略的批评，也是重要的精神"营养素"。

一个人如果长期得不到正确的批评，势必会滋长骄傲自满、固执、傲慢等毛病，这些都是心理不健康发展的表现。过于苛刻的批评和伤害自尊的指责则会使人产生逆反心理，遇到这种"心理病毒"时，就应提高警惕，增强心理免疫能力。

4. 坚强的信念与理想也是重要的精神"营养素"。

信念与理想对于心理的作用尤为重要。信念和理想犹如心理的平衡器，它能帮助人们保持平稳的心态，度过坎坷与挫折，防止偏离人生轨道，进入心理暗区。

5. 宽容也是心理健康不可缺少的"营养素"。

人生百态，万事万物不可能都能够称心如意，无名火与萎靡颓废常相伴而生，宽容是脱离种种烦扰、减轻心理压力的法宝。

上述的方法，尽管是在针对大众现象做出的一些总结，但是难免有疏漏。在生活中，我们要根据自己的实际情况，适当地做出调整，知道自己需要的是什么，就去做什么。这样我们才能根据自己的实际情况做出最恰当的调节，让自己成为一个心理健康的人。

与病态心理说再见

在一所医院的同一间病房中，有两个重病患者。一人靠窗，可以看到窗外的景物，他每天都会讲许多外面的故事给病友听。起初，后者静静地享受着这一切。有一天，远离窗子的人突然想："为什么不是我靠着窗子呢？"

这个念头一直缠绕着他。某天夜里，靠窗子的病人一直大声咳嗽，他无法摸到能叫来医生的求救按钮。而另一个人睁着眼想着怎么能靠着窗子，他一动不动。

第二天，医生与护士抬走了死去的靠窗病人。经过申请，另一个人的病床移到了窗边。他急忙探头，窗外只有一面秃墙。

死去的人是可敬的，他编造了美丽的故事来鼓舞同伴，而活下来的人极其冷酷、自私，最终也一无所获。

人生中，有各种病态心理阻碍着人与人之间的交流，如自私、猜疑、冷淡、嫉妒、自闭、自卑、胆怯、虚伪，等等。

有一个漂亮的女孩子，在她眼睛里，世界上没有能够让她满足的东西。她希望别人都能服侍她，做她忠实的奴隶；除自己坐享其成、得人宠爱、受人尊敬之外，对别人的艰难和痛苦，她毫不理会，更毫无同情之心。她何以如此呢？因为她的心理没有成熟。她的年龄虽大，然而她实际还是一个幼稚的孩子，因为她认为全世界的人都应当像她父母在她小时候溺爱她一样，宁愿自己受苦，也要满足她的欲望。她以这样的态度做人，哪里还可能得到人生的乐趣呢，她自然会觉得世界上没有一个人、一样东西能够使她满足。

交际中，病态心理常有以下几种：

1. 自私心理。有些人奉行"人不为己，天诛地灭"的原则，一切只考虑自身利益，不为别人着想。

2. 猜疑心理。有些人爱用不信任的眼光审视他人，常无端猜疑，说三道四。

3. 冷漠心理。有些人见事情与己无关，就冷漠看待，不闻不问。或者错误地认为言语尖刻、态度孤傲、高视阔步就是"性格"，致使别人不敢接近自己。

4. 嫉妒心理。有的人一见到别人取得成就、获得荣誉，内心就十分厌憎，不想如何努力，却挖空心思去损害他人。

5. 自卑心理。有些人自己瞧不起自己，缺乏自信，办事无胆量，畏首畏尾，随声附和，没有自己的主见。这种心理如不克服，会损害人的社交能力。

6. 怯懦心理。主要见于涉世不深、阅历较浅、性格内向、不善言词的人。由于怯懦，在社交中即使自己认为正确的事，经过深思熟虑之后，也不敢表达出来。

7. 虚伪心理。有的人把交朋友当作逢场作戏，见异思迁，处处应付，爱说漂亮话虚假话。这种人与人交往只是做表面文章，因而没有感情深厚的朋友。

8. 互惠心理。带有这种心理倾向的人，在人际交往中往往以眼前的名利为目的，以能否从他人那里得到实惠（名利）为选择交际对象的标准，其交际活动带有明显强烈的市侩气息。在实惠与情义面前，他们选择了实惠，在物质与精神面前，他们摒弃了精神。

9. 逆反心理。有些人总爱与别人抬杠，以说明自己标新立异。对任何一件事情，不管是非曲直，你说好，他就说为坏；你说对，他就说它错，使别人对其产生反感。

以上这些病态心理会影响一个人的社会交往，如果不注意进行自我调节，那么不但会使自己失去朋友，严重的话，还会导致心理障碍，发展成为心理疾病。

美国前总统罗斯福有一套严格的交际准则，这些准则对克服病态心理发挥了重大作用。

他的 10 项准则是：

1. 记住人的名字。如果你没做到这点，就意味着你对别人不友好。

2. 平易近人，让别人跟你在一起觉得很愉快。

3. 要有大将风度，不为小事而烦恼。

4. 不要自高自大，做一个谦虚的人。

5. 培养广泛的兴趣和爱好，充实自己，使别人在与你的交往中得到一些有价值的东西。

6. 检查自己，去除所有不良习惯和令人讨厌的东西。

7. 不结冤仇，消除过去的或现在的与他人的冤情和隔阂。

8. 爱所有的人，真诚地去爱他们。

9. 当别人取得成绩的时候，去赞赏他们；当他人遇到挫折或不幸的时候，去同情他们，安慰他们，给他们以帮助。

10. 精神上给人以鼓励，你也会得到他们的支持。

朋友，当你一步步地告别那些病态心理时，相信你将拥有多彩、快乐的人生。

为自己准备一颗健康的心灵

即使生活再艰难，你也不能使自己的心灵透支，只有心灵处于健康状态，你才有成功的机会。

保持一份良好的心态，培植一种健康的心理，不要去管成败如何。也许结果很糟，但那奋斗的过程绝对是美好的回忆，人生路上的收获和成功很多，这也是其中的一种。有了健康的心理，你会发现其实生活可以更美；有了健康的心理，你会发现成功其实翘首可望。

如果一个人在 46 岁的时候，因意外事故被烧得不成人形，四年后又在一次坠机事故后腰部以下全部瘫痪，他会怎么办？再后来，你能想象他变成百万富翁、受人爱戴的公共演说家及成功的企业家吗？你能想象他去泛舟、玩跳伞，还在政坛角逐一席之地吗？

米契尔做到了这些，甚至有过之而无不及。在经历了两次可怕的意外事故后，他的脸因植皮而变成一块"彩色板"，手指没有了，双腿那样细小，无法行动，只能瘫坐在轮椅上。意外事故把他身上 65% 以上的皮肤都烧坏了，为此他动了 16 次手术。手术后，他无法拿起叉子，无法拨电话，也无法一个人上厕所。但米契尔从不认为他的人生就此终结了，他说："我完全可以掌握我自己的人生之船，我可以选择把目前的状况看成倒退或是一个新起点。" 6 个月之后，他又能开飞机了！

米契尔为自己在科罗拉多州买了一幢维多利亚式的房子，另外也买了一架飞机及一家酒吧。后来他和两个朋友合资开了一家公司，专门生产以木材为燃料的炉子，这家公司后来变成佛蒙特州第二大私人公司。意外发生后 4 年，米契尔所开的飞机在起飞时又摔回跑道，把他的 12 块脊椎骨压得粉碎，腰部以下永久性瘫痪！"我不解的是为何这些事老是发生在我身上，我到底做错了什么，要承受这样的痛苦？"

但米契尔仍不屈不挠，他不让自己的心灵陷入迷茫、空虚和悲观的境地，日夜努力使自己能达到最大限度的独立自主。后来他被选为科罗拉多州孤峰顶镇的镇长，负责保护小镇的环境，使之不因矿产的开采而遭受破坏。米契尔后来也竞选国会议员，他用一句"不只是另一张小白脸"的口号，将自己难看的脸转化成一项有利的优势。

尽管面貌骇人、行动不便，米契尔却坠入爱河，并完成终身大事，同时拿到了公共行政硕士学位，并持续他的飞行活动、环保运动及公共演说。

米契尔说："我瘫痪之前可以做 1 万件事，现在我只能做 9000 件，我可以把注意力放在我无法再做好的 1000 件事上，或是把目光放在我还能做的 9000 件事上。告诉大家，我的肉体虽然不再健康，但是我有一颗健康的心灵。只要心灵健康，还有什么事做不了吗？"

即使生活再艰难，你也不能使自己的心灵透支，只有心灵处于健康状态，你才有成功的机会。

疏导情绪，让健康与你同行

掌握好情绪的转换器

生活在都市快节奏的生活当中，人的情绪难免波动起伏，遇上不顺心的事情难免会发点小脾气，这无可非议，但最重要的是能够适度控制一下，如果一味地放任自己的情绪，则会成为人生成功的一大障碍。

生活之中，我们感受周围的事物，形成我们的观念，做出我们的判断，无一不是由我们的心灵来进行的。然而，不好的情绪常常干扰我们的心灵，使我们出现种种偏差。因此，成功的人能成功地驾驭情绪，而失败的人让情绪驾驭，把许多稍纵即逝的机会白白浪费。

一名初探歌坛的歌手，他满怀信心地把自制的录音带寄给某位知名制作人。然后，他就日夜守候在电话机旁等候回音。

第 1 天，他因为满怀期望，所以情绪极好，逢人就大谈抱负。第 17 天，他因为情况不明，所以情绪起伏，胡乱骂人。第 37 天，他因为前程未卜，所以情绪低落，闷不吭声。第 57 天，他因为期望落空，所以情绪坏透，拿起电话就骂人。没想到电话正是那位知名制作人打来的。他为此而毁了期望，自断了前程。

覆水难收，徒悔无益。我们在为这名歌手深深惋惜的同时，也更深刻地明白了不良情绪带给人的危害。

据说一位很有名气的心理学教师，一天给学生上课时拿出一只十分精美的咖啡杯，当学生们正在赞美这只杯子的独特造型时，教师故意装出失手的样子，咖啡杯掉在地上摔成了碎片，这时学生中不断发出了惋惜声。教师指着咖啡杯的碎片说："你们一定为这只杯子感到惋惜，可是这种惋惜无法使咖啡杯再恢复原形。如果今后在你们的生活中发生了无可挽回的事时，请记住这只破碎的咖啡杯。"

这是一堂很成功的素质教育课，学生们通过摔碎的咖啡杯懂得了，人在无法改变失败和不幸的厄运时，要学会接受它，适应它。

被称为世界剧坛女王的拉莎·贝纳尔，就是这位心理学教师的得意学生。一次她在横渡大西洋途中，突遇风暴，不幸在甲板上滚落，足部受了重伤。当她被推进手术室，面临锯腿的厄运时，她突然念起自己所演过的一段台词。记者们以为她是为了缓和一下自己的紧张情绪，可她说："不是的！是为了给医生和护士们打气。你瞧，他们不是太一本正经了吗？"

威廉·詹姆斯说："完全接受已经发生的事，这是克服不幸的第一步。"接受无法抗拒的事实，既然是第一步，那么有没有第二步？有。拉莎手术圆满成功后，她虽然不能再演戏了，但她还能演讲。她的演讲，使她的戏迷再次为她而鼓掌。

拉莎·贝纳尔在面对无法抗拒的灾难时，能跳出焦虑、悲伤的圈子又跨上一个新的里程，这就是她的情绪"转换器"在起作用。

任何人遇上灾难，情绪都会受到影响。面对无力改变的不幸，我们要学会掌握好情绪转换器，学会安慰自我，忘掉它，一切都会过去。

适时发泄，不让怒气折磨自己

你是否动辄勃然大怒？是否让发怒成为你生活中的一部分？也许你会为自己的暴躁脾气大加辩护："人嘛，总有生气发火的时候。""我要不把肚子里的火发出来，非得憋死不可。"在这种借口之下，你不时地生气，也冲着他人生气，你似乎成了一个愤怒之人。

其实，并非人人都会不时地表露出自己的愤怒情绪，愤怒这一习惯行为可能连你自己也不喜欢，更不用问他人感觉如何了。因此，你大可不必对它留恋不舍，它不能帮助你解决任何问题。任何一个阳光、有所作为的人都不会让它跟随自己。

发怒固然有损健康，但怒而不泄同样对健康无益。英国一位权威心理学家认为，积蓄在心中的怒气就像一种势能，若不及时加以释放，就会像定时炸弹一样爆发，可能会酿成大灾难。正确的态度是疏泄怒气，适度释放，学会把怒气转移到小事上，调整好自己的情绪。

毕林斯先生曾任全美煤气公司总经理达30年之久。他在总经理任期内，给人最深刻的印象，就是他对于许多小事常常会大发脾气，对于那些重大事情却镇静异常。

有一次，他乘车回家，下车时，把一盒雪茄遗落在车里了，不久他记起来，再返身去找，但早已不见了。

这包雪茄的价值，不过是5美分一支，对他而言真可算是微乎其微的损失，但他竟因此而气得面红耳赤、暴跳如雷，以致旁观者都以为他失去的是一件盖世无双的宝物。

后来有一次，他凭空遭遇了数万倍于那次的损失，但他反而镇定异常。

那是全世界闹着经济恐慌的年代，毕林斯先生有好几天因为卧病在床，没有去公司办公。就在这几天里，有一家银行倒闭了，他凑巧在这家银行里有3万块钱的存款，结果竟成了"呆账"。等到他病愈后，听到这个消息，却只伸手搔了搔头发，然后沉思了一会儿，便说："算了，算了。"

阳光的人总是善于把怒气转移到他处：遇到一些感觉不快的小事时，可以发泄自己的怒气，直到自己的心境完全恢复为止。因为这样可以使他们永远保持开朗镇定的情绪，一旦遇到大事发生，他们就可以用全部精神从容地应付。否则，不论事情大小，遇到气便积在心里，等到面临更大的打击时，堆积多时的大小怒气，便都将如爆裂的气球一样，冲破了理智的范围，变得毫无自制的能力了。

更重要的是，怒气发泄后，就必须立即把心情宽松下来，这样你的脾气才算没有白白发作。反之，如果你发作后，仍然把这事牢记在心，不肯忘却，那你所获得的结果，一定将更糟到不堪想象的地步，而且到处都难与人相处。

当你在日常生活中，如果与人接触时发生了一些不快，最好的选择是回到房间里静静地坐一会儿，甚至躺一会儿，到外面去散散步，用一切办法来消除你的烦恼，直到恢复你的好心情为止。

让自己的精神快乐起来

生活中确实存在着这样或那样的挫折和痛苦，但生活中并不缺少快乐，人生的快乐与否，有时完全在于心态和精神思想，正如某位国学大师所说的"精神的炼金术能使肉体痛苦都变成快乐的养料"。人生常常遭遇痛苦，但精神却可以改变它，使人乐观，使人能够苦中作乐。钱锺书在《论快乐》中说："洗一个澡，看一朵花，吃一顿饭，假使你觉得快活，并非全因为澡洗得干净，花开得好，或者菜合你的口味，主要因为你心上没有挂碍，轻松的灵魂可以专注肉体的感觉，来欣赏，来审定。要是你精神不痛快，像将离别时的筵席，随它怎样烹调得好，吃来只是土气息、泥滋味。"是的，一个人快乐与否，不在于他拥有什么，而在于他怎样看待自己所拥有的东西。生活是快乐的源泉，有了生活，快乐就不会枯竭。生活中并不缺少快乐，缺少的是发现快乐的眼睛，缺少的是感受快乐的心灵。

一个信徒问禅师："人们都说信佛能够解除人生的痛苦，但我信佛多年，却不觉得快乐，这是怎么一回事？"

禅师问他："你现在都忙些什么呢？"

信徒说："人总不能活得太平庸了吧，为了让门第显耀，我日夜操劳，心力交瘁。"

禅师笑道："怪不得你得不到快乐，你心里装满了苦闷和劳累，哪里还容得下快乐呢？"

这样的人在我们的生活中并不少见，他们常问："究竟快乐是什么？"许多人都在刻意追求所谓的快乐，其实，乐由心生，心随情移。快乐是一种心态，它与人的心境、心态密切相关。一个人生活得快乐与否，取决于自己内心的态度，而绝非外在表现。在追求快乐的过程中，得之越艰，爱之越深。也许你并不富有，但你有一个健康的身体；也许你没有超人的地位，但你有一个幸福美满的家庭；也许你并不出名，但你有宁静而不受干扰的生活……快乐的关键是你要用心去感受快乐。

尽管生活中也会有痛苦，可是只要我们认识到，痛苦是快乐的催化剂，心态就能把忍受变为快乐享受。一个残疾人也有自己快乐的生活哲学，他们不会因为自身生理的缺陷而失去原本生活所给予他们的快乐。态度就像磁铁，不论我们的思想是正面的还是负面的，我们都受它的牵引。而思想就像轮子一般，使我们朝一个特定的方向前进。虽然我们无法改变人生，但是我们可以改变人生观；虽然我们无法改变环境，但是我们可以改变心境。

所以，生活中的我们，千万不要轻视每天发生的小事，幸福和快乐往往与此相伴。快乐并非天外来客，生活中常常充满快乐，如果不珍惜每一刻时光，快乐就与你无缘。何必刻意地到处寻找快乐，其实快乐时刻在你身边；何必苦苦地等候快乐，快乐时刻要你去创造、去感受。让自己的精神快乐起来，我们才能怀着一份感激的心情去面对生活，去感谢每一缕阳光、每一棵大树、每一份关爱、每一次收获……让自己的精神快乐起来，我们才能用心灵去触摸快乐，让快乐充满我们的世界。

疏导压抑，给心灵松绑

压抑心理是一种较为普遍的病态社会心理现象。它存在于社会各年龄阶段的人群中，它与个体的挫折、失意有关，继而产生自卑、沮丧、自我封闭、孤僻等病态心理行为。挫折与压抑感之间互为因果，形成一个恶性循环。压抑的心理就好像一条无形的绳索，将人们的精神紧紧抓牢，让人们每时每刻都觉得痛苦、压抑、无法释放自己。那么怎样才能疏导压抑，为自己的心灵解绑呢？具体方法如下：

1. 运动法。

压抑情绪能量的发泄的确是来势汹汹，好像不可阻挡。实际上，在一定控制范围内的适当宣泄，可以改善自己的情绪健康状态。比如，当你感到压抑时，不妨赶快跑到其他地方宣泄一下，干脆出去跑一圈，或做一些能消耗体力又能转移自己思想的体育运动，踢足球或打篮球都是不错的选择。特别是在活动中与人的合作和接触，又让我们有了新的交流。当你累得满头大汗气喘吁吁时，你会感到精疲力竭，相信这时你的压抑情绪已经基本被抚平了。

2. 眼泪法。

对于压抑情绪的发泄，还有一种方法，就是在我们感到十分压抑时不妨大哭一场。哭，也是释放积聚能量、调整机体平衡的一种方式。在亲人面前的痛哭，是一次纯真的感情爆发，如同夏天的暴风雨，越是倾盆大雨越是晴得快。许多人在痛哭一场之后，觉得畅快淋漓，压抑的心情也会随着泪水的流落而减少许多。为什么会这样呢？经过研究，科学家发现奥秘在于眼泪。美国生物学家曾挑选了一批志愿者，组织他们观看一些令人悲痛欲绝的电影或戏剧，并要求他们在痛哭时把事先发放的试管放在眼睛下面，将眼泪收集起来。他们发现，在哭泣以后，心动过速、血压偏高者均有不同程度的减轻。经过化学分析得知，原来在这些流出的眼泪中，含有一些生物化学物质，正是这些生化物质能引起血压升高、消化不良或心率加速。把这些物质排出体外，对身体当然是有利的。

3. 倾诉法。

倾诉，是缓解压抑情绪的重要手段。当一个人被心理负担压得透不过气来的时候，如果有人真诚而耐心地来听他的倾诉，他就会有一种如释重负的感觉。所谓"一吐为快"正是这个道理。对此，现代心理学中有"心理呕吐"的说法。美国心理学家罗杰斯认为，倾听不仅能使听者真正理解一个人，对于倾诉者来说，也有奇特的效果，心理上会出现一系列的变化。他会感觉到他终于被人理解了，内心有一种欣慰之感，进而使压抑感得到缓解，心理上似乎感到一种解脱，还会产生某种感激之情，愿意谈出更多心里话，这便是转变的开始。一个人如能从混乱的思绪中走出来，换一个角度去思考问题，重新审视自己的内心世界，那些原来以为无法解决的问题，就会迎刃而解。

4. 宣泄法。

如果以上几种方法对你均没有产生效果，那么你就必须寻求心理医生的帮助了。心理医生会引导人们把自己心中的积郁倾吐出来，这称为宣泄疗法。宣泄疗法在现实表现中有一定的功效。当人们把自己的压抑情绪体验宣泄出来时，不仅能减轻宣泄者心理上的压力，也能减轻或消除他们的紧张情绪，容易使发泄者恢复到平静的心情。在生活中，我们经常可以看到有些心胸开阔、性情爽朗的人，他们心直口快把自己的压抑情绪诉说出来，便不再愁眉苦脸了。所以，这种人的心理问题往往能获得及时解决。可是我们也常看到一些心胸狭窄的人，爱生气，心中总是闷闷不乐，由于心理压抑长期得不到解决而容易发生心理疾病。

紧张，会让精神"上火"

紧张这种情绪对于大多数人而言并不陌生。人长时间处于紧张状态就容易导致心理疲劳，使人动作失调、失眠多梦、记忆力减退、学习工作效率下降等。如果得不到及时纠正与疏导，直至超越心理警戒防线，它就会像慢性中毒那样，当其达到一定量时，就会让我们的精神总是处于焦灼的状态，会使我们的健康受到严重损害。

所以，每个人都应在平时注意消除自己的紧张情绪，一旦由于心理压力过大而感到疲劳不堪时，切不可等闲视之。在找准原因、探求合理解决办法的同时，请按如下方法进行自我调节的松弛练习，它将会使你受用无穷，给你的身心带来无限的乐趣与益处。

1. 开怀大笑。它既可以消除紧张也可以带来愉快。

2. 高谈阔论。它可以使你转移注意力。

3. 放慢生活节奏，把一些琐事安排在日程表中。

4. 在0℃以下的气温中"冷冻"3分钟，这样可以提升大脑的清醒程度，使头脑更镇定和冷静，从而使紧张情绪得到缓解。

5. 冷静地处理各种复杂问题，这也有助于舒缓你的紧张情绪。

6. 碰到各种困难和挫折时，要想到既然昨天及以前的日子都过得去，那么今天及往后的日子也会"车到山前必有路"。

7. 想入非非。一般来说，通过想象自己喜欢与热爱的地方，把思绪集中到所想地方和东西的"看、闻、听"上，会起到放松精神的目的。所以，当你正在为即将当众演讲而紧张时，不要考虑与此相关的一切问题，幻想自己是一只身轻似燕的小鸟在天空自由自在地飞翔；幻想自己置身于大海之中劈涛斩浪奋击中流；幻想自己在百花盛开的公园中欣赏着百花仙子的优美舞姿，等等。通过这一切，调节自己的呼吸及心跳速度，不断提醒自己唯有保持心平气和，方可镇定自若。

8. 收听音乐、观看球赛。即使你没有听音乐的习惯，你也应该尝试在精神紧张的时候，打开录音机、收音机，欣赏一下曲中的情怀和美妙的旋律，并试着在自己的心中对它做出评价。假若你自己能高歌一首，不管是自己清唱，还是与他人合唱或用卡拉OK伴唱，都将更加有效地使你的精神得到放松。如果你是一个球迷的话，那么当你情绪紧张时，没有比观看一场精彩纷呈的球赛更能缓解紧张的了。

综上所述，疏导紧张情绪的方式有很多种。人们完全可以根据自己的需要，选择合适的方法，缓解自己的紧张情绪。当紧张的情绪逐渐消除的时候，自己给自己的压力也会逐渐地减少，心灵轻松了，身体自然不会再显示出那么多的疲惫。

所以，紧张的情绪消除的时候，健康也就逐渐向你靠拢了。

消融冷漠，去除人体"毒素"

冷漠，就如同在人体内注入了"毒素"，其中的痛苦是让人难以忍受的。孤独、冰冷、无助的感觉，会让人感觉到无所适从。拥有冷漠的心理的人，会对什么事情都不感兴趣，做什么事情都觉得无味，而且内心很脆弱，很孤独，总是觉得世间很大，却没有自己的容身之所。而这样的想法，时常会让人产生悲观和厌世的情绪。可是怎样才能消除冷漠的心态呢？答案是热情，热情是消融冷漠的一剂良药。

1. 肯定热情。

永远也不要失去应有的热情。若你能保有一颗热情之心，那么，冷漠就会消融，就会给你带来奇迹。

两个具有相同才能的人，必定是那个更具热情的人会更受欢迎。

许多人都或多或少有些自卑感，常常低估了自己，对自己失去信心，缺少热情。

每个人都应该相信自己的健康、精力与忍耐力，这种自信会给予你极大的帮助。热爱自己，肯定自己的热情，就会帮助你获得成功。

2. 培养热情。

消融冷漠需要培养热情。培养热情需要遵循以下几个步骤。

（1）深入了解每个问题。要对什么事情都具有热情，要学习更多你目前尚不热爱的事物。了解越多，越容易培养兴趣。有兴趣就会有热情，自然就驱赶了冷漠。

（2）做事要充满热情。你热心不热心或有没有兴趣，都会很自然地在你的行为上表现出来，没有办法隐瞒。

比如，与人打招呼，眼睛要配合你的微笑才好，当你对别人说"谢谢你"的时候，也要真心实意、充满热情。

3. 满足他人愿望。

每一个人，无论默默无闻或身世显赫、文明或野蛮、年轻或年老，都有成为重要人物的愿望。这种愿望是人类最强烈、最迫切的一种目标。只要满足别人的这项心愿，使他们觉得自己重要，你就会因为减少冷漠变得热情起来，同时，你也会因此而很快走上成功的坦途。

4. 采取热情行动。

热情就是将内心的感觉表现到外面来。让我们以热情面对社会、面对工作、面对生活，世界才能消除冷漠而更加温馨。

5. 振奋精神。

热情，是指一种热烈的精神特质深入人的内心里。如果你内心里充满要帮助别人的愿望，你就会一扫冷漠，兴奋不已。你的兴奋从你的眼睛、你的面孔、你的灵魂以及你整个行为方面辐射出来。你的精神振奋，也会鼓舞别人。

6. 充满活力。

一个人如果充满了活力，他的精神和情感也会充满了活力。充满活力的人斗志昂扬，精神抖擞，精力充沛，不畏艰险，不惧困难，坚持不懈，始终如一，绝不会冷漠处世。

7. 语言鼓励。

教练用语言来鼓舞球队，业务员用语言来推销商品。无疑这种语言就是团体奋进的助力器。虽然自己对自己进行精神鼓励并不普遍，但是却极为有效。在做任何事前，来段语言方面的精神鼓励，以鼓舞自己，消除冷漠，必定会收到奇效。

8. 多交流。

交流不仅是克服冷漠的良方，也是攻克一切情感障碍的武器。愿君多用之，此方最见效。

9. 接触大自然。

孤独、冷漠时，不妨跨上自行车去郊外转一圈，呼吸新鲜空气，让它消除胸中的苦闷和忧郁。

10. 欣赏艺术。

无论是文学、音乐或美术，都蕴含着让人不得不折服的魔力。如果你爱上了这些无生命的东西，难道还会一味沉浸于冷漠之中吗？

以上的方法尽管不一定能够彻底消除冷漠的心理，至少也会减缓对什么都不感兴趣的心理，让人们逐渐寻找到生活的乐趣。

/第五节/

自己是最好的心理医生

自闭症的自我调适

14 岁的王羽是一个思维敏捷的孩子，他记忆数字的能力堪比一部掌上电脑，在拆装机器方面也很有天分，但是所有的活动他都是独自完成，从不与人交流。在医生试图与他沟通时，他坐在沙发上，翘着两脚，正忙着玩游戏机，头也不抬。过了一会儿，他又丢下游戏机，开始吹肥皂泡，还跑到屋子外边大力敲窗户，一直当医生是透明的。最后，他终于开口说话了，但是沟通并不顺利。他跟医生说了句："我要把你的衣服扒下来。"其实，他只是想表达希望医生脱下外套，并且他似乎觉得这样用词没什么不妥。医生通过对王羽的动作、语言等方面的观察，最后，确诊王羽为一名自闭症患者。

自闭症是一种心理行为的病态表现，其特点是将自我封闭起来，大多表现为心情抑郁、苦闷，缺乏自信心，没有朋友，没有社交活动，对一切活动都没有兴趣，对未来失去希望，意志薄弱，生活懒散，逐渐丧失意识的主观能动性，陷入深深的心理困惑之中不能自拔。

那么，如何走出自闭症这个"套子"呢？如下方法或许能为你提供一些答案。

1. 要勇于正视自我。

生活工作中要正视自己，正确面对挫折，遇事镇静自若，勇于体现自我，挖掘优点，树立自信心，走出自我封闭的小圈子，投身到社会生活中去。

2. 转移注意力。

许多自闭症患者常常喜欢把注意力集中到某一点、某一特定的具体事物上，因而导致对外界、对他人的冷漠和自闭。只要注意培养自己在其他方面的兴趣和爱好，转移注意力，在大脑中建立新的兴奋点，自闭症就会很快消失。

3. 以积极的态度对待生活。

树立正确的生活目标，既对明天充满希望，又珍惜每一个今天。正确对待挫折与失败，以"失败为成功之母"的格言来激励自己，信念不动摇，行动不退缩。乐于与人交往，加强信心与情感的交流，增进相互间的友谊与理解，得到勇气和力量。增强适应能力，培养广泛的兴趣爱好，保持思维的活跃。

4. 敞开心扉，结交挚友。

遇见可结交的朋友，务必要用真诚的心爱他们，像爱你的父母或子女一样。不可盛气凌人地对他们，不可听信谗言远离他们。要有福同享，有难同当。这样，你才能得到真正的朋友。真诚友好、相互关心的人际关系，会带来好心情。

5. 亲近给你"良药"的人。

要尊重而且亲近那些经常规劝责备你、引导你行正路的人，他们这样帮助你，就证明他们是真爱你，也许你感觉他们有些可怕，有些讨厌，有些不顺你的意思，但这就是他们可爱可敬的地方，也就是他们于你有益的地方。正所谓"良药苦口利于病,忠言逆耳利于行"。对于那些看见你行不正的路、做不义的事时,不但不劝阻你，反而推波助澜的人，或是为你设恶谋，引诱你行邪恶之事的人，你应当像躲避毒蛇和瘟疫一样离他们远远的。

6. 告诉自己：没有十全十美的人。

有些人经常将自己和他人比较：比较工作、比较成就、比较外形、比较能力，然后在比较的落差中失落、自卑。须知，没有一个人是十全十美的。

7. 在心里撒一颗自信的种子。

心理学中有这样一个著名的实验。一个女孩长相很丑，因此对自己缺乏自信心，不爱打扮自己,整天邋邋遢遢的,做事也不求上进。心理学家为了改变她的心理状态，让大家每天都对丑女孩说"你真漂亮""你真能干""今天表现不错"等赞扬性的话语。经过一段时间的努力，人们惊奇地发现，女孩真的变漂亮了。其实，她的长相并没有变，而是精神状态发生了变化。她不再邋遢了，变得爱打扮、做事积极、爱表现自己了。怎么会发生这么大的变化？其根源正在于自信心。因为女孩对自己有了自信，所以使大家觉得她比以前漂亮了许多。

自信是人生不竭的动力，它能帮你战胜自卑和恐惧。你相信自己会成为什么样的人，并且去做了，你当然就会成为你希望的那个人。

8. 在社会交往中开放自我。

现代社会要求人不仅要"读万卷书，行万里路"，而且还要"交八方友"。交往能使人的思维能力和生活机能逐步提高并得到完善；交往能使人的思想观念保持新陈代谢；交往能丰富人的情感，维护人的心理健康。

只有开放自我、表现自我，才能使自己成为集体中的一员，享受到人间的快乐和温暖，而不再感到孤独与寂寞。一个人的发展高度，决定于自我开放、自我表现的程度。谁敢于开放，谁敢于表现，谁就能得到更好的发展，因此要改变封闭状态。

强迫症的自我调适

李广栋是某修配厂的一名工人，平时非常怕脏，只要别人碰过的衣物就丢弃，只要手碰了一下某种东西，就洗刷不止。三年前李方栋刚去工厂不久，生活上有些不适应，热心的老工人袁师傅对他比较关心，在生活上关照他，业务上指导他，因此关系比较密切。某次业务考试，李方栋不及格，内心紧张，后听人说袁师傅曾患有"肝炎"，因而更紧张，怕传染上"肝炎"，于是将所有被袁师傅接触过的衣物器皿丢掉，被袁师傅碰过的东西，如自己再碰着就不断地洗手，直洗到双手发白，皮肤起皱才罢休，否则就会内心紧张不已，甚至感到思维都不灵活了。自己明知这样洗是不必要的，但无法控制。在朋友的劝说下，李方栋去找心理学专家进行咨询，经诊断他患上了强迫症。

强迫症又称强迫性神经症，是病人反复出现的明知是毫无意义的、不必要的，但主观上又无法摆脱的观念、意向的行为。其表现多种多样，如：反复检查门是否关好，锁是否锁好；常怀疑被污染，反复洗手；反复回忆或思考一些不必要的问题；出现不可控制的对立思维，担心由于自己不慎使亲人遭受飞来横祸；对已做妥的事，缺乏应有的满足感……

对于强迫症的发病原因，一般认为主要是精神因素。现代社会压力大，竞争激烈，淘汰率高，在这种环境下，内心脆弱、急躁、自制能力差或具有偏执性人格或完美主义人格的人很容易产生强迫心理，从而引发强迫症。通常，他们会制订一些不切合实际的目标，过度强迫自己和周围的人去达到这个目标，但总会在现实与目标的差距中挣扎。此外，自幼胆小怕事、对自己缺乏信心、遇事谨慎的人在长期的紧张压抑中会焦虑恐惧，易出现强迫症行为。

需要指出的是，像反复检查门锁这种强迫心理现象在大多数人身上都曾发生过，如果强迫行为只是轻微的或暂时性的，当事人不觉痛苦，也不影响正常生活和工作，就不算病态，也不需要治疗。如果强迫行为每天出现数次，且干扰了正常工作和生活就可能是患了强迫症，需要治疗了。

专家介绍，"强迫症"并不可怕，关键在于你能否勇敢理智地面对它，战胜它，让它再也"强迫"不了你。如果你有此决心，请你不妨试试以下几种方法进行自我调适。

1. 顺其自然法。

任何事情听其自然，该怎么办就怎么办，做完就不再想它，有助于减轻和放松精神压力。如好像有东西忘了带就别带它好了，担心门没锁好就没锁好了，东西好像没收拾干净就任它脏着乱着。经过一段时间的努力来克服由此带来的焦虑情绪，症状是会慢慢消除的。

2. 夸张法。

患者可以对自己的异常观念和行为进行戏剧性的夸张，使其达到荒诞透顶的程度，以致自己也感到可笑、无聊，由此消除强迫性的表现。

3. 活动法。

患者平时应多参与一些文娱活动，最好能参加一些冒险和富有刺激的活动，大胆地对自己的行动做出果断的决定，对自己的行为不要过多限制和评价。在活动中尽量体验积极乐观的情绪，拓宽自己的视野和胸怀。

4. 系统脱敏法。

先学会放松的方法，然后由易到难列出强迫性行为的次数和激怒情境，再对每种情境下的强迫行为逐渐进行放松脱敏。就洗手而言，应一步步地减少洗手次数，增加脏物的刺激量，依次执行下去。

5. 自我暗示法。

当自己处于莫名其妙的紧张和焦虑状态时就可以进行自我暗示。比如："我干吗要这样紧张？一次作业没做是没有关系的，只要向老师讲清原因就可以了。就是不讲，老师也不会批评；就是批评了，又有什么好紧张的，只要虚心听取下次改正就可以了，何必那样苛求自己呢？谁没有犯过一点过失呢？"

6. 满灌法。

满灌法就是一下子让你接触到最害怕的东西。比如说你有强迫性的洁癖，请你坐在一个房间里，放松，轻轻闭上双眼，让你的朋友在你的手上涂上各种液体，而且努力地形容你的手有多脏。这时你要尽量地忍耐，当你睁开眼，发现手并非你想象的那么脏，对思想会是一个打击，即不能忍受只是想象出来的。若确实很脏，你洗手的冲动会大大增强，这时你的朋友将禁止你洗手，你会很痛苦，但要努力坚持住，随着练习次数的增加，焦虑便会逐渐消退。

7. 当头棒喝法。

当你开始进行强迫性的思维时，要及时地对自己大声喊"停"。如果你在自我控制的过程中遇到困难，请别忘了向你身边的朋友或心理学家寻求帮助，大喊一声："我不要受'强迫'！"

癔症的自我调适

癔症又称歇斯底里症，是神经官能症中的一种类型。它是因心理——社会刺激引起的，其典型的症状是患者自己认为失去身体某部分的功能，而且也确实表现出身体某一部分功能的丧失。如有的人认为自己失聪、失听、失语、肢瘫了，确实就表现出失聪、失听、失语、肢瘫的症状。但各种检查又表明根本没有相应器官的损伤或病变。其症状轻重、持续时间长短与暗示相关联。

癔症多发病于 16 ~ 30 岁之间，女性多于男性。

癔症的病症一般表现为以下方面：

1. 感觉障碍。

（1）感觉缺失。各种浅感觉减退和消失，有多种表现形式，如全身型、半侧型、截瘫型、手套或袜套型等，以半侧型多见，麻木区与正常侧界限明确，或沿中线或不规则分布，均不能以神经系统器质性病变规律来解释。

（2）感觉过敏。表现为某些皮肤过敏区的存在，此时，即使轻微的触摸亦可引起剧烈疼痛；有的患者在咽部有梗阻感，但用喉镜检查则正常；有的患者则是头部紧压感，皮肤感觉异常或各种内感受性不适。

（3）特殊感官功能障碍。有暴发性耳聋、视野缩小（管型视野，又称管窥）、弱视或失明、嗅觉和味觉障碍等。

2. 躯体化障碍。

（1）呕吐：多为顽固性呕吐，食后即吐，吐前无恶心，吐后仍可进食，虽长期呕吐，并不引起营养不良。消化道检查无相应的阳性发现。

（2）呃逆：呃逆发作顽固、频繁、声音响亮，在别人注意时尤为明显，无人时则减轻。

（3）过度换气：呈喘息样呼吸，虽然发作频繁而强烈，但无紫绀与缺氧征象。

3. 精神障碍。

（1）情感爆发。在精神因素作用下急性发病，表现为哭笑、喊叫、吵闹、愤怒、言语增多等，常以唱小调方式表达内心体验。情感反应迅速，破涕为笑并伴有戏剧性表情动作。发作持续时间常受周围人言语和态度的影响。发作时有轻度意识模糊，发作后能部分回忆。

（2）遗忘症。以对引起精神创伤事件的局限性遗忘较多见，对既往经历和全部遗忘见于战时癔症。

（3）神游症。不仅记忆丧失，而且从原地出走，被发现时，则否认全部经历，甚至否认自身的身份。神游现象除癔症外，尚可见于癫痫病患者。

（4）癔症性神鬼附体。常见于农村妇女，发作时意识范围狭窄，以死去多年的亲人或邻居的口气说话，或自称是某某神仙的化身，或称进入阴曹地府，说一些"阴间"的事情，与迷信、宗教或文化落后有关。

（5）癔症性精神病。患者表现情绪激昂，言语零乱，短暂幻觉、妄想，盲目奔跑或伤人毁物，一般历时 3 ~ 5 日即愈。

如何对癔症进行有效调节呢？专家建议运用以下几种方法进行自我调适：

1. 情绪高涨时，借助静坐或者冥想，使心情平静。

不要以自我为中心，必须正确了解周围的人，并反省自己的言语行为。利用静坐，想想是否曾经希望自己比他人更引人注目？是否希望自己永远都是话题的中心？别人说话时，是否会打断他人的讲话，自己抢着说？当自己的希望无法达成时，会不会归咎于他人，请真诚、坦白地自我反思，让心灵活跃起来，不在意一切事情，静静地度过这段时光。养成心平气和的习惯，通过静坐、冥想，了解自己的心理状态，才能使心理健康。

2. 反省自己的言行、行为是否太轻浮。

睡觉前，客观的回想自己一天的言行，站在他人的立场，想想他人对自己这种言行的接受程度如何。为什么当时会出现那种行为？为什么当时会说那番话？为什么对方会生气？为什么自己会生气？冷静地思考，仔细想想自己的表现是否过于轻浮、任性或者自私自利。

再面对那种场面时，一定要控制自己的情绪，学会忍耐，即使精神上受到很大的打击，也不要说出口，应该以正常的行动代替自己任性的行为。

3. 借助阅读，提高自己。

为了拥有正常人对于人生的看法、与人交往的方式、工作方法等，必须阅读有关的书籍，也可以写日记，反省自己一天的生活，整理自己一天的情绪，想想应该如何面对他人，同时分析自己内心深处的欲求、不满及烦恼等。

为了正确地适应社会，必须充分了解自己感情的动态，不要被自己的情绪所左右，有时候必须控制自己的欲求。通过阅读好的书籍，会使你的心灵更丰富。

神经衰弱的自我调适

很多人都可能听说过神经衰弱这个病名。有的人说睡眠不好是患了神经衰弱；有的人记忆力差就怀疑自己患了神经衰弱；也有的人认为自己精力不足，也是患了神经衰弱……众说纷纭，似是而非。但究竟什么是神经衰弱呢？

我国精神病学家经过长期的调查研究认为，神经衰弱症是精神科的一种常见病、多发病，患者常感脑力和体力不足，容易疲劳，工作效率低下，常有头痛等躯体不适感和睡眠障碍。据统计，神经衰弱症患者占内科门诊人数的10.8%，占神经精神科发病人数的40%。在神经衰弱症的门诊患者中，女性患者也明显多于男性患者。

神经衰弱症患者一般以脑力劳动者居多，且多为青壮年。因此，只要有与疾病作斗争的愿望和决心，从解决认识问题入手，并在行为上进行自我调适，完全可以依靠自己的力量恢复健康。

1.消除紧张情绪，减轻心理压力。

要放松心情，面对压力要从容，要认识到症状是一种信号，应该先冷静地分析一下，这种情绪紧张和心理压力来自何方。适当降低自己的奋斗目标，要量力而行，要把目标确定在自己能充分发挥潜能，而又不导致精神崩溃的限度。将目标降低，轻装前进，能收到出人意料的好结果。

2.自我锻炼法。

神经衰弱是能够治愈的，虽然需要较长时间。合理安排生活，改变不良习惯，起居定时，生活有序，劳逸结合，加强体育锻炼和工作学习的计划性，并与医生积极配合，是治疗神经衰弱的主要环节。下面介绍一些具体的方法，供参考。

（1）自我按摩法

有头痛者，可擦颜面，按摩太阳穴；有头晕者，可加用"鸣天鼓"手法；有失眠、心悸者，可于临睡前擦涌泉穴。具体操作方法如下：

鸣天鼓：两手心掩耳，食指放在中指上，然后让食指滑下，弹击脑后（风池穴附近）20～30次，可听到击鼓样的声音，这对减轻头昏、头痛有一定作用。

擦涌泉：两手搓热后，用右手中间三指擦左足心，至足心发热为止，然后依法用左手擦右足心。一般以擦 4 次为佳，按摩这个穴位，有助于失眠、心悸症状的缓解。

（2）冷水浴

冷水的刺激有助于强壮神经系统，增强体质。因此，神经衰弱患者适宜于洗冷水浴，在早晨起床后进行。早期先用温水擦身，经过一段时间锻炼，习惯以后改用冷水擦身，最后用冷水冲洗或淋浴，每次 30 秒到 1 分钟左右。从夏天起可以参加游泳，如能坚持到秋冬，效果更佳。

（3）散步和旅行

根据实验研究，神经衰弱患者作较长距离（2 ~ 3 公里）的散步，有助于调整大脑皮质的兴奋和抑制过程，使精神振作、心情舒畅、头痛减轻。

（4）优化你的睡眠

要想改善睡眠，首先要养成良好的睡眠习惯，注意生活有规律。晚饭不宜过饱，临睡前不要进食，不饮用具有兴奋作用的饮料，不要进行大运动量的体育锻炼，不听节奏感太强的音乐等，不睡觉时尽量不进入卧室，没有睡意时不上床。

3.药膳改善法。

在我国医学宝库中，有不少关于药膳的论著，积累了丰富的经验，是一项宝贵的医学遗产，数千年来为我国人民和世界人民的保健事业做出了很大的贡献，至今对不少慢性疾病的防治，仍有很大的实用价值。现就有关改善神经衰弱的药膳配方介绍如下。

（1）桂圆红枣粥

桂圆 15 克、红枣 5 ~ 10 枚、粳米 100 克，煮粥。有养心、安神、健脾、补血之功效。适用于心血不足，有心悸失眠、健忘乏力和自汗盗汗的患者。

（2）百合粥

用百合 30 克，先用清水浸泡半日，去其苦味，再加大米 50 克，共煮至米熟有清香气味，加冰糖适量，早晚各服一次。百合内含有少量淀粉、脂肪、蛋白质、微量生物碱（秋水仙碱），具有清热养阴、润肺安神的功能，是治疗神经衰弱的有效药物。

（3）糯米山药莲子粥

鲜淮山药 90 克（切片）、莲子 30 克、粳米 250 克，共煮粥，加少许糖渍桂花，即可服食。有补中益气、健脾养胃、宁心安神之效。

（4）桂圆莲子汤

取龙眼肉 15 克、莲子米 15 克，同时放进瓦锅内，加水后煮成汤汁，添入适量的冰糖，每天早晚各食一次，可长期坚持，无不良反应。有养心、宁神、健脾、补肾的功效。对心血虚亏的失眠、心悸、自汗、神志不安、食欲不振有一定治疗效果。

恐惧症的自我调适

恐惧症又称恐怖性神经症，是以恐怖症状为主要临床表现的神经症。恐怖对象有特殊环境、人物或特定事物，每当接触这些恐怖对象时即产生强烈的恐惧和紧张的内心体验。患者神志清醒，明知其不合理，但是一旦遇到相似情境时，就会反复出现恐怖情绪，无法自控，并且产生回避行为。脱离该情境，症状就会逐渐缓和消失，间歇期基本如常。

恐惧也是一种正常情感成分。恐惧性情绪反应是一种具有自我防护、回避危害、保证生命安全的心理防卫功能，人皆有之。例如人们对黑暗、僻静处、高空环境、毒蛇猛兽都可能产生恐惧性回避反应。儿童、女性、胆小者和某些心理缺陷者，恐惧心理尤为明显。恐怖症患者呈现异常的、强烈的恐惧和紧张不安，假若不予治疗，症状越来越重，恐怖对象和内容有泛化倾向，影响生活质量和社会功能。

心理医生治疗恐怖症有许多种方法，常用的有认知疗法、行为疗法和强迫疗法。认知疗法对患者的刺激强度最弱，强迫疗法最强。

认知疗法是通过解释、疏导，告诉患者他之所以对某种物体、情境或人恐惧，是因为他自己主观意念所致。如社交恐惧，就是自己的一种强迫性的消极观念占上风，总担心与别人谈话、交往，别人会嘲笑或看不起自己，不管事实上是否真如此，总觉得很不自在、很尴尬、很恐慌。所以，要消除恐怖症，就要勇敢地面对引起恐怖的事物，学会控制、调节自己的害怕情绪。

行为疗法主要采用系统脱敏法。所谓系统脱敏法也称缓慢暴露法，是一种常用的行为治疗方法。其基本原则是交互抑制，即每次在引发焦虑的刺激物出现的同时，让病人做出抑制焦虑的反应，这种反应就会削弱，最终切断刺激物同焦虑反应间的联系。采用系统脱敏法治疗恐怖症要求有计划、有目的地指导、鼓励患者去接触使他产生恐惧的人群、事物或情境，即使暂时会产生恐惧，也要忍受和适应，直到恐惧情绪全部消失为止。此法可以在医生指导下进行，也可以进行自我脱敏训练。

强迫疗法实际上是行为疗法的一种。医生会让患者站在车水马龙的大街上，或者让站在自己很惧怕的异性面前，总之是直接面对患者恐惧的对象，利用巨大的心理刺激对患者进行强迫治疗。这种方法必须由富有经验的心理医生在对患者做出谨慎的评估后进行。因为强迫疗法对患者的心理刺激非常强烈，容易使患者产生其他心理疾病，但是疗效非常显著。

此外，还可以药物治疗方法。药物治疗主要是针对恐怖症所引起的焦虑和忧郁情绪。三环类抗忧郁剂可以减轻空间恐怖症的症状，但停止服药则有较高的复发率。故药物治疗只是一种辅助疗法。